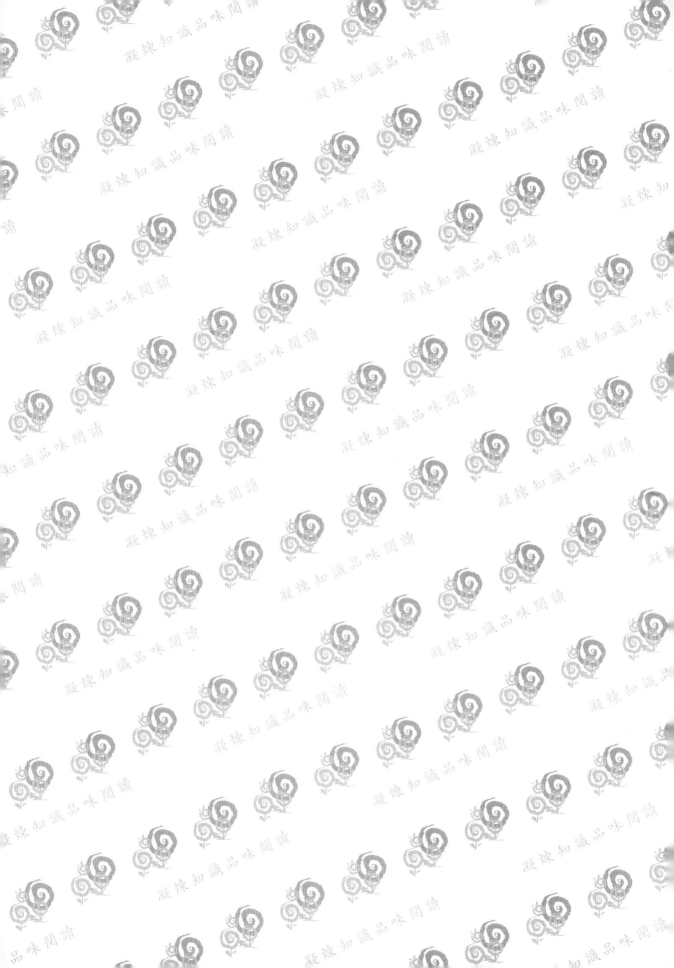

Internet Marketing

榮泰生 著

網路行銷

五南圖書出版公司 印行

四版序

　　網路時代來臨了！根據美國市調機構（Internet World Stats）、知識服務（http://www.digitimes.com.tw/）、行政院研考會（http://www.rdec.gov.tw/）的調查，全球網際網路使用人口已超過 16.6 億，占全球總人口 67.6 億的 24.7%，滲透率已近 25%。其中，以亞洲網際網路使用人口增幅最大。全球網際網路發展漸趨成熟，上網人數持續攀高，台灣 12 歲以上民眾的上網率為 68.5%。從以上調查可了解，21 世紀是一個網際網路資訊時代。

　　各行各業也必然感受到網際網路的威力，已經踏入電子商務的企業，更能體會到網際網路無與倫比的、令人嘆為觀止的發展潛力。亞馬遜網路書店（www.amazon.com）執行長貝左斯（Jeff Bezos）說道：「這是一個令人嘆為觀止的電子商務時代。」全球最大微處理器公司英特爾董事長葛洛夫（Andy Grove）則預測：「網際網路將全球電腦串聯所形成新的溝通網路，不但是推動資訊科技精進的主導力量，更將改變人類溝通方式。」

　　網際網路日見風行，流風所及，幾乎各階層的人士無不受其「恩澤」。年輕人鵠候電腦螢光幕前，浸淫在浩瀚的網路世界裡。網際網路的出現及普及，已逐漸改變了我們的生活方式、生活習慣、甚至思考方式。我們在網站上查詢資料、檢索資料庫、訂購貨品、進行雙向溝通，這一切說明了我們的生活已經電子化了。

　　近年來由於市場的飽和、國外競爭者的湧現、科技的推陳出新促使產品加速淘汰、消費者更加善變等因素，使得企業必須利用有效的行銷策略觀念及技術，才能重建競爭優勢。在詭譎多變的企業環境中，有效的行銷策略擬定、執行及控制，儼然成為整個企業生機的命脈。行銷的主要功能之一就是做為顧客的「傳聲筒」，也就是要使得公司內其他部門了解顧客的需要。拜網際網路之賜，傾聽顧客的聲音（期望、意見、不滿）變得更為精確、更有效率——顧客可透過電子郵遞、企業內網路（Intranet）、電子佈告欄表達他們的看法。線上訪客人潮（Traffic）是一項寶貴的資產，提供了一個價值連城的行銷機會。

　　以上現象說明了網路行銷（Internet marketing）是一個必然的趨勢。各類型

及規模的組織，皆必須了解網路行銷所帶來的衝擊和龐大利益。在網路行銷的環境下，店址已無關緊要，而且顧客已習慣於享受全天候的服務，傳統公司必須體認到這個現象，才庶幾能在現今的商業世界中獲得生機，進而獲得契機。同時，在網路行銷世界中，David 擊敗 Goliath（以小博大）的例子已是屢見不鮮。

本書的目的在於使得網路行銷者（Internet marketer）能夠了解這個新穎的電子世界，以及如何運用有效的網路行銷策略（Internet marketing strategies）。本書可作為大專院校、研究所「網路行銷」課程的教科書，以及「行銷管理學」、「企業管理學」的參考書。本書融合了美國暢銷教科書的觀念精華，並輔之以作者多年在教學研究及實務上的經驗撰寫而成。在企業中負責廣告管理、行銷管理的人員，以及負責網路行銷的企劃、業務、研究人員，亦將發現這是一本奠定有關理論觀念、充實實務知識的書。

為了增加本書的可讀性及讀者在學習上的方便，本書在每章中均提供許多實例與應用，每章後面亦附有「複習題」與「練習題」，以使得讀者能夠「實學實用」，並訓練讀者的判斷、思考及整合能力。

本書共分四篇十五章。第壹篇基本概念，討論網路行銷——創造顧客價值、網路競爭優勢、網路顧客關係管理、網路行銷安全與法律議題。第貳篇數位時代，討論數位時代的相關課題，包括數位世界、網際網路與全球資訊網、企業內網路與企業間網路、電子商業與電子商務。第參篇網路行銷策略規劃與了解市場，包括網路行銷規劃與控制、網路行銷研究、網路消費行為。第肆篇網路行銷組合策略，包括網路產品策略、網路定價策略、網路配銷策略，以及網路促銷與廣告策略。

本書得以完成，要感謝五南圖書出版公司的支持與鼓勵。輔仁大學國際貿易與金融系、管理學研究所良好的教學及研究環境，使作者獲益匪淺。作者在波士頓大學及政治大學的師友，在觀念的啟發及知識的傳授方面更是功不可沒。父母的養育之恩，更是我由衷感謝的。願你在追求「真、善、美、聖」的過程中，具有克服挑戰的毅力與智慧，使人生充滿欣悅！

榮泰生 (Tyson Jung)

輔仁大學金融與國際企業系

2011 年 6 月

四版序　i

Part 1　基本概念　　　　　　　　　　　　　　　　　　1

Chapter 1　網路行銷──創造顧客價值 ·········· 3

1-1　有關網路行銷　4

1-2　行銷觀念　6

1-3　網際網路發展四階段　7

1-4　行銷重心的演變　9

1-5　有關「價值」　11

1-6　網際網路的衝擊　19

1-7　成功網路行銷者的特性　26

1-8　21 世紀網路行銷公司　30

1-9　有關本書　37

Chapter 2　網路競爭優勢 ················· 41

2-1　競爭優勢　42

2-2　網路低成本優勢　47

2-3　網路差異化優勢　50

2-4　經營、成長與轉型　52

2-5　供應鏈管理　54

2-6　顧客關係管理　56

2-7　商業情報　59

2-8　整合性協同式環境　64

2-9　亞馬遜化　68

Chapter 3　網路顧客關係管理 ·· **75**

3-1　基本觀念　76

3-2　個人化　79

3-3　促成網路 CRM 的技術考量　82

3-4　網站的設計、簡化與促銷　88

3-5　顧客導向的服務　95

Chapter 4　網路行銷安全與法律議題 ···························· **109**

4-1　電腦犯罪　110

4-2　網路安全交易　112

4-3　安全政策　119

4-4　法律議題　134

Part 2　數位時代　141

Chapter 5　數位世界 ·· **143**

5-1　數位科技　144

5-2　摩爾定律與梅特卡夫定律　146

5-3　數位環境　150

5-4　數位達爾文主義　153

5-5　數位神經系統　155

5-6　推播技術　158

5-7　網路經濟學　159

5-8　電子化市場的競爭　162

5-9　電子化市場的特色　165

Chapter 6　網際網路與全球資訊網 ······························ **169**

6-1　網際網路、企業內網路與企業間網路的比較　170

6-2　網際網路（Internet）　170

6-3　全球資訊網（WWW）　196

Chapter 7　企業內網路與企業間網路 ································ **207**

7-1　企業內網路（Intranet）　208

7-2　企業間網路（Extranet）　214

Chapter 8　電子商業與電子商務 ····································· **233**

8-1　電子商業的觀念　234

8-2　電子商業活動　236

8-3　落實電子商業的具體行動　242

8-4　電子商業策略　243

8-5　認識電子商務　245

8-6　電子商務應用　258

8-7　顧客導向電子商務　266

8-8　未來與潛在問題　270

Part 3　網路行銷策略規劃與了解市場　　　　　　279

Chapter 9　網路行銷規劃與控制 ····································· **281**

9-1　網路行銷規劃程序　282

9-2　環境偵察　282

9-3　建立網路行銷目標　291

9-4　研究及選擇網路目標市場　293

9-5　建立產品定位　298

9-6　發展網路行銷策略　307

9-7　發展網路行動方案及擬定預算　309

9-8　建立網路行銷組織　313

9-9　執行網路行銷方案　318

9-10　控制網路行銷績效　319

Chapter 10　網路行銷研究 ·· **331**

10-1　了解網路行銷研究　332

10-2 網路調查　337

10-3 網路行銷研究步驟　341

10-4 網路調查問卷設計　356

10-5 資料採礦　357

10-6 電子商務研究課題　360

Chapter 11 網路消費行為 ···················· **369**

11-1 了解顧客　370

11-2 網路消費者行為模式　371

11-3 網路消費者購買決策過程　373

11-4 AIDMA 模式與 AISAS 模式　379

11-5 B2B 採購行為　380

11-6 網路使用的心理議題　382

11-7 網路購物的藝術　387

11-8 網路消費者最關心的三個問題　391

11-9 如何說服網路顧客　393

Part 4　網路行銷組合策略　399

Chapter 12 網路產品策略 ···················· **401**

12-1 網路行銷產品項目　402

12-2 需求技術生命週期　408

12-3 產品生命週期　411

12-4 產品採用過程　417

12-5 新產品發展　420

12-6 長尾理論　422

12-7 商標　423

12-8 品牌　425

12-9 線上品牌建立及形象塑造　429

12-10 建立品牌忠誠　433

Chapter 13　網路定價策略 ·· **445**

13-1　釋例——Priceline.com 定價策略　446

13-2　影響定價的因素　448

13-3　網路定價相關課題　453

13-4　網路定價方法　456

13-5　折扣與折讓　467

13-6　價格敏感度　471

13-7　網路定價政策　473

Chapter 14　網路配銷策略 ·· **483**

14-1　引例　484

14-2　配銷的意義　487

14-3　供應鏈　490

14-4　配銷通路的設計　492

14-5　通路類型的選擇　494

14-6　去中間化與再中間化　505

14-7　通路衝突與控制　507

14-8　製造商的配銷方式　516

14-9　傳統零售商與線上零售商　519

14-10 傳統式與網路式運送　523

Chapter 15　網路促銷與廣告策略 ·· **529**

15-1　什麼是促銷？　530

15-2　銷售促進　532

15-3　線上型錄　536

15-4　公共關係　539

15-5　人員推銷　543

15-6　新數位時代媒體　545

15-7 廣告策略　548

15-8 了解網路廣告　550

15-9 網路廣告設計　568

15-10 廣告執行策略　571

15-11 網路廣告的特殊課題　573

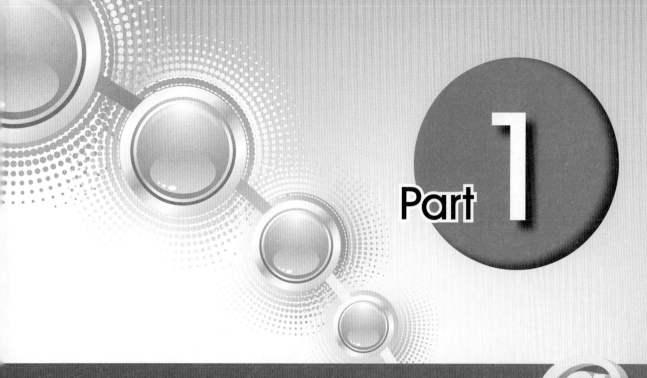

Part **1**

基本概念

第 *1* 章　網路行銷——創造顧客價值

第 *2* 章　網路競爭優勢

第 *3* 章　網路顧客關係管理

第 *4* 章　網路行銷安全與法律議題

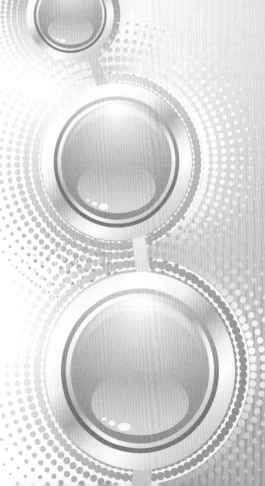

網路行銷──創造顧客價值

🔵 1-1　有關網路行銷

🔵 1-2　行銷觀念

🔵 1-3　網際網路發展四階段

🔵 1-4　行銷重心的演變

🔵 1-5　有關「價值」

🔵 1-6　網際網路的衝擊

🔵 1-7　成功網路行銷者的特性

🔵 1-8　21 世紀網路行銷公司

🔵 1-9　有關本書

1-1 有關網路行銷

近年來由於網際網路科技的突破，上網人數如雨後春筍般踴躍，更由於經濟部推動百萬商家上網的計畫，使得網路行銷變成了相當值得重視的新潮流。我們應了解，網路行銷是傳統行銷的輔助工具，絕無百分之百取代傳統行銷的可能。例如：在「見面三分情」的中國社會，人員推銷（personal selling）還是占有舉足輕重的地位。企業在強化傳統行銷活動的過程中，如能輔之以網路行銷，便可獲得如虎添翼之效。在此節，我們將說明網路行銷的意義及效益。

@ 網路行銷的意義

網路行銷（Internet marketing）又稱為虛擬行銷（Cyber marketing），是針對網際網路的特定顧客或商業線上服務的特定顧客，銷售產品和服務的一系列行銷策略及活動。它透過網際網路使得消費者可以透過線上工具和服務，取得資訊、購買產品。網路行銷者（Internet marketer）就是利用網際網路進行行銷活動的企業，以及／或者此類企業的行銷部門、行銷部門經理。

值得注意的是，網路行銷規劃必須配合及支援公司的整體行銷規劃。網路行銷只是行銷方式的一種，並不是唯一的方式。欲獲得有效的網路行銷效果，網路行銷者仍然必須依循行銷規劃程序，擬定並落實網路行銷計畫。

@ 網路行銷的效益

相較於其他看得到、摸得著的消費性產品，英特爾面臨的挑戰是，消費者看不到英特爾產品，也不一定了解「Intel Inside」所代表的意義，所以要怎麼樣讓一般消費者親身體驗一個高科技產品並引起共鳴，的確是一個很大的挑戰。在這點上，網路媒體發揮了傳統媒體所沒有的功能，它讓英特爾可以更詳細地介紹產品特色，並針對不同消費族群特性作溝通。比方最近推出的 Intel Core i3、Core i5、Core i7 處理器分別具有哪些特點、能滿足消費者哪些需求？針對重度使用者和一般消費大眾，如何提供不同的資訊內容？重度使用者重視效能、產品評比數據，一般大眾則考量電腦是否輕薄、好用，在網路上可以很容易作出不同的行銷

區隔。對英特爾來說,網路、公關、實體通路都是行銷的一環,其中網路被視為最重要的溝通管道。隨著新的行銷工具出現,與消費者溝通的方式改變,網路行銷可以玩的花樣也愈來愈多,其重要性已不容忽視。[1]

　　公司從事網路行銷所獲得的實質行銷效益,如表 1-1 所示。這些效益可分成兩類:改善導向(improvement-based)與利潤導向(revenue-based)。公司可透過品牌建立、產品項目建立、品質的加強、或提升效率與效能,來改善企業經營。在利潤導向方面,公司可透過主辦、聯盟、廣告、銷售佣金、客製化、使用者付費、套裝銷售來獲得利潤。

▶ 表 1-1　網路行銷效益的實例

改善導向	企業實例	利潤導向	企業實例
加強		**策略運用**	
品牌建立	迪士尼	主辦	ACO and Dilbert
產品項目建立、行銷區隔	英特爾	聯盟	Exite and Amazon
品質	NPR	廣告	Tech/Web
		銷售佣金	Amazon Associates
		客製化	戴爾電腦
		使用者付費	Wet Foot Press
		套裝銷售	微軟公司
效率			
成本降低	Cisco		
免費試用	大英百科		
效能			
經銷商支援	GM		
供應商支援	GE		
資訊蒐集	Double Click		

---

[1] 詳細的內容,可參考:廣告 Adm,2010 年 8 月號(台北:滾石文化,2010)。

 **1-2 行銷觀念**

行銷觀念指的是，透過一系列的、協調的、能夠達成組織目標的活動，提供產品以滿足消費者的需求。消費者滿足（consumer satisfaction）是行銷的主要觀念。易言之，企業或個人是以消費者的需要和慾望為導向，並透過整合的行銷力量，滿足消費者的需要。具有行銷觀念的網路行銷者會：

(1) 發掘什麼東西會滿足消費者的慾望；

(2) 根據上述資訊，製造消費者所需要的東西（而不是製造生產者所能製造的東西）；

(3) 持續的改變、調整、發展產品，以同步滿足顧客不斷改變的慾望和偏好。

行銷觀念所強調的是顧客的重要性，並且認為：行銷活動自始至終都必須以顧客為尊，也就是以滿足顧客需求為首要目標。

在這裡，我們要說明需要（need）、慾望（wants）及需求（demands）的差別。「需要」是個人感覺到某種基本滿足被剝奪的情況。人們對於食衣住行育樂、安全、歸屬、受尊重都有需要，唯有滿足這些需要才能夠生存及「活得有意義」。需要並不是由社會及行銷者所創造的，它們自然地存在於人類的生物系統之內。「慾望」是「對於特定滿足物的切盼，這些特定的滿足物能夠滿足更深一層的需要」。例如：我們需要食物，但對漢堡有慾望；我們需要衣服，但對皮爾卡登皮飾有慾望；我們需要受尊重，但對凱迪拉克有慾望。「需求」是對於特定產品的慾望，受到我們是否有能力、有意願去購買所影響。如果我們有購買能力時，慾望就會變成需求。許多人對於凱迪拉克都有慾望，但只有少數人有能力及意願去購買。

在滿足顧客的需求這方面，網路行銷者必須考慮的，不僅是顧客短期的、立即的需求，而且亦應考慮到長期的、廣泛的需求。網路行銷者如果只是短視的只滿足顧客現在的需求，而缺乏長期視野，必然不可能永續經營。為了滿足顧客的短期、長期需求，網路行銷者必須整合及協調各個部門的活動，這些部門包括：研發、生產、財務、會計、人力資源、資訊及行銷部門。

行銷觀念並不是行銷的第二個定義，它是一種思考方式，是一種指引網路行銷整體活動的管理哲學。將行銷觀念加以落實的網路行銷者就會具有市場導向（market orientation），而整個網路行銷活動都能與行銷觀念符合一致的企業，稱為行銷導向組織（market-orientation organization）。行銷科學研究院（Marketing Science Institute, MSI）對於市場導向的定義如下：「組織整體性的蒐集有關顧客目前的、未來的需求的市場資訊，並將此資訊散布在組織的各部門中，同時對變動的環境作整體性的回應。」[2]

高階管理者、行銷經理、非行銷經理及顧客，在發展和落實行銷導向的觀念及實務中，都扮演著很重要的角色。根據行銷科學研究院的研究，在此過程中，高階管理者是最重要的因素之一。非行銷經理必須和行銷經理進行開放式的溝通，以交換有關顧客的重要資訊。最後，市場導向也涉及對於顧客需求變動的回應；和顧客發展一種友善的關係，可以確信對顧客需求改變所作的回應將能獲得顧客的滿意，同時又能達到網路行銷者的目標。

行銷觀念並不是一味的為了滿足顧客而犧牲組織的博愛哲學。採取行銷觀念的網路行銷者不是因為必須滿足顧客需求，而犧牲自己的目標。網路行銷者的總體目標可能是增加利潤、市場占有率、銷售額，或三者皆是。行銷觀念所強調的是，網路行銷者在滿足顧客需求的過程中，進而達成企業目標。因此，實施行銷觀念會使得組織和顧客兩者均能同蒙其利。

 ## 1-3 網際網路發展四階段

對於網站（web sites）的一個有用的分類法，就是以公司和其潛在顧客的溝通方式（communication style）來劃分。目前網站發展有三個明顯的階段：發表（publishing）、資料庫檢索（database retrieval），以及個人化互動（personalized interaction）。第四個階段，亦即及時行銷（real time marketing），必然是未來發展的主流。

---

[2] A. Kohli and B. Jaworski, "Market Orientation: The Construct, Research Propositions and Managerial Implications," *Journal of Marketing*, April 1990, pp.1-18.

@ 發表

各網站在內容詳盡程度及使用方法上有明顯的不同。許多網站屬於第一階段的發表網站（publishing sites），通常是以電子報或電子雜誌的形式，向所有的人提供相同的資訊。

第一階段的發表網站並不全是內容貧乏、索然無味。這些網站有上千個網頁，提供成千上萬的圖片、聲音及影像。其中不乏許多網站，其設計的精巧創意、圖片的豐富多樣，令人目不暇給。但是，第一階段的發表網站在網站與使用者之間並沒有雙向溝通。

目前的網站發表工具（如 Microsoft FrontPage、Macromedia Dreamweaver、Netobjects Fusion 等），使得實現第一階段的發表網站變得既輕鬆又經濟，幾乎任何格式的文件檔案都可以轉換成線上適用的格式（即 html 格式）。由於這個原因，許多公司都會很快的建立第一階段的發表網站，待經驗日臻成熟、投資漸漸增加後，就進入第二階段。

@ 資料庫檢索

第二階段的資料庫檢索網站，除了具備第一階段的發表能力外，還可依使用者的需求提供資料檢索功能。透過電子郵件（electronic mail，簡稱 e-mail）這個互動性的工具，公司與使用者就可以產生對話，但是這種對話是處於「你問我答」的情況。

在與世界盃足球賽有關的網站中，有些網站提供了第二階段的資料庫檢索功能，其中一個網站提供了「互動式旅遊規劃」。如果點選兩個城市，它就會告訴我們城市之間的距離有多遠、車程有多長、各球場的所在地及容納人數；如果點選某一國家的球隊，就會顯示該球隊的賽程、戰績等（http://www.fifa.com/worldcup/）。微軟公司甚至在網站上呈現了由美國及俄羅斯衛星所攝得的珍貴圖片，以便球迷可以空中鳥瞰各球場及城市。2014 年的世足賽，暌違 60 年後將移師巴西舉行，巴西誇口到時候要讓大家看到有史以來最棒的一次世足賽。國際足球總會（FIFA）執委會的 22 名執行委員，2010 年 12 月 2 日凌晨透過無記名投票方式選出 2018 年和 2022 年世足賽的主辦國，結果主辦權分別花落俄羅斯和

卡達。

大多數基本的電子商務（Electronic Commerce, EC）都至少具有資料庫檢索的功能。電子商務意指「利用網際網路來購買或銷售產品或服務的商業活動」。

@ 個人化互動

第二階段的資料庫檢索可以動態的提供網頁，以滿足特定使用者的需求。如果將「你問我答」的互動情況進步到「交談」或雙向溝通的地步，並且可預期使用者會作怎樣的選擇並提供建議，這就是達到個人化互動的階段。

提供個人化互動功能的網站是相當具有挑戰性的，它除了須具有第一、第二階段的功能之外，還必須與特定的使用者作直接連接。使用者至少必須表露身分及需求，而且網站必須要能適當的回應。

建立個人化互動網頁的工具及應用程式也發展得相當快速，有愈來愈多的組織已經堂堂進入此一階段了。但是由於競爭激烈，要維持訪客的忠誠度是相當不容易的事。

@ 及時行銷

第三階段所強調的是個人化互動及一對一溝通，而第四階段的及時行銷更是往前邁進一大步，包括了「不斷適應及改變產品（在某種程度上，網頁本身也是一種產品）以滿足個別顧客的當時需求」。因此，及時行銷包括兩個重要的功能：

(1) 在銷售前「接單─建造」（build-to-order），例如：戴爾電腦（Dell）在線上接單後，可在四小時內完成裝配及運送。
(2) 在銷售後「依顧客需要作調整」（adjust-to-demand），因此，行銷部門必須隨時掌握顧客的回饋資料。

1-4 行銷重心的演變

20 世紀初以來，行銷的觀念及實務為了因應當時的環境，歷經了生產導向

的大量生產、銷售導向、品牌管理及至現今的顧客管理等歷程。我們可以產品、市場規模、競爭工具、主要科技及衡量標準，來比較以上四個階段，如表 1-2 所示。

從品牌管理演變到顧客管理，可以歸因於環境的改變、行銷者的遠見。不論如何，以顧客管理為導向的公司，顯然是掌握了科技發展（如電子郵件、網際網路等）的契機。此外，經濟情況也是推波助瀾的重要因素。

從以上簡要的說明，我們可以知道，網路行銷之所以實現，乃至於日漸普及，是因為公司的行銷觀念、科技及經濟這三個因素共同影響而成，如圖 1-1 所示。

▶ 表 1-2　行銷各階段及趨勢

項度　　　階段	生　產	銷　售	品牌管理	顧客管理
產品	單一種產品	一種到若干種	若干種到許多	非常多種 潛力無窮
市場規模	儘可能的大	全國到全球	全球 目標市場區隔	全球 個人化
競爭工具	價格 製造	價格 通路 廣告	定位 品牌 產品特徵	品牌 量身訂做（客製化） 易用性 速度 對話（雙向溝通）
主要科技	大量生產 運輸	廣播 電話	電視 大型電腦 資料庫 後勤補給	電視 資料庫 電子郵件 網際網路
衡量標準	生產成本 總量	利潤 市場占有率	市場占有率 品牌權益	品牌認知 顧客終生價值

來源：Ward Hanson, *Internet Marketing* (South-Western College Publishing, 2000), p.21.

▶ 圖 1-1　網路行銷的構成因素

@ 每年發展主軸

美國《電腦網路》的專欄作家 Christopher Barr，把網際網路自 1994 年開放商業應用以來，到 1998 年美國的網路情況，依據每年的發展主軸，作了階段性的劃分，這五個階段分別是：

- 1994 年電子郵件（e-mail）
- 1995 年網路出版年（web publishing）
- 1996 年推播技術年（push technology）
- 1997 年線上服務年（online service）
- 1998 年（及以後）電子商務年（e-commerce）

一般認為，台灣的網際網路發展大約比美國落後三、四年。我們發現，1998年台灣的網路可說是熱鬧非凡，眾家網路媒體紛紛進駐市場，看起來一片欣欣向榮。98 年初，有人即預測台灣將進入網路出版年代。

 ## 1-5 有關「價值」

網路行銷者的基本目的在於提高顧客的價值。有關提高顧客價值的問題，可以從兩個角度來看：顧客角度與網路行銷者角度。在顧客角度方面，可用價值方程式來了解；在網路行銷者角度方面，可用顧客終生價值來了解。價值方程式是

以顧客的角度來看，也就是說，顧客是否青睞本公司的產品或服務，完全視他們對於價值方程式的看法而定。顧客終生價值是以網路行銷者的角度來看，也就是網路行銷者如何了解（計算）顧客的終生價值，進而採取必要的策略行動方案來增加顧客的終生價值。

@ 價值方程式

企業要獲得競爭優勢，就要能夠比競爭者向目標市場的顧客提供更高的認知價值。在全球行業（global industry，如汽車業、消費電子業、手錶業、醫療藥品業、鋼業、家具業等）中，企業能夠比其他的競爭者提供更多的顧客價值，就表示該企業在全球競爭中具有競爭優勢。

行銷活動的主要目的是在替顧客創造價值。當價值被創造時，需求就產生了。化妝品業是這個動態情況下的最佳實例，因為化妝品業者所創造的價值中，包含了許多可以增加需求的無形因素。露華濃（Revlon）化妝品公司的創始人雷富森（Charles Revson）說過：「在工廠，我們製造的是化妝品；在市場，我們銷售的是希望。」

任何產品對顧客的價值可以金錢、參與或者歸屬（如參加某一組織）來表示。對大多數的產品及服務而言，價值是與價格息息相關的。價格（price）是銷售者或行銷者對產品所加入的價值，它表示了購買者所願意支付的水準。值得注意的是，像服務及概念這樣的「產品」，其「價格」也許是以所花費的時間、參與、個人犧牲等來表示。

1980 年代，日本的 Toyota、Nissan 以及其他的汽車製造商之所以能橫掃美國市場，使得美國本土汽車製造商如 Chrysler、Ford、General Motors 受到嚴重的衝擊，主要原因即在於日本汽車製造商能夠以較低的價格，向顧客提供更高的效益。基於這種了解，我們可以說，價值是「所獲得的效益」以及「所支付的價格（成本）」之間的關係，因此，價值方程式（value equation）可以表示如下：

$$\text{價值 (Value)} = \frac{\text{效益 (Benefit)}}{\text{價格 (Price)}}$$

身為消費者的你在購買一個產品時，一定會選擇在所支付的價格水準之下，能夠讓你獲得最大效益的品牌。德恩耐（Day & Night）牙膏可以讓你防止蛀

牙；當你參加紅十字會、慈濟功德會時，會讓你有助人為樂的感覺。德恩耐的價格是台幣 175 元，以及你去商店所投注的心力（如去購買所花的車費，如果有的話），如果你認為德恩耐不值得台幣 175 元以及你在購買上所投注的心力，那麼它就沒有這個價值。你參加紅十字會或慈濟功德會所花費的時間、所捐贈的物品（這些都是成本），所得到的是心靈上的喜悅（這就是效益）。

當然，價格只是價值方程式中的一部分。企業固然可以藉著降價的方式來增加消費者對於產品的評價，但它也可以藉著提高所提供效益的方式。例如：在 1980 年代，美國航空公司藉由向經常旅遊者提供優惠方案，這就是向他們提供額外的效益，當然這也就改變了價值方程式。

在行銷方面，如何透過有關的設計及活動來增加產品的價值呢？在實體世界，影響行銷附加價值（added-value）的因素有四：特色、品質、專斷性及形象。特色就是產品所提供的與眾不同的東西，例如：麥當勞提供的超值特餐。品質表示卓越、耐久性及可靠性。專斷性是指產品只提供給所慎選的市場。產品形象是指產品在消費者心目中所產生的印象。形象可能是有形的（如價廉物美的超值漢堡），也可以是無形的（如抽萬寶路香菸所散發出的男子氣概）。一條牛仔褲就是一條牛仔褲，但是李維（Levi's）牛仔褲就有些特別了吧！這個「有一點特別」，就是行銷所要創造的附加價值。

在虛擬世界（電子化市場）中，影響網路行銷附加價值的因素有：內容及系絡。內容（content）是指在網站上提供的東西、尋找這些東西的工具（如全文檢索）。系絡（context）就是連結其他豐富資訊及網路商業活動的入口或閘道，例如：搜尋其他網站的工具（如搜尋引擎）。Yahoo!奇摩的搜尋引擎是以主題式來建立目錄，並以各網站所提供的內容，分門別類的建立目錄（不像其他自動化的網路「蜘蛛」不斷以電子化的方式爬行於 www，來捕捉各網站）。

附加價值也可以在價值鏈（value chain）中被創造。根據波特（Michael Porter）的看法，價值鏈包含了從設計、製造、行銷及售後服務的一系列活動。[3] 在這個過程中的任何活動都可以創造附加價值，而這個活動的累積效果就會增加

---

[3] Michael E. Porter, *Competitive Advantage: Creating and Sustaining Superior Performance* (New York: Free Press, 1985), pp.33-61.

產品的市場價值。每一個企業功能都可以對提高顧客價值有所貢獻，進而提高企業利潤。有關價值鏈、網際網路價值鏈的觀念，將於第 6 章說明。

為了獲得最高的顧客價值，網路行銷不能夠一意孤行，而必須與其他企業功能密切配合，這就是無疆界行銷（boundaryless marketing）的觀念。採取無疆界行銷的企業，會打破行銷與其他企業功能（如生產作業、研發、財物等）的界線，使得企業內的每一個人（包括接待人員、財物人員、工程師、維修人員等）都要肩負起行銷的任務及責任。

@ 顧客終生價值

以長期觀點而言，網路行銷的基本目的在於創造顧客的終生價值。然而對許多網路行銷者而言，「創造顧客」似乎是不易掌握的目標，因為有時候很難確認顧客到底是誰，更遑論與顧客互動，並透過行銷努力增加顧客的長期價值。

顧客終生價值（Customer Lifetime Value, CLV）的基本目的是：如果網路行銷者能夠清楚的知道在獲得、維持及服務顧客上所花費的成本有多少，他便可合理的去決定是否值得針對那些顧客作行銷努力，以及如果是值得的話，應採取什麼行銷方案來增加顧客的終生價值。更進一步來看，如果網路行銷者知道今後每一年顧客的終生價值，他便可以動態的調整行銷努力。顧客終生價值的觀念可以讓網路行銷者作出有效的規劃與控制。

假設大海網路公司想要在第一年獲得 5,000 位新顧客，其第一年的銷貨為$5,280,000，銷貨成本為$5,148,000，其第一年的 CLV 計算如表 1-3 所示。

要考慮到折現因子是重要的，因為未來的毛利必然比當期（現在）的毛利還

▶ 表 1-3　大海網路公司第一年的 CLV

銷貨	$5,280,000
減：銷貨成本	$5,148,000
等於：毛利	$ 131,200
乘以：折現因子	0.95238
第一年毛利的淨現值	$124,952.25
第一年每一顧客的終生價值	$24.99（$/5,000）

低。在今後二年、三年的折現因子分別為 0.90703、0.86384。將某一特定期間的毛利乘以折現因子,就可以得到該年毛利的淨現值(Net Present Value, NPV)。

折現因子的計算公式如下:

D = 1/(1 + i)ⁿ

D = 折現因子,i = 折現率(目前利率加風險因素),n = 獲利期間

表 1-4 顯示了大海網路公司今後三年的 CLV。第一列的「顧客數」,表示在第一年企圖獲得 5,000 位顧客,第二年只能維持 3,500 位顧客(顧客維持率 = 74%),第三年只能維持 2,590 位顧客(顧客維持率 = 80%)。

在了解了 CLV 之後,網路行銷者便可以思考如何增加 CLV。網路行銷者可以利用向上銷售及交叉銷售來增加 CLV。「向上銷售」(up-selling)是指採取行銷努力來增加消費者的購買量,或鼓勵消費者購買高價產品,或者兩者皆採用。「交叉銷售」(cross selling)是指採取行銷方案鼓勵(或誘使)消費者購買本公司(或連署公司)的其他產品,例如:銀行或信託公司對於存款額達一定數目的顧客提供投資理財服務,或者網路書局向購書者提供其他購書者的購買資訊,鼓勵他繼續購買相關的書籍或 DVD 等。

▶ 表 1-4 大海網路公司每一顧客的累積終生價值

	第一年	第二年	第三年
顧客數	5,000	3,500	2,590
顧客維持率	70%	74%	80%
銷貨	$5,280,000	$5,433,750	$5,555,550
減:銷貨成本	$5,148,000	$5,081,388	$5,131,286
等於:毛利	$131,200	$352,363	$423,724
乘以:折現因子	0.95238	0.90703	0.86384
淨現值	$124,952.25	$319,603.81	$366,029.74
累積淨現值	$124,952.25	$444,556.06	$810,585.80
每一顧客的累積終生價值	$24.99	$127.02	$312.97

@ 價值行銷

價值行銷又稱為價值驅動行銷（value-driven marketing），就是藉由提供消費者優異的價值，以實現企業的目標。價值行銷是行銷導向的延伸，也是對如何看待顧客的一些特定的原則和假設。

價值行銷原則

原則（principle）就是一些基本的、完整的、指引行動的規則。依據這些規則，我們會採取某些特定的行動。網路行銷者欲達到價值行銷的目標，必須遵循以下六項原則：顧客原則、競爭者原則、前瞻原則、跨功能原則、精益求精原則，以及利益關係者原則。茲將以上原則說明如下：

顧客原則

顧客原則（customer principle）就是將行銷活動專注於「創造及實現顧客價值」上。顧客原則是顧客導向的，這表示行銷者必須了解「與顧客交易」是企業得以生存及成長的命脈。企業必須了解其顧客：他們在想什麼？他們的感覺怎樣？他們是怎麼購買的？他們怎樣使用這個產品及服務？值得注意的是，顧客原則所專注的不僅是顧客，更是專注於創造顧客價值的方法。企業在創造及實現顧客價值的同時，也會達成其本身的目標。

行銷者必須與顧客發展長期關係。當然，建立長期關係所獲得的利潤或潛在利潤必須大於成本。行銷者可與顧客建立兩種關係：直接關係（direct relationships）與間接關係（indirect relationships）。如果行銷者知道顧客的姓名、地址、電話、偏好等，那麼此行銷者就與顧客建立了直接關係，他們可以透過信件、電話、電子郵件、傳真的方式與顧客保持聯繫或登門造訪。在購買下列產品的情況下，行銷者必須與顧客建立直接關係：(1)經常性購買的產品或服務，如工業原料、日用品；(2)高價產品，如別墅、房車；(3)高利潤產品，如機具、珠寶等。

在和購買價廉產品的顧客建立直接關係時（雖然出貨量很大），要特別考慮到成本因素。最好的方式就是利用電腦系統，對這些客戶建立電子檔案，並利用網路工具（如微軟公司的 Outlook）與顧客聯繫。

如果建立直接關係的費用過於昂貴，行銷者可與顧客建立間接關係。如果某一產品或品牌對顧客而言具有長期或終生的意義，便有必要建立及維持間接關係。在間接關係的建立上，行銷者並不知道顧客的姓名。例如：可口可樂、汰漬洗衣粉（Tide）等是消費者長期信任及惠顧的品牌，但是這些公司並不知道購買者的姓名。

競爭者原則

競爭者原則（competitor principle）就是向消費者所提供的產品及服務，比競爭者有更高的價值。價值導向的行銷者會體認到競爭者策略對顧客的重大影響。在很多情況下，顧客對於競爭者所提供的產品及服務可能已經很滿意了，因此，行銷者在提供產品及服務以創造顧客價值時，就要高於競爭者所提供的，否則便會面臨失敗的命運。例如：蘋果電腦（Apple）、凱瑪百貨（Kmart）[4]向顧客提供的價值已經相當不錯了，但是它們的競爭者 IBM、沃爾瑪（Wal-Mart）提供了更高的顧客價值。提高顧客價值的一種方法，就是與競爭者結合，形成策略聯盟，例如：蘋果電腦與 IBM 的結盟。

前瞻原則

前瞻原則（proactive principle）就是改變環境，及早因應，進而增加成功的機會。價值行銷者並不是被動的靜觀、因應環境的變化，而是未雨綢繆、放眼未來。

前述的「改變」環境，並不意味著行銷者為了達成其目標，而不擇手段的「操縱」顧客（顧客是環境元素之一），更不是表示行銷者必須從事非法的、違背倫理原則的、不符社會責任的行為。值得強調的是，價值行銷並不會諒解或寬恕違反社會責任的行銷行為。[5]

---

[4] 根據 CNN/Money (www.cnn.com) 於 2002.01.22 的報導，擁有 170 億美元資產額、年利潤在 370 億美元、全美第二大零售業的 Kmart，已向美國政府提出破產保護申請（Chapter 11 of bankruptcy protection），並將關閉其 2,114 家商店中的 500 家商店（2001 年已關閉 350 家）。其中原因可能是不敵 Wal-Mart 的強勁競爭，而不能如期（每週）付款給其供應商 Fleming Companies 之故。

[5] 有關社會責任的討論，可參考：榮泰生著，企業概論（台北：五南圖書出版公司，2001），第 3 章。

　　然而，價值行銷體認到，組織及行銷者改變與環境的關係，以得到生存及成長的機會是社會所給予的權利。組織如果不能向顧客提供服務、創造顧客價值，便沒有生存的機會及權利。因此，組織必須也要能夠影響其股東及所有者的投資行為，影響政府機構的管制行為及專利權審核制度，影響銀行的貸款行為，影響供應商提供物美價廉的原料，影響經銷商的代理行為，影響利益團體的支持，藉由提供更好的薪資及福利來提振員工的工作意願及熱誠，藉由提供高價值產品來獲得顧客的惠顧及忠誠，影響競爭者改變其策略或願意與本公司進行聯合投資，影響社區讓他們願意提供土地、勞工及資本。

跨功能原則

　　跨功能原則（cross-functional principle）就是利用跨功能團隊（cross-functional teams）來增加行銷活動的效能（做正確的事情）及效率（以正確的方法做事情）。在組織中，行銷並不是唯一的功能，譬如說，雖然在新產品發展的過程中，行銷及行銷研究固然扮演著關鍵性的角色，但是其他的功能，如研發、工程、財物、生產的重要性也不容小覷。

　　價值行銷體認到行銷人員必須持續與其他功能人員互動的必要性。許多績優的組織利用跨功能團隊或委員會來完成行銷規劃、執行及控制的任務。價值行銷也體認到在各功能（部門）獨立運作的情況之下，不僅會增加成本，也會使得行銷活動窒礙難行。

精益求精原則

　　精益求精原則（continuous improvement principle）就是持續不斷的改善行銷規劃、執行與控制。價值行銷體認到必須持續的改變其作業、流程、策略、產品及服務的必要性，也就是精益求精、止於至善。雖然定期進行行銷績效稽核是很有價值的活動，但更重要的是，行銷人員及其他人員要不斷的尋求增加顧客價值的方法。

利益關係者原則

　　利益關係者原則（stakeholder principle）就是考慮行銷活動對利益關係者的影響。價值行銷固然是顧客導向的，但它不會忽略對組織的利益關係者所應盡的

義務，以及所應建立的良好關係。組織的利益關係者（stakeholders）是會影響行銷決策，也會受到行銷決策所影響的個人或團體。利益關係者包括：政府機構、社會、社區、所有者、債權人、供應商、特殊利益團體、員工。

如果企業只顧著滿足顧客的需求，而忽略了其他的利益關係者的話，這種顧此失彼的做法便會引爆許多不可收拾的不良後果，例如：為了配合顧客所希望的「價格愈低愈好」，就會犧牲所有者及債權人的利益。債權人紛紛「抽腿」，會對公司財務造成嚴重的影響。

1-6 網際網路的衝擊

@ 網際網路對行銷的影響

Infinet 公司副總裁 Gordon Barrel 對於網路上許多人各行其道、毫無遊戲規則的景況，感慨良多。他有個絕妙的譬喻：「網際網路上什麼事情都可能發生，WWW（World Wide Web，全球資訊網）應該是 Wide West Wrestling（蠻荒西部角力賽）的縮寫。」

1999 年初時，玩具反斗城（Toys "R" Us）宣布將在英國提供免費的網路服務。根據預測，英國市場的網路零售在 2003 年時，將會增加到 50 億美元。玩具反斗城希望當英國的上網人數愈來愈多時，公司的銷售量及廣告收入都會增加。[6]

以下我們將討論行銷策略中四個重要的因素：行銷研究、目標市場、廣告及公共關係。

行銷研究

對任何公司而言，網際網路都是有價值的行銷研究工具。在電子商務上，行銷研究更是不可或缺的。目前各企業都可以研究利基市場，並適當調整其行銷策略決策。透過行銷研究，企業可以檢視購買形式（購買特定產品的人是誰？這些

---

[6] 讀者可上網路廣告局（Internet Advertising Bureau, IAB）網站（http://www.iab.net/），了解網路廣告收入的最新詳細資料。

人還購買些什麼產品？），確認所銷售的地理區域。透過網際網路，蒐集資料的潛力是無與倫比的。除了可追蹤其利基市場外，公司還可以很有效率的以匿名方式追蹤競爭者的定價及廣告策略。企業可以很容易的比較競爭者的價格，就好像顧客可以很容易的作比價一樣。吸引消費者的技術同時可加惠銷售者。

目標市場

在討論到網際網路的優勢時，也許最無可爭議的、最令人心生畏懼的，就是它的無遠弗屆──幾乎可以達到想像不到的任何市場。線上商店的「隆重開幕」不消幾小時時間，之後全世界的消費者就會在你的商店門口大排長龍（這是比較樂觀的看法）。你可以將你的網站設計得「客製化」，以吸引一個或多個市場利基。只要你能夠滿足供應的要求（不缺貨），在合理的時間內提供高品質的產品，你就有接觸到目標市場的潛力。你的遠景取決於你的生產能力。你迫在眉睫的重要問題是：「你能夠實事求是嗎？」這裡的「事實」是，「你可能被短期的大量訂單弄得焦頭爛額。」

廣告

廣告至少可在三方面發揮作用。企業可利用其網站：(1)吸引網路遨遊者，並使他們變成購買者；(2)吸引廣告商，作為收入的新來源；(3)與其他的網站連結，形成策略夥伴。

雖然網路廣告收入比其他形式的廣告收入還低，但是網路廣告收入已有漸增的趨勢。[7]目前橫幅廣告（ad banners）已經相當浮濫，非常惱人。廣告價格也是起起伏伏的，定價沒有準則。目前的經驗法則是，如果某一網站非常受歡迎，其廣告價格必然高得驚人。

公共關係

公司的新聞稿及重大事件可以登在網站上，作快速的宣告。企業可與供應商、製造商、經銷商及策略夥伴，保持密切聯繫，以獲得最新消息。這些新消息可透過企業內網路、企業間網路及網際網路來傳遞（我們將在第 7 章詳細討

---

[7] Bernadette Tiernan, *E-tailing* (Chicago, Il.: Dearborn Financial Publishing, 2000), p.45.

論）。網站可以是公布公司好消息的佈告欄，也可以是向購買者免費提供訊息的地方。能夠這樣做，商譽自然會增加。

在說明正面的公共關係所發揮的威力方面，藍山藝術公司（Blue Mountain Arts）便是一個典型的例子。藍山藝術公司成立於 1971 年，在先前沒有任何成交的情況下，居然躍居為最受歡迎的採購網站，這種成就實在令人既羨慕又嫉妒。這個銷售問候卡的小型出版公司，在 1996 年 9 月架設了網站（www.bluemountainarts.com）。由於網頁設計得很精巧，又免費提供感性訴求的電子賀卡，沒多久，這個網站就造成了空前的轟動。不旋踵之間，藍山藝術公司就超越了賀軒公司（Hallmark）及美國賀卡公司（American Greetings）（後兩者的電子卡是要收費的）。架設網站之後，藍山藝術公司的核心事業每年成長 20%。在架設網站之前，出版事業在支援線上賀卡事業的同時，本身仍有淨利潤。企業負責人舒茲夫婦（Stephen and Susan Polis Schutz）特別強調，他們要成為網路溝通的「感性中心」（emotional center）的重要。他們和顧客建立了令人羨慕的良好關係。他們都遲遲不願意將網站變成一個利潤中心，但是潛在的投資者及第二代負責人（他們的兒子傑瑞得）都在催促他們早日轉型。誰會贏？目前仍不得而知。順便一提的是，由於舒茲夫婦饒富詩意及感性的賀卡設計，他們每年從滿意的顧客那裡收到的感謝函不知凡幾。

@ 網際網路對既有企業的衝擊

網路對傳統零售店的既有作業及型錄銷售的影響如何？傳統零售店有兩種不同的看法。第一種看法是，害怕網路零售店會搶走他們的生意。第二種看法是，網路零售店是在萎靡不振的商業環境中的一針強心劑。這兩種看法都有其理由。出版商也同樣關切這個問題，因此也爭先恐後的擴展他們的線上市場。我們將說明對出版商、零售店、型錄銷售的衝擊。

出版商

《網路商務》雜誌（www.netcommercemag.com）的出版商柯漢（Andy Cohen）認為，不論對印刷出版品或線上出版品而言，總會有市場空間。「外觀上、感覺上，這兩者都不一樣，」他說道：「印刷出版品不會被線上出版品所取

代。在及時檢索資訊方面，網路實在是了不起的。」《網路商務》雜誌利用網站來吸引人潮，並做線上訂購服務。

讀者文摘（Reader's Digest Association, Inc.）最近宣布，該公司將擴展傳統的雜誌事業，從事維他命、藥品、信用卡及保險的線上促銷及銷售業務。在事業擴展的過程中，網際網路將扮演一個重要的角色。為了達成這個目標，讀者文摘預計花至少一億美元檢討現有的網站，並開闢一個新的網站。在黃金時代時，讀者文摘以雜誌及印刷出版品的直接郵遞而獨樹一格；但是近年來，讀者文摘的讀者數愈來愈少。消費者對於讀者文摘的洗心革面會有好感嗎？購買者會將讀者文摘和 B-12 維他命聯想在一起嗎？在吸引消費者方面，架設一個吸引人的、精心設計的網站，似乎是不夠的。

零售店

當 Gap 公司宣布其 1998 年第四季的營收上升了 46%，從 1997 年的 2.1 億增加到 1998 年的 3.1 億美元，銷售額從 22 億美元增加到 30 億美元。這些表現是因為進行電子商務的緣故嗎？造成它今日輝煌成就的，絕對不是單一因素。Gap 公司是頗受消費者喜愛的公司，在其 Gap、Banana Republic、Old Navy 商店中，產品的價位有高的，也有低的，重要的是，它會不斷迎合消費者的喜好。公司的品牌印象（brand image）非常強，並且積極的透過電視、廣播及印刷媒體做行銷。[8]

Gap 公司不僅在網路銷售上大有斬獲，從 1997 年到 1999 年 1 月，其傳統商店數從 2,130 家增加到 2,428 家。Gap 公司的零售空間增加了 22%，整體的表現實在令人稱羨。像 Gap 這樣的零售商店是電子商務行銷的典範，每一個 Gap 商店都有網址，消費者不論身在何處，都可以上網購物。

摩根史坦利（Morgan Stanley）指出，當要進入網路零售市場時，要注意五點問題：

(1) 線上購物並不會取代傳統購物，反而是使網路零售者擴展某些產品的行銷機會。

8　Bernadette Tiernan, *E-tailing* (Chicago, Il.: Dearborn Financial Publishing, 2000), p.33.

(2) 電子資料交換（Electronic Data Interchange, EDI）的發展，使得組織間的零售交易比以往更具有潛力。

(3) 型錄郵購事業的市場，會因為線上商務而喪失某些市場占有率。

(4) 由於網路的人口統計變數的改變，商業模式（business model）將會受到影響。

(5) 電子商務的成功關鍵因素是：品牌名稱的認知、低成本結構、新舊系統整合、科技的功能發揮，以及易用。

線上及離線的銷售，可以透過企業內網路來提升管理的效能。使用企業內網路，銷售小組可以迅速的溝通有關產品、銷售預測的訊息。企業在將業務重心轉移到線上作業時，要對既有業務的衝擊減到最低，需注意有沒有傷害到和既有的配銷商、零售商的合夥關係。仔細思考以下的問題，因為這些問題和某些人的收入、工作責任息息相關：

1. 佣金結構（commission structure）

是否要對線上銷售的人支付佣金？或是廢除佣金制度？有些企業傾向於向某些地理區域的銷售代表提供佣金（這些地理區域也是線上銷售的發源地），但有些企業覺得這種方式不切實際，而訂出一個新的公式。

2. 折扣提供（discount offerings）

相較於線上價格，你要向配銷商或銷售出口提供更多的折扣嗎？或是相反？就面對面的交易而言，你允許更多的價格彈性及議價空間嗎？

3. 個人接觸（personal contact）

是否要鼓勵銷售人員與顧客做面對面的接觸，或者在線上銷售後打電話跟催，以強化與顧客的關係？如果是，那麼報酬要怎麼算？

過去曾專精於與顧客做面對面接觸、個人展示的企業，會發現在進行網路零售之後，要適應新的做法是相當困難的。對某些大規模的企業而言，與顧客所建立的親密關係已經造成了數百萬美元的銷售額。現在，只要在線上點選，就可以完成交易，那麼，未來的前途何在？

當 Main Street 建立網站時（見圖 1-2 模型 B），開啟了擴展市場機會的大

門。其傳統商店銷售所受到的影響是微乎其微的,反之,網路銷售使它的銷售量大為增加。

型錄銷售

有些專家認為,電子商務對於型錄銷售(catalog sales)會造成極端不利的影響。但是另外有些人卻認為,型錄銷售不會受到任何影響,因為每一種銷售方法都有其特定的目的。海根集團(Haggin Group)的策略規劃主任耐薇(Jessica Neville)認為,型錄銷售有它的利基(niche)所在。她表示:「網際網路提供了另一個銷售管道,並不會影響到型錄銷售或傳統的零售生意。也許總的來看,銷售量會增加。」這對大家來說都是一個好消息。

1998 年聖誕節過後,許多知名零售業者的業績也都反應了上述的說法。例如:Sharper Image 公司在 12 月的線上銷售有 492% 的成長,而且零售型錄特殊商品店及傳統商店也都分別有 29% 及 9% 的成長。服裝零售業者鮑爾(Eddie Bauer)的傳統商店、型錄商店及線上商店的銷售額都增加了,其線上顧客中有 60% 是新顧客,而且每個月有數千位網路訪客索取型錄。

耐薇以相互重疊的圓圈來表示此效應。透過型錄銷售的零售業者(見圖 1-2 模型 A),是站在比較有利於進行網路銷售的起跑點上的。耐薇說道:「如果你的事業已經獲利,那麼我鼓勵你進行網路零售,因為這樣一來,你的利潤會持續不斷的增加。我會鼓勵他們不要放棄印刷型錄的銷售方式,因為有些人就是喜歡以這種方式來購買。」畢竟,他們是你已經熟悉的顧客。

只以型錄方式來銷售的公司(見圖 1-2 模型 C),也可以按部就班的進行線上銷售。「型錄公司在提供消費者的選擇、包裝及運送上,已經有相當的基礎。」耐薇說道:「他們在後勤補給的作業上,已經做了萬全準備。要成立一個目錄公司所費不貲,在三年之內要達到損益兩平是不可能的事。」但是如果你事先成立了一個目錄公司,就可以比較低廉的成本進入網路零售的事業。你該花的成本早就花了,你所要做的就是將產品做成數位化的影像,做圖解說明。你的產品價格結構早已有基礎,而且你也知道如何以最有利的方式展示你的產品。

線上銷售會完全取代型錄銷售嗎?耐薇認為不會。她表示,印刷型錄具有攜帶性,會給你許多彈性。你不可能在同一時間做兩件事情,否則你會分心,容易造成衝動性購買。

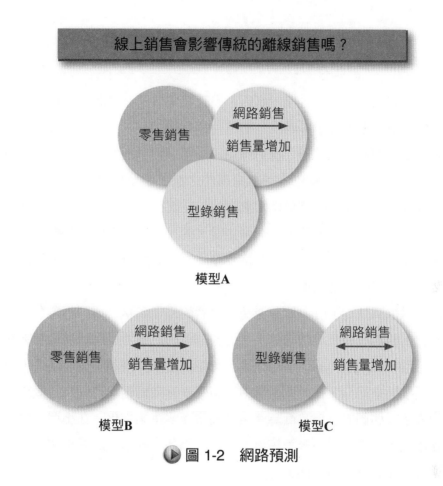

圖 1-2 網路預測

@ 網路讓人更聰明？

2008 年 8 月份《大西洋月刊》（*The Atlantic Monthly*）中，科技作家卡爾（Nicholas Carr）在其〈谷歌（Google）把我們變笨了嗎？〉這篇文章中提到：重度使用網路會一步一步地削弱使用者的專注力與深思力。

但在一項針對 895 名網友與專家進行的調查卻顯示：超過 75% 的人相信網路在未來十年會讓人變得更聰明，並可提升閱讀與寫作能力。但也有 21% 的受訪者表示，網路可能造成反效果，甚至降低某些重度使用者的智商。這項調查的受測者包括科學家、企業領袖、顧問、作家及科技研發者。[9]

---

9 此調查由北卡羅來納州伊隆大學（Elon University）的「網路想像中心」（Imagining the

1-7 成功網路行銷者的特性

在線上購買愈來愈風行之際,商店、型錄及網站三者之間的界限也變得愈來愈模糊。想在市場上獲得領導地位,網路行銷者必須在以下三方面拔得頭籌。

考慮一下三個基本的課題:(1)市場趨勢,(2)顧客服務,(3)獲利性。網路行銷者不斷面對的挑戰,就是在隨時掌握趨勢之餘,還要提供顧客一些獨特的東西。在傳統商店中,顧客服務是相當重要的,在網路行銷上亦然。但是提供服務的成本(人工成本),占了預算中一個相當大的比例。雖然要回收投資於架設網站的成本需要一段時間,但如果在價格及產品上沒有競爭力的話,也不會產生足夠的消費者需求來支持這個網站。

我們可以很清楚的了解,具有優勢領導者的電子商務公司,都會在市場上獲得優勢地位。他們有很多成功的祕訣,這些公司的創業者或高級決策者都有良好的個性和心理特徵。成功的網路行銷除了行銷者必須具備某些個性之外,還要以敏銳的行銷技術來配合。在大型企業中,高級主管或總經理會成為各級經理及幕僚人員的表率,他們的思想及行為會漸漸的孕育成企業文化。在小型企業中,其創始人就擔任高級主管、高級銷售員的職務,因此,創始人的風格常常會影響他的企業願景(company mission)。

成功的網路行銷者應具有創意(creativity)、洞察力(insightful)、果決性(decisiveness)、合作性(collaborative)、專業性(professional)、投入(dedication)、領導力(leadership)及諮商技術(negotiation skill),如表 1-5 所示。

Internet Center)與「皮尤網路暨美國生活計畫」(Pew Internet and American Project)共同進行。詳細資料可參考:台灣新生報,2010/02/21,中央社洛杉磯路透電。

▶ 表 1-5　成功網路行銷者的特徵

創意（creativity）	可以將平凡無奇的東西變成不可思議的東西
洞察力（insightful）	了解什麼東西最能激勵消費者
果決性（decisiveness）	會對市場趨勢的變化做立即的反應
合作性（collaborative）	會去尋找互蒙其利的交流
專業性（professional）	對任何工作皆瞭若指掌
投入（dedication）	對於工作永遠保持精力與熱忱
領導力（leadership）	眼光遠大，不怕成為第一
諮商技術（negotiation skills）	會以開放的、誠實的方式達成協議

@ 創意

　　網路行銷者的特徵，就是創意以及在表達上的想像力。他們有能力將平凡的東西變成非凡的東西，把虛擬的影像加以觀念化，並將看似無關的東西加以整合，產生新穎的、令人不可思議的表達形式。有創意的人對於例行工作會感到厭煩，他們需要求新求變。他們會把創意帶到網站的設計上，並且不時的更新以滿足其求新求變的需求。

@ 洞察力

　　洞察力是看透事情的表面、深入事情核心的能力。成功的網路行銷者就是具有直覺（intuition）、知覺（perception）的人。一般而言，他們會知道行為背後的心理動機。這些特徵使他們能夠解釋顧客的需要及慾望。長久以來的一個問題：「我會有什麼好處？」（顧客心中自問）對於有洞察力的人根本不是挑戰，因為成功的網路行銷者早就知道顧客的個性及心中的需要了。

@ 果決性

　　成功的網路行銷者在因應市場改變而採取行動時，不會猶豫不決、優柔寡斷。他們對於新的需求會做立即的反應，並調整策略，雄心萬丈的將策略加以落實。如果碰到瓶頸，他們也會改弦易轍，不是等到一年後，而是立即行動。

@ 合作性

　　成功的網路行銷者所重視的是團隊合作，而不是單打獨鬥。他們非常重視互惠的互動，會和顧客、供應商及商業夥伴共同研究如何才能將產品有效的導入市場。他們會與供應鏈中的各成員共同合作，將交易流程變得更有效率、更具獲利性。

@ 專業性

　　某一領域的專家會有「專業性」的美譽。成功的網路行銷者必然具有網路行銷的專業性。例如：如果某領域需要的是高度專業性，那麼此網路行銷者本身不是技術專家，就是延攬技術專家的專家。做為一個專業人員，他自然知道品質代表什麼意義，以及無瑕疵的產品與服務代表什麼涵義。

@ 投入

　　成功的網路行銷者會對目前的工作做百分之百的投入。他們的網站是最高的優先，而不是可有可無的東西。從設站到完成，這些網路行銷者無不注意各種過程和細節。這就是說，他們會非常留意供應鏈的需求、顧客服務要求、市場變化、產品品質、生產及交貨等問題。在網站的更新方面，以及在整體行銷策略的落實方面，他們從頭到尾都會保持相當的精力及熱忱。

@ 領導力

　　成功的網路行銷非靠有效的領導不為功。成功的網路行銷者在因應市場趨勢、提供顧客服務，以及達成最終的獲利目標方面，無不扮演著一個領導者的角色。這些領導者個人優於其競爭者的原因，在於他們不畏懼創新、不畏懼成為先鋒。成功的網路行銷者在某一方面或其他方面，總有優於其競爭者的地方。他們可能是第一個將產品及服務推出市場的人，第一個以低成本、高品質、顧客導向、客製化進行電子商務的人。他們相信「逆水行舟，不進則退」，所以會不遺餘力的不斷找尋新方法以維持市場領導者地位。他們會追蹤經濟的、社會的、市場的趨勢，並觀察這些趨勢對其未來動向的衝擊。

@ 諮商技術

　　成功的網路行銷者在與供應商、商業夥伴建立合作協議書時，會利用優異的諮商技術。他們會保護自身的利益，也會公平的對待他人。他們會舉辦公開的商業討論，達成公平的交易。對於協議書的條款，他們也會以開放的、誠實的心態來完成。

　　沒有這些特性，你會成功嗎？祕訣是你要知道自己的長處及弱點，並截長補短。

(1) 創意是可以購買的；圖形藝術師、設計師、文案撰寫者都可以僱用來創造網頁上的圖案及文字，以吸引消費者的光顧及再度光臨。

(2) 雖然你不可能購買直覺，但是透過對消費者心理的深入了解，你便可以增加個人的洞察力。對於在網際網路上所發布的研究及市場調查的深入了解，你對購買者的需求及慾望就有更深一層的知覺。可以利用市場研究來擴展你的參考架構，對於認知運算（cognitive computing）的研究發現尤其要活學活用。

(3) 當你能獨當一面，而且由於資訊充裕，進而使你對於做高品質決策有信心時，果決性自然而然就會出現。但是有時候，你並沒有所希望擁有的資訊。你要分析各個可行方案，找出其優點與缺點，以使風險降到最低。

(4) 與你的顧客、供應商、商業夥伴的合作性需要開放及誠懇的心靈，以及對供應鏈的深入了解。如果你不甚了解這些潛在的聯盟夥伴，或者不甚了解如何使交易流程更具效率，就要花該花的時間去深入了解其運作的細節。你也要了解你們之間互相的影響，以及對顧客的影響。

(5) 你可以自己擁有專業性，也可以聘僱專業人員。如果是聘僱的話，你要找到最優秀的人才，這樣才可建立品質的聲譽。

(6) 在建立網站的早期，由於新奇感所致，你可能會積極的投入。然而，長期的投入才是使顧客再度光臨的不二法門。忘記這件事了嗎？電子商務銷售在 1998 年聖誕節的顧客滿意度遠低於上一年。幾年的成功就能獲得品質的保障了嗎？即使曾經是市場領導者的企業也經歷過許多問題。

(7) 做為一個領導者，不要總是管些雞毛蒜皮的小事，而是要顧全大局。你所

從事的是什麼行業？將重點從「以正確的方法做事」（效率），轉移到「做正確的事情」（效能）。確信你的行為舉止要像個領導者，才會在市場上得到領導者的地位。

(8) 當你與你的顧客、供應商、商業夥伴坐下來擬定協議書時，諮商技術會使你受用不盡。如果你不是一個有技術的談判者，就要聘請有技術的人（如律師、財務專家、會計師等）來幫忙。

 ## 1-8 21 世紀網路行銷公司

在 21 世紀要成為一個卓越的網路行銷公司，企業必須成為機敏組織、創造虛擬企業，以及必須建立知識導向企業。

@ 成為機敏組織

近年來，競爭環境的改變非常急遽。在過去，企業是以大量市場為目標，以大量製造標準化的產品來滿足他們的需求，產品壽命長，資訊非常匱乏，與顧客只進行一次交易。但是今日環境下的企業，必須針對利基市場，在全球製造客製化產品，產品壽命短，資訊非常豐富，並與顧客進行持續性的交易。

機敏（agility）是企業在因應環境的急遽改變、全球市場不斷分歧的情況下，提供高品質、高績效、客製化產品及服務，以滿足需求日殷的顧客之能力。機敏公司（agile company）就是在產品範圍日廣、生命週期日短、客製化需求日殷的市場情況下，仍能滿足顧客需求而獲得利潤的企業。機敏企業必須實現大量客製化（mass customization），也就是在大量製造的情況下，提供客製化產品。機敏企業必須依賴 Internet 技術來整合及管理商業程序，以及依賴資訊處理能力將大量顧客視為許多「個人」。

要成為機敏企業，企業必須實施四個基本策略。第一，機敏企業的顧客會將產品及服務視為是他們個人的問題解決方案，因此，產品價格必須依據顧客的認知（對解決問題的認知）來訂定，而不是製造成本。第二，機敏企業應與顧客、供應商及其他企業通力合作，甚至必要時必須與競爭者合作。這樣的話，企業就

可以儘可能以有效率的、具有成本效應的向市場提供產品，不論資源來自何處、不論誰擁有資源。第三，機敏企業的組織化必須能夠使它在改變快速、不確定的時代成長及茁壯，因此，機敏企業必須建立彈性的組織結構，以便掌握各種不同的、不時在改變的顧客機會。最後，機敏企業應將人員及科技的效用發揮到極致（發揮四兩撥千金的效果）。為了培養企業家精神，機敏企業必須對員工責任（員工肯負責）、適應性及創新力提供重大的誘因。

AVENET Marshall 公司是一個典型的機敏企業。該公司了解到，如果顧客有機會的話，他們希望「完美」，也就是：物美價廉、個人化、隨叫隨到（儘可能快速遞送）。這就是 AVENET Marshall 公司的"Free.Perfect.Now"網站企圖實現的目標。

圖 1-3 顯示「Free.Perfect.Now」商業模式的組成因素。這個模式的實現使得 AVENET Marshall 公司（彼時稱為 Marshall Industries）成為一個機敏的、顧客導向的公司。此模式是清楚的、單純的及有力的工具，並利用 IT（Information Technology，資訊科技）平台以機敏的方式來服務顧客。

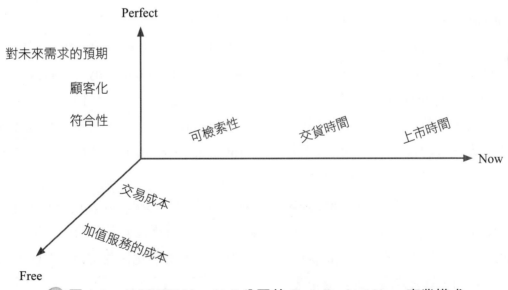

▶ 圖 1-3　AVENET Marshall 公司的 Free.Perfect.Now 商業模式

來源：Omar El Sawy, Arvind Malhorta, Sanjay Gosain, and Kerry Young, "IT Intensive Value Innovation in the Electronic Economy: Insights from Marshall Industries," *MIS Quarterly*, September 1999, p.311.

Free.Perfect.Now 的各向度強調了大多數顧客希望以最低的價格獲得最高的價值，但也願意多付價錢來換得加值服務；同時也強調產品及服務不僅要零缺點，也要提供加值功能、顧客化，以及依據對顧客未來需求的預期來提高品質。最後，Free.Perfect.Now 商業模式也強調顧客能 24×7（一天 24 小時，每週 7 天）的檢索產品與服務、更短的交貨期間，並考慮到產品上市的時效。

AVENET Marshall 公司廣泛的使用 Internet 科技來發展創新的 Internet、Intranet、Extranet 電子商務網站，並且充分體認到：利用 IT 及電子商務策略來服務顧客、供應商及員工，乃是重要的核心任務。這些技術是使企業成為機敏的、顧客導向的企業的重要元素，也是使企業成為電子化企業的有力工具。

@ 創造虛擬企業

今日企業不論規模大小，均紛紛建立虛擬企業，以便讓位於全球各地的高級主管、工程師、科學人員、專業人員等，在不必面對面接觸的情況下，共同合作發展產品及服務。在以前，財富前 500 大企業都有其專屬的科技及網路（如銀行具有威力強大的電腦、專屬的廣域網路），但是現在任何企業均可利用 Internet、Intranet、Extranet 這些科技來獲得相同的成效。

在今日動態的全球商業環境中，形成虛擬企業是 IT 最重要的策略運用。虛擬企業（virtual corporation），或稱虛擬公司（virtual company）、虛擬組織（virtual organization），是利用 IT 來連結人員、資產及構想的公司。

圖 1-4 顯示了虛擬企業利用網路結構（network structure）所建立的組織結構。大多數的虛擬企業是透過 Internet、Intranet、Extranet 連結在一起。這些公司在其內部將商業程序及跨功能團隊以 Intranet 連結在一起。它也會與商業夥伴形成聯盟，並以 Extranet 連結來形成組織間資訊系統（interorganizational information systems），以與供應商、顧客、承包商及競爭者連結在一起。因此，此網路與超層級結構（hyperarchy）可使企業掌握變化快速的商業機會，創造彈性的、具有適應性的虛擬企業。

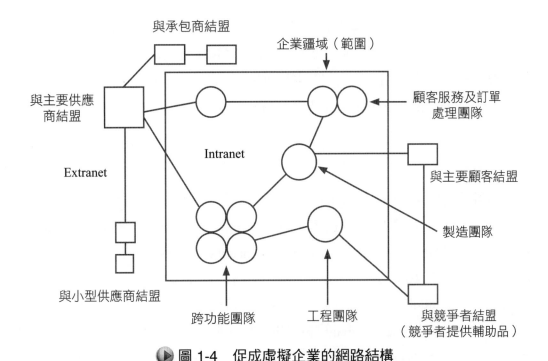

與承包商結盟

企業疆域（範圍）

與主要供應商結盟

顧客服務及訂單處理團隊

Intranet

Extranet

與主要顧客結盟

製造團隊

與小型供應商結盟

跨功能團隊

工程團隊

與競爭者結盟（競爭者提供輔助品）

🔘 圖 1-4 促成虛擬企業的網路結構

來源：James I. Cash, Jr., Robert G. Eccles, Nitin Nohria, and Richard L. Nolan, *Building the Information-Age Organization: Structure, Control, and Information Technologies* (Burr Ridge, IL: Richard D. Irwin, 1994), p.34.

形成虛擬企業的原因

為什麼員工會形成虛擬企業？其基本原因如表 1-6 所示。員工及企業形成虛擬企業，就是落實關鍵商業策略，以及在動亂的企業環境中確保成功的最佳方式。

例如：為了要掌握分歧的、改變快速的市場機會，企業可能沒有足夠的時

🔘 表 1-6 形成虛擬企業的原因

分享基礎設施、分擔風險。
連結具有互補性的核心能力。
透過分享，減低「觀念建立到利潤回收」的時間。
增加設備的利用率及市場範圍。
接近新市場、分享市場及顧客忠誠度。
從「銷售產品」轉型到「銷售解決方案」。

間、資源來承擔製造及配銷基礎設施的成本,並獲得所需的 IT。在這種情況下,只有快速的形成虛擬企業,與明星級的商業夥伴建立關係,才能夠掌握並集結必要的資源,以便向顧客提供世界級的解決方案、掌握市場機會。顯然,今日的 Internet、Intranet、Extranet 及其他 Internet 科技,是創造創新性解決方案的重要元素。

思科的虛擬製造

思科系統公司(Cisco Systems)是世界級的通訊產品製造商。Jabil Circuit 是年營業額超過 10 億美元的電子產品第四大承包商。思科公司與 Jabil Circuit 及 Hamilton 公司形成了虛擬製造公司(virtual manufacturing company)。

客戶對思科 1600 系統路由器(將小型辦公室與網路連結的網路處理器)的訂單,可立即同時呈現在位於聖荷西的思科公司,以及位於匹茲堡的 Jabil Circuit 公司電腦上。Jabil Circuit 隨即開始在三個地點(即 Jabil 本身、由思科擁有股權的 Jabil 及 Hamilton 擁有股權的 Jabil)製造路由器。製造完成後,由聖荷西的工程師進行電腦測試,接著由 Jabil Circuit 直接運送給客戶,然後由思科向客戶開立發票,由 Jabil Circuit 向思科發出電子帳單。因此,思科與 Jabil Circuit 及 Hamilton 形成聯盟,使它成為虛擬製造商。從此之後,思科公司便能在競爭激烈的電子通訊業成為一個機敏的、接單生產的、具有競爭力的企業。

@ 建立知識導向企業

在今日的經濟環境下,唯一能確定的就是「不確定」。企業持續的競爭優勢來源就是知識。當市場轉型、技術突破層出不窮、強敵如林、產品在一夕之間變成明日黃花的今日,企業的成功完全奠基於不斷的創造新知識、在組織內廣泛的散布知識,並將新知識導入於新的技術及產品上。以上的活動勾勒出了持續追求創新的知識創造(knowledge-creating)公司的特色。

對今日許多企業而言,唯有成為知識創造公司或學習型組織(learning organization),才可獲得持久的競爭優勢。學習型組織會創造兩種類型的知識:其一是外顯知識(explicit knowledge),也就是資料、文件、紀錄、儲存在電腦的東西;另外一種是內隱知識(implicit knowledge),也就是儲存在工作者腦中的知識的「如何」(know-how)部分,亦即是如何獲得知識。成功的組織管理

會創造有關的技術及報酬制度，使工作者願意分享知識，以及善用工作場所累積的知識。在這種情況下，公司的員工會在工作場合發揮運用知識的成效。

知識管理系統

新知識的產生，通常都由個人開始。例如：某位聲譽卓越的研究者對於新現象的發掘，使得人們對此新現象有了新的體認。一位中階管理者對於市場趨勢的直覺，變成了新產品觀念的催化劑。不論哪一種情況，個人知識都必須轉換成能夠增加組織整體價值的組織知識。要使個人知識成為組織知識，是學習型組織的重要任務，必須在整個組織內全面的、持續的做到這點。

知識管理是 IT 的重要策略運用。企業必須建立知識管理系統（Knowledge Management Systems, KMS）來管理組織學習及企業知識。KMS 的目標，在於幫助知識工作者如何創造、組織及使用企業內的重要知識，以及幫助他們無論何時、何地，只要需要就可以獲得知識。這個目標的實現並不是一蹴可幾的，因為它涉及到組織內程序、專利、相關工作、工作方式、「最佳實務」、預測及修正方面的變革。Internet 及 Intranet 網站、群體軟體、資料採礦、知識庫及線上討論等，都是在蒐集、儲存及散布知識方面的重要 IT。

KMS 可加速組織的學習及知識的創造。KMS 使用 Internet 及其他技術來蒐集和編輯資訊、評估其價值、在組織內散布知識，並將這些知識運用到商業程序上。KMS 有時也被認為是適應學習系統（adaptive learning systems），因為它可以創造出稱為學習迴圈的組織學習週期。學習迴圈（learning loop）是指知識的創造、散布與應用會在組織內產生適應式的學習過程。

KMS 的設計可使知識工作者迅速得到回饋的資訊，並可鼓勵員工的行為改變，進而大幅改善企業績效。當組織學習的過程不斷進行，且知識不斷擴散時，學習型組織就可將知識整合在商業程序、產品服務中。在這種情況下，企業就會變得更機敏，更有創新力，更能提供高品質的產品與服務，同時也成為競爭者的強勁對手。

Storage Dimension 公司是高品質 RAID disk 儲存系統、高容量磁帶備份系統，以及網路儲存管理軟體的發展者及製造商。它的行銷作業遍及北美、歐洲及太平洋邊緣國家，其客戶都是財富前 1000 大企業。圖 1-5 顯示了 Storage

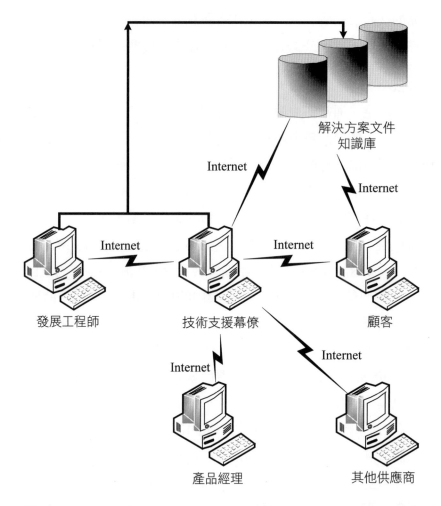

解決方案文件
知識庫

Internet

Internet

Internet Internet

發展工程師 技術支援幕僚 顧客

Internet Internet

產品經理 其他供應商

▶ 圖 1-5　Storage Dimension 公司的 KMS 的適應式學習迴圈

來源：Omar El Sawy and Gene Bowles, "Redesigning Customer Support Process for the Electronic Economy:
Insights from Storage Dimensions," *MIS Quarterly*, December 1997, p.467.

Dimension 公司的 KMS 的適應式學習迴圈。此 KMS 是其 TechConnect 顧客支援
管理系統的重要元素，大幅提升了顧客服務及支援的品質。

　　TechConnect 依賴獨特的問題解決軟體、Internet 與 Intranet，以及顯上網路
知識庫（可超連結到各問題解決文件）。然後，產品經理、研發工程師、技術支
援專業人員或顧客本身就可以立即分析及解決顧客問題。這些解決方案會被整合
到 TechConnect 知識庫內，形成問題解決文件。新的知識將自動連結到相關的症
狀及解決方案系統中，並更新知識庫。

TechConnect 軟體會自動依據用途及使用頻率，對各種解決方案加以排序，以便解決特定問題。因此，TechConnect 具有學習功能，並可隨時建立及更新新的商業知識。

1-9 有關本書

本書的撰寫充分體認到透過網路行銷來增加顧客價值的重要性，而要增加顧客價值，非靠有效的網路行銷規劃不為功。有效的行銷規劃首重對於網路環境的了解，以及如何利用有效的工具（如網路行銷研究）來了解網路消費行為。

網路安全的問題不容小覷。網路安全出了問題，嚴重的話會使企業萬劫不復，所以本書對於網路安全的問題著墨甚多。此外，網路行銷者必須做好顧客關係管理，並獲得網路競爭優勢。

在這個數位時代，網路行銷者必須了解數位世界的林林總總，並從網路（包括網際網路、企業內網路、企業間網路）支援的電子商務中獲得實質的好處。

要落實增加顧客價值的理念，進而滿足網路消費者的需要，網路行銷者必須擬定有效的網路行銷組合策略（Internet marketing mix strategies），也就是產品策略、訂價策略、配銷策略及促銷策略。由於廣告策略在網路行銷中扮演著一個極為關鍵的角色，所以本書將另以專章來討論。

以上是作者在撰寫本書的思維。欲充分了解本書的內容及所闡述的重要觀念，應具有基本的行銷觀念及網際網路知識。

本書的撰寫力求清晰及口語化，使初學者對於網路行銷能夠有一個清楚的、正確的觀念，以便有效應用在網路行銷實務之中。本書具有以下特色：

1.「掌握新科技」是本書的特色

本書企圖掌握網路科技在網路行銷策略上運用的新趨勢。同時，為了使讀者更能掌握網路行銷的最新發展，本書將儘量提供有關的網址，以便讀者上網做更進一步的了解。

2.層次性

本書的撰寫分為四大部分，分別為網路行銷的基本觀念、數位時代、網路行

銷策略規劃與了解市場、網路行銷組合策略。每一個討論中均包括網路行銷的重要課題,以便於讀者建立清晰完整的架構。

3. 新穎性

本書參考了美國、台灣暢銷教科書、當代有關研究論文內容,以及相關的個案,以期提供最新的資料。

本書中的各章,由於要使得頁數上約略相等,以方便教學,故將該章的有關重要部分收錄在附錄中。如果教學時間允許,可講授有關的附錄。本書在說明內容的深淺度上,「並不假設」讀者具有行銷管理及計算機的基礎,因此會適當的說明這些相關的知識內容,以便於讀者做全盤性的了解。但是限於篇幅,本書不可能淋漓盡致的加以闡述。讀者如欲奠定行銷管理及計算機的扎實基礎,可參考作者在五南、三民、滄海、華泰書局出版的相關書籍。

複習題

1. 何謂網路行銷？

2. 試列表說明網路行銷的效益。

3. 何謂行銷觀念？具有行銷觀念的網路行銷者會有哪些作為？

4. 試分辨需要（need）、慾望（wants）及需求（demands）的差別。

5. 何謂行銷導向組織？行銷科學研究院（Marketing Science Institute, MSI）對於市場導向的定義是什麼？

6. 試說明網際網路發展四階段。

7. 試列表說明行銷重心的演變。

8. 試繪圖說明網路行銷的構成因素。

9. 試扼要說明網路行銷每年發展主軸。

10. 試說明價值方程式。

11. 何謂顧客終生價值？如何計算？試舉例說明。

12. 試扼要說明價值行銷。

13. 價值行銷有哪些原則？

14. 試說明網際網路對行銷研究的影響。

15. 試說明網際網路對目標市場的影響。

16. 試說明網際網路對廣告的影響。

17. 試說明網際網路對公共關係的影響。

18. 試說明網路對既有出版商的衝擊。

19. 試說明網路對既有零售店的衝擊。

20. 試說明網路對既有型錄銷售的衝擊。

21. 成功網路行銷者的特性是什麼？

22. 在 21 世紀要成為一個卓越的網路行銷公司，企業必須成為機敏組織、創造虛擬企業，以及必須建立知識導向企業。試加以闡述。

練習題

1. 吳思華（1998）在所著之《策略九說》一書中提及，價值形成的要素包含「顧客」、「商品組合」、「廠商活動」。試申其意。

2. 四年一度的世界盃足球賽（World Cup）是全球最轟動的賽事，其精采的程度往往使得奧林匹克賽相形見絀。60 個以上有關世界盃的網站，以及許多與此網站相關的資源投入，向線上行銷者（online marketer）印證了這樣的事實：網路發展一日千里，永無止境，而如排山倒海而來的網路威力更是洶湧澎湃。你同意這個觀點嗎？試加以闡述。

3. 顧客價值是指顧客對於公司績效在整個業界的競爭地位的相對性評估，具有以下兩種不同的意義：心中價值與價格價值。試分別加以說明。

4. 上網找一些有關「顧客價值」的研究論文（例如：顧客價值的「方法目標鏈結模式」之研究），做成心得報告，和同學分享。

5. 台灣網際網路的發展可分為四階段：(1)1985～1991，蘊釀期；(2)1992～1995，發展期；(3)1996～2000，成長期；(4)2001～2005，擴充應用期。試上網找一些補充資料，說明各期的資訊科技導入與應用。

6. 在 Google 的搜尋引擎上鍵入「網路行銷新趨勢」，收錄一些相關資料，整理之後提出你的心得報告。

7. 試說明下列各項如何透過網路行銷以獲得成功：(1)政治人物；(2)網路服務品牌；(3)E-mail 行銷；(4)「一頁台北」。

8. 以下是在網際網路上有關「21 世紀網路行銷公司」的討論文章。試提出你的看法：(1)網路行銷不是「萬靈丹」；(2)Web ATM 網路行銷系統是 21 世紀最有效的行銷方式；(3)網域名稱已如同 21 世紀的不動產；(4)不架設網站就等於折磨客戶。

9. 你同意以下對「網路行銷的衝擊」的看法嗎？為什麼？(1)Web 2.0 對網路行銷有著巨大的衝擊；(2)網路行銷衝擊實體產業；(3)愈來愈多個人經營的網路商店冒出頭來，甚至搶占了不少傳統業者的市場占有率。

10. 你認為網際網路會使人變得更聰明，還是更愚笨？為什麼？

網路競爭優勢

- 2-1　競爭優勢
- 2-2　網路低成本優勢
- 2-3　網路差異化優勢
- 2-4　經營、成長與轉型
- 2-5　供應鏈管理
- 2-6　顧客關係管理
- 2-7　商業情報
- 2-8　整合性協同式環境
- 2-9　亞馬遜化

2-1 競爭優勢

@ 建立競爭優勢

管理者與組織如欲在其商業的競爭環境中獲得並維持佼佼者的地位，最重要的課題是什麼？答案就是利用組織資源來建立競爭優勢。競爭優勢（competitive advantage）就是由於組織能以更有效率、更有效能的方式，比競爭者更能提供顧客所需的產品與服務，因此能夠超越其他組織的能力。建立競爭優勢的五個基礎是卓越的效率、品質、速度、彈性與創新，以及顧客反應。企業建立了這些基礎後，才可能扭轉乾坤。[1]

扭轉乾坤的管理是一個既複雜又困難的管理活動，因為它是在極大的不確定性下所進行的。顧客、員工、投資者對於未來的變化毫不確定，因此顧客會懷疑還會有顧客服務嗎？員工會懷疑還保得住飯碗嗎？投資者會懷疑是否應抽回銀根？對於危機四伏的企業而言，失敗的風險尤其大，而這些企業通常會進行大幅改組或重組以扭轉乾坤。例如：即使風光一時的企業如戴爾，其市占率也在 2006 年拱手讓給像惠普、蘋果電腦這樣的競爭者。其新任最高執行長 Kevin Rollin（因邁可・戴爾看到他有很強的管理技術，因此聘用他）努力不懈地尋找各種方法，使公司重拾領導性地位。很少有公司能長期保持領先（經常是時載時沉），這也是為什麼管理者必須不斷地監視競爭者的績效，並時常「衡外情、量己力」的理由與重要性。

就長期而言，使得獲利性高於一般水準的基礎是什麼？即是持續的競爭優勢。企業與競爭者相較之下，雖然在許多方面不相上下，但是企業必須把持著能增加競爭優勢的兩個策略——成本領導策略（cost leadership strategy）與差異化策略（differentiation strategy），才能夠立於不敗之地，甚至領先競爭者。

---

[1] 有關競爭優勢的基礎與環境因應策略的詳細討論，請參考：榮泰生著，策略管理學（台北：三民書局，2006），第 6 章。

@ 成本領導策略

因看好台灣伺服器市場的潛力，IBM 正式推出 Netfinity 伺服器搶占低價市場，目前 IBM 在台灣伺服器市場占有率低於宏碁、康柏電腦及惠普。IBM 表示，藉由引進低價機種，IBM 2011 年將以成為伺服器市場占有率最大的外商為目標。有鑑於台灣企業用戶大量增加，國內伺服器市場隨之成長，市場競爭愈來愈激烈，包括宏碁、惠普、康柏和 IBM 等本土廠商和國際大廠，均致力提升在台伺服器市場占有率。根據業界估計，台灣伺服器市場以中低價位機種需求量成長最為迅速，IBM 於是決定引進新型低價伺服器，以填補市場空缺並提升占有率。

成本領導者（cost leader）就是具有最低生產成本的企業，它們的營運範圍很廣，並企圖滿足許多目標市場的需求，其作業面甚至擴展到相關的產業。企業經營的寬度（breadth）對成本優勢的達成是很重要的。成本優勢的獲得有很多來源，且依產業結構的不同而異。這些來源（或原因）包括：經濟規模、專有的技術，以及對原料的近便性等。例如在電視業，低成本來自於映像管製造的規模經濟、低成本的設計、自動化的裝配，以及能分擔研究發展成本的全球化作業。

實施成本領導策略的企業也不應忽視差異化策略，因為當產品不再被消費者所接受，或是競爭者也同樣做降價競爭的時候，企業必定被迫降價。此時如能再實施差異化策略，則庶幾可維持原先的價格水準。西北航空公司原先也是採取低成本策略，所幸及早發現其低成本策略的優勢不復存在，便轉而實施差異化策略（改善其行銷策略、提高對旅客的服務等）。

@ 差異化策略

要了解差異化策略，需先了解以下三個個案：

(1) 開發高單價、附有避震器的自行車已成為近年廠商確保競爭力的途徑之一。最早只有裝置前避震器的自行車，三、四年前才開始出現裝置前後避震器的全避震器自行車，到了 1998 年，台灣各自行車廠幾乎都開發出全避震器自行車，成為台灣外銷自行車主力。

(2) 搬家市場出現新型經營系統，這種介於精緻與傳統型搬家公司的方式，是

結合保險和加盟力量，打算搶下每年 20 億元以上的大台北地區搬家市場。市場上現在有兩種搬家型態：一是精緻型，以包裝取勝，如從加拿大引進的蒙特利爾搬家公司；另一種則是傳統的貨車運送型態。根據自關中間層客源的舒事公司企研部調查指出，有過搬家經驗的 1,200 名民眾中，不到 1%的人對搬家公司的服務感到滿意，不滿意的前三名原因分別是搬家公司態度惡劣、惡性加價和託運品損害卻無處求償。為了區隔出精簡兩端的客源，舒事公司採取平價優惠的搬家系統，採用蒙特利爾的運送型態和人員教育系統，但不過分重視包裝，加上蒙特利爾 20%股權的支持，以及知名演藝人員的入股代言，熱熱鬧鬧的進攻搬家市場。以每輛 3.49 噸的貨車每趟價格來看，精緻型搬家一車 8,000 元，傳統型搬家約 1,500～2,000 元，中間型新型系統的價格約 3,000 元。舒事搬家公司表示，由專業人員估價後簽訂委運契約書，以及搬運過程全程保險，是其經營型態的兩大特色，也是其差異化所在。這種源於國外系統的搬家型態，每車有 10 萬元的基本免費保險額度，客戶可額外追加保費，保險理賠範圍包括遺失、損壞（含全損、刮傷、斷裂）。

(3) 微軟總裁比爾·蓋茲在他的新書《數位神經系統》（*The Speed of Thought*）中提到，公元 2000 年後，企業要成為贏家，其關鍵在於「速度」——快而正確的連結反應，才能保有競爭力。相信很多企業都有這樣的經驗：為什麼客戶要求當場報價，而我們卻需要2天？為什麼客戶要求10天出貨，而我們卻只能答應21天？為什麼別人能以一個月的時間讓新產品上市，而我們卻需要三個月？為什麼別人能成長一倍以上，而我們卻只成長 30%？凡此種種在「回應速度」上的劣勢，終將造成企業完全喪失競爭力。這也就是 QR（快速回應）的能力，在未來網際網路新紀元中，更加不可或缺的原因。為協助製造業運用快速回應（Quick Response in Manufacturing, QRM）的觀念，建立以「速度」為差異化的競爭優勢，經濟部工業局特別委託資策會推廣服務處籌劃「製造業快速回應 QRM 種子人才培訓營」，培養學員成為製造業導入「快速回應」的種子人才，成為專業顧問，輔導企業縮短詢價、報價、採購、出貨等的各項成本，建立以速度為導向的公司文化，創造公司的競爭優勢。

　　企業在某些消費者所重視的層面上企圖做到「獨特」，或者公司所提供的價值超過了顧客的預期，謂之差異化策略。差異化的基礎有的是產品本身、配銷系統，有的是行銷方法等。開拓農機公司（Caterpillar）是在產品耐久性、服務，以及零件供應、經銷網路方面進行差異化。在化妝品業，差異化的基礎是在產品印象以及商店櫥窗擺設方面。

　　實施差異化需使得產品價格超過成本，才能有利可圖。因此，實施差異化策略不能忽視了成本因素。

　　企業在進行差異化策略時，要針對在競爭者無法或未能強調的特有屬性上。差異化可分為實質差異（physical differentiation，真正的差別）與認知差異（perceived differentiation，消費者所認為的差別）。

@ 綜合討論

　　企業不論是用成本領導策略、差異化或集中策略，都必須有一定的技術與資源配合，才能竟其功。組織作業、結構亦需做適當的調整。實施基本競爭策略的條件，如表 2-1 所示。

▶ 表 2-1　實施基本競爭策略的條件

競爭策略	所需的技術及資源	對組織的需求
成本領導	持續的資本投資、獲得資金的近便性； 製造工程技術； 對人員做嚴密的監督； 簡化產品設計； 廉價的配銷系統	嚴密的成本控制； 經常提出詳細的成本報告； 明確的責任歸屬； 獎勵的提供依據是「是否達到嚴格的數量標準」
差異化	行銷能力強； 產品具有創新力； 基礎研究的能力強； 品質及技術卓越； 配銷系統的密切合作	研究發展、產品發展及行銷的協調； 利用主觀的衡量標準（不用數量）來評估績效； 吸引具有高度技術者、科學家及具有創意者
集中	兼具上述各項，但針對某一市場區隔	兼具上述各項，但針對某一市場區隔

@ 風險

上述策略的實施，並非一勞永逸。事實上，企業如果無法獲得、不能支持、或持續的運用某種策略，甚或利用此種策略的優勢隨著產業的演進或變革而漸漸消失時，便有所謂的「風險」產生。

福特汽車傳統上以自動化作業，生產樣式少、成本低的汽車，並積極地向後整合到零件供應商。然而當人們的生活水準漸漸提高，生活愈來愈富裕，而想買第二部車子的時候，所要求的便是樣式及新潮。[2]

通用汽車所採取的差異化策略與福特的低成本策略大相逕庭，正好迎合了消費者買第二部車的心理。因此，企業對於消費者偏好的改變不可不察，而且策略也應隨著環境的改變而做適當的調整。

會使成本領導者喪失其競爭優勢的原因有：技術的改變（例如以真空管製造電腦的企業，在真空管被積體電路取代之後，低成本製造真空管的優勢必然會喪失）、跟隨者也學習到了低成本的作業方式及技術、產品或市場的改變、原料成本的上升等因素。

實施差異化的企業亦會面臨下列風險：購買者的偏好改變，寧可犧牲某些產品或服務，而就較便宜的產品；購買者對「差異化因素」（differentiating factor）的需要已不再重視；競爭者的模仿，使得差異化因素不再為該企業所獨有。

蘋果電腦公司為個人電腦的先鋒，但在 1996 年的個人電腦市場占有率已從原來 7.9%降到 5.2%。由於其他廠牌個人電腦使用英特爾晶片和微軟公司的視窗 95 操作系統，在使用的簡便性上逼近蘋果的麥金塔操作系統，使得蘋果電腦的競爭力漸弱。這個例子充分說明了蘋果電腦的優勢（差異性）已不再獨有。

@ 策略的指導原則

企業在擬定策略以獲得持久的優勢時，必須考慮下列因素：

2　M. Edid and W. J. Hampton, "Now That It's Cursing, Can Ford Keep Its Foot on the Gas?" *Business Week*, February 11,1985, pp.48-52.

(1) 管理者不應忽略任何「可爭的優勢」（contestable advantage）。為了獲得持久的優勢，即使是只能達到短暫優勢的事物，也值得去嘗試。

(2) 在維持競爭優勢方面，並非所有的產業都有相同的機會。企業固然可將在某一產業所獲得的優勢，應用在其他相關的行業上，但並非一定能夠楚才晉用。企業應審視每個產業的任務環境中的每個因素（例如：供應商、顧客、代替品等），以了解維持優勢的機會何在，以及如何持續地維持這些優勢。

(3) 掌握時機，注意警訊。企業應不時地觀察環境，當科技、需求的形式、可利用的原料等發生重大的改變時，應研判是否可利用此機會創造更有效的優勢。王安公司忽略了業績衰退的警訊，對於市場的反應缺乏敏銳度，都是造成其營運面臨困境的主要因素。

2-2 網路低成本優勢

許多行銷者當初投入網路行銷時，就是看準了透過網路行銷，其支援顧客服務活動的成本會大幅降低。在支援顧客方面所做的投資，不僅是可衡量的，而且也是可駕馭的。

利用網路提供顧客支援所節省的成本是相當可觀的。思科公司（Cisco Systems）是利用網路來進行其行銷活動最為積極的公司之一。這是可以理解的，因為思科公司本身就支配了路由器（router）的銷售。思科公司視其網站為「將網路科技發揮得淋漓盡致」的典範。根據該公司的估計，網路行銷使得公司每年節省了 5 億美元，幾乎是年銷售額的 8%。

@ 線上出版

最大的節省來自於產品手冊。思科公司利用線上出版（online publishing），每年可節省約 2.7 億美元的費用。思科公司的主要產品路由器是非常複雜、非常技術性的。路由器是網際網路的骨幹，可以把分封資料傳遞到其目的地，是每一個電子郵件系統或網站的「必需品」。由於與路由器有關的軟體及硬體的技術

非常複雜，因此要印製成文件使得客戶人手一冊的話，勢必要耗費相當高昂的費用。

思科公司可以節省大量成本的另外一個理由是在於它擁有龐大的顧客群。在路由器市場，思科路由器的市場占有率約有八成。路由器軟體每一次更新時，龐大的技術手冊也必須隨之更新。如果將這些技術手冊印製成冊，再用郵寄方式寄給其顧客的話，不僅曠日費時，而且所費不貲。透過線上出版，就可節省一筆龐大的費用。新版技術手冊在線上公布後，再以電子郵遞通知顧客，如此一來，顧客既不會參閱到舊版的手冊，而且也可以及時的參考新手冊。

昇陽公司（Suns Microsystems）使用網內網路或企業內網路（Intranet）所節省的成本，也是相當可觀的。在「員工受惠」這項所節省的費用約 130 萬美元，其他詳細的資料如表 2-2 所示。

▶ 表 2-2　昇陽公司利用 Intranet 所節省的成本

	每月單位	單位成本	年度節省
內部新聞	28,000	$0.74	$252,000
工作訊息	52,000	$0.74	$492,000
員工受惠	14,000	$8.00	$1,344,000
行銷最新消息	235,000	$0.66	$1,390,000

@ 電子配銷

思科公司第二項節省來自於電子配銷（electronic distribution）。配銷的主要功能就是創造產品及服務的時間效用及地點效用。用電子方式傳遞資訊，可節省產品的包裝成本和運輸成本。

但是電子配銷需負擔寬頻費用（bandwidth charges）。寬頻費用是網路服務公司（Internet Service Provider, ISP）所訂的費用（在美國，公司可與 ISP 交涉費用）。對一個利用網際網路傳輸的典型美國公司而言，1998 年每百萬位元組（megabytes, MB）的費用是 5 分美元。對於小量、中量的資料傳輸，利用網際網路是划算的；但是對於大量資料（如容量在 500 MB 的 CD-ROM），則不划算。

雖然必須負擔寬頻費用，但是許多公司已經發現到利用線上配銷還是有相當助益的。套裝軟體的線上更新並鼓勵客戶自行下載，總是比向每個客戶郵寄更新版，可節省更多的費用。除此之外，掌握時效更是重要的一件事。

在掌握時效方面，最典型的例子就是 Intuit 公司的經驗。Intuit 公司在其稅務軟體及財物管理軟體 Quicken 的銷售及服務方面，一直為客戶所稱道。但在美國，稅法年年都有修改，而定案的時間與報稅截止日相差不過三個禮拜。這種情形對 Intuit 公司而言，無疑是一個相當大的挑戰。1995 年，Quicken 報稅軟體中出現了一些處理報稅的設計問題，但是怎麼辦呢？客戶都已經在利用這個有問題的軟體做報稅的工作，該公司隨即緊急製作並郵寄客戶修正 CD 版，結果這些衍生的成本幾乎抵銷了所獲得的銷售利潤。更嚴重的是，有些客戶在收到這個修補程式之前就已經報稅了。

如果更新程式在網站上公布並通知客戶自行下載，或利用推播技術（push）直接下載到客戶的硬碟中，不僅可節省龐大的費用，同時也掌握了時效。

可喜的是，Intuit 公司在新版的 Quicken 99 中加上了網路自動更新的功能，客戶只要在「網路更新」的圖示上一按，就可以連結到其網站，並做立即的程式更新。

@ 虛擬問題解決

個人電腦製造商所面臨的問題，可分為硬體故障及軟體的不相容。要診斷出問題，需費上一段時間。一項對 7,500 位個人電腦使用者的調查顯示，平均每位使用者花在診斷電腦問題的時間約 15 小時。對於製造商而言，花在替每位使用者診斷問題的時間從 8 小時到 35 小時不等。診斷之後，花在真正解決問題的時間也至少要幾個星期。平均而言，真正解決問題的時間少則 11 天，多則 35 天。[3] 不可否認的，在診斷問題方面力不從心的公司，在問題解決方面又怎麼可能有好的表現？在診斷問題、解決問題方面有效率、有效能的企業，才能庶幾讓顧客獲得滿足。

---

[3] David Gabel and Eileen McCooey, "The Windows Magazine Tech Support Survey," *Windows Magazine*, August 1997.

網路行銷者可以對顧客所遭遇的問題及解決方案中加以分析及分類，並建立一個問題集檔案或「經常詢問的問題」檔案（Frequently Asked Questions files, FAQ files）。顧客遇到問題時，可以到網頁中的 FAQ 去查詢，以便從中了解問題所在及解決方案。

@ 電子郵件管理

一般的電子郵件管理是相當勞力密集的，當顧客提出問題時，網路行銷者總是要做一對一的回答。充其量電腦系統會將電子郵件依照問題的內容加以歸類，再傳給相關的人員，由這些具有某一專長領域的人向客戶提出解答。

但是新進的網路科技不僅可以利用人工智慧將問題加以分類，並可以檢索 FAQ 資料庫檔案，如果發現類似的問題及解決方案，就會從 FAQ 資料庫檔案中加以集結、整理，並主動傳送給顧客。

@ 企業內網路

為了突如其來的工作要求所耗費的成本，是不容忽視的。為了避免臨時的手忙腳亂，事先就必須有縝密的規劃。透過網際網路、企業內網路，不僅可以有效率的應付突然的工作要求，而且也可以改善服務的品質。

美國總統號（American President Line, APL）運輸公司的例子，正驗證了上述各點。美國總統號行銷全球，其本身擁有龐大的輪船、火車及卡車運輸作業。當一個在日本的客戶詢問從日本到芝加哥的運費時，APL 網站就可以馬上檢索其企業內網路的資料庫，並做及時報價。這樣一來，即可節省大筆的人事費用、電話費用及傳真費用。

2-3 網路差異化優勢

差異化之所以產生，是因為公司所創造的價值等於或超過了顧客的預期。不論多麼簡單的產品，只要公司所提供的產品或服務超出顧客的預期，他們的心中就會覺得滿意。

@ 獨特性

以對競爭者的了解為基礎，擬定一個使你具有獨特性的銷售策略。你的獨特性在哪裡？你的產品及服務能夠向顧客提供什麼利益？你如何滿足他們的需求？專家認為你的網站更具有互動性嗎？你的產品最受歡迎嗎？你的服務最好嗎？我們都曾受到資訊膨脹之苦，如果你的產品毫無特色，提供的方式又毫無創意，那麼即使你的網站得到最佳設計獎，也是無濟於事。

最好的購物網站並不是硬繃繃的把商店及印刷型錄加以電子化而已。這些網站主要是提供了一個嶄新的購物經驗。值得注意的是，許多公司的成敗在於他們如何實現自己的理想，而不在於如何設計網站（成功的關鍵在於達成目標的方法，而不是在網站上耍噱頭）。

Trout and Rivkin（2008）認為，不論線上或離線策略，差異化的內涵包括：(1)市場的先占者（領頭羊）；(2)在顧客心目中獲得產品屬性的獨特形象；(3)展現出產品領導者的態勢；(4)發揚公司歷史文化與遺產；(5)支持與展現具有差異化的理想；(6)將差異化因素傳達出去。[4]

Watson 等人在其《電子商務：策略觀點》一書中提到網際網路差異化策略包括：網站環境、信任、效率與及時性、定價、顧客關係管理、使用者產生的內容（User-Generated Content, UGC），詳如表 2-3 所示。

▶ 表 2-3　網際網路差異化策略

網站環境	信　任	效率與及時性
· 網站外觀與感覺 · 網站親和力 · 虛擬導覽	· 明確、扎實的隱私權政策 · 利用加密技術保障交易安全性 · 深度的品牌認同	· 交貨承諾的實現 · 及時交貨
定　價	顧客關係管理	使用者產生的內容
· 競爭導向定價 · 要讓顧客覺得划得來	· 顧客追蹤 · 密切溝通 · 關係建立的效率	· 讓拜訪者留言、傳送影片、圖片 · 信任、傾聽、反應、學習

來源：Richard T. Watson, et al., Electronic Commerce: The Strategic Perspective, Harcourt, 2000-2008. The Book is Licensed Under a Creative Commons Attribution 3.0 License.

---

[4] Jack Trout and Steve Rivkin, *Differentiate or Die, Positioning and Marketing Warfare* (Hoboken, N.J.: John Wiley & Sons, Inc., 2008).

@ 獨家經營權

在考慮到差異化——不論是相較於競爭者，你有差異性，而且在企業內的每一個功能上，你也有差異性——的重要性時，你所要著重的，已不僅是網站設計技術了。一個有效的策略（雖然執行起來並不容易），就是從製造商那裡獲得更多的獨家經營權。

如果你的網站是少數幾家銷售「春季手提包」的公司，你就要設法將顧客的注意力從競爭者那裡搶過來（獲得獨家經營權）。當你和競爭者談判時，有多少家會放棄經營權？這值得你多加思考、多加努力。

2-4 經營、成長與轉型

在以整體的觀點來檢視組織，並決定如何以 IT 來支援組織獲得競爭優勢方面，一個有用的觀念性架構就是「經營、成長與轉型」（Run-Grow-Transform, RGT）。RGT 架構可幫助你分配 IT 資源（通常以百分比表示）到各企業策略上。如果你只是對「老樣子」有興趣，你就會將百分之百的 IT 資源投入在「經營」策略上；如果你想以某種方式讓企業轉型，你可能只會將某特定比例的 IT 資源投入在「轉型」策略上。以下是 RGT 架構的說明：

R（經營）：將既有的程序與活動的執行達到最適化。

G（成長）：增加市場接觸、產品與服務，提高市占率等。

T（轉型）：採取嶄新的商業程序，跨入截然不同的市場等。

你可以將 RGT 架構中的「經營」看成是在獲得競爭優勢方面的「成本」，「成長」看成是在獲得競爭優勢方面的「收益」。同樣的，RGT 架構並不是技術，而是如何獲得競爭優勢的思考架構。

RGT 架構的應用，要看組織的成熟度而定。新興的風險性投資事業通常會致力於「成長」，而成熟的企業（產品與服務均已成功定型的企業）則會全力投入在「經營」的努力上。成熟的企業可能是市場領導者，因此會透過價格與成本的最適化來維持其競爭優勢。

但是，不論成熟度如何，所有的企業都要致力於「轉型」上。資訊科技一日千里，整個產業會被迫轉型，企業經營的方式當然也會被迫改變。例如：影音產品業者會因為資訊科技的衝擊，而從 CD／DVD 的專輯銷售轉型為「使用者計費」的經營模式（百視達的「過期罰款」模式也將成為明日黃花）。

現在我們將注意力放在一個公司上（也就是你的公司），而不是整個產業。在商業世界中，有句俗語說得最貼切：「商業如逆水行舟，不進則退。」這是不言而喻的道理，無庸贅述。你的競爭者永遠想超越你，因此你的公司需不斷的想辦法轉型。你要有預見預謀的能力，並善用 IT 成功轉型。

eBay 就是一個典型實例。它從不以全球線上拍賣的佼佼者而自滿。數年前，它購併了 PayPal，並開始向買賣雙方提供付款服務。2003 年，它開始提供信用卡服務，以「消費計點」方案鼓勵 eBay 會員以信用卡付款：任何使用信用卡付款所累積的點數，即可折抵在 eBay 線上購買產品、享受服務的價格。如果不用高級的 IT 技術，如何能將 PayPal 的付款系統、信用卡方案整合到 eBay 的系統中呢？

通用汽車（General Motors, GM）也是一個好例子。許多人認為 GM 的核心能力是汽車製造，雖然所言屬實，但是 GM 在汽車融資（以及另外一項獲利甚豐的房屋貸款）上的獲利遠比汽車銷售還高。它在融資事業（GMAC）這一塊的獲利，比汽車的實際銷售收入還高。你在購買汽車時，GM 並不要求你付現，而是希望你透過 GMAC 來融資或租車。同樣的，GM 必須使用高級的 IT 技術才能夠提供融資與租車服務。

美國線上（American Online, AOL）也是一個好例子。2004 年 3 月，AOL 推出了一個嶄新的付帳單服務。[5]雖然現在你還不能透過 AOL 進行線上付款，但是這個計畫（稱為 AOL Bill Pay）顯然說明了 AOL 企圖從原來被定位的網路服務公司（ISP），轉型成為未來的網路銀行。

就像以上的公司一樣，你的組織也必須想辦法轉型。在高度競爭的商業環境中，轉型勢必難免；也唯有轉型，才能獲得競爭優勢。IT 可幫你順利轉型。

---

[5] Perez, Juan Carlos, "Update: AOL Launches New Bill-Paying Tool," *The Standard*, March 16, 2004, www.thestandard.com/article. php?story=20040316172813723, accessed April 7, 2004.

2-5 供應鏈管理

戴爾電腦（Dell Computer）的供應鏈管理是業界的翹楚，常受到同業的稱羨。它的直銷模式給公司帶來了很大的競爭優勢，讓仍然使用傳統零售店銷售模式的競爭者望塵莫及。傳統的電腦製造商會將製成的電腦透過批發商、零售商來銷售，或者直接透過零售商來銷售。在你光顧商店購買電腦之前，這些電腦不知在零售商的貨架上或在倉庫裡放了多久。傳統典型的配銷鏈會囤積過多的電腦。配銷鏈（distribution chain）就是產品或服務從來源到最終消費者所歷經的路徑。在配銷鏈囤積過多的存貨，會造成金錢上的損失，因為存貨持有者必須負擔產品成本與倉儲成本。在電腦零售的例子中，業者不僅要負擔多餘存貨的成本，而且電腦一旦過時便必須趕緊削價求售，否則當新電腦出現時，再便宜的舊型電腦也將乏人問津。

戴爾電腦公司的經營模式卻是截然不同。它是透過網站直銷，所以在它的配銷鏈中沒有存貨的問題。此外，戴爾電腦公司也強化了它的供應鏈，它利用 i2 供應鏈管理軟體，每兩個小時向供應商發出零件訂單，如此一來，它就可以做到完全的客製化，而且又不需負擔存貨成本。[6]

規模像通用汽車公司這麼大，又是全球營運、有數百家供應商的公司，供應鏈管理、IT 化的供應鏈管理系統是確保零件能夠順利供應到 GM 工廠的必要工具。供應鏈管理（Supply Chain Management, SCM）可以針對整個商業程序、甚至整個公司來追蹤存貨與資訊。供應鏈管理系統是支援供應鏈管理的 IT 系統，可對供應鏈管理的程序完全加以自動化。

許多大型的製造公司會使用及時製造程序，也就是當裝配線上的產品需要某些零件時，這些零件就會及時供應。及時（Just-In-Time, JIT）是指顧客在需要某產品或服務時，就會及時提供。對零售商（如 Target）而言，這表示當顧客上門要購買某產品時，此產品剛好就在貨架上。供應鏈管理系統也著重於確信所供應的產品或零件剛剛好（不多也不少）。手中握有過多的存貨會造成資金的積壓，

---

6 "Configuring 9 500 Percent ROI for Dell," *i2 White Paper*, at www.i2. com/customer/ hightech_consumer. cfm, accessed May 5, 2004.

而且也徒增產品老舊過時的風險；但手中握有的存貨過少也不好，因為這會使裝配線的產能因不能充分發揮而被迫關掉；同時，對零售商而言，也等於平白損失了商機（如果顧客要買的產品缺貨，顧客便不會有耐心等待你補貨）。

供應商遍布全球的公司通常會使用交替運輸模式。交替運輸模式（intermodal transportation）是將產品從製造地運達到目的地所使用的多種運輸工具，例如：火車、卡車、輪船等。這個現象使得 SCM 的後勤作業變得更為複雜，因為公司必須在對不同的運輸模式進行監視與追蹤零件及供應品。試想，託運 50 節車廂的火車，而每一節車廂所載運的東西都要交由不同的運輸公司來承運的複雜情況。即使國內的供應鏈也會使用到交替運輸模式（例如：火車與卡車），更遑論複雜得多的國際貿易。

@ 利用 SCM 爭取策略與競爭機會

設計周全的 SCM 系統可使下列各項達到最適化：

- **及時**：確信能在適當的時間獲得生產所需的零件及銷售所需的產品數。
- **後勤**：儘可能地壓低原料的運輸成本，又能兼顧安全而可靠的送貨。
- **生產**：在需要的當時可獲得高品質的零件，以確保生產線能夠順利運作。
- **收益與利潤**：確信不會因為缺貨而造成商機的損失。
- **成本與價格**：將購買零件成本、產品價格保持在可接受的水準。

現代 SCM 系統的另一個標竿，就是促成供應鏈夥伴的相互合作以同蒙其利。例如：許多製造商會在產品開發過程的早期與供應商分享產品觀念。這種做法可使供應商對於如何製造高品質零件提供他們的想法。

@ 利用 IT 來支援 SCM

在過去，SCM 軟體市場的先鋒是專業公司，如 i2、Manugistics；但現在卻是企業軟體製造商，如 SAP、Oracle（甲骨文）、PeopleSoft 的天下。[7]如果你日

---

[7] Navas, Deb, "Supply Chain Software Stands Tough," *Supply Chain Systems Magazine*, December 2003, at www.scsmag.com/reader/2003/ 2003_12/software1203/index.htm, accessed June 10, 2004.

後打算進入產品製造、配銷與消費的行業，你就會大量使用 SCM 軟體。你現在可以上以下的網站，多多充實自己在這方面的知識：

- Supply Chain Knowledge Base（供應鏈知識庫）—http://suppplychain.ittoolbox.com
- Supply Chain Management Review（供應鏈管理評論）—www.manufacturing.net/scm
- i2 Technologies（i2 科技）—www.i2.com
- CIO Magazine Enterprise SCM（資訊執行長 SCM 企業雜誌）— www.cio.com/enterprise/scm/html
- Logistics / Supply Chain（後勤補給／供應鏈）—http://logistics.about.com

2-6 顧客關係管理

富國銀行（Wells Fargo Bank）的顧客關係管理系統，可追蹤與分析 1,000 萬名零售顧客在其分公司、ATM 及網路銀行的每一筆交易。此系統對於顧客需求的預測，可以說達到「未卜先知」的境界。富國銀行的顧客關係管理系統可蒐集顧客的每一筆交易資料，然後和顧客所提供的個人資料加以整合，並預測最能夠吸引顧客的產品（如第二胎抵押貸款）。最重要的是，它能夠適時的提供這些產品。在顧客關係管理系統的協助下，富國銀行所提供的產品與服務數目比產業平均（2.2）多出四種。[8]

任何組織的基本目標就是獲得與保留顧客。因此，顧客關係管理系統已成為今日商業上最紅火的 IT 系統。顧客關係管理（Customer Relationship Management, CRM）系統是使用顧客資訊來對顧客的需求、慾望及行為做深入了解的系統，其目的在於以更有效的方式服務顧客。顧客會以各種不同的方式與公司互動，而每一次的互動都應該是輕鬆的、愉快的、無誤的。你有沒有這樣的經驗，因為和某公司的互動惹得你非常火大，因而拒絕和它往來或乾脆退貨？有這

8　"Websmart 50," *Business Week*, November 24, 2003, p. 96.

種負面經驗，而改向其他公司購買的情形比比皆是。CRM 的目標就是減少這種負面互動，並且提供顧客正面經驗。由於 CRM 愈來愈重要，因此本書將在第三章中詳細討論這個課題。

CRM 系統通常具有以下的功能：

· 銷售人員自動化
· 顧客服務與支援
· 行銷策略管理與分析

值得注意的是，CRM 並不是軟體而已；CRM 是企業的整體目標，涵蓋了企業的每一個不同層面，例如：軟體、硬體、服務、支援及企業的策略目標。你所使用的 CRM 系統必須要能支持上述各功能，並且要能向企業提供顧客的詳細資訊。企業在開始時會先做到銷售人員自動化作業，然後再陸續實施另外兩個功能。銷售人員自動化（Sales Force Automation, SFA）系統會自動追蹤銷售程序中的所有步驟。銷售程序包括許多步驟，例如：接洽管理、潛在客戶追蹤、銷售預測、訂單管理及產品知識。

有些基本的 SFA 系統可以做到潛在客戶的追蹤，或者列出潛在客戶的名單以供銷售團隊接洽。這些 SFA 系統的接洽管理，可記錄銷售人員拜訪潛在客戶的次數、談論的主題，以及下次約定的事項。比較高級的 SFA 系統可對市場及顧客進行詳細的分析，並具有產品建構工具，以便讓客戶設計產品。有些功能強大的 SFA 系統及方法，例如：通用汽車的 CRM 系統，所著重的是創造重複購買的顧客。

@ 利用 CRM 爭取策略與競爭機會

透過 CRM 功能的充分發揮，企業就可獲得競爭優勢，而這就是實施 CRM 的好處。CRM 的功能如下：

· 根據對顧客需求與慾望的深入了解來設計更有效的行銷策略。
· 確信銷售程序能有效管理。
· 提供完善的售後服務，例如：客服中心。

CRM 的基本目標是善待顧客、了解顧客的需求與慾望，並依顧客的反應提供產品，這些都是抓住顧客的方法。但是，實施 CRM 能獲得多少市占率則是相當難以預測的。事後的結果固然可以衡量，例如：公司可以衡量實施 CRM 對顧客購買決策的影響；但是要預測實施 CRM 對增加市占率的程度，進而預測淨收益則是有困難的。根據某位專家的看法，衡量 CRM 系統效益的方法就是將效益分為兩類：收益增項與成本減項。[9]CRM 系統雖然都可增加收益、減低成本，但是其主要貢獻還是在「經營—成長—轉型」架構上；CRM 系統可使企業達到最適化與成長，但對轉型的貢獻最大。

@ 利用 IT 來支援 CRM

圖 2-1 是 CRM 基本建設之例。前端系統（front office system）是顧客與銷售通路的基本介面，此系統可將所蒐集的顧客所有資訊傳送到資料庫。後端系統（back office system）是用來處理及支援顧客訂單，同時也可以將所蒐集的顧客資訊傳送到資料庫。CRM 系統會分析與散布顧客資訊，使公司內的每一位員工都能對顧客與公司的交易經驗一目了然。現在，在市面上有許多現成的 CRM 系統，公司可購買使用。比較大型的 CRM 套裝軟體供應商是 Clarify、Oracle、SAP、Siebel System。Clarify 與 Siebel System 也是 SFA 系統最有名的兩家供應商。其他的供應商還有 Salesforce.com、Vantive。Salesforce.com 是第一家利用 ASP 來提供 CRM 系統的公司。ASP（Application Service Provider）是「應用服務公司」的意思，其服務項目包括讓你將軟體架在它的網路伺服器上，使得使用者（如你的顧客）可透過 Internet 使用這個軟體。如果你想進一步了解 CRM 套裝軟體，可上以下的網站：

- Siebel Systems—www.siebel.com
- Salesforce.com—www.salesforce.com
- CIO Magazine Enterprise CRM—www.cio.com/enterprise/crm/index.html

---

9　Greenspan, Robyn, "Behavioral Targeting Study Reveals CPM Life," *Jupitermedia Corporation Advanced Technology*, August 17, 2004, at www.clickz.com/stats/sectors/ advertising/article. php/3396431, accessed February 17, 2005.

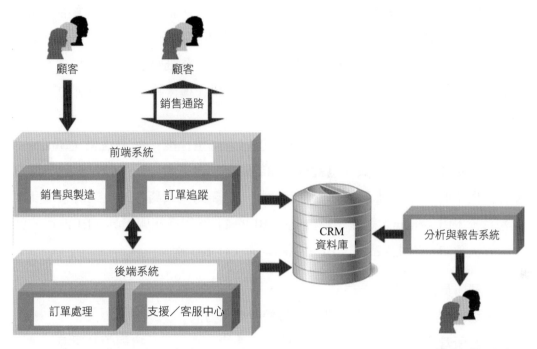

◯▶ 圖 2-1　CRM 基本建設之例

・The Customer Management Community by insightexec—www.insightexec.com
・CRM Today—www.crm2day.com

2-7 商業情報

　　FiberMark North America 是生產特殊包裝材料與紙張的公司，該公司不能從昂貴的交易處理系統中萃取商業情報。資訊部門主任 Joel Doyle 說道：「我們非常迫切地希望能夠很快的獲得有用的商業情報。」在 Taylor 花了不到 7,500 美元購進一套 Qlik View（由 QlikTech 公司所發展的商業情報軟體，www.qliktech.com）之後，公司內的每位員工都能很容易地從資料庫檢索交易處理資料。

　　現在，公司不必再像以前一樣，每月要為 27 位銷售人員列印長達一千頁的文件；現在，銷售人員只要透過公司內網路（Intranet）就可以檢索商業情報。

Taylor 說道：「只要經過短時間的訓練（15 分鐘），他們就能得心應手。他們只要印出四頁文件就可以了，而不必像以前一樣印出一千頁文件。」Taylor 又補充說道：「這套系統在短短的九個月內就抵銷了所有紙張及其他成本。」更重要的是，銷售人員與主管都可在任何想要的時候，獲得特定的、最新的商業情報。[10]

乍聽之下，商業情報好像很偉大，但它到底是什麼？商業情報（Business Intelligence, BI）就是知識，也就是對你的顧客、競爭者、商業夥伴、競爭環境及內部作業的了解。BI 可使你擬定有效的、重要的、策略性的企業決策。商業情報系統（BI system）是在組織內支援 BI 的 IT 應用系統與工具。BI 的目的就是改善決策的及時性與品質。BI 可幫助知識工作者了解：

- 公司所具備的能力。
- 市場的發展水準（技術水準）、趨勢與未來方向。
- 企業所營運的技術、人口統計、經濟、法律、文化、社會與管制環境。
- 競爭者的行動，以及這些行動的意涵。[11]

如圖 2-2 所示，BI 包括內部與外部資訊。有些企業人士將競爭情報看成是 BI 的特殊部分。競爭情報（Competitive Intelligence, CI）是著重於外部競爭環境的商業情報。專精於 CI 的專業人員成立了一個組織，稱為競爭情報專業人員協會（Society for Competitive Intelligence Professionals, SCIP）。你不妨上這個協會的網站（www.scip.org），深入了解它的活動、計畫與出版品。

---

[10] Dragoon, Alice, "Business Intelligence Gets Smart(er)," *CIO Magazine*, September 15, 2003, at www.cio.com/archive/091503/smart.html, accessed June 10, 2004.

[11] Gray, Paul, "Business Intelligence: A New Name or the Future of DSS?" in T. Bui, H. Sroka, S. Stanek, and J. Goluchowski (eds.), DSS in the Uncertainty of the Internet Age (Katowice, Poland: University of Economics in Katowice, 2003).

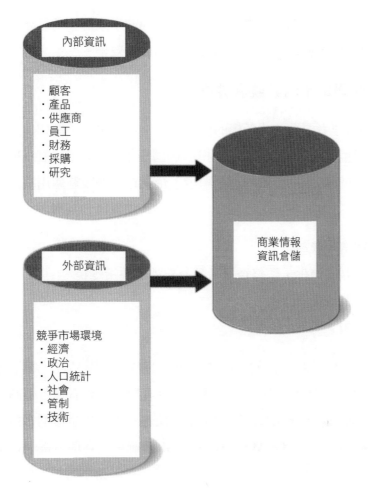

▶ 圖 2-2 商業情報的建構

　　BI 的基礎就是資訊，包括從組織內外部所蒐集的各種資訊。從交易處理系統所蒐集的資訊可儲存在不同的資料庫內，例如：顧客資料庫、產品資料庫、供應商資料庫、員工資料庫等，這些資料庫可以支援每日資料處理。另一方面，這些資料庫過於詳細，對許多管理決策派不上用場。

　　為了滿足做決策的需要，許多企業會將各種資料庫彙總成資料倉儲。資料倉儲（data warehouse）是以邏輯的方式來彙總資料，也就是向不同的作業資料庫來彙總資料以建立商業情報，並且利用這些商業情報來支援企業分析活動與企業決策。通常，資料倉儲會細分成若干個小部分，稱為資料廣場，以供企業內的某部門使用。資料廣場（data mart）是資料倉儲的子集合，也就是保留資料倉儲中

的某些特定部分。例如：如果企業有許多不同的事業群，則每一個事業群使用其專屬的資料廣場，會比使用龐大的資料倉儲更有效率。

@ 利用 BI 爭取策略與競爭機會

企業的管理者要做各式各樣的決策，從例行性決策（例如：是否要再訂貨）到長期策略性決策（例如：是否要擴展到國際市場）都有。由 Gartner Group 針對商業情報的策略運用所做的調查顯示，企業在這些策略運用時，依其重要性排序分別是：

(1) 總公司績效管理。
(2) 顧客關係最適化、監督企業活動及額外的決策支援。
(3) 特定作業或策略運用。
(4) 管理報告。[12]

如前述，BI 的基本目的在於改善決策的及時性與品質。如果企業具有周全的 BI 系統並讓管理者充分使用的話，就會發現其管理者在各種商業議題上都能做比較有效的決策。高品質的管理決策會使企業獲得競爭優勢，這是沒有享受到 BI 系統效益的競爭者望塵莫及的地方。BI 系統可向管理者提供行動導向的資訊與知識：

(1) 在適當的時間。
(2) 在適當的地點。
(3) 以適當的形式。[13]

雖然 BI 系統的效益不言而喻，但是在今日仍有許多企業尚未採用。原因之一在於這些企業的管理者還沒有充分體認到 BI 做為競爭工具的價值；另外一個原因是，許多企業雖然有 BI 系統，但在使用上並沒有效率。

----

[12] Willen, Claudia, "Airborne Opportunities," *Intelligent Enterprise 5*, no. 2 (January 14, 2002).

[13] Bosavage, Jennifer, "BI Helps H & B Hit Business Targets," InformationWeek Business Intelligence Pipeline, February 22, 2005, at www.bizintelligencepipeline.com/showArticle.jhtml?articleID= 60402524, accessed March 1, 2005.

@ 利用 IT 來支援 BI

雖然許多企業以全球資訊網（world wide web, www）來支援 BI 系統，但是 BI 系統的核心還是在其專屬的軟體。在過去，許多公司會自行開發 BI 系統，但是現在的趨勢則是購買套裝軟體。Gartner Group 調查公司發現，計畫在企業內部做整合 BI 的公司，從 2001 年的 48% 降到 2002 年的 37%。原因之一在於傳統的客製化 BI 系統發展模式（設計—開發—整合）不僅曠日廢時（通常至少要花 6 個月時間），而且所費不貲（2～300 萬美元）。專業化的 BI 套裝軟體不僅可馬上使用，而且可獲得立即的效益與投資報酬。[14]

在 BI 產業有許多廠商，舉其犖犖大者如 Aydatum、Brio Software Decisions、Congos、Crystal Decisions、E-Intelligence、Hyperrion、MicroStrategy、Proclarity、Siebel、Spotfire。[15]BI 套裝軟體有許多有趣的特色，其中之一就是數位儀表板。數位儀表板（digital dashboard）可顯示從各種來源所蒐集的資料，並以個別知識工作者所喜好的方式與格式來呈現（見圖 2-3）。如果有興趣進一步了解 BI 與 TI 支援，可上以下的網站：

- Business Intelligence Knowledge Base—http://businessintelligence.ittoolbos.com
- Business Intelligence.com—www.businessintelligence.com
- Microstrategy—www.microstrategy.com
- Business Intelligence Evaluation Center—www.bievaluation.com
- Intelligence Enterprise Magazine—www.intelligententerprise.com/channels/bi/

---

[14] Rudin, K. and D. Cressy, "Will the Real Analytics Applications Please Stand Up," *DM Review 13*, no. 3 (2003).

[15] Stodder, D., "Enabling the Intelligent Enterprise: The 2003 Editor's Choice Awards," *Intelligent Enterprise 6*, no. 2 (2003).

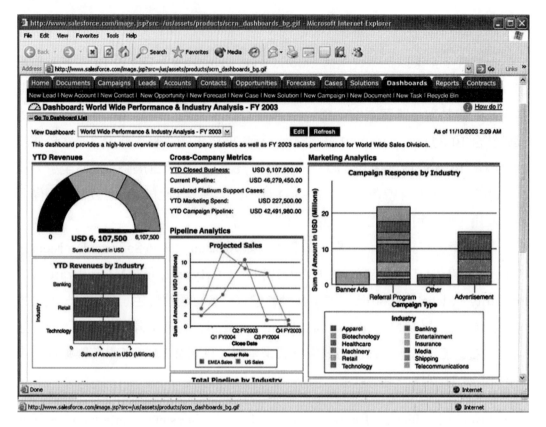

▶ 圖 2-3　數位儀表板的樣板

 2-8　整合性協同式環境

　　位於德國慕尼黑的西門子公司（Siemens AG），是具有 150 年歷史的電機工程與電子公司，員工總數 44 萬人，遍布全球 190 國。該公司許多工作是以團隊的方式來完成。工作團隊是在整合性協同式環境下，利用高級的協同式套裝軟體 Forum（由 SiteScape 公司所開發，www.sitescape.com）共同工作。西門子的某位高級主管在描述使用這個套裝軟體的經驗時說道：「Forum 最能展現其價值的地方就是在建立由 18～20 人組成，橫跨美國與德國的跨功能工作團隊上。我們需要一個 24×7（每天運作 24 小時，每周運作 7 天）的通訊管道。由於美國與德國的時差有 6 小時，我們就將早上 9 點、下午 3 點訂為交流時間。團隊成員可

以互相交換意見,並透過網路傳遞文件。」他也希望能將 Forum 運用在 Extranet (企業間網路)上,以便使供應鏈管理程序運作得更為順遂,並利用這個工具來執行 B2B(企業對企業)這個網路商業模式。

這位主管說道:「我太滿意 Forum 了。它的網路化協同式解決方案能夠提升我們的生產力,每一位成員都可以在任何時間、任何地點自由交談、交換文件。」[16]

在組織內,幾乎每件工作都是靠團隊合作完成的。因此,改善團隊的協同合作可大大地提升組織生產力與競爭優勢,整合性協同式環境(Integrated Collaborative Environment, ICE)是虛擬團隊工作的環境。虛擬團隊(virtual team)是成員散布在各個不同的地理區域,而其工作是由特定的 ICE 軟體或更基本的協同式系統所支援的團隊。協同式系統是特別設計用來支援團隊的資訊分享與資訊流動,以改善團隊績效的軟體。工作團隊愈來愈由公司的聯盟夥伴所組成。聯盟夥伴就是以合作方式(通常會由 IT 來支援)與公司有定期商業往來的企業。

許多企業在開始時所使用的是電子郵件,然後漸漸地改用協同式系統。協同式系統整合了許多高級的功能,例如:讓某些員工可以相互查閱對方的日曆,並具備安排集體會議、影像處理、工作流程系統,以及文件管理系統的功能。工作流程(workflow)是某一特定的商業程序中,從開始到結束所有的步驟(或商業規則)。例如:銀行在處理貸款申請時,會由各知識工作者處理特定的商業程序。工作流程系統(workflow system)是使得商業程序達到自動化與有效管理的系統。例如:每位知識工作者在處理貸款的某一步驟時,都會有正確的(更新過的)文件,並以電子化文件格式相互傳遞。大型企業每月處理的文件有上百萬件,所以必須有效的整理與管理這些文件。文件管理系統可有效的管理文件流程中的每一步驟。文件管理系統類似工作流程系統,但它的重點是在文件的儲存與檢索。例如:銀行會以電子化的形式保存你的支票;如果你有需要,銀行可提供你支票影本。值得了解的是,工作流程系統就是價值鏈觀念中很重要的 IT 工

---

[16] GlaxoSmith Kline, Customer Case Study, Groove Networks, at www.groove.net/index.cfm? pagename=CaseStudy_GSK, accessed April 31, 2005.

具。

企業不久後就會轉而使用更高級的協同式系統，也就是提供即時電子會議、影音會議、視訊會議功能，以及專案管理、工作流程自動化的系統。簡單的說，ICE 環境具有很豐富的技術與支援。

知識管理系統是 ICE 的一種變化形式。知識管理系統（Knowledge Management System, KM System）是支援組織內知識（技術）的獲得、整理及散布的 IT 系統。KM 系統的目的就是確信所有的員工在需要時，都可以得到事實知識、資訊來源及解決方案。

社會網路系統是 ICE 的另外一個變化形式，也是一個比較新的系統。社會網路系統（social network system）是可讓你聯繫某人，並透過此人再聯繫到他人的系統。例如：如果某位銷售人員想要找公司內的某人來引見他拜訪其他公司的高級主管，社會網路系統就會在公司內尋找和這位高級主管有足夠交情的人。這就是一個好的社會網路系統能夠駕輕就熟處理的典型問題。

@ 利用 ICE 爭取策略與競爭機會

協同式作業的效益是很大的，但是許多公司即使知道也不會加以落實。例如：石油與天然氣探勘公司通常會以聯合投資的方式進行大型專案，但是它們通常不會為此專案合作採購高價值的必需品。根據最近的調查估計，如果能夠利用協同式技術來建立更有效的合作關係，則整個產業每年可節省高達 70 億美元的費用。[17]

知識管理系統能夠成功加值的例子不勝枚舉。例如：惠普公司（Hewlett-Packard, HP）的實驗室前主任 John Doyle 為了證實知識系統的價值，而說了句發人深省的話：「如果惠普知道該知道的就好了！」[18]他的意思是在惠普員工的腦海及檔案中（文字檔案與電腦檔案），藏著大量的寶貴知識。如果惠普知道知

---

[17] Surmacz, Jon, "Collaborate and Save: Collaboration Technology Can Save Big Money for the Oil and Gas Industry," *CIO Magazine*, November 5, 2003, at www2.cio.com/metrics/ 2003/ metric625.html, accessed June 19, 2004.

[18] Davenport, Thomas, and Laurence Prusak, "What's the Big Idea?: Creating and Capitalizing on the Best Management Thinking" (Boston: Harvard Business School Press, 2003).

識在那裡，而且也能讓大家分享與使用的話，則在解決關鍵性的問題上便會有如反掌折枝之易，或者會產生許多新產品與服務的構想。

@ 利用 IT 來支援 ICE

ICE 軟體的比較，如表 2-4 所示。ICE 軟體市場被三家公司所支配，分別是 IBM / Lotus、微軟、網威（Novell）。每家公司的軟體在最近推出的協同式產品版本中都有「出席提示」（presence awareness）的功能。出席提示是指軟體可以顯示聯絡人名單，聯絡人是否在線上與能否跟聯絡人交談。以即時通訊（Instant Messaging, IM）技術而言，出席提示是內建的技術。我們相信不久之後，在各應用軟體（如電子郵件、CRM、知識管理、社會網路）中都會包含這個技術。[19]

▶ 表 2-4 ICE 軟體的比較

類　型	基本功能	範　例	網　站
協同式	即時協同式作業與會議	LiveMeeting	www.microsoft.com
工作流程	商業程序管理	Metastorm	www.metastorm.com
文件管理	企業內容管理	FileNet	www.filenet.com
點對點	桌上型電腦與行動裝置連結	Groove	www.groove.net
知識管理	知識的獲得、整理、散布與重複使用	IBM Knowledge Discovery	www-306ibm.com/software/lotus/knowledge/
社會網路	發揮個人與專業人員網路的作用	Linkedin	www.linkedin.com

---

[19] 在早期的即時通訊程式中，使用者輸入的每一個字元都會即時顯示在雙方的螢幕中，且每一個字元的刪除與修改亦會即時反應在螢幕上。這種模式比起使用 e-mail，更像是電話交談。在現在的即時通訊程式中，交談中的另一方通常只會在本地端按下送出鍵（Enter 或是Ctrl+Enter）後才會看到訊息。在網際網路上受歡迎的即時通訊服務，包含了 MSN Messenger、AOL Instant Messenger、Yahoo! Messenger、NET Messenger Service、Jabber、ICQ 與 QQ。這些服務有賴於許多想法更久的（與普遍的）線上聊天媒介，如 Internet Relay Chat 一樣知名。

Groove 與 NextPage 是一種特別的點對點資訊分享軟體。點對點協同式軟體（peer-to-peer collaboration software）可做到即時溝通，並且不需要透過中央伺服器就可以分享檔案。點對點檔案分享的功能已經結合了協同式建立與編輯文件的功能，以及傳送與接收文字和語音訊息的功能。

雖然市面上有許多知識管理套裝軟體，但社會網路套裝軟體還算是相對新的軟體。市面上也有一些社會網路套裝軟體，而且每個月都有新產品出現。有些社會網路套裝軟體，如 Friendster.com、Tickle，所強調的是安排約會的功能；有些社會網路套裝軟體，如 Tribe.net、Linkedin，所標榜的是專業人士的接洽安排。Spoke 是最有趣且最具爭議性的社會網路套裝軟體，它可讓公司去「挖掘」員工的電腦化接洽資料庫（和誰接洽的紀錄）。公司也可利用 Spoke 來搜尋電腦化接洽清單，以便了解員工和其他公司接洽的情況，並可利用這些資料做拜訪客戶的最佳規劃，以免吃閉門羹。[20]

2-9 亞馬遜化

網路上的成功經驗是很容易被模仿的。當亞馬遜網路書店被認為是線上市場領導者之後，許多公司也群起傚尤，於是乎一時之間玩具亞馬遜、酒類亞馬遜、旅遊亞馬遜、資訊亞馬遜的網路商店群雄並起。當亞馬遜網路書店使得其同業（包括超強的邦諾書店）望塵莫及時，亞馬遜儼然變成了動詞，例如：亞馬遜化（amazoned, amazon-commed，原文有「被擊潰」的意思）。一個被「亞馬遜化」的網站不可能再具有競爭力，因為其市場領導者已經強大得成了「金鋼不壞之身」。不管是用來當名詞或動詞，亞馬遜是佼佼者，Etoys 也是佼佼者。

總而言之，成功的企業都具有以下的共同特性：

1. 創新是第一要務

當一個佼佼者還不夠，要當個「永遠」能夠維持市場地位的佼佼者才行。崔西及威斯馬的研究證實了市場領導者的最大競爭者，就是他們自己。他們在推出

---

20 "Social Networks," *New York Times Magazine*, December 14, 2003, p. 92.

新的產品時，就已經在為下一個產品動腦筋了。看看亞馬遜如何以迅雷不及掩耳的速度一躍成為線上書籍銷售的霸主，而後又以雷霆般的速度進入影音光碟的銷售，便可了解創新的重要。

2. 策略決策支援企業計畫

1999 年，Net.B@nk 推出了一套行銷計畫，企圖在最短的時間建立顧客基礎。Net.B@nk 的服務項目包括：活期及定期存款查詢、捐客服務、抵押貸款、辦公室設備租賃服務等。它的營業項目非常清晰明確，不會使顧客困惑。

3. 提供優越的產品

戴爾電腦公司在進入電子商務之前，其產品品質早已遠近馳名，為人樂道。該公司對價格及品質的堅持，使得它可每日獲得 1,000 萬美元的營業額。

網路創業家的成功之道，在於「發展品牌認同、創造上網熱潮，以及保持顧客的忠誠度」。以下七點就是公司能夠保持其領導地位的關鍵因素或特性：

(1) 使得消費者有一個美好的上網經驗，以區隔貴公司的品牌。如果顧客能夠很快的、很容易的進入貴公司的網站，那麼他必定會再度光臨。

(2) 要儘量的造成貴公司與生手（經驗不多的網路行銷者）的差異性。通曉網路訂購業務的公司，將必然具有競爭優勢。如果貴公司在網路零售方面的經驗不多，但是倘若貴公司懂得如何挑選顧客喜歡的產品、包裝和運送，那麼貴公司就獲得了競爭上的優勢。

(3) 建立創新性的領導地位。要充分了解貴公司的長處所在，並且確信顧客能夠了解貴公司的長處。

(4) 利用各種方式造成網站熱潮，利用各種媒體強化產品形象，這些媒體包括傳統的促銷方式及網路廣告。

(5) 與知名的廣告公司或行銷公司建立策略聯盟。以網路廣告見長的網路廣告公司，可幫助貴公司迅速建立名聲，並使貴公司從各種促銷活動中獲得最大的效益。

(6) 建立連署網站（affiliate sites），這些連署網站可協助銷售貴公司的產品及服務，就好像是一個虛擬的銷售團隊。

(7) 確信貴公司的網站具有實質助益、能夠提供資訊、具有多方面的功能。網站必須支援產品銷售，姑且不論這些產品有多好，如果網站用起來彆彆扭扭的，消費者勢必不會再度光臨了。

此外，網路行銷者也應重視下列的問題：

(1) 如何設計一個使得消費者願意再度光臨的網站？

(2) 使得瀏覽者變成購買者的主要因素是什麼？

(3) 如何行銷你的網站，增加造訪次數？

(4) 如何消除消費者對於安全問題的疑慮？

(5) 策略夥伴如何相輔相成，造成幾何級數的擴展？

(6) 專家們對於線上行銷有哪些是可行的、哪些是不可行的看法是什麼？

(7) 如何保持顧客的忠誠度（也就是如何使顧客黏住我們不放），使得他們不斷的造訪我們的網站，最後做購買的決定。

大多數人都同意，某些產品和服務比較適合在網路上做行銷。雖然網路的大門永遠敞開，歡迎任何形式的企業加入，但是某些企業的成功機率會較高，因為他們可滿足顧客的需求及消費行為。消費者要先觸摸、感覺之後，才決定要不要購買，這一直是個棘手的問題，但是這個現象也在改變之中。難以使用的、處理的、笨重的產品會造成運送成本的增加，也是消費者望之卻步的產品。

復習題

1. 長期而言，使得獲利性高於一般水準的基礎是什麼？即為持續的競爭優勢。企業與競爭者相較之下，雖然在許多方面不相上下，但是企業必須把持著能增加競爭優勢的兩個策略——成本領導策略（cost leadership strategy）與差異化策略（differentiation strategy）。試加以闡述。

2. 企業在擬定策略以獲得持久的優勢時，必須考慮哪些因素？

3. 試說明網路低成本優勢。

4. 試說明網路差異化優勢。

5. 試說明具有差異化特色的網站的真正特點。

6. 在以整體的觀點來檢視組織，並決定如何以 IT 來支援組織以獲得競爭優勢方面，一個有用的觀念性架構就是「經營、成長與轉型」（Run-Grow-Transform, RGT）。試說明 RGT 架構的意義與特點。

7. 試分別說明配銷鏈、供應鏈管理、及時、交替運輸模式。

8. 在利用 SCM 爭取策略與競爭機會方面，設計周全的 SCM 系統可使哪些活動達到最適化？

9. 如何利用 IT 來支援 SCM？

10. 何謂顧客關係管理？CRM 系統通常具有哪些功能？

11. 如何利用 CRM 爭取策略與競爭機會？

12. 如何利用 IT 來支援 CRM？

13. 何謂商業情報？BI 如何幫助知識工作者？

14. 如何利用 BI 爭取策略與競爭機會？

15. 如何利用 IT 來支援 BI？

16. 何謂整合性協同式環境？

17. 如何利用 ICE 爭取策略與競爭機會？

18. 如何利用 IT 來支援 ICE？

19. 何謂亞馬遜化？試詳加說明。

20. 成功的企業都具有哪些共同特性？

21. 網路創業家的成功之道，在於「發展品牌認同、創造上網熱潮，以及保持顧客的忠誠度」。公司能夠保持其領導地位的關鍵因素或特性有哪些？

練習題

1. 試舉一些學者、企業家對「競爭優勢」的定義。

2. 達康公司以及愈來愈多的傳統公司在日常營運中都非常依賴網際網路。試分別說明企業如何利用網際網路來建立競爭優勢的五個基礎：(1)效率；(2)品質；(3)速度；(4)彈性與創新；(5)顧客反應。提示：在 Google 搜尋引擎中分別鍵入上述的字再加上「網際網路」（例如：「效率 網際網路」），即可獲得許多豐富的資訊。

3. 我們在本章中提到，所有的 CRM 實施未必都很成功。然而，也有許多對 CRM 軟體感到滿意的使用者。上網去找在 CRM 獲得實質利益的三家公司。它們獲得了什麼成效？它們如何獲得這些成效？你可從 www.searchcrm.com 網站開始尋找，也可上 CRM 應用軟體供應商網站，如 Siebel 網站（www.siebel.com）、Salesforce.com 網站（www.salesforce.com）。你的報告中至少要有一個例子是上述三個網站以外的網站。

4. 沃爾瑪（Wal-Mart）以低價聞名。你也許體驗過它的低價，如果沒有，至少也看過它的信條：「永遠最低價──永遠」。沃爾瑪之所以能夠比同業更低價，原因在於它有一個超高效率的供應鏈。它的 IT 導向的供應鏈管理系統受到許多同業的稱羨，因為它能夠在供應鏈上剔除多餘的時間與不必要的成本。因此，採購成本低，價格也就會便宜。事實上，如果你的公司想要成為沃爾瑪的供應商，你首先必須要電子化。如果你的公司做不到，沃爾瑪就不會向你採購。請上沃爾瑪網站（www.walmart.com）找供應商資訊，了解沃爾瑪對供應商的其他要求。

5. 你認為貴校會因為使用顧客關係管理（CRM）系統而受惠嗎？對做為學生的你有何好處？對學校有何好處？

6. 增加收益活動與減少費用活動有何差別？本章所說明的四種主要的 IT 應用（供應鏈管理系統、顧客關係管理系統、商業情報系統、整合性協同式環境），哪一個（哪些）著重於增加收益活動？哪一個（哪些）著重於減少費用活動？哪一個（哪些）所著重的活動是隨著情境而定？

7. 在「經營─成長─轉型」架構中，第三個元素是轉型，也就是企業以嶄新的

方式來運作。本章所說明的四種主要的 IT 應用（供應鏈管理系統、顧客關係管理系統、商業情報系統、整合性協同式環境）中，哪一個（哪些）最能支援組織轉型？為什麼？

網路顧客關係管理

3-1 基本觀念

3-2 個人化

3-3 促成網路 CRM 的技術考量

3-4 網站的設計、簡化與促銷

3-5 顧客導向的服務

 3-1 基本觀念

@ 意義

顧客關係管理（Customer Relationship Management, CRM）是以顧客為尊的企業經營理念及實務。顧客關係管理是企業經由積極的、持續不斷的深植於顧客長期關係的實務，以掌握顧客資訊，並利用這些資訊來輔助客製化（customize）商業模式及策略運用，以縮減銷售週期和銷售成本、增加收入、開發新市場，以及提高顧客的價值、滿意度和忠誠度。

客戶關係管理自 1980 年代的聯繫管理（Contact Management）、1990 年代的電話服務中心和提供分析資料的客戶服務（Customer Care），演進至現今以客戶為中心的經營模式，使企業必須從現有的客戶關係中尋找增加附加價值與利潤的機會，以提升營運效率並吸引新客戶。讓企業只需透過單一窗口，就可以對目標客戶提供任何的訊息與服務。而客戶關係管理在建立客戶關係的基礎下，整合各種與客戶互動的管道及媒介，並利用資訊科技對客戶進行分析，以創造客戶與企業雙方價值。

從以上的說明，我們可以了解，顧客關係管理的本質是價值行銷（value marketing），也就是藉由提供消費者優異的價值與顧客維持長期而良好的關係，以實現企業的目標。價值行銷是行銷導向的延伸，也是對如何看待顧客的一些特定的原則和假設。

價值行銷最重視的就是顧客原則（customer principle）。所謂顧客原則，就是將行銷活動專注於「創造及實現顧客價值」上。顧客原則是顧客導向的，這表示行銷者必須了解「與顧客交易」是企業得以生存及成長的命脈。企業必須了解其顧客：他們在想什麼？他們的感覺怎樣？他們是怎麼購買的？他們怎樣使用這個產品及服務？值得注意的是，顧客原則所專注的不僅是顧客，而更是專注於創造顧客價值的方法上。企業在創造及實現顧客價值的同時，也會達成其本身的目標。

行銷者必須與其顧客發展長期關係。當然，建立長期關係所獲得的利潤或

潛在利潤必須大於成本。行銷者可與其顧客建立兩種關係：直接關係（direct relationships）與間接關係（indirect relationships）。如果行銷者知道顧客的姓名、地址、電話、偏好等，那麼此行銷者就與顧客建立了直接關係。他們可以透過信件、電話、電子郵件、傳真的方式，與顧客保持聯繫或登門造訪。在購買下列產品的情況下，行銷者必須與顧客建立直接關係：(1)經常性購買的產品或服務，如工業原料、日用品；(2)高價產品，如別墅、房車；(3)高利潤產品，如機具、珠寶等。

在和購買價廉產品的顧客建立直接關係時（雖然出貨量很大），要特別考慮到成本因素。最好的方式就是利用電腦系統，對這些客戶建立電子檔案，並利用網路工具（如微軟公司的 Outlook）與顧客聯繫。

如果建立直接關係的費用過於昂貴，行銷者可與顧客建立間接關係。如果某一產品或品牌對顧客而言具有長期或終生的意義，則有必要建立及維持間接關係。在間接關係的建立上，行銷者並不知道顧客的姓名。例如：可口可樂、汰漬洗衣粉（Tides）等是消費者長期信任及惠顧的品牌，但是這些公司並不知道購買者的姓名。

重視顧客關係管理的企業，必然具有全方位的管理、更完善的客戶交流能力，以及獲得最大化的客戶收益率。這些企業也必然會將經營焦點放在有關客戶服務的商業自動化上。

@ 資訊科技的角色

資訊科技（Information Technology, IT）及網際網路（Internet）技術的進步，對於落實有效的顧客關係管理厥功甚偉。其他有關的技術還包括：資料採礦（data mining）、資料倉儲（data warehousing）、客服中心（call center）等。例如：Charles Schwab 券商利用電話服務中心、自動語音回覆系統與 24 小時全年無休的無人化自動服務等。根據資料顯示，該公司近年來每年約提撥其營業額 11～14% 的經費在資訊科技的投資上。在短短兩年內，該公司的線上客戶就增加了約 100 萬人。又如聯邦快遞為使顧客對交易過程能夠有全程的掌握，所有的顧客皆可透過其網址（http://www.fedex.com）同步追蹤貨件狀況。另外，該網站還可以讓顧客免費下載實用軟體，藉此進入聯邦快遞協助建置的亞太經濟合作組織

關稅資料庫。

資料採礦就是試圖從資料中挖掘某種趨勢、特徵或相關性，做為企業做決策的輔助工具。[1]例如：如果顧客買了火腿和柳橙汁，那麼這個顧客同時會買牛奶的機率是 85%。資料倉儲係運用新資訊科技所提供的大量資料儲存、分析能力，將以往無法深入整理分析的客戶資料，建立成為一個強大的客戶關係管理系統，以協助企業訂定精準的營運決策。「資料倉儲」對於企業的貢獻在於「效果」（effectiveness），能適時地提供高階主管最需要的決策支援資訊，做到「在適當的時間將正確的資訊傳遞給適當或需要的人」。簡單地說，就是運用資訊科技將寶貴的營運資料，建立成為協助主管做出各種管理決策的一個整合性「智庫」。利用這個「智庫」，企業即可以靈活地分析所有細緻深入的客戶資料，以建立強大的「客戶關係管理」優勢。

@ 有效方法

企業應如何做好顧客關係管理？首先要蒐集資料。利用高科技及網際網路技術蒐集客戶資料、消費偏好，以及交易歷史資料，儲存到客戶資料庫中。然後，要分類與建立模式。藉助分析工具與程式，依照各種不同的變數把客戶分成不同的類型，描述每一類客戶的行為模式。接著，要擬定行銷策略。根據上述模式，設計適合客戶的服務與行銷活動。然後，要進行活動測試、執行與整合。對過去行銷活動的資料進行相關分析，並且透過客戶服務中心或呼叫中心及時地反映出活動效果，立即調整進一步的行銷活動。最後，分析與考核實際績效。顧客關係管理應透過各種市場活動、銷售與客戶資料的綜合分析，將建立一套標準化的考核模式，考核施行成效。

值得注意的是，對企業而言，顧客關係管理是一個商業戰略，是幫助企業實現新的管理理念的工具。透過這種工具，企業可以經由多種管道為客戶提供全方位的服務，這些管道包括：電話、電子郵件、無線通信（如：手機、PDA），或者是面對面的方式。顧客關係管理是一個複雜的系統整合工程，它需要與「企業

1　有關如何利用 Microsoft Excel 來進行資料採礦，可參考：榮泰生著，Excel 與研究方法，二版（台北：五南書局，2009）。

資源規劃」（Enterprise Resource Planning, ERP）系統、財務系統、訂單管理系統整合，如此才能達到實施顧客關係管理的最終目的——幫助企業增加收入，提高利潤，並提升客戶的滿意度。

在應用到網路顧客關係管理方面，網路行銷者必須做到個人化、考慮到促成網路 CRM 的技術、注意到網站的設計、簡化與促銷，以及顧客導向的服務（分析線上顧客、使顧客再度造訪、提供顧客支援服務、發展出訂單處理方法）。

3-2　個人化

與顧客保持密切的關係是首要任務。對許多顧客而言，保持密切的關係就是「重視我」。對大多數顧客而言，或者甚至對大眾而言，他們最感興趣的話題就是自己：「對我自己有什麼好處？」有智慧的銷售人員早就發現到：除非你能說明你的產品對購買者有何利益，否則必吃閉門羹。在網際網路上，相對的情形就是他們根本不屑一「按」（點選）。

個人化（personalization）就是依照個別顧客所喜歡的來呈現、提供及製造。客製化可使顧客：

(1) 訂購他們所要的東西（或訂購他們自行組合的產品）。
(2) 查一查訂單的處理速度。
(3) 查一查他們所累積的點數。
(4) 收到訂貨的備貨通知及付款收據。
(5) 收到感興趣的新聞消息。

麥泰玩具公司（Mattel Toy Company, www.mattel.com）的網站可使購買者選擇洋娃娃的膚色、髮色及名字。MusicCenter.com 可使顧客瀏覽各式各樣的音樂，然後自組個人化的音樂 CD。iQVC 網站的時尚顧問（style advisor）可依消費者個人的顏色（眼睛、頭髮、皮膚）、身高、三圍、顏色偏好、服裝偏好等資料，提供符合這些條件的產品。

amazon.com 利用一個所謂的「合作式過濾」（collaborative filtering）技術，向顧客推薦新書——它會將你過去所購買的書籍與和你有同樣閱讀嗜好的人所購

買的書籍加以比較,然後再向你推薦你還沒有買的書。

@ 客製化

利用所謂的「大眾客製化」(mass customization)技術,網路行銷者可使和所有顧客接觸的事情變得獨特且個人化(也就是說,每位顧客都覺得你專門在為他服務)。「大眾客製化」是指給予個別顧客他所要的東西,配合他的時間及運送方式。在《殺手應用:12 步打造數位企業》(*Unleashing the Killer App*)一書中,作者唐斯(Larry Downes)與梅振家(Chunka Mui)將這種現象視為「將每位顧客看成是只有一個人的市場區隔」。他們認為:「這些應用所發揮的無窮威力來自於『顧客希望具有個人化外觀的產品』這件事實,而顧客早已對『個人化』習以為常。」利用科技來實現個人化已經成為一種定律。

對要求個人化的顧客所做的定價,又是一個有趣的技術。網站會考慮到過去的折扣及購買量,並自動向經常購買者提供折扣。這種做法稱為「動態彈性定價」。

NBC 電視公司(www.nbc.com)利用「My Snap」(自我挑選)技術在線上銷售 NBC 的產品,它會讓顧客挑選在網頁上所要呈現的資訊,如氣象、運動、彩券等。為了要使用「My Snap」,使用者當然要先註冊。註冊之後,使用者就可以自訂所要呈現的東西及顏色。

@ 過濾(選擇幫助)

企業的目標之一就是不費吹灰之力即可給予顧客所需要的東西。顧客需要個人化,所以,「合作式過濾」技術是相當有用的。有些資訊過濾技術可以幫助使用者獲得所要求的資訊。「規則式過濾」(rules-based filtering)會問使用者要看產品中的什麼功能,然後它就會搜尋其資料庫,並呈現搜尋的結果(或呈現最類似的資料)。合作式過濾與規則式過濾稱為「選擇幫助」。

根據木星傳播公司(Jupiter Communications, www.jpc.com)的研究,在 25 個知名的網路行銷者中,只有 10 個網站以某種程度來實現其網站的客製化。使用者會期望網站能夠記住他們先前購買的東西,並提供一些有意義的建議。學習介面(learning interface)是在電動遊戲中最典型的技術。根據唐斯與梅振家的看

法，這個技術「能夠依使用者的技巧程度來自動調整」，所有與使用者的互動都會被追蹤及記錄。

令人稱道的是，有些網站可以偵測打字錯誤，並利用智慧科技以查出顧客常常犯的打字錯誤及拼字錯誤。Cookie 技術可以獲得線上訪客的一般性資訊（不是太私人化的資訊）。網路行銷者可利用這些資訊來更新及改善其網站。

@ 關係行銷

我們可將不同程度的個人化看成是一個連續帶，如圖 3-1 所示。最左方的是非個人的、同質的大眾市場，向右端移動，是藉著產品的差異化來滿足某些（某群）顧客的需求；再進一步向右端移動，就是為個人客製化不同的產品。最右方是關係建立。關係建立是買賣雙方隨著時間的演進而產生之合作性質的參與。

當網路行銷者與顧客建立連續而持久的互動關係時，關係行銷於焉建立。從這裡我們可以了解，關係行銷是建立在長期的基礎上，它會隨著時間的累積來滿足顧客的各種需求。關係行銷（relationship marketing）是透過允諾的實現來建立、維護、提升顧客的長期關係，並將顧客關係加以商業化（藉由關係獲得利潤）的行銷觀念與技術。關係行銷的目的在於獲得利潤占有率（wallet share），而不是市場占有率。建立關係一直是福特汽車公司的目標，自從從事網路行銷之後，福特公司即針對三種不同的群體（潛在顧客、現有顧客、經銷商）提供各種不同的服務。例如：現有顧客可得到一系列的特殊待遇（如免費維修、保養等），並可上網獲得免費的資訊（如路況、天氣、距離資料等）。透過這種做法，福特公司與其顧客建立了良好的關係，進而產生顧客忠誠度。表 3-1 顯示了關係行銷與大眾行銷（mass marketing）的不同。

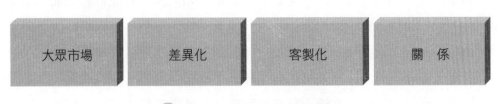

▶ 圖 3-1　個人化的連續帶

▶ 表 3-1 　關係行銷與大眾行銷的不同

大眾行銷		關係行銷
斷續性的交易		持續性的交易
強調短期		強調長期
單向溝通	←——→	雙向溝通
著重於獲得顧客		著重於保留顧客
市場占有率		利潤占有率
產品差異化（生產導向）		顧客差異化（行銷導向）

3-3　促成網路 CRM 的技術考量

做為一個網路行銷者，你必須要使用網際網路來蒐集顧客資料、了解其購物偏好。要做到這點，你必須檢視電腦元件，必要時要做更新；檢視網路連結問題，必要時要做改變。

@ 檢視電腦元件，必要時要做更新

你的電腦結構是一些配備（如電腦硬體）的組合，你可以用它來上網。電腦結構包括了：個人電腦、中央處理單元（Central Processing Unit, CPU）、隨機存取記憶體（Random Access Memory, RAM）、硬碟、不斷電系統（Uninterrupted Power Supply, UPS）、數據機，以及螢幕。

只要能力許可，你就要用最好的電腦結構，你要放眼未來。電腦進步得非常快，新產品幾乎都是一日千里。重要的原則是：如果你沒有最新的配備，趕快去買。你可以把舊機器賣掉或捐贈給非營利組織（如天主教，這些組織並不需要超強的電腦）。如果電腦不是你的專長，你要請專家協助你購買電腦。

對電子商務而言，你需要最頂級的電腦來支援多媒體。你的電腦要有完善的售後服務，所以如果你是在線上訂購電腦組件，就需確信如何聯繫製造商以獲得技術支援。最好的方式是，找一家市內的技術支援公司或個人，他們要對你的電腦瞭若指掌，並且可以一天 24 小時、一星期 7 天隨傳隨到。

你的營運範圍愈大,隨時的電腦支援愈顯得重要。當訂購量愈來愈大時,你要想到如何處理這個尖峰的問題。也許有些處理的問題可以留到夜間來做(這樣可以避免電腦在尖峰時刻過度負荷)。

如果你的企業正在(或者將來會)用 EDI(電子資料交換)來傳遞資訊,例如:製造商將存貨資料及帳單傳給你,當然你用基本的個人電腦也可以正確的接受到訊息。當你使用 EDI 時,你的電腦硬體可以是以下的配置:

(1) 你的硬體可以是個人電腦。

(2) 你的硬體可以是迷你電腦或大型電腦。

(3) 你的硬體可以是個人電腦在前端,後端與大型電腦相連(這個電腦配置可能不是你個人可以處理的,你需要找專業人員幫你設計、執行及維護)。

你的電腦的中央處理單元要有最快的晶片,以應付多媒體的需求。要注意處理器廠商英特爾所發表的新款處理器與支援 DDR SDRAM 的晶片組。有些新款處理器的快取記憶體,其效能及省電性等均會比舊款產品大幅提升。英特爾表示,數位媒體創作已經融入使用者的日常生活中,而運作速度低於 1GHz 的舊有處理器所提供的運作效能相當有限,所推出的新款 P4 處理器擁有 2.2GHz 的運作時脈,可用於各種繁複運算,執行多媒體剪輯及 3D 電玩。

CPU 速度對系統整體效率的影響非常大,所以它是整體系統的核心。當你的事業日益壯大時,必然會有更快速的處理器出現,以支援日益複雜的網路功能。

隨機存取記憶體(RAM)容量大小對於處理龐大的程式,或者同時處理多個程式而言非常重要。對於多數的視窗程式而言,至少要 512 MB 的記憶體才能夠順暢運作。當然,隨機存取記憶體愈大,運作得愈快。你要儘可能地加大你的記憶體。

你的硬碟就是長期儲存程式及文件的地方。坊間的硬碟應足可應付儲存的需要,但是如果能增加到 500GB 更好。不斷電系統也絕對不能少。

由於數據機的品質決定了透過電話線的傳輸速度,因此你需要一個最快的數據機。當然,你也要考慮網路服務公司的傳輸速度。

最後,如果你必須長時間坐在螢幕前,與你的企業、顧客及其他網站互動,

此時螢幕的清晰、舒適便是相當重要的。同時，螢幕的尺寸愈大，同時間能顯示在螢幕上的東西也就愈多。22 吋螢幕可使你同時看到幾個開啟的視窗。22 吋螢幕自然比較貴，但如果你要常常看各種詳細的資料，這種尺寸的螢幕也許是適合的。

@ 檢視網路連結問題，必要時要做改變

電腦網路

電腦網路的目的在於方便資料的傳輸，它連結了不同網站的電腦系統。你的網路也許是區域網路（Local Area Network, LAN）或廣域網路（Wide Area Network, WAN）的組合。區域網路連結了方圓幾平方公里內（通常在一個辦公大廈內或一個辦公樓層內）的各個電腦，而廣域網路則涵蓋比較大的地理區域，利用序列線（serial line）、電話線路（telephone circuits）及電纜（cables）來相互連接。

網際網路連結

你可以利用數據機透過一般的電話線、專線、纜線（就是無線電視使用的纜線）、數位訂購線或人造衛星與網際網路連結。撥接式數據機（dial-up modems）是與一般的電話線連接，90%的網路使用者都是用撥接的方式連結網路，每月費用視使用狀況而定。我們大多數都是用電話線來連接網際網路，達到個人上網的目的。用電話線來連接是最價廉的方式，但這種方式較適合個人上網，而不太適合企業上網。其中一個理由就是你會霸占電話線。最糟糕的是，相較於其他方式，資料傳輸的速度非常緩慢。傳輸速度會影響每一次的線上交易。如果你透過電話線下載資料，速度是相當慢的。這種速度能登得上商業舞台嗎？也許不能。因為速度是非常重要的。表 3-2 列出了速度的比較。

在顧客基礎及傳輸速度方面的競爭，全國的無線及電話公司可以說已經達到白熱化。我們正處於寬頻之戰，無線及電話公司莫不卯足全力提升服務。以下將簡介今日在商業上使用的上網裝置：

▶ 表 3-2 速度的比較

利用以下方式下載 **10 MB** 資料的時間：	
撥接式數據機（56K）	25 分鐘
整合服務數位網路（Integrated Service Digital Network, ISDN）	10.5 分鐘
家用衛星碟（Home Satellite Dish）	3.3 分鐘
數位訂戶線（Digital Subscriber Line, DSL）	2.5 分鐘
纜線數據機（Cable Modem）	1.3 分鐘
T1 電話線（T1 Phone Line）	56 秒鐘

來源：Bell Atlantic.

1. 纜線數據機

透過纜線數據機（Cable Modem），我們可以高速的寬頻（broadband）來上網，速度約為電話數據機的 50 倍。纜線數據機連接到你的電腦，並享用無線電視台所提供的服務。你不再需要撥接上網，因為你一直在線上。除此之外，這項科技可使在網路上的影視播放像看電視一樣，聲音的播放像聽收音機一樣，而且下載的速度非常快。由於並不是所有的無線業者都提供這項服務，所以只有部分的網路使用者才能享受到寬頻上線的好處。

2. 數位訂戶線

由中華電信所提供的數位訂戶線（Digital Subscriber Lines, DSL），傳輸的速度非常快，但只向某些地區的人提供服務。由於傳輸速度快、費用低廉，數位用戶線很快地成為普遍受歡迎的連接方式。非同步式數位訂戶線（Asymmetric Digital Subscriber Lines, ADSL）比較適合進行電子商務的企業。

3. T1 電話線

T1 是供承租的電話線，每秒鐘可傳輸 150 萬位元的資料。T1 電話線是目前商業使用得相當普遍的傳輸方式。

4. 整合服務數位網路

整合服務數位網路（Integrated Service Digital Network, ISDN）可在既有的一

般電話線上傳送更多的資料，電話費用只比一般的電話費用高出一些。整合服務數位網路會在愈來愈多的地方提供服務。

5. 家用衛星碟

對於不易架設地面上的網線的地區用戶而言，家用衛星碟（Home Satellite Dish）是一個不錯的選擇。人造衛星服務在電子商務環境中仍不普遍，而昂貴的價格也是造成它不普及的原因。

網路服務公司

最理想的狀況是你自己有伺服器，架設你自己的快速傳輸線。這是最昂貴、最有效的方式，需要高度的專業技術及支援。從另一個角度來看，單純的擁有伺服器並不能保證顧客會上你的網站，你必須與網際網路連結，才會讓你的顧客接近你。

許多小型企業都傾向求助於網路服務公司（Internet Service Provider, ISP）。你在選擇網路服務公司時，要以謹慎為上。你的網路服務公司會幫助你善用網際網路的各個功能。網路服務公司保有網際網路通訊協定（Internet Protocol, IP）地址，使得每部電腦可與其他電腦連接。每部連接網際網路的電腦都必須有一個 IP 號碼，就好像你必須要有電話號碼才能夠接電話一樣。透過網域名稱系統（domain name system），網路地址或主機名稱會轉換成 IP 號碼。當我們鍵入一個名稱，例如 www.dell.com 時，電腦就會查核網域名稱伺服器，並把這個地址轉換成 IP 號碼。這些程序都是在「幕後」執行的。

速度、容量及服務，對你而言是非常重要的。著重於服務的網路服務公司，例如：通訊公司，會比入門網站更能夠滿足你的企業需要。要上入門網站，尤其是在尖峰時刻（例如：下午 4 點，當小學生放學之後），是相當費時的。

以下是在選擇網路服務公司時所要考慮的問題：

(1) 網路服務公司使用的是什麼速度的線？當 56K 數據機在過去成為主流配備時，彼時的美國線上（AOL）還沒有更新它的網線。如果你更新到一個速度較快的數據機，但是你的網路服務公司還在用舊的傳輸裝置，你便會感到相當無奈與沮喪。想一想，你花了更新的錢，卻還是必須忍受緩如牛步

的圖形顯示，是什麼感受？

(2) 網路服務公司的儲存空間夠嗎？你有未來成長的目標，網路服務公司的其他客戶也有。他們可以容納成長的空間嗎？他們有擴充的準備嗎？在技術方面，他們能領先你嗎？網路故障對任何一個網路使用者而言，都是令人沮喪的。對於網路零售業者的你而言，更表示利潤的損失。

(3) 網路服務公司有沒有故障紀錄？在假期前後，由於上網人潮過於踴躍，即使最大的、設計得最有效率的網站可能也不堪負荷。

(4) 網路服務公司有備份系統嗎？你必須了解他們有沒有裝置不斷電系統，或是有沒有與多個電話公司做網路連結。

(5) 網路服務公司提供了什麼其他的服務？有些網路服務公司做得像是你的網路老大哥（Webmaster）一樣，幫助你發展及維護網站。

(6) 你能使用地區性的電話交換嗎？如果沒有，每一通非市內電話你都要負擔費用，而這些費用又不包括在每月固定的費用內。

(7) 你是否擁有自己的伺服器還是租用網際網路？如果你對以上的問題都不滿意，而且對這些問題的答案又不能滿足你的企業目標的話，你要怎麼辦？如果你擁有自己的伺服器，就可減少你的顧客上網的時間，而且你會有比較好的品質管制。雖然費用會比租用網際網路高，但是在獲得高度的可信度方面會有明顯的優勢。

電子郵件

電子郵件的功能是由網路服務公司所提供的。電子郵件是獲得顧客及潛在顧客反應的重要資訊來源。由於電子郵件可自動同時將訊息傳送給一群人（通訊錄內所記錄的人），所以在傳送新聞、產品更新資訊給顧客、經銷商時，顯得特別方便。

瀏覽器

瀏覽器是能夠使你遨遊網際網路的軟體。為了保障利用個人電腦進行網路交易的安全性，你的瀏覽器必須具有 128 位元的加密技術。網景公司的領航員（Netscape Navigator, www.netscape.com）以及微軟公司的探險家（Explorer,

www.microsoft.com/ie/），都是頗受歡迎的瀏覽器軟體。值得提醒的是，你要常常下載更新程式（通常是免費的），以使你的瀏覽器更好用。

更多的軟體

市面上有許多新的軟體可幫助你更有效的設計網站、追蹤顧客等。由於這些軟體的進步非常快速，所以要跟得上腳步是相當困難的。我們可上 www.tucows.com 網站去看看與網際網路有關的軟體。這是一個很好的網站，在網站設計方面你會獲益良多。在購買之前，你還可以試用。

例如：SPSS Clementine 提供了最出色、最廣泛的資料採礦技術。[2]為了推廣資料採礦技術，以深入解決顧客關係管理的問題，SPSS 和一個從事數據挖掘研究的全球性企業聯盟制定了關於資料採礦技術的行業標準——CRISP-DM（Cross-Industry Standard Process for Data Mining）。最近一次調查顯示，50%以上的資料採礦工具所採用的都是 CRISP-DM 的資料採礦流程，它已經成為事實上的行業標準。Clementine 中的應用範本包括：

- CRM CAT：針對客戶的獲取和增長，提高反饋率並減少客戶流失。
- Web CAT：點擊順序分析和訪問行為分析。
- Telco CAT：客戶保持和增加交叉銷售。

3-4 網站的設計、簡化與促銷

@ 設計網站

你的網站要做得多複雜？所謂複雜，是指網頁數、在一頁上的元件（如圖片、文章、格式、標題等）、網頁更新（多久更新一次網頁？每日、每週、每月？或者不常更新？），以及互動性（interactivity）。互動性是指網站與使用者

---

2 Clementine 是 ISL（Integral Solutions Limited）公司開發的數據挖掘工具平台。1999 年 SPSS 公司收購了 ISL 公司，對 Clementine 產品進行重新整合和開發，現在 Clementine 已經成為 SPSS 公司的又一亮點。有關資料採礦的說明，見第 10 章。

之間的對話。最單純的互動性是這樣的：顧客可填寫表格、下載檔案。比較複雜的互動性是這樣的：顧客可以與網站互動，並且可以互相做線上交談。

在進入網站設計的技術細節之前，要先規劃好你的網站與你的顧客之間的介面、顧客與網站的互動性、顧客與你的互動性，以及顧客之間的互動性。應先設計人際間互動關係，然後再考慮電腦間的互動。有些網路服務公司，如美國線上，會免費提供網站設計的工具及空間，供你做個人網頁的設計。記住，一分錢一分貨。免費提供的套裝軟體通常只有幾個樣版，利用幾個精靈引導你完成整個網頁的設計。他們假設「所有的企業生而平等」。但是如果你的網頁要有版面設計及互動性的彈性的話，你就必須藉助其他軟體。如果你是剛起步的小規模網路零售商，不妨利用這些樣版先打出知名度再說，同時也可把省下來的錢投資在日後較複雜的網站上。但是，愈來愈多的公司在一段時間之後還在使用這些樣版，你一眼就可以看出是哪些公司，這樣的現象只會顯示出他們缺乏創意及格局。

展現出專業形象

你在線上所呈現的形象，跟你的實體形象一樣重要。專家們認為，只要幾秒鐘的時間，我們就會對別人產生第一印象。我們對網站也是一樣。要引起購物者的注意，你只有幾秒鐘的時間。利用現在的科技，你可以製作出一個很炫的網頁來介紹你的公司。這些科技一日千里，令人嘆為觀止。利用小型的爪哇程式（Java programs，稱為「applets」），你所設計的網頁就會有動畫效果、計算器、下拉式選單、滑動的文字、移動的圖形，以及其他更炫的功能。爪哇是由昇陽公司（Sun Microsystems）所發明的語言，使用者可以很安全的從網際網路上將它所寫的程式下載並立即執行，而不必擔心病毒或其他的臭蟲會破壞你的電腦或檔案。一個爪哇程式幾乎能夠做到一般電腦程式能做的任何事情，同時爪哇程式也可以加在網頁上。爪哇幾乎可以毫無限制的做到使用者、網站、顧客及行銷者之間的互動性。有些利用超文件標記語言（HyperText Markup Language, HTML）及爪哇的小型企業已經成功的架設網站，建立了基本的電子商務交易環境。一些比較複雜的電腦程式，或者客製化的顧客互動性，還是交由專業人員來設計比較好。

顧客介面

顧客介面（customer interface）包括以下 7C。我們以中華電信網站為例說明。

1. 基模（Context）：網頁的設計（編排、佈置）

此網站的設計看起來傳統，且容易搜尋到想要的資訊。網站的擺放分為三大塊：上半部是公司主推的重要產品相片；中間是最新消息，包括產品降價、獲得最佳服務獎等；下半部是公司一般的產品及服務。此介面給人的感受是「誠實穩健」且是一家值得信賴的公司。

2. 內容（Content）：網頁的呈現、描述（網頁包含正文、照片、聲音和影像）

此網站的產品及服務區分為「個人」、「企業客戶」。重點推廣業務及常用服務，會使用紅色標記以吸引注意。使用動畫介紹複雜的產品，例如：節能減碳，看到清晰的天空，讓人聯想到環保。

3. 社群（Community）：網路使用者之間的互動（網站能使用戶對用戶的交流）

員工所使用的互動平台：可以建立議題，或加入議題的討論。顧客所使用的「會員俱樂部」：提供部落格平台，集結顧客。

4. 客製化（Customization）：為顧客量身訂做（網站能給不同的用戶自我訂做，或者允許用戶將網站個人化）

提供套裝式的部落格，使用者可選擇自己喜愛的顏色、圖片等。更深入的還有提供 HiNet 月繳制客戶申請使用，登入使用者帳號之後，即享有 20MB 免費個人網頁空間。

5. 溝通（Communication）：網站能使網站對用戶的溝通或者雙向溝通

中華電信利用網站和使用者對話溝通，並提供三種形式：(1)公司對使用者（公告或 e-mail 通知）：傳達產品、價格、續約等資訊。(2)使用者對公司（顧客服務要求）：單向非即時的寫 e-mail 給中華電信，詢問問題或表達意見等。(3)雙向溝通（即時訊息）：使用者於網頁上點選「服務熱線」，可雙向即時的對話。

6. 連結（Connection）：網站能連結其他網站的程度

中華電信相關的網站非常多，但不論你是在任何一個，均可連結到其相關網站，例如：MOD、HiNet、emome、HiB2B 等，有利增加商機。

7. 商務（Commerce）：網站具有商業交易的能力

中華電信的「網路 e 櫃檯」幾乎可以取代傳統商業，提供新申請、異動、查詢等服務，甚至是帳務問題、障礙申告等，都可以在此網頁完成。

@ 簡化網站

線上購物要儘可能地參考或模仿傳統的購物方式，使購買者很快就可以買到所要的東西。不要讓他們在找尋停車位、找貨架、找到所要的東西、詢問、付款及離開等這些方面，浪費太多的時間。專家們認為，如果線上顧客能夠經歷到和傳統商店的一樣，那麼他們在線上購買的機率就會大增。線上型錄（網頁可視為是一種型錄）的呈現方式，應該配合購物者想要看的方式。

購物手推車（shopping carts）可便於購物者在線上挑選其喜愛的各種產品，然後在最後一次付費。不幸的是，有二分之一到三分之一的網路商店還沒有提供購物手推車的功能。

為什麼像購物手推車這樣能夠簡化線上購物的工具，其利用率卻如此的低呢？顯然，付款程序使人望而卻步。有些瀏覽者只是在做「櫥窗血拼」（window shopping）而已，他們根本沒有購買的打算。「只是逛逛而已，謝謝！」但其他的人呢？第一個被嚇到的就是產品運送成本，通常這個成本會比預期的還高。另一個令人驚奇的是，網站利用註冊來蒐集顧客的個人資料。雖然這些資料對網站而言非常有價值，但是有誰會為了買件襯衫而透露自己的生日及其他私人資料？最後，有人會對透露信用卡卡號感到惶恐不安。在這種情況下，網站應提供另外一種付款方式。譬如說，讓購物者在線上訂購，然後在離線的情況下以電話告知信用卡卡號。

你要簡化你的網站，要剔除阻礙購物效率的任何因素。表 3-3 的核對表提供了一些彙總的祕訣。首先，要對「櫥窗購物者」展現高度的耐心。當他們感到安心時，遲早會下訂單的。儘量壓低運送及處理成本。提供另一種送貨方式，讓顧

▶ 表 3-3　獲得顧客滿意的最佳實務

☑	對櫥窗購物者要展現高度的耐心。給他們一點時間、一點獎金鼓勵，他們就會再度造訪。
☑	確認老顧客，簡化他們的手續，不要再讓他們填寫基本資料。
☑	線上購物要儘量模仿離線購物。
☑	依據老顧客的先前偏好，向他們提出建議（但不要做得太過分）。
☑	利用智慧型科技，自動找出顧客常拼錯或打錯的字。
☑	儘量有效地使用購物手推車，以節省購物者訂購、付款的時間。
☑	不要問太多的私人資料，一定要做到對隱私權的保護。
☑	會員註冊的手續要簡便。
☑	如果要問問題，也要問與「保證卡」有關的問題（例如：問顧客的電話，因為保證卡上要有電話資料）。
☑	儘快回覆顧客的電子郵件。
☑	要讓顧客很容易、很快的就可以上你的網站；新舊顧客在網站的瀏覽上，要有適當的差別。
☑	告訴顧客哪裡可以聽到人的聲音，但時間長短要適當。
☑	創造社群，讓顧客緊密的結合在一起。
☑	記住，顧客所承擔的成本是他的底線，而不是你的。所有額外的費用，例如：稅（有些州要付購物稅）及運輸費都是顧客會同時考慮的因素。
☑	運費要儘量壓低，否則會嚇跑潛在顧客。
☑	如果運費不得不這麼高，你要向顧客提供購物折扣，讓他覺得還是划算的。如果運費太高，又無法給予顧客折扣，那麼最好另謀他計。
☑	提供另一種送貨方式，讓顧客選擇他們所喜歡的方式。

客選擇他們所喜歡的方式。

記住，顧客所承擔的「成本」是他考慮的底線。所有額外的費用，例如：營業稅及運輸費，都是顧客會同時考慮的因素。

表達對安全的關心

在過去，有些顧客不願意在網站上透露其信用卡卡號。事實上，有些網路行銷者對於線上付費也是有所顧忌的。為什麼？沒有人對線上交易的安全有絕對的把握。在電子商務上，加上「線上付費程序」這個最後的步驟，並不是最昂貴的

一部分。網路消費者的抗拒並不是財務原因，而是對安全的顧慮。沒有人能夠保證安全無虞。當你透過手機透露你的信用卡卡號時，你就有被監聽的風險。用無線電話也是一樣。無線電話收發機（walkie-talkie）、短波收音機，以及其他無線電耳機，就可以用來監聽。網路的加密技術（encryption）比用無線電及手機來傳輸資料更為安全。

@ 促銷網站

要成功的促銷網站，你必須：選擇你的網域名稱、向搜尋引擎註冊、選擇你的關鍵字以便於索引、打響你的知名度、與其他可向目標市場提供服務的網站相互連結。

在網路上拋頭露面，愈早愈好，愈果決愈好。如果你的網站還要一段時間才算完整，你不妨在這個過渡時期先建立網頁，先打個頭陣。不要在網站上寫「建置中」，這樣會讓人覺得這個網站有問題。這種情形就好像在傳統商店的窗戶上看到「即將開幕」一樣，讓人有遙遙無期的感覺。你要讓人們知道如何馬上上網，你也要讓潛在顧客知道。有關的行動綱要，彙總如表 3-4 所示。

選擇你的網域名稱

你的網域名稱（domain name）是一個獨特的名稱，它能夠確認你在網際網路上的地址。網域名稱至少包含兩個部分：在「.」左邊的是特定名稱（specific name），在「.」右邊的是一般術語（general term，例如：.com 及 .net 代表商業，.gov 代表政府，.edu 代表大學或教育機構）。

▶ 表 3-4　在網路上拋頭露面的行動綱領

1. 選擇你的網域名稱。要取一個可認明的名稱。
2. 向搜尋引擎註冊。先去找有名的，如 Yahoo!、Excite、AltaVista、Infoseek、Hot Bot。
3. 選擇你的關鍵字以便於索引。選擇可以認明你的產品、服務，又可吸引目標顧客的字。
4. 打響你的知名度。你要將你的網址印在任何可能的東西上（例如：小冊子上、文具上、名片上、新聞稿上、產品上等）。
5. 與其他可向目標市場提供服務的網站相互連結。要找對對象，互相傳遞資訊。

你可以用公司名稱做為網域名稱嗎？這是個不錯的主意，因為這樣會方便顧客的辨認及記憶。如果你的公司名稱早已響叮噹，這個決定更是明智。但有時候你沒有這麼幸運，因為你想登記的名稱已被人捷足先登。InterNIC 是名稱登記的守門員，其任務就是要確信每個網域名稱都是獨一無二的，並符合網際網路的規定（在美國，登記費用為 100 美元）。或者你可以上網到美國政府授權的網路名稱註冊處「網路解決方案」（Network Solutions）去查看名稱是否已經被登記過，它的網址是 www. networksolutions.com。網路服務公司也可以替你註冊網域名稱，但要確信這個名稱是屬於你的，而不是網路服務公司的（為了預防有一天你可能換網路服務公司）。「網際網路指定名稱及號碼公司」（Internet Corporation of Assigned Names and Numbers, Icann）成立於 1997 年，目的在於不讓「網路解決方案」獨大（增加相互間的競爭）。Icann 將增加一些高檔的網域名稱（如商業用的 use.com），以應付對網路地址名稱日益殷切的需求。你在未來的幾個月，也不難發現有些公司會以你的名稱來註冊。

向搜尋引擎註冊

現在大約有 300 個以上的搜尋工具。搜尋網站及搜尋引擎可幫助你找到你所要的東西（包括網站、內容等），也可以幫助你的潛在顧客找到你的網站。如果你的名稱沒有登記在「目錄」上，你就還不算真正的在網路上（登記作業可以透過網路伺服器程式來完成）。向每一個搜尋引擎個別註冊是必須的。也有些網路服務公司會替你登記你的網域名稱，但是與其你天天催促他們，不如靠自己。先去找有名的搜尋網站，如 Google、Yahoo!、Excite、AltaVista、Infoseek、Hot Bot。

選擇你的關鍵字以便於索引

搜尋網站如雅虎（Yahoo!），是使用目錄搜尋的方式（這些目錄是以類別、次類別加以排序的）。另一方面，有些搜尋引擎是以關鍵字或片語來加以搜尋的。關鍵字可以是你所選擇的任何字。你要選擇可以認明你的產品、服務，又可吸引目標顧客的字（但未必是你的產品定義或服務規格內的字）。關鍵字未必一定是你的公司名稱。

打響你的知名度

你要將你的網址印在任何可能的東西上（例如：小冊子上、文具上、名片上、傳單上、新聞稿上、產品上、廣告上等）。你的網域名稱要成為你工作的一部分，就好像在過去，你的地址、電話號碼、傳真機號碼是你工作的一部分一樣。如果你用廣播、電視做廣告，就要在廣告中提到你的網域名稱。

與其他可向目標市場提供服務的網站相互連結

有效的接觸到目標市場，做雙向的資訊交流，以增加你的網站人潮。哪些其他的網站能夠增加你的網站人潮？那就是向你的目標市場提供服務的公司，雖然他們的產品及服務與你的截然不同，但是他們可以提供網路連結。如果某公司所提供的產品及服務是你公司的輔助品（也就是這些產品要一起使用），你便必須和此公司做網路連結。

3-5 顧客導向的服務

@ 分析線上顧客

在銷售上有一個真理，就是保有一個舊顧客比吸收一個新顧客更划算。保有顧客（customer retention）也是網路行銷者增加利潤的不二法門。

線上顧客（online customer）林林總總，不一而足，從新的造訪者（他們會在購買之前瀏覽幾次）到「戰鬥型」的顧客（他們在網站上好像肩負著一個艱鉅的任務）都有。然而，大多數的顧客是介於其中的。對線上購買行為的研究發現，顧客會先做小量的購買以試探網路行銷者的誠信。如果他們覺得滿意，就會比較大量的購買。

你也會發現，顧客的網路知識實在是參差不齊。「菜鳥」會將最單純不過的科技問題視為不可思議的東西；然而，「老手」卻會對你及你的網頁設計師奚落一番。

你要知道如何分辨新顧客及舊顧客的網站，以及知道如何分辨「網路菁英份子」（web-elite）及「網路頹廢份子」（web-impaired）的網站，是最受使用

者歡迎的網站。新的潛在顧客與老主顧之間有很大的差別。你要認清楚誰是老顧客,不要再叫他們填寫什麼基本資料。同時,新舊顧客在操縱網頁上、型錄展現上也要有所不同(讓老顧客比較方便看到他所想要看的東西,型錄展示也要簡明扼要)。

線上顧客所期待的是什麼程度的服務?一般而言,人們會珍視好的服務品質。提供優質服務的諾斯壯公司(Nordstrom)自然會保有一群忠實的顧客,這個公司以提供超過顧客所預期的服務水準而著稱(不僅是滿足顧客的需要而已)。顧客對於服務的胃口一旦撐大了之後,達不到他們要求的公司必然會遭到淘汰。

建立顧客資料檔

顧客資料檔(customer profile,或稱顧客輪廓)提供了豐富的資訊,網路行銷者利用這些資訊,就可以善用其行銷資源、減少廣告成本。有了顧客資料,網路行銷者就可知道在什麼網站上做廣告,或在什麼印刷媒體、廣播、電視上做廣告。從自己網站上所獲得的資訊,可幫助他們決定應連結到其他什麼網站。

公司要利用與顧客的第一次接觸來蒐集資料。網路行銷者應了解:(1)顧客會對所顧忌的、與購買毫無關係的問題感到相當不耐煩;(2)網路的設計是用來加速購買程序,而不是拖累;(3)不論企業規模的大小,都應該建立屬於自己的資料庫。

有些網路行銷者不是問顧客太多的問題,就是問得不夠。問太多的問題會使得顧客望而卻步;問太少的問題就會喪失了建立資料庫的大好機會(許多廣告主都願意付費取得這些資料庫)。

註冊(registration,顧客加入會員或要享受某種服務時所必須填答的問題)是司空見慣的事。不論是要加入會員也好,或是下載公用程式也好,或是參加某項計畫(如忠誠計畫、促銷計畫等)也好,總是要填寫一堆資料。這種走火入魔的做法已使得許多購買者心生反感、望而卻步。但是,從另一個角度來看,網路行銷者必須要了解其顧客資料庫才能夠生存。

利用會員註冊的方式能不能得到顧客資料,要看你做什麼事情而定。如果你為了運送產品而叫顧客填寫某些資料,通常他們是願意的。購買者通常不願意

透露太多的個人資料。如果你所問的問題並沒有超過保證卡上所要填寫的資料，顧客通常不會認為這是有威脅性的，因為顧客對於填寫保證卡早已司空見慣。然而，顧客是在買了東西之後才填寫保證卡的，而不是在他們一進入商店時。同樣的，他們也不習慣一上你的網路商店，就要提供像保證卡那樣的資料。做為一個網路行銷者的你，不要期待訪客會回答你所問的問題細節。顧客喜歡在他們方便的時候回答問題，否則的話就會完全不甩你所問的問題。

如果顧客發現透露一些個人資訊會馬上獲得某些利益的話，他們還是會透露的。如果某產品非常複雜，而且顧客相信他日後一定會尋求協助，那麼他也願意透露更多的私人資料。

許多網路行銷者會分辨「強迫性」資訊（如為了達到運送的目的所必須獲得的資訊），以及「選擇性」資訊（如為了提升其產品及網站所必須獲得的資訊）。只要顧客提供了「強迫性」資訊，他就可以繼續遨遊本網站。「選擇性」資訊就要說明它是可填、可不填的，因此不會對購買過程產生任何影響。表 3-5 是由史塔得（Jim Stoddard）所提供的資訊蒐集的準則。

▶ 表 3-5　建立顧客資料檔──你要問些什麼問題？

記住：如果顧客對產品的認知利益很高的話，你就可以跳一級來詢問顧客。
第一級：為了運送產品所需獲得的資料 　　姓名、地址、電話 　　電子郵件帳號
第二級：與產品保證有關的資訊 　　家庭收入 　　教育程度 　　家庭人口數 　　上次做主要採購的日期 　　擁有其他的類似產品
第三級：其他 　　顧客喜歡參觀什麼類型的網站？ 　　顧客隸屬什麼組織？ 　　顧客認為什麼網站對他們最有利？ 　　顧客是否有屬於自己的網站？你能連結到他們的嗎？（有些網站的連結是互惠的，有些則是隨便讓你連結的）

顧客經驗

重視顧客經驗是企業獲利的關鍵。對於某網站有正面經驗的顧客會再度造訪此網站,並且向其同儕推介此網站。隨著網站的性質(商業網站、內容網站、社群網站)不同,顧客再度造訪的目的分別可能是購買、探索、參與。

有關顧客經驗的課題,主要可分為以下要素來探討。這些關鍵要素是探討顧客購物經驗的角度,在觀念上有些重疊的部分。

1. 目標要素(objective element)

顧客覺得網站具有明確而特定的功能,能夠讓顧客實現某種預期的目標。

2. 知覺要素(perception element)

當偶遇某網站時,個人所獲得的獨特感受。透過感官,顧客會對於所看到的、所聽到的賦予某種意義,這個意義會儲存在他的記憶當中(這就是「學習」),當下次遇到類似網站時,就會回憶或聯想,並對此網站賦予某種意義。

3. 接觸要素(encounter element)

不只是涉及金錢的交易(例如:交易的安全、效率),亦包含顧客對於整個購物程序、購後服務(例如:訂單完成之後的通知、取貨的提醒等)的整體感受。

4. 刺激-反應要素(reactions-to-stimuli element)

顧客對多種變數的反應,這些變數包括商店(網站)擺設、品牌、促銷、電子折價券等。顧客的反應可能是「不屑一顧」、「喜出望外」、「迫不及待」等。

5. 理性與感性要素(sense and sensibility element)

顧客對其經驗的解釋是理性的(客觀的,例如:精打細算的、量化的、評估標準明確的),還是感性的(主觀的,例如:訴諸情緒的、質性的)。

6. 連結要素(relative element)

過去不同的購物經驗可能會影響此次顧客對於刺激所做的反應。

顧客經驗層級（customer experience hierarchy）可分為功能性（functiona-lity）、熟稔（intimacy）、口碑（evangelism）等三個層級。在任一層級，如果網路行銷者能夠提供一些特色，則顧客必會有一些特殊的體驗。表 3-6 說明了顧客經驗層級的意義，以及顧客對於網路行銷者所能提供的東西的體驗。

如何讓顧客獲得美好的經驗？網路行銷者要：(1)充分了解目標顧客；(2)對每一個市場區隔建立一個消費者行為輪廓；(3)有效整合顧客在線上（網路購物經驗）與離線經驗（傳統購物經驗）；(4)清楚地了解顧客的經驗要素（從哪一個或哪些角度來了解顧客經驗）；(5)明確地界定顧客的經驗層級；(6)充分發揮口碑者（說好話的人）的影響力。

顧客關係發展階段

顧客與網站發展關係可以從四個階段來了解：認知、探索、承諾、解散。在認知（awareness）階段，顧客對此網路行銷者有個初步的概括性認識。在探索（exploration）階段，顧客對於此網站會仔細端詳一番，企圖發現他想要知道的東西。在承諾（commitment）階段，顧客會「死心踏地」的黏著這個網站，並會防衛這個網站。在解散（dissolution）階段，顧客會不再接觸此網站。

▶ 表 3-6　顧客經驗層級

層　級	如果網路行銷者能夠……	顧客就會經驗到……
功能性 （網站運作良好）	網站設計、資訊建構（內容與呈現）； 深入了解顧客行為； 平台的獨立性； 有效率的交易	此網站很容易使用； 下載很快； 直覺式的操弄； 此網站可靠
熟稔 （網站了解顧客）	資料倉儲與資料採礦； 個人化網頁與產品／服務提供； 良好的人際互動； 統整性的資料； 持續保持高績效； 持續的創新與更新（不論是急遽的或漸進的）	個人化； 不斷增加的信任度； 持續地體認到「額外的價值」； 感覺到自己是「局內人」； 一致性的經驗； 比其他網站獲得更多的利益
口碑 （好事傳千里）	肯定、支援、獎勵「說好話的人」	說好話對自己、對社群所帶來的利益

每位顧客的經驗未必都是依循上述這四個標準階段。有些人直接從認知跳到承諾（如圖 3-2 中的 A），這些人可稱為投緣者或一見鍾情。有些人在認知之後隨即就解散（如圖 3-2 中的 B），這種人可稱為無緣者。有些人歷經了認知、探索，但沒有承諾就解散（如圖 3-2 中的 C），這種人可稱為似有緣但無緣者。

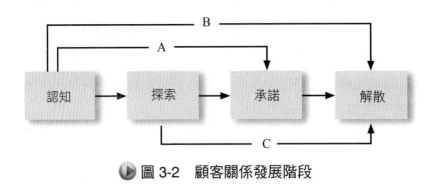

▶ 圖 3-2　顧客關係發展階段

@ 使顧客再度造訪

你需要留意線上顧客需要的重要性，不亞於你對他們做一對一的接觸或者電話接觸。與顧客保持良好的關係，建立他們的忠誠度，決定了你的企業生命。你的網路行銷系統要能夠持續不斷的接受及掌控顧客的回饋。績優的網路零售網站都會不遺餘力的鼓勵顧客的回饋，並且很認真的促使顧客再度光臨。要讓顧客知道公司內的「新鮮事」，要設法了解顧客對你的看法及顧客的需要。追蹤顧客的購買形式，記錄他們過去購買的東西，以便協助他們未來的購買。

傾聽他們的建議，以便百尺竿頭，更進一步。如果你發現你的網站在這方面做得不夠，或根本做不到，趕快修理修理吧！

專家們認為，網頁內容現在是、未來也是，區分網路良窳的主要因素。當線上購買者愈來愈多，而且網站上的噱頭愈來愈失效時，網頁內容更扮演著一個舉足輕重的角色。

嬰兒中心公司（BabyCenter Inc.）從一開業時就體認到網頁內容的重要。嬰兒中心公司自從 1998 年 10 月架設網站以來，就一直企圖「染指」總營業額在180 億美元的嬰兒用品市場。今日，他們已有提供嬰兒產品、玩具、衣服、尿布

及其他用品送貨到府的服務，雖然當初他們的經營是以向懷孕婦女提供資訊為主。嬰兒中心公司網站（www.babycenter.com）提供了有關懷孕的文章、育嬰活動、交談室，以及電子佈告欄。在其網站上刊登廣告的公司包括嬌生（Johnson & Johnson）、寶鹼（Procter & Gamble），以及可麗柔（Colorox）。這些公司並不是以登橫幅廣告（banner ads）來湊熱鬧，每個公司在網站上都負責一個特定的任務，例如：嬌生負責有關「如何接觸及撫摸嬰兒」部分。

要注意這個事實：如果你的網站定期提供新的（新鮮的）、有創意的，以及相關的資訊，而且既簡單又容易操作的話，必定會使顧客近悅遠來，使網站門庭若市。讓顧客再度造訪並流連忘返的技術應是「價廉物美」的，這些技術如表3-7所示。

@ 提供顧客支援服務

你要提供多少服務？什麼類型的服務？服務要在線上提供？離線提供？還是兩者都要？現行的公司可以藉著檢視離線銷售及顧客服務來回答這些問題。他們的線上銷售可以參考一下從離線作業中所學到的經驗。例如：仔細回顧一下你問過銷售代表及推銷人員什麼問題，而這些問題就可以做為網站上提供產品／服務

▶ 表3-7　使顧客再度造訪並流連忘返的技術

網站要很有「黏性」。何謂黏性？黏性就是使顧客長時間的駐留在你的網站上。	
1. 當代文獻	提供有關公司、產品線及提升形象的文章。這些文章並不是從印刷書籍拷貝而來，而是為此網站而特別撰寫的，要言簡易賅。
2. 歷史文獻	提供吸引新訪客的歷史資料。
3. 專家撰文	要像嬰兒中心公司所提供的一樣，文章內容需能滿足利基市場的需要。
4. 交談室	使意氣相投的人能夠相互交換意見、經驗及看法。
5. 佈告欄	上面貼有注意事項、祕訣、熱門消息及新東西。
6. 及時消息	讓你的顧客能立即掌握重要的資訊。
7. 電子郵件	要提供免費電子郵件帳號。
8. 笑話	提供博君一粲的笑話，並讓你的顧客能將他們的笑話登錄在網頁上。
9. 娛樂	提供有創意、有新鮮感及好玩的娛樂。
10.贈品	要求顧客先加入會員才能集點數、抽獎或參加比賽。

的參考。你如何預測消費者在線上購買時最為關心的問題是什麼？你不妨觀察一下從事線上銷售最悠久的公司是怎麼做的。他們的輔助按鈕（help button）會對顧客做技術性的解釋：什麼軟體最適合用來瀏覽本網站所提供的東西，如果購物者沒有這個軟體，他就可以免費下載（例如：觀看視訊短片的 DivX）。

幫助顧客

線上公司在提供協助方面所用的方法各有一套。最單純的，就是提供「經常詢問的問題」（FAQ）來處理使用者最關心的問題。「經常詢問的問題」比較適合處理不複雜的問題，所以其回答也是相當直率的：

問：何以最近未通知我下載病毒更新程式？
答：最近未發現新病毒。

讓顧客太過自助是行不通的。大多數的線上購物者不是求速度，就是圖方便，如果你讓他們要費九牛二虎之力才能得到答案，那他們就可能和你說拜拜了。1-800-Flowers 會讓顧客在點選一個圖示之後，就開始與銷售代表進行互動式交談。記住：這個公司在開始時是用電話訂購的方式，因此它能充分體認到「人際接觸」的價值。提供一個能讓顧客做迅速接觸的方式（如電話接觸），你的生意必定會「柳暗花明又一村」。

透過電子郵件來聯絡是滿不錯的，但是要達到及時性卻是一大問題。以電子郵件來接觸顧客，當然有其他的目的。但到目前為止，我們可將它視為處理顧客抱怨或接受恭賀的媒介。不論如何，你要儘快的回應顧客的電子郵件，這些電子郵件是顧客發洩情緒、表達感激之情或提供建議的管道。你不要胡亂瞎猜顧客的需要，而是要確實的透過電子郵件來了解。要將電子郵件視為回饋的機制，並從分析電子郵件的資訊中找到需要改進的地方。

創造社群

線上社群可增加顧客間的資訊交流，其吸引力是相當大的。傳統的社群就等於是線上的網路會議，但是參加社群活動（如里民大會、除夕聯歡晚會、土風舞會等）的人往往不夠踴躍。線上社群可讓會員做個人發表、經驗分享，以及建立跨越地理藩籬的友誼。可由一個主持人來主持會員們間的意見交流，也可以讓會

員們自行進行開放式的意見交流。

E*Trade 網站可讓會員們在線上進行股票經驗的交流,同時會員也可以客製化他的社群經驗。E*Trade 可讓會員利用特殊的會員過濾功能(可試一試它的「商業會議室」)以杜絕「吵鬧的」會員,並讓會員對新聞事件進行票選活動。

@ 發展出訂單處理方法

做為一個網路行銷者的你必須了解:技術在維持良好的網路顧客關係上所扮演的關鍵性角色。你必須要有在全球每天 24 小時、每週 7 天銷售的實力,你還必須要有能力以分鐘為單位,向你的客戶及顧客提供最新資料(包括產品、服務、價格、交貨等資訊)。你要確信你的顧客可以在凌晨到早上 7 點都可以購買,因此你要有處理發票、帳單、支付及資金轉帳的能力。

具有電子資金轉帳的能力

你的銀行必須要有處理電子資金轉帳(Electronic Funds Transfer, EFT)的能力。有些小銀行並沒有這個能力,所以事先要查清楚。除此之外,銀行間索取的費用也不盡相同,所以你要事先做調查,以確保你的最大利益。

提供及時支付的解決方案

選擇支付方法的目標,在於除了可及時提供可負擔的、安全的解決方案之外,還可儘量減少你及顧客的煩惱。信用卡支付、電子貨幣(或稱電子現金)、智慧卡、電子支票是最普遍的電子商務支付工具。你可以自己設計支付方法,或者也可以外包這個功能,讓專業公司來做。這些支付方式的基本不同點,在於有些是用在個人電腦上,有些是以微晶片嵌入在卡片上。支付的處理方法,詳如表 3-8 所示。

安排好產品的交貨

你的產品在哪裡?產品是否放在你的公司所在地?還是放在各製造商的所在地?快速的、安全的將產品運送到顧客手中,其重要性不亞於安全的處理財物交易的問題。

▶ 表 3-8　支付的處理方法

種　類	優　點	缺　點
信用卡	傳統的功能、熟悉感,是目前最為普遍的方式	不適於電子處理,只限於某些產品的購買(如 CD、書籍、個人電腦)
電子現金	使用起來非常單純、鼓勵衝動性購買、小額支付無問題、愈來愈受歡迎	對於詐欺、安全問題要格外小心,帳面金額與實際金額不符
智慧卡	熟悉感(儲值卡、電話卡)、容易知道餘額、可儲存顧客的額外資訊	遺失後無法再補發

　　要和運輸公司訂好協議,一般的運送怎麼處理?「特急件」又要怎麼處理?如果需要經常的送貨,是否享有折扣優待?如果加入會員,是否享有特殊的優惠?優比速公司(United Parcel Service, UPS)發展出一套軟體,整合客戶與該公司的作業流程,以提供更快速的、更有效率的、更正確的運輸服務。

復習題

1. 何謂顧客關係管理？

2. 試說明資訊科技在顧客關係管理所扮演的角色。

3. 企業應如何做好顧客關係管理？

4. 何謂個人化？

5. 客製化可使顧客獲得哪些好處？

6. 何謂客製化？

7. 何謂合作式過濾？

8. 何謂關係行銷？

9. 做為一個網路行銷者，你必須使用網際網路來蒐集顧客資料、了解其購物偏好。試加以闡述。

10. 試說明設計網站所需注意的事項。

11. 顧客介面（customer interface）包括哪 7C？試以中華電信網站為例說明。

12. 如何簡化網站？

13. 如何表達對安全的關心？

14. 如何促銷網站？

15. 如何分析線上顧客？

16. 重視顧客經驗是企業獲利的關鍵。對於某網站有正面經驗的顧客會再度造訪此網站，並且向其同儕推介此網站。隨著網站的性質（商業網站、內容網站、社群網站）不同，顧客再度造訪的目的分別可能有哪些？

17. 有關顧客經驗的課題，主要可分為哪些要素來探討？

18. 何謂顧客經驗層級？

19. 如何讓顧客獲得美好的經驗？

20. 試繪圖說明顧客關係發展階段。

21. 如何使顧客再度造訪？

22. 如何提供顧客支援服務？

23. 如何發展出訂單處理方法？

練習題

1. 以下是有關顧客介面（customer interface）的練習：

(1) 比較 Bluefly.com 與 Eluxury.com。這兩個網站都提供設計精良的產品，但它們卻有著明顯不同的視覺與感覺效果。仔細審視這兩個網站，比較其母公司的企業策略，並評估它們如何有效地反映其企業目標。

(2) Amazon 和 Barnes & Noble（B & N）是頂尖的網路書店，試比較其顧客經驗。它們如何使得顧客容易找到、評價與買到書本？哪一個網站在「功能性」的提供方面比較具有競爭優勢？

(3) Lands' End 和 Amazon 在客製化方面都是先驅者。在你平常拜訪的網站中，有哪些網站可以藉由提供與上述兩家相同服務而增加你使用上的忠誠度？列出那些網站及可以讓你受益的客製化特色。

(4) 參觀一個顧客評級網站，例如：BizRate.com，並且評估這個網站是否有一個共同主題頁面，接受客戶對於一些商業網站的稱讚或抱怨方面的回應？你會如何建議這些參加顧客評級的商業網站處理抱怨？

(5) 進入一個你經常使用的網站，你能在此網站上確認出 7C 的實例嗎？它的適合度和增強度如何？

2. 以下是有關顧客經驗（customer experience）的練習：

(1) 以你有興趣的網站為例，說明這些網站如何適當地傳遞顧客經驗中的重要因素。

(2) 指出 eBay 採取了哪些步驟來引導顧客體驗三階段的顧客經驗層次。

(3) 為了使顧客獲得所期望的購物經驗，網路行銷者必須謹記七大實施步驟。造訪你最喜愛、最不喜愛的網站，並描述為了提升、改進每一個顧客經驗網路行銷者所歷經此七大步驟的情形。

3. 以下是有關顧客關係發展階段的練習：

(1) 你是否有與某網路品牌的生意往來經驗？請參訪此網站並說明它如何慫恿你去瀏覽及建立品牌承諾？此網站的特性是什麼？如果這些網站的特性有所改變，是否會影響（增加或減少）你與網站之間關係的維持？

(2) 記錄你每日使用的網頁，特別注意你第一次參訪的網站。a.你如何知道

此公司提供網路服務？b.你造訪的目的是什麼？c.在你購買任何東西（或享受任何服務）之前，你拜訪過多少次？d.你是否歷經本章對「關係步驟」方面所做的說明？

(3) 訪問某聊天室，並觀察其中的交談。聊天室的行為規範有哪些？哪些行為會被拒絕或禁止？如何對待新會員？建立規範以匡正行為的目的是什麼？

4. 客戶是公司最重要的資產，尤其現今資訊爆炸，掌握客戶的心或採購關鍵人的需求，更是勝出於競爭對手的關鍵。然而，客戶關係管理（CRM 系統）並非可一概而論，針對不同的產業差別，CRM 也是有「功能及性質上」的差別。試上一些網站（如 http://www.chensin.com.tw/）說明各種 CRM 系統的功能。

5. 根據 IDC 研究報告指出，企業對 CRM 的投資狀況，其投資報酬率可從 16% 到 1,000% 以上，可見 CRM 已成企業 IT 投資重要標的，反映出微利時代企業掌握市場需求度的迫切增加。試上一些網站（如鼎新電腦網站，http://www.dsc.com.tw/），了解如何利用資訊科技來落實顧客關係管理。

6. 在 Google 搜尋引擎中鍵入「顧客關係管理成功案例」，閱讀所呈現的各網站資料，整合出一篇你的心得報告。

網路行銷安全與法律議題

4-1　電腦犯罪

4-2　網路安全交易

4-3　安全政策

4-4　法律議題

在今日的企業經營中，電腦與通訊是不可或缺的。如果電腦故障、通訊不靈，小則造成經營上的不便，大則使得企業淪落到萬劫不復的地步。由於企業對於電腦及通訊的依賴日殷，因此，我們有必要對於企業風險（corporate risk）重新加以界定。現今的管理者深深地體會到，企業所受到的威脅，除了來自於企業環境、競爭者因素之外，科技問題的威脅也如芒刺在背。根據最近的一項調查顯示，高度依賴資料處理系統的美國保險業者，有九成會因資訊設備及系統受到破壞而慘遭倒閉的噩運。[1]由此可知，保護企業的資訊系統及維護資料的安全，值得管理當局的重視。

4-1 電腦犯罪

當年希臘大軍久久無法攻占特洛伊（Troy）城，於是想出一個計謀，製作一匹大木馬，在木馬裡面暗藏士兵，並故意在戰場中留下木馬，大軍佯裝撤退。特洛伊人不知其中暗藏玄機，將大木馬拖進城內，大肆慶祝。誰知夜幕低垂，希臘士兵爬出木馬，與守在外頭的希臘大軍裡應外合，一舉殲滅了特洛伊人，這匹木馬也就一戰成名，成了特洛伊木馬（Trojan horse）。那麼，特洛伊木馬和網路又有什麼關係呢？其實它就像病毒一樣，是一個程式，隱藏在合法的程式之中，當網路的使用者執行某個載有特洛伊木馬的程式後，它就會將系統中重要且具有特權的資訊，透露給程式設計者。最常見的方式就是從網路中下載來路不明的軟體，一旦特洛伊木馬暗藏其中，你的密碼可能就不知不覺被盜取了。

在國外，由於電信網路發達，加上特洛伊木馬的「詭譎」，信用卡卡號密碼被盜取的情形時有所聞，當事人所受到的損失可想而知。所幸目前很多網路主機都加裝防火牆的程式，以及各式各樣的偵測工具（例如：MD5、TripWire、TAMU 等）來保護，使得系統遭到特洛伊木馬攻擊的機會大大降低了。

在過去，所謂安全，指的是妥善的掌管物件、設備和財務。然而，在今日，企業所面臨的最大威脅是對於其資料的侵害。傳統上，電腦的設備及資源是由一

1　R. Carter, "Dependence and Disaster-Recovering from EDP Systems Failures," *Management Services* (UK) (32: 12), December 1988, pp.20-22.

群電腦專家所掌管,而資料處理的模式是集中式的、整批式的。然而,今日由於個人資訊應用(end user computing)及網路的普及,電腦資源可由許多使用者所分享及利用,在這種情況下,電腦資訊的安全足堪憂慮。資訊系統及資料所受的威脅,可分為人為的災害、員工(使用者)所造成的錯誤、競爭者的蓄意行為,以及電腦病毒等。

電腦安全政策的終極目標,在於保護系統中電子資料的完整性(integrity)、可利用性(availability),以及機密性(confidentiality)。我們應善用各種措施,保護資訊系統與資料,使之免於受到被改變或失能的風險(risk of change or malfunction)。而這些風險的產生,乃是由於威脅(threats)所致。

美國的資料處理管理協會(Data Processing Management Association, DPMA)對於電腦犯罪有詳細的界定。在其「典型電腦犯罪法」(Model Computer Crime Act)中,將電腦犯罪界定為:

· 非法使用、檢索、修改及破壞電腦硬體、軟體、資料及網路資源。
· 非法洩露資訊。
· 非法拷貝軟體。
· 不讓合法的使用者使用其硬體、軟體、資料及網路資源。
· 利用電腦資源以非法獲得資訊及有形資產。

根據犯罪學家的研究,電腦犯罪可能是當下列情況湊在一起時:

· 防護措施不當。
· 稽核制度不足。
· 工作組織環境不能滿足員工的安全感和個人對工作的適應性。
· 受到上司信任的電腦專業人員因一時受錢財的誘惑,對自己的行為解釋成「我只是暫時挪用,不是偷取」。由於企業組織的自動化,管理者逐漸認識到電腦化很可能造成工作環境對員工生理和心理健康的危害。

電腦犯罪與一般傳統的犯罪活動有很大的不同。電腦犯罪是高技術性的犯罪活動,是瞬間可以發生的隨機事件,同時它已成為可以跨越國界的犯罪活動。據有關方面統計,目前已開發國家的電腦犯罪,只有 10% 的案件能被察覺,而能

破獲的還不到 1%。電腦犯罪最大的問題在於這類犯罪根本難以察覺，許多電腦犯罪偵破都要靠三分運氣。

電腦最大的長處也是它最有機可乘的弱點，它可以在最短的時間內處理堆積如山的資料，這固然節省了時間與人力，卻也縮短了犯罪的時間，減少了許多查證犯罪的線索，如人員及文字證據。

在使用電腦的公司方面，由於在察覺上及破獲電腦犯罪上的困難，只有靠自己全力來防治，建立更多、更複雜的藩籬，例如：以密碼來保護系統及資料庫的使用。有些製造廠商甚至發展出不少新附件，有些能分辨拇指指紋，使得只有固定的操作人員才能使用某部電腦。不過這些昂貴的新設計推廣不易，因為電腦在經濟方面的優點往往因此被抵銷。

電腦犯罪具有以下幾個特點：

- 犯罪者的年齡層趨向年輕化。
- 趨向知識化。
- 共謀頗為多見。
- 在瞬間可以發生的高技術犯罪往往不留痕跡。
- 採用的手法一般比較隱密。
- 電腦犯罪趨向國際化。

4-2 網路安全交易

專家們咸信（消費者也堅信），安全問題是電子商務發展中最受關注的課題。安全（security）的定義是：免於危險、風險、憂慮、懷疑及擔心；但在電子商務中，「安全」有一個新的定義。我們面對的危險包括財務損失、資料破壞、消費者受到「蹂躪」（consumer havoc）或商業機密的洩漏等。所謂安全，就是要避免以上事情的發生。當電子商務以幾何級數成長之際，主要的安全問題也逐漸浮現。從樂觀角度來看，保護安全的軟體、系統及硬體也如雨後春筍般湧現。我們最大的挑戰在於，在電子商務的各層次中（包括複雜的公司電腦建構、消費者個人交易）都能夠有安全的保障。我們未來的挑戰在於，安全系統發展者

（例如：防毒軟體公司）能夠永遠領先破壞者一步。

　　電子商務安全問題的破壞，幾乎成了每週的頭條新聞。在這些頭條中，最惱人的也許是這個常見的主題：安全系統的些微瑕疵造成了萬劫不復的後果。有安全意識的電子商務企業總是步步為營，不敢有一絲馬虎，而且總是未雨綢繆、防患於未然。

　　許多大型公司所面對的是各種不同類型的安全問題；他們害怕本身的隱私權被侵犯，也害怕其網路服務公司的隱私權被侵犯。小型公司更容易受到傷害，例如：公司資料庫及私人資料庫被破壞、機密性的財務資料被竊取、專利權被剽竊。破壞、竄改，以及向未授權的使用者揭露資訊，是安全上最大的威脅。即使是獨立的網路零售商也必須重視安全的問題。偷雞摸狗的行為，如改變網頁的內容、破壞服務的提供或竊取資料，皆會戕害企業的健全性。

　　最後，網站對於安全問題的處理，關係到消費者的信心問題。電子商務成功與否的主要決定因素取決於購買者，而不是網路行銷者。消費者需要這種保證：信用卡卡號及購物內容不會被廣傳或被不法使用。消費者必須要感受到網路安全措施是值得信賴的。做為消費者，我們認為安全或不安全是要看對我們的影響而定。

@ 電子商務安全的條件

　　要確保電子商務的安全，必須滿足五個條件：認證（authentication）、授權（authorization）、機密性（confidentiality）、完整性（integrity），以及不可否認性（nonrepudiation of origin）（表 4-1）。

- 認證涉及到利用密碼、個人識別碼（Personal Identification Number, PIN）、安全鑰（security key）、指紋，以及其他綜合方法來確認個人的身分。
- 授權是利用檢索控制單（Access Control List, ACL）來控制對特定資訊的檢索。有些使用者只被授與閱讀及瀏覽的權利，也有些使用者被授與更改內容的權利。
- 機密性可以保護機密資訊不被非法者竊取。加密技術（encryption technique，容後討論）則可以幫助確保機密性。

▶ 表 4-1　電子商務安全的五大條件

1. 認證	證實身分（利用密碼、個人識別碼、安全鑰、生理特徵等）。
2. 授權	利用檢索控制單（ASL）來控制對特定資訊的檢索。
3. 機密性	保護機密資訊不被不法者使用（利用加密技術）。
4. 完整性	資料在傳輸及儲存時沒有被不法更改。
5. 不可否認性	不讓詐欺者否認曾參與特定交易或不法勾當。

- 完整性是指資料在傳輸及儲存時沒有被不法更改。
- 不可否認性是不讓詐欺者否認曾參與特定交易或不法勾當。

　　對你的企業而言，最嚴重的威脅是什麼？在修復系統故障時，你能承受得住幾小時或幾天的等待？如果有人搗亂了你的資料，或滲透你的網站刪除掉重要的資訊，你會有什麼結果？你要購買套裝軟體以獲得所需要的保護嗎？或是你會添置昂貴的硬體來獲得安全保障？

　　什麼都能省，但是維護安全的費用不能省。從另外一個角度來看，不見得每一個企業都要引進最複雜的安全系統。企業不論規模大小，最好的政策就是確認達成目標的最佳解決方案。在消費者這個層次上，你（網路零售商）應該知道，如果顧客對你的安全保障產生了丁點懷疑，你必然會失去這筆生意。顧客對你的第一印象一旦產生，你就沒有改變的機會了。你不僅要對各種支付交易準備好最安全的措施，而且也要不斷的強化你的網站安全。

　　你要購買套裝軟體以獲得所需要的保護嗎？或是你會添置昂貴的硬體來獲得安全保障？使用於電子商務的安全技術，其程度及總類應如何？考慮一下以下的問題：

- 對你的企業最嚴重的威脅是什麼？
- 需要保護什麼網路資源（企業內網路、企業間網路、網際網路、通訊連接）？怎麼保護以上各項？
- 在網路內，誰必須向誰傳遞資料？
- 可允許哪些資料遊走於各通訊路徑？
- 誰可以在每個通訊路徑中檢索特定的資訊？確認你的檢索控制單（ACL）。

- 誰可以改變資訊（明確的界定可以改變什麼資訊）：添增、更改、刪除？

- 什麼時候可以改變：事前、事後、或在某一時段之後？

- 如果你定期的傳遞大量資料，你如何確信資料完全沒有失真？

- 在檢索資料時，身分的確認上，最好的方法是什麼（密碼、個人識別碼、安全鑰、安全卡、指紋等）？

- 你如何確保機密性？要用什麼加密技術（對稱或非對稱安全鑰加密）？

- 你能多快追蹤到麻煩製造者？（如果有人堅持已經付款、提供產品或資訊，但卻否認收到你的東西，而你明明知道他已收到，你該怎麼辦？）

- 系統延遲多久是可以忍受的？有些加密技術，如非對稱加密，會增加處理時間。在安全及增加交易處理時間方面，要如何取捨？有兩全其美的方法嗎？

- 你的企業最關心的消費者安全問題是什麼？兒童是潛在的消費者嗎？如何保護兒童的隱私權？

- 在網站上顯示你的安全等級時，要呈現什麼注意事項？你如何說明你對消費者隱私權及機密性的保護？

@ 保護你自己及你的顧客

　　顧客對於電子商務的信任程度，與安全及隱私權受到保護的程度息息相關。為了獲得最大的安全性及確保消費者的隱私權，需考慮以下的問題：

- 在整體電子商務系統中，首先研究使用者那方面的軟體。你的安全會不會受到病毒、軟體、瀏覽器瑕疵的威脅？
- 確認最會受到威脅的網路層級為何？[2]
- 查明網路服務公司會提供什麼樣的安全保障。
- 網路受到駭客攻擊時，應如何防衛？
- 擬定保護隱私權的原則。成人及兒童的隱私權都要受到保護。
- 擬定安全性政策，並利用此政策來採取特定的安全行動。要確信員工了解此

---

[2] 有關網路層級的問題，可參考：榮泰生，管理資訊系統（台北：五南圖書出版公司，2006），第 172 頁。

政策。

@ 新科技與新風險

網路及電腦系統所受的威脅與日俱增的現象，促使資訊科技管理者（IT managers）更加嚴密的檢視其系統遭到駭客攻擊的可能性。這種情形導致對評估系統（assessment systems）及偵測系統（detection systems）的迫切需求。根據亞柏丁小組（Aberdeen Group）在《網路週刊》雜誌發表的研究報告指出，評估及偵測系統的銷售額在 1997 年是 5,000 萬美元，往後幾年增加到了 1 億美元。評估系統包括了「弱點掃描器」（vulnerability scanners），它可以探測到網路及電腦系統上的安全漏洞。偵測系統包括了「入侵偵測系統」（Intrusion Detection Systems, IDS），它就好像一個高科技的警報器，偵查可疑的行動，並向系統管理者提出警訊。入侵偵測工具是最熱門的高科技產品。

網路使用者、網路零售商，以及網路管理者對於風險（risk）的定義都不一樣。一般而言，風險會影響到客戶端及伺服器（最終使用者及網站）、僅是最終使用者這一端，或僅是網站這一端。影響到每個人的風險都要共同來解決。表 4-2 列出了電子商務安全風險的情形。

- **偷窺（eavesdropping）**：隨著線上交易設計的日益複雜，以及電腦間傳遞資料的迂迴，偷窺問題對使用者及網路伺服器都造成了莫大的影響。在訊息傳遞路徑上的任何環節都可能發生偷窺，例如：在網路服務公司的伺服器上、連結區域網路的電腦上，以及在網路伺服器上等等。網路駭客會利用分封探測器（packet sniffers）這樣的裝置來攔截網路上的通訊，讀取透過通訊協定（如 Telnet）所傳送的文字內容，包括密碼等。分封探測器是一些小的電腦程式，它可以安裝在網路上的任何一處，藉此監視「有趣的」資訊（如密碼、信用卡卡號等），並傳回給網路竊賊。加密技術可防止這種竊取行為。

- **詐欺（fraud）**：網路上的詐欺行為有各種不同的形式。有的是假裝合法的企業，有的是成立一個虛有的企業向顧客詐騙（本身只是空殼子，但卻接受訂貨及付款）。數位簽章（digital signature）可確認寄貨者及收貨者，因此

可減少詐欺的行為。個人辨識卡可對個別的使用者加以認證，網站辨識卡則可對企業加以認證。

· **偽造（forgery）**：偽造或偽裝別人，也可以用個人辨識卡來加以防止。

· **硬闖（break-ins）**：業餘的和專業的駭客（他們可能是一些為了展現自己設計功力的青少年，或者是一些憤世嫉俗的員工）都一樣會闖入網站及公司電腦。我們很少聽到某些網站被闖入的消息，為什麼？試問有哪一家大公司願意承認自己的網站被一個 12 歲的小毛頭所滲透？高度安全的防火牆（firewalls）可防止網站被硬闖，因為它只允許特定的網址來檢索此網站。防火牆也是危險軟體的檢查站。

· **破壞（vandalism）**：駭客藉由傳遞大量的資訊，或不斷的嘗試掛上電腦，來癱瘓電腦。防火牆及其他安全軟體可檢查會產生破壞的不尋常行動，並截斷與破壞者的連結。

· **偷竊（theft）**：當非法使用者可檢索網路時，公司資料或機密資料就可能遭竊。防火牆可防止闖入網路或伺服器的不法企圖。

▶ 表 4-2 電子商務安全風險的情形

風　險	描　　述	技　　術
偷窺	當資料從若干個電腦間傳送時，將資料加以攔截。	加密技術
詐欺	假裝合法企業或者虛設行號來騙取購買者的金錢。	數位簽章 利用加密技術來認證合法性
偽造	偽裝成別人。	個人辨識卡
硬闖	駭客偷取密碼，霸占網站及公司電腦。	防火牆允許特定的網址連結本網站
破壞	駭客藉由傳遞大量的資訊，或不斷的嘗試掛上電腦，來癱瘓電腦。	防火牆 其他安全軟體
偷竊	當非法使用者可檢索網路時，公司資料或機密資料就可能遭竊。	防火牆可防止駭客進入網路及伺服器

攻擊網站

　　如果你認為你的網站不會被攻擊，最好再三思！eBay 這個知名的網路拍賣店就曾經被駭客滲透，造成網頁被破壞，內容被竄改。這次攻擊包括了更改拍賣價格、刊登假廣告，並將出標者轉到其他網站等。滲透 eBay 網站的駭客是年僅22 歲的大學生，據說他有癱瘓整個網路的能力。不幸中的大幸是，公司宣稱所有的信用卡資料均安全無恙。

　　網路攻擊最令人髮指的事情是，大多數的闖入都是不動聲色的。駭客之所以惡名昭彰，在於他會竄改系統記錄檔案（system logs）以湮滅證據，甚至掩飾闖入的日期。更令人痛心的是，他們會在系統中「掘洞」，也就是設計一個後門（backdoors），以便日後一來再來。被侵入的系統只有一個檔、一個檔檢查，即使些微的改變也要留意。密碼可能已被偷竊，為了安全起見，必須更換所有的密碼。

硬闖網路服務公司

　　當企業決定要接受網路服務公司（Internet Service Provider, ISP）所提供的服務時，企業是希望此 ISP 能夠變成他們的網路。這是一個重要的策略性決定。如何選擇 ISP 呢？這涉及到評估其經驗和能力。當客戶與 ISP 簽約時，無不期待能立即獲得高品質服務，以及期待 ISP 能夠提供網路安全管理問題的解決方案。如果 ISP 不能稱職，則依靠此 ISP 來從事電子商務的公司必然血本無歸。

　　ISP 應該向其客戶提供及管理安全服務。他們所提供的安全服務應該具有客製化的特色，而不是「一樣米養百樣人」。公司本身的安全制度就是讓 ISP 來設計安全制度的原則。ISP 也要能夠因應客戶的需求改變。例如：防火牆是一個保護傘，可使非法者無權使用私人資料，但當客戶的網站成長及改變時，一個防火牆所提供的保護便可能會不夠，此時必須要有數個防火牆，才能提供多重安全保障（讓不同的人或商業檢索不同的資料）。

　　ISP 還有另外一個壓力，就是要尋找到最佳的安全問題解決方案以確保本身網路的安全，如此其客戶的網路安全才會受到保障。如果 ISP 有安全的問題，則其所有的客戶必定會遭殃；如果 ISP 的業績不振，則其所有客戶的業績也跟著不彰。對一個電子商務企業而言，這表示除非 ISP 的問題得到滿的解決，否則公

司只有關門一途。

在網際網路上最惡毒的攻擊，也許就是拖垮 ISP，讓 ISP 發出「拒絕服務」（denial-of-service）的訊息。方法之一就是造成成千上萬個「不完整」連結，讓合法使用的客戶無法連結到 ISP。這種攻擊的典型例子就是 SYN 洪流攻擊（SYN flood attack）。SYN 洪流攻擊專門侵蝕利用 Internet TCP／IP 的系統，癱瘓 Windows NT 及 Unix 作業平台（SYN 是指「SYN 要求」，這是 TCP／IP 通訊協定的一部分）。另外一個造成「拒絕服務」的攻擊，就是使系統資源耗竭或癱瘓電腦主機。前一陣子在報章雜誌上大登特登的這類型攻擊，就是「ping o'death」。「ping o'death」攻擊會癱瘓整個系統，使系統掛掉或重新啟動系統。因作業平台不同，其所受的侵害也會不同。

其他類型的攻擊會威脅機密性。瓦解防火牆，非法使用者就可使用私有資訊（如信用卡卡號）。攻擊者也能夠偷竊或刪除檔案，將網站毀容、敲個裂痕讓其他人進入，或在伺服器上置放個假程式。

在系統上安裝及執行的程式，即使有個小瑕疵，也會是個隙縫。這些瑕疵會被駭客公布出來，並成為駭客的主要攻擊點。在整個系統裡面，還有一個令人振奮的「無心之過」。即使防火牆本身是安全的，但是透過數據機還是可以闖入。例如：有時候數據機會掛在公司的電腦上，以便於員工在家利用撥接的方式上網。如果掛在公司電腦上的數據機也掛在區域網路上，則有心人士就可以利用此數據機來監視區域網路上的其他電腦。如果有位員工可以透過數據機來使用公司的網路，那麼防火牆就形同虛設了。

為了防止這些「高竿」的攻擊，許多網路先鋒及知名廠商都紛紛發展了安全防禦系統。例如：朗訊科技公司（Lucent Technology）利用貝爾實驗室的技術來解決網路安全問題。惠普（Hewlett & Packard）也使用網路節點經理（Network Node Manager）做為一種解決方案。

4-3 安全政策

誰能檢索公司的特定資訊？公司的做法決定了電子商務系統安全政策的基礎（表 4-3）。如果沒有文書化的安全政策，你實在不能保證你的網站是安全無虞

▶ 表 4-3　安全政策所要考慮的因素

層級	允許	特權	資訊
誰	允許	檢索	網際網路網站
高級主管	不允許	不能檢索	公司電子郵件
經理		交換	網路電子郵件
人力資源顧問		更改	個人檔案
會計部門		刪除	預算
所有員工		唯讀	公司網站
系統管理者		修正	
消費者			
銷售代表			

的。你的網站允許做些什麼事情？安全政策並不是一份技術性文件，但它卻是撰寫技術性安全文件的基礎。

@ 安全問題的解決方案

本節將討論各種安全問題及解決方案：

- **客戶端軟體（client software）**：包括爪哇（Java）、Java Applets、JavaScript、ActiveX 及推播技術（push technology），這些軟體也提供了駭客入侵的機會。

- **病毒防止及控制（virus prevention and control）**：考慮到個人及公司每一天使用電腦的情形。

- **密碼文件（cryptography）**：包括一般文件、暗號文件（ciphertext）、密碼演算法（cryptographic algorithm），以及安全鑰。

- **加密技術（encryption technology）**：包括對稱及非對稱加密技術。

- **數位認證及認證機構（digital certificates and certification authorities）**：驗證數位簽章。

- **防火牆（firewalls）**：限制對企業內網路、企業間網路的使用。

- **文件加密演算法（text encryption algorithms）**：包括安全插座層（Secure Socket Layer, SSL）、極佳隱私（Pretty Good Privacy, PGP）、安全 MIME（secure MIME，MIME 為 Multi-purpose Internet Mail Extension 的頭字

語），以及安全 HTTP（secure HTTP）。

· **安全密碼（security passwords）**：具有不同的、輔助的目的，包括安全插座層、安全電子交易（Secure Electronic Transaction, SET）、IP 安全通訊協定（IP security protocol），以及網際網路鑰交換（Internet key exchange）。

· **虛擬私有網路（Virtual Private Network, VPN）**：可保護你的資料。

　你應使用哪一類的安全措施？何時使用？通訊傳輸協定的七個層次是：應用層（application layer）、展示層（presentation layer）、會議層（session layer）、傳輸層（transport layer）、網路層（network layer）、資料連結層（data link layer），以及實體層（physical layer）。在這七個層級中，不同的層級要利用不同的安全通訊協定。有些技術適用在網路層級的安全保護，有些技術適用於實體層。綜合運用會對你的企業產生全面性的保護。

　以下各小節將詳細說明各種安全技術。圖 4-1 彙總了基本的安全技術。

@ 客戶端軟體

　我們通常不會認為單純的網頁和電子郵件有什麼威脅性，但事實是對任何系統的闖入都先發生在簡單的層次上。有瑕疵的小程式可以被附著在電子訊息、小型應用程式（可增加與網路互動的小程式）上。以下各項會影響使用網際網路的

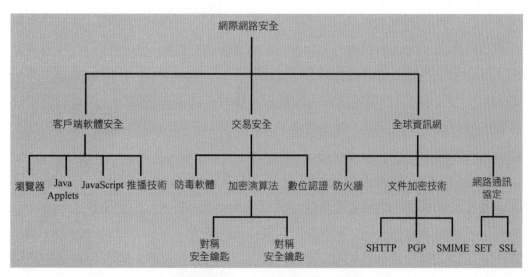

▶ 圖 4-1　基本的安全技術

每個人。對進行電子商務的公司而言，以下各項的重要性尤其大。

瀏覽器

最著名的瀏覽器是微軟公司的探險家（Internet Explorer, IE），以及網景公司的領航員（Netscape Navigator）。網路瀏覽器可使我們很容易的在任何地方下載及執行軟體。問題是，我們所下載的軟體，雖然我們認為是安全的，但是它可能具有引發病毒的「動態內容」（active content）。「動態內容」是由許多技術所組成，其主要目的是增加網頁設計的噱頭、點子及互動性。Java Applets、JavaScript、ActiveX 及推播技術（push technology），都是眾所周知的「動態內容」技術。但「動態內容」本身並不會造成在使用網路瀏覽器時的使用者安全問題。在瀏覽器上安裝外掛程式（plug-ins）也可能有安全之虞。外掛程式通常用來觀看複雜的圖片或聽音樂，它就好像能夠改善多媒體觀看效能的解譯器（interpreters）一樣。最後，瀏覽器軟體本身也許有瑕疵，雖然當發現有漏洞時，修補的速度還算滿快的。

Java Applets

由昇陽電腦公司（Sun Microsystems, Inc.）所發展的爪哇程式語言（Java），是一種跨平台語言，也就是說，它可以在不同的作業系統中撰寫及執行。例如：在 Unix 作業系統下撰寫的爪哇程式，可以在視窗（Windows）環境下執行。稱為 Java Applets 的爪哇程式是小型的、可攜式的程式，具有非常嚴密的功能界定。Java Applets、JavaScript 及 ActiveX 提供了許多吸引消費者及電子商務企業的噱頭，遠非超文件標記語言（HyperText Markup Language，簡稱 HTML，是撰寫網頁的原始語言）所能望其項背。利用這些語言，可輕易的設計客製化按鈕及下拉式清單、豐富的圖形介面，以及其他有親和力的功能，增添了網頁設計的風采。

爪哇語言的創始者不久就發現到，這些可攜式程式可能藏有潛在的安全風險，因此又發展了一個稱為「爪哇沙袋」（Java Sandbox）的安全模型。「爪哇沙袋」可防止 Java Applets 檢索任何有關系統的資源，並防止 Java Applets 讀或寫任何檔案系統，只允許它在限制區域內運作。不幸的是，駭客可藉著快速移動、躲避安全檢查及避開公司電腦的方式來操縱爪哇。

JavaScript

由網景公司所發展的 JavaScript 是一種劇本語言（script language）。劇本語言比 HTML 更為強大，但又不如 Java Applets 那麼複雜。JavaScript 可以被用來改善網頁或瀏覽器介面的風貌、撰寫簡短的程式，或將訊息傳送給 Java Applets 及 ActiveX 物件。閃動的新聞稿或在電子看板上的股票報價，都是 JavaScript 的傑作。

JavaScript 可偵測到安全漏洞，並設法修補這些漏洞。但是它並非萬靈丹。專家們認為，JavaScript 的問題就是在原始設計時沒有考慮到安全問題，但是 Java Applets 及 ActiveX 就有。

ActiveX

微軟公司的 ActiveX 並不是一項新科技，而是將現有科技重新加以包裝而已。ActiveX 程式稱為「物件」（controls，又譯為控制項），能夠做到 Java Applets 所能做到的同樣事情。程式設計師可利用標準化的程式語言（如 Visual C、Visual Basic）來撰寫 ActiveX 物件，因此它已成為程式設計師的最佳選擇。ActiveX 可讓設計師以他最駕輕就熟的語言來撰寫。

功能太過強大反而成為 ActiveX 的安全負擔，物件可能會破壞檔案、傳播病毒、瓦解防火牆等。微軟公司早已察覺到 ActiveX 可能會被誤用，因此在一開始時就著手防止安全漏洞。微軟公司在與 VeriSign 公司建立合夥關係之後，開發出「驗證碼」（authenticode）。在「驗證碼」之下，所有的軟體發展者必須「簽署」其軟體。認證機構會驗證欲發表 ActiveX 程式的發展者，檢視其是否合法。如果合法，微軟就會頒發准予公開發表的證明。「驗證碼」無法防止「無不良紀錄」的軟體發展者在一念之間所種下的惡果。

推播技術

傳統上，網路使用者會利用搜尋引擎將資料「拉到」（pull）其電腦中。如果他們事先已明確的知道要上哪個網站，就不會用到搜尋引擎。搜尋的結果往往是：沒用的資料多，有用的資料少。至於如何分辨什麼是無用的、有用的資料，又是一件繁瑣無聊的事。推播技術的推出，造成了重大的改變。使用者不需要再搜尋資訊，而是訂閱攸關的、高品質的資訊。PointCast Network（www.pointcast.

com）定期向訂閱者「推出」（push）股票市場的報告、及時新聞、娛樂剪影及比賽分數等。微軟公司的探險家（Internet Explorer, IE）及網景公司的通訊家（Netscape Communicator）均已在瀏覽器內增添了推播技術。

@ 病毒的防止及控制

電腦病毒

　　大多數的電腦病毒都是由使用者所採取的直接行動所散布開來的。譬如說，如果你將受感染的磁片插在插槽內，讀取裡面的檔案，你的電腦就可能感染相同的病毒。如果你下載一個受感染的程式，你的電腦也會「中標」。你在下載檔案前會看到一些警告，提醒你在網路上下載檔案前，永遠必須查明來源。最後，受到感染的檔案也會透過電子郵件來傳布。在這種情形下，當你開啟一個受感染的檔案時，你不知不覺的已經成為散布病毒的幫凶。

　　當梅莉莎（Melisa）電腦病毒侵襲全球的網路時，從最小的個人電腦，到最大的公司主機，無不受到波及。根據《紐約時報》的報導，在短短三天內，梅莉莎病毒感染了 10 萬部電腦。更糟糕的是，此病毒阻斷了公司的電子郵件伺服器，癱瘓了杜邦、洛克希德、漢威、康柏，以及北達克塔州的電子郵件系統。雖然梅莉莎病毒並不是致命的，但是它在專業人員之間所造成的震撼，實非筆墨所能形容。他們馬上感受到梅莉莎病毒創造者的陰險動機，聯邦調查局也立即展開調查。

　　梅莉莎病毒何以具有如此大的威脅性？它有幾個特別惱人的特色：笑裡藏刀、一發不可收拾、複製速度快，以及專門侵犯被認為是「安全」的機構。梅莉莎病毒附著在一個「從……來的重要信件」的電子郵件內，寄件人的名字還會呈現在標題列上。信件本身是無害的，但梅莉莎病毒隱藏在附加檔案內。此附加檔案一經開啟，梅莉莎病毒就喧賓奪主，發送電子郵件給在通訊錄內的前 50 個人（前一陣子造成軒然大波的「I Love You」病毒，亦有「異曲同工」之效，只是它會發送電子郵件給通訊錄內的所有人）。

　　病毒傳布得固然快，但解毒程式（virus cures）也散布得很快。到目前為止，要像梅莉莎那麼凶悍的病毒，必須要在不知情人士的協助下，以飛快的速度

散布。這就是這類病毒令人毛骨悚然的地方。它每傳遞一次，就散布了 50 個地址。電子郵件上的「標題」會讓收信人認為這封信是來自親朋好友的。試想，如果傳布的是致命病毒，對公司網路、個人電腦系統或個人電腦使用者所造成的震撼！

有沒有可能在擁抱高科技之餘，將病毒創造者摒棄於外？當然有可能。保障安全的技術既簡單又不貴，千萬不要錯失！

防毒系統

針對電腦病毒，國內外都已發展出多種解毒程式。防毒或解毒的方式分為掃描式、檢查碼式及推測病毒行為模式等三種。掃描式是將已知的電腦病毒編入防毒系統中，當此磁片被啟動時，防毒系統就會對病毒一一加以掃描，看看是否有病毒入侵；如果有，就會發出警訊。此種方式雖不錯，但是只能檢查出已知的病毒；如果是新病毒或者變種病毒，便可能被漏失掉，除非版本不斷的更新。

檢查碼式的防毒則如同打預防針，凡進入電腦的每一個檔案，都必須在防毒中心註冊，並得到一個號碼，以後如果檔案號碼有所變化，電腦即會警告可能中毒。其缺點是無法告知中毒的類型。

推測病毒式的防毒軟體是分析電腦病毒的行為模式，歸納出特徵，若有病毒侵入，便可以偵測告知，並將之清除。

在個人電腦上所使用的防毒系統，平均大約 50 美元。在公司電腦上的防毒系統，其費用大約是每部機器 15 美元，更新一次 3 美元。當趾高氣昂的梅莉莎病毒肆虐之際，企業可立即更新現有的防毒軟體，或使用新的套裝軟體。因此，如果你和現代社會脫節的話，就會忽略了網路上所立即發布的新聞稿，因而錯失了免費解決問題的機會。

預防

為了有效遏止病毒的入侵，就要防患於未然。請注意以下的防禦措施：

- 使用防毒軟體。
- 更新防毒軟體，至少每月一次，尤其是在病毒肆虐期間。
- 如果在微軟的文書處理系統 Word 及試算表軟體 Excel 中不會使用到巨集，

應讓巨集功能失效（這是避免受到巨集病毒的侵襲）。

- 不要把以上所說的當耳邊風。它們會省掉你很多麻煩，且不會影響你的系統效率。

坊間有很多防毒軟體，諸如 Guard Dog、Virus Scan、Viru Safe、Sweep 及 eSafe Protect 等。培養一群專業的分析師及設計師的防毒軟體公司，如賽門鐵克（Symantec）及網路組合（Network Associate, Inc.），是大型病毒的剋星。

趨勢科技於 1990 年所推出的病毒防治套裝軟體「PC-cillin 病毒免疫系統」（http://www.pccillin.com），是一個功能強大且容易使用的防毒程式。它的特性或功能包括：(1)它是真正 32 位元的多工程式；(2)能有效偵測並清除已知及未知病毒的感染（它用病毒陷阱及先知掃描法可偵測出新病毒）；(3)即時掃描所有透過 Internet 或線上服務傳入的電子郵件等。

趨勢科技研發人員想到以「非比對法」來尋找電腦病毒，依照電腦病毒的行為模式，分析電腦病毒可能侵入記憶體、檔案配置區、執行檔等區域，設計陷阱抓病毒。該公司對外宣布可以抓到所有已知和未知的病毒。

@ 密碼文件

密碼文件是指機密文書，例如：密碼及暗號。以網路安全而言，密碼文件可使資料私有化，並可檢查某人是否是他所宣稱的那個人，確信交易要求的真實性（某人要購買某產品，檢查一下他是否真的要購買），以及確信某些人確實收到（或未收到）某些資料。

密碼文件有四個部分：一般文字（plaintext，訊息或文件的原始文字）、編碼文字（cipher text，將原始訊息加以編碼之後的文字）、密碼演算法（cryptographic algorithm，將一般文字轉換成編碼文字，再轉換回一般文字的數學公式），以及安全鑰（key，解譯文字之用）。影像、聲音及軟體可用密碼技術加以改變，就像改變一般文件一樣容易。密碼演算法很難被「破解」（crack），因為它與原始訊息沒有關聯性。

@ 加密技術

加密是在資料被傳送之前將資料「攪亂」的一種方法，只有合法使用者才知道如何解密。加密技術本來是軍隊、情治單位及法律執行單位的專屬技術，但今日，加密技術對所有的電子商務交易而言是不可或缺的技術；它是獲得機密性的關鍵因素，也是支持認證、授權、完整性，以及不可否認性的重要因素（可參考表 4-1 的說明）。

如果你下載一個電子郵件的附加檔案，而這個檔案看起來是由一堆不相關的文字及符號所組成的「亂檔」，這就是一個加密訊息。加密被用在幾個層次上：

- 在網路層次，是由加密演算法來訂定規則。加密演算法是編碼及解碼的數學公式。
- 在交易層次，加密技術與祕密「鑰」一起運作。這可以是私鑰及公鑰。
- 對稱（一對鑰匙）及非對稱（一組公眾及私人鑰匙）加密可確保機密性。
- 數位認證（或數位簽章，再加上適當的授權）也使用安全鑰匙的方式。

以上的安全技術有許多重疊的地方，使用起來不免令人困惑。重要的是，我們要了解這些技術都不能孤立而行，技術之間必須是相互支援的。

對稱安全鑰加密

對稱安全鑰加密（symmetric key encryption）是利用相同的祕密鑰匙來編碼及解碼（加密和解密）。資料加密標準（Data Encryption Standard, DES）是最受歡迎的演算法。易言之，DES 是最受歡迎的一組數學公式及規則，用來將一對安全鑰匙加以編碼。這些安全鑰匙可以對資料加以加密或解密，因此除了你的親友之外（當然要經過合法授權），沒有人能看懂這些資料。某甲可透過安全鑰匙來對資料加密，然後某乙以相同的安全鑰匙來解密。理論上，沒有人能讀取這些資料，因為他並沒有解開此訊息的私人安全鑰匙。詭異的地方是，雙方都要有複製的安全鑰匙。安全鑰匙的傳送所需要的安全性，並不亞於訊息的傳送。

非對稱安全鑰加密

非對稱安全鑰加密（asymmetric key encryption）利用了私鑰（private key）

及公鑰（public key）這兩把鑰匙來倍增其安全性，就好像在前門加上兩道鎖一樣。公鑰用來加密，私鑰（只有所有人才有鑰匙）則用來解密。最受歡迎的非對稱安全鑰加密演算法（asymmetric key encryption algorithm）是 RSA。RSA 是以發明者 Ronald Rivest、Adi Shamir 及 Leonard Adelman 來命名的。任何人都可利用公鑰來傳遞訊息，但只有靠私鑰才能把訊息轉回原始形式。RSA 演算法也用在數位簽章上。私鑰及公鑰是利用不同的安全鑰長度。安全鑰長度是指一個碼（code）所具有的位元數（bit）。私鑰的長度可以短到只有 56 個位元，長到有128 個位元；公鑰的長度則從 384 個位元到 2,040 個位元不等。比較長的鑰匙需要更多的處理時間，但相對的也使駭客更難破解。例如：破解一個具有 80 個位元的碼，比破解 56 個位元的碼需要更長的時間（相差的時間呈倍數）。對高度機密性的資料而言，必須要用非對稱安全鑰加密。

對稱加密與非對稱加密的說明，如圖 4-2 所示。

對稱加密

非對稱加密

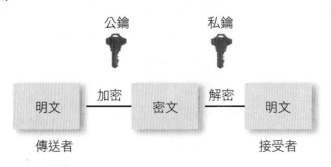

▶ 圖 4-2　對稱加密與非對稱加密

@ 數位認證（數位簽章）及認證機構

數位認證（digital certificates）就是電子簽章（electronic signature），它可以證實傳遞訊息的人就是他本人，而不是冒充者。利用 RSA 非對稱安全鑰加密演算法，個人可以藉著對私鑰加以解密的方式來簽署一份電子文件。知道某甲的公鑰及訊息內容的某乙，可以藉著對已簽署的文件採取加密的方式，來證實此簽章是來自於某甲。例如：我們可以下列的加密順序來傳送訊息：(1)我用我的私鑰對訊息加密；(2)然後我再用我的公鑰對訊息加密；(3)然後你用你的私鑰對訊息解密；(4)然後你再用我的公鑰對訊息解密。

如果簽署電子文件的某甲並不是他所宣稱的某甲，則某甲必定會被逮到（在理論上），因為他並不知道私鑰。數位認證有四種不同的層級：第一級驗證名字及電子郵件帳號；第二級增加對駕照、社會安全卡號、生日的檢查；第三級包括了信用稽查（透過像 Equifax 這樣的公司來做）；以及第四級驗證個人在公司的職位（做法尚未定案）。數位認證的費用隨著驗證程度而有所不同。高級的驗證當然索費較高，對身分的驗證也比較確實。為了要確信冒充者絕無機會在系統中打混，認證機構也應運而生。

認證機構

認證機構可對個人或企業提出擔保。認證機構所執行的功能與文件的公證人一樣，他們會驗證你是你所宣稱的人，以及你的簽章是有效的。CyberTrust、VeriSign、Nortel 及 Entrust Technology 公司都是有名的認證機構，他們會簽發數位認證書。數位認證書有內建的截止日期，如果遺失、被竊或職位改變了，便會失效。認證書失效清單（Certificate Revocation List, CRL）載明的是失效的認證。

@ 防火牆

防火牆就像數位守門員一樣，在網路層級提供安全保障。防火牆可保護私有網路不受非法檢索（雖然防火牆無法防止病毒）。防火牆可使你控制對資料的檢索。防火牆是安裝在伺服器電腦的程式，其目的在於增加網路的防衛力。典型的防火牆可將區域網路（Local Area Network, LAN）及網際網路區隔開來。防

火牆也可以保護在「企業內網路」間傳送的資料。防火牆會分析分封資料（data packets），並決定誰有權利進入私有網路。防火牆內的安全政策是這樣的：分析進出於公司的分封資料，並決定是否可被讀取。

防火牆會分隔企業內網路（Intranet）、企業間網路（Extranet），以及私有網路（private network）與公眾網路（public network）。防火牆可將伺服器分成幾個部分，讓某些資訊（不是全部）被某些人（不是全部）來檢索。所有的事情都是以電子化來進行的。這種分隔可使公司員工分享「企業內網路」的資訊，而不會使得使用「企業間網路」的銷售代表、供應商及配銷商有機會檢索公司的資訊。圖 4-3 說明了分隔伺服器的情形。

防火牆利用「篩選路由器」（screening router）來阻擋資料的傳送。防火牆的代理伺服器（proxy server）可處理私有網路及公眾網路間的資料傳送。在防火

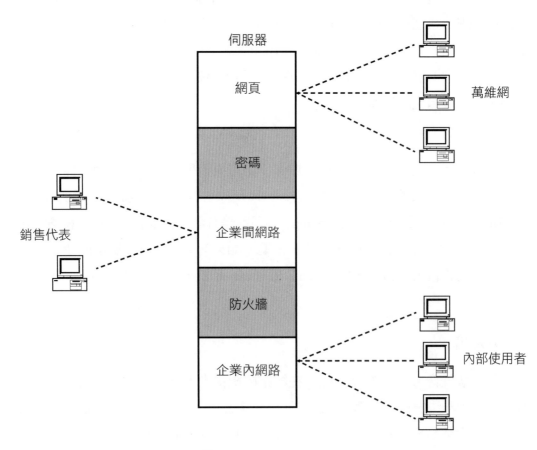

▶ 圖 4-3　伺服器分隔

牆的特定區域內可用密碼來控制。防火牆是駭客最難闖入的系統。一般而言,如果公司的電腦結構不夠周密,在網路上留有「後門」的話,防火牆所提供的安全保障便會被削弱。

防火牆最為人詬病之處,在於它不能防止來自企業員工的攻擊。在管理防火牆方面,也需要大量的時間,因為所有的分封資料及資料檢索都必須先靠人工界定才能自動執行。

@ 文字加密演算法

網際網路的安全保障包括了連結的問題,以及應用的問題。一般而言,安全插座層(SSL)是設計用來保護網際網路上應用程式的通訊安全的。安全 HTTP(SHTTP)、安全 MIME(SMIME),以及極佳隱私(PGP),則是設計用來保護應用程式的:SHTTP 是保護網路應用程式,SMIME 及 PGP 是用來保護電子郵件程式。安全電子交易(SET)是最高級的技術,它可用來保障電子商務交易的安全。

PGP

PGP 可保護使用 RSA 公鑰加密的電子郵件及檔案。PGP 可以是標準的電子郵件的外掛程式,也可以是單獨使用的程式。PGP 的問題是其安全鑰匙不能過期,因此如果安全鑰匙發生問題時,便必須通知每一個人。

SMIME

SMIME 的目的是用來對電子郵件訊息加密,以便保護透過網際網路所傳送的附加檔案。SMIME 所使用的是 RSA 加密及數位簽章。

SHTTP

SHTTP 是設計只用在網路通訊協定上的,其受歡迎的程度不如 SSL,因為 SSL 是比較具有彈性的加密工具。

@ 安全密碼

最受歡迎的安全通訊協定(security protocol)就是 SSL、SET 及 IP 安全通

訊協定和網路安全鑰交換（IP Security Protocol and Internet Key Exchange, IPSec-IKE）。雖然這些通訊協定均不相同，但是由於每一個通訊協定都可達成不同的目的，因此它們可以共同運作。對使用者而言，安全通訊協定是具有透通性的（transparent），但是這種功能反而使得系統運作更缺乏效率，原因是這個過程牽涉到加密的問題，特別是較費時的非對稱加密。這種情形常常會造成系統的瓶頸。另一方面，如果能善用安全通訊協定，企業負責人及消費者便可安全無虞的在網際網路上從事電子商務、傳送機密文件，以及進行個人溝通。

安全插座層

安全插座層（SSL）是客戶端／伺服器的通訊協定，除了可用在網站上，也可以用在任何網路應用程式上。使用安全插座層時，伺服器必須證實其身分（驗證），但是是否要驗證客戶端的身分，則是選擇性的。在客戶端檢查了伺服器的身分之後（或是反過來也一樣，如果你選擇要驗證客戶端的身分），就建立了非對稱安全鑰匙。下一步，客戶端與伺服器就可以互換資料。安全插座層會檢查訊息，以確信此訊息沒有被混淆（這就是完整性）。表 4-4 列出了安全插座層的運作情形。

例如：我是一個消費者，要在網站上購買一些東西，因此鍵入信用卡卡號。瀏覽器會利用安全插座層對網路零售商的數位簽章做一些背景檢查。這個網路零售商是我認為的嗎？然後，我的信用卡卡號就會被加密，並安全無虞的傳遞到網路零售商那裡。但是安全插座層並不會檢查我是否為合法的持卡人，所以網路零售商會有被詐欺的風險。

安全電子交易

安全電子交易（SET）比安全插座層（SSL）更進一步。萬事達卡及威士卡曾舉辦座談會，大力鼓吹廠商使用安全電子交易。他們對於信用卡詐欺的容忍度

▶ 表 4-4　安全插座層如何運作

1. 客戶端提出要求
2. 伺服器向客戶端做反應
3. 伺服器與客戶端交換認證
4. 客戶端建立安全鑰匙

是零，並認為安全電子交易是最佳的解決方案。安全電子交易通訊協定有四個參與者：顧客（持卡人）、網路零售商（商店）、發卡銀行，以及網路零售商的所屬銀行。每一次的購買或退貨，信用卡資訊都會保持機密性，因為資料從顧客傳送到銀行時是加密的。安全電子交易具有更廣泛的簽章認證，這點是 SSL 做不到的。除此之外，在使用安全電子交易時，網路零售商所收到的信用卡資訊是編碼（加密）後的版本，駭客對這個煞費周章且無法破解的加密資料是興趣缺缺的。

反對使用安全電子交易的理由是，完成加密的時間過長，在尖峰時刻會造成網路塞車。但是，在使用安全電子交易之後，網路零售商可將交易加以累積，到晚上用批次處理。這個方法的缺點是消費者無法馬上知道他們的購買有沒有被銀行認可。

美國運通、威士卡及萬事達卡都偏好安全電子交易，但也同意採用 SSL 做為電子商務信用卡交易的安全保障。

@ 虛擬私有網路

90% 以上的企業使用虛擬私有網路（VPN）。虛擬私有網路技術是在網路服務公司的網路上執行私有資料網路（private data network）的方法。換言之，此技術是利用公眾資料網路（public data network）來提供服務，就等於私人所租用的專線網路一樣。乍看之下，虛擬私有網路比私人租線更為划算，因為其成本較低。另一方面，企業必須審慎評估使用虛擬私有網路的總成本。總成本包括連結所有使用者的成本，以及保證絕對安全的成本。使用者包括了通勤者、離線工作者、顧客、公司總部人員、供應商、分公司人員等。

此外，虛擬私有網路會遇到與「租用專線」一樣的安全問題。投資時間與金錢在虛擬私有網路的企業，哪一個不希望有百分百的安全保障？哪一個不希望非法入侵者絕無機會檢索公司的機密文件及資源？對資料安全及完整性的目標是一樣的。因此，虛擬私有網路也必須要有同樣的網路安全措施、安全插座層介面，以及對資訊傳送的 IPSec 加密。

@ 網站宣告

每一個網站都必須明確的宣告有關法律的問題、使用或檢索的限制,以及必須放棄的權利(disclaimers)。這些宣告或注意事項必須要在首頁上(或從首頁上很快就可以連結到的網頁上)呈現。注意事項包括:

- **放棄對網站內容的追訴權**:網站所提供的內容並不能對正確性、適當性或及時性提出保證。如網站無法繼續提供讀者所依賴的資訊,讀者不得要求損害賠償。
- **使用者隱私**:這個宣告可讓訪客了解向他們蒐集的是什麼類型的資訊、這些資料將如何被使用及散布。對兒童要提供額外的說明。
- **專利權及商標宣告**:網站的內容若涉及到專利權及商標(包括授權協議)時,要加以說明。
- **對使用網站內容的限制**:最普遍的限制是「不得用於商業用途」。許多網站允許一般人做「非商業用途」的引用——如果引用者能夠說明專利權擁有者及註明來源出處(如網站、設計者)的話。
- **使用所提供資料的公布**:由網站訪客所傳送的電子郵件或訊息,可被網站業者拿來做任何用途的使用,不需經過提供者的同意或給予使用者報償。
- **連結的限制**:除非網站業者得到其同意,否則可拒絕任何人的連結。在這種情形下,必須說明如何得到同意。
- **檢索及認證**:網路業者可以拒絕某些人的造訪,並對欲檢索資料的訪客提供認證的程序。

4-4 法律議題

@ 智慧財產

法律可透過若干機制來保護智慧財產,例如:專利權法、著作權法、商標法、合法使用權。專利權法(patent law)著重在「創新」上。在網路行銷方

面，專利權的問題仍然爭論不休。贊成者認為軟體專利權的實施與落實會保護與鼓勵創新，反對者卻認為此舉會產生獨占效果，造成強者愈強、弱者愈弱的現象。

著作權法（copyright law）涉及到「表達」的問題，是保護在網路上表達的工具，包括：(1)公平使用主義（doctrine of fair use），如為教育、新聞報導目的，則有權使用受到保護的資料；(2)首度銷售主義（doctrine of first sale），著作權所有人在銷售資料之後，其獲利能力將受到約束。

商標法（patent law）涉及到文字、圖像所有權的問題，如網址名稱、網域名稱的問題。註冊類似的名稱可能會涉及到商標侵權的問題，而網路霸占（cybersquatting）或網路蟑螂（internet cockroach，意指利用知名企業名稱，申請成為網站後，在網路上以高價販售網域名稱圖利的行為），除了可能違反公平交易法之外，也可能違反民法第 19 條的姓名權（見第 12 章）。

合法使用權（license）是保護智慧財產最普遍的方式。合法使用權允許軟體購買者合法使用，但不得複製或散布。合法使用權具有兩種形式：(1)shrink-wrap，用收縮膠膜包裝，拆封後即表示接受合約規定；(2)click-wrap，使用者在某按鈕上點一下之後，即表示接受條款。

@ 隱私權

大多數的 ISP 會擬定隱私權政策（privacy policy），以消弭消費者的不安。電子商務網站對於安全的重視也是有板有眼的。在服務的「條款及條件」上，Prodigy 網站承諾它不會向第三廠商販售及公布任何資訊。美國線上（America Online）的服務條款及條件上所載明的「隱私權八項原則」（Eight Principles of Privacy），也保證絕不會洩漏任何資訊。然而，大眾從梅莉莎病毒所記取的教訓是：美國線上的承諾有兩個例外。美國線上會因為：(1)配合搜索證、法院傳票、拘提；(2)某人有身體威脅，而向有關單位提供私人資訊。事實上，不論所宣稱的隱私權政策為何，只要涉及到法院傳票，任何網站都會透露訂戶的身分。

電子通訊隱私法

有兩個與保護隱私權有關的約束：聯邦法（the federal law），以及貴公司自

已的隱私權政策。聯邦曾經頒布了電子通訊隱私法（Electronic Communications Privacy Act, ECPA）。電子通訊隱私法的前身是反竊聽法，也就是因應水門醜聞事件及政府非法竊聽所制定的法律。當技術的進步一日千里之際，電子通訊隱私法的條款也必須不斷的更新，現在的電子通訊隱私法已涵蓋各種形式的電子通訊（包括個人之間及企業之間的通訊，以及對儲存在電腦上的資料的非法檢索等）。在隱私權的保護上，這是一份面面俱到的法律文件嗎？根據專家的看法，最大的漏洞在於非聲音（也就是電子郵件）訊息的傳送，在傳送訊息時對隱私權的保護實在是「有待加強」的。電子通訊隱私法是涉及到電子隱私權的主要法律。其他有關線上系統及使用者的隱私權條款，都由各州訂定有關法律，這些法律在各州之間的差異很大。

1980 年，經濟合作及發展組織（Organization for Economic Cooperation and Development）所訂定的一般性原則如下：

- **開放（openness）**：在獲得當事人的了解及同意之下，合法的、公平的得到資料。
- **資料品質（data quality）**：資料必須配合使用目的，並且要及時、正確。
- **目標明確（specificity of purpose）**：在蒐集資料時，必須說明蒐集資料的目的。
- **使用限制（use limitation）**：只有在當事人同意及法律授權之下，才能夠揭露資料。
- **安全（security）**：利用合理的措施，保護個人資料不被檢索、使用及揭露隱私權。
- **揭露（disclosure）**：通知大家有關政策的改變、資料的性質，以及控制資料的人。
- **個人參與（individual participation）**：個人必須能夠決定他們所獲得的資料是否具有攸關性，並且能夠評論、改變資料。
- **責任（accountability）**：必須配合安全措施的要求。

公司隱私權政策

電子商務公司的隱私權政策必須涵蓋對所有使用者的一般性考慮，以及對兒童的特殊條款。公司的隱私權政策的一般性考慮包括：

- 對資料如何蒐集及使用的說明。
- 對資料是否能揭露及分享的標準的說明。
- 對資料是否能被查詢及更新的說明。

對兒童的特殊條款必須包括：

- 兒童在參與某特定的活動之前，必須得到父母的同意。
- 一般指示及所提供的資訊內容，必須適合兒童的年齡。
- 明確的告訴兒童這是一項「推銷活動」。
- 清楚的告訴兒童他們在「按這裡」訂購前，必須得到父母的同意。
- 提供父母或兒童取消線上訂購的機會。
- 告訴兒童及父母什麼資訊將會被蒐集，以及這些資訊的使用方式。
- 告訴兒童在回答某些問題時，必須得到父母的同意。
- 如果兒童透過電子郵件要求提供某些資訊，必須要利用適當的方法讓父母表示意見，並使父母能在任何時間取消電子郵件。

復習題

1. 試說明電腦犯罪。

2. 何謂網路安全交易？

3. 要確保電子商務的安全，必須滿足哪五個條件？

4. 如何保護你自己及你的顧客？

5. 試列表說明電子商務安全風險。

6. 駭客如何攻擊網站？

7. 駭客如何硬闖網路服務公司？

8. 試列表說明安全政策所要考慮的因素。

9. 安全問題的解決方案有哪些？

10. 試說明客戶端軟體。

11. 如何防止及控制病毒？

12. 何謂密碼文件？

13. 試說明加密技術。

14. 試說明數位認證（數位簽章）及認證機構。

15. 何謂防火牆？試繪圖加以說明。

16. 何謂文字加密演算法？

17. 何謂安全密碼？

18. 試說明虛擬私有網路。

19. 試說明網站宣告。

20. 試說明保護智慧財產的有關法律。

21. 試說明對隱私權侵犯的問題。

22. 試解釋電子通訊隱私法。

23. 公司隱私權政策有哪些？

練習題

1. 試上網找出一些電腦犯罪實例，提出你的心得報告。

2. 試解釋雅虎在採取動態密碼之後，如何提升網路交易的安全？

3. 試說明網路銀行為了確信安全交易，會採取哪些措施（或有哪些規定）？

4. 電腦病毒就好像細菌的生長一般，所以我們才將它稱做「病毒」。電腦病毒的成長可以被歸納成幾個階段？換句話說，電腦病毒的生命週期是什麼？

5. 傳播電腦病毒是犯罪行為嗎？試說明一些案例。我國有哪些法律可約束這種行為？

6. 一般來說，病毒是透過哪幾種常見的管道來感染我們的電腦？有什麼防治之道？

7. 試說明一些最近肆虐的病毒碼，或者以你經歷過最慘重的電腦病毒為例，說明：(1)此電腦病毒侵害電腦的方式；(2)如何清除此電腦病毒；(3)對個人與社會造成的影響。

8. 上網找出三種不同的防火牆套裝軟體。最容易找到這些資料的網站就是銷售防毒軟體的網站。比較這三種軟體的價格與功能。你可以找到資料的網站有：Symantec（www.symantec.com）、Trend Micro（ww.trendmicro.com）、McAfee（www.mcafee.com）、The Virus List（病毒的百科全書）（www.viruslist）。如果你有家庭網路，尋找有關防火牆硬體的資料。防火牆硬體有多少種？價錢多少？如何安裝？

9. 兒童上網時容易洩漏個人資訊，常被不法業者在未得到家長同意或者在家長不知情之下，散布或販售這些資料，這個現象愈來愈受到許多人士的關心。請上 TRUSTe 網站（www.truste.org），研究一下兒童隱私權保護計畫（Children's Privacy Seal Program）。寫一篇扼要的報告（或做簡報），說明網站負責人在蒐集與散布兒童個人資訊方面所應盡的社會責任。

10. 寫一份報告，以電腦安全的原則，說明在日常生活中電腦與網路安全的重要。如果除了當學生之外你還有兼職，說明電腦安全在工作職場上的重要性。如果你沒有兼職，說明學校電腦安全的重要，以及對你個人生活的影響。你會很驚訝的發現，你的日常生活有多少是和電腦與通訊的安全記錄有關，例如：銀行存提款、成績、電子郵件、時間表、借書與租借影片等。

Part **2**

數位時代

第 **5** 章　數位世界

第 **6** 章　網際網路與全球資訊網

第 **7** 章　企業內網路與企業間網路

第 **8** 章　電子商業與電子商務

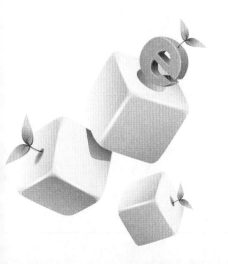

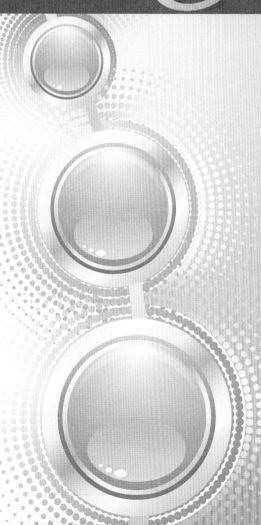

5 數位世界

- 5-1　數位科技
- 5-2　摩爾定律與梅特卡夫定律
- 5-3　數位環境
- 5-4　數位達爾文主義
- 5-5　數位神經系統
- 5-6　推播技術
- 5-7　網路經濟學
- 5-8　電子化市場的競爭
- 5-9　電子化市場的特色

有人向我問起微軟公司的成功之道。他們想了解，從早期兩人的篳路襤褸，到現在擁有 21,000 人、年營業額超過 80 億美元的超強，其中的祕密是什麼？當然這個答案並不單純，而且這個發跡的過程也可能是因為受到命運之神的關愛。我想其中最主要的因素就是我們當初的願景（vision）。我們從英特爾 8080 晶片開始，就未雨綢繆地想到下一步會是怎樣，並且付諸實際行動。我們也問自己：「有一天當所有的電腦運算都免費時，我們將如何因應？」

——比爾蓋茲，《擁抱未來》[1]

5-1 數位科技

數位革命的速度與發展方向比以前的科技造成更多且更具破壞性的漣漪，讓所有人感受到 Alvin Toffler 在多年前提出的「未來的衝擊」。我們將這樣的現象稱為擾亂定律（Law of Disruption）。社會體制以漸進的方式成長，但科技卻以幾何級數發展。當這兩者之間的鴻溝愈來愈大，就愈可能產生不連續、決裂般的革命性改變。

旋踵間，世界似乎都數位化了（digitized）！搜尋引擎（search engine）可搜尋到 260 萬個與數位有關的網站。數位相機、數位商店、數位電話、數位電視、甚至數位人體器官，都已是耳熟能詳的裝置。數位化所造成的影響非常深遠，舉凡數位特效、數位商務（或稱電子商務）、數位民主、甚或數位海灘（虛擬實境下的海灘），皆拜數位化之賜。[2]

所有和數位科技有關的事務都不斷的變得更快、更小，也更便宜。你的行動電話裡面的電腦晶片功能，比起二次世界大戰所有的電腦總合還要強大。1980 年時，10 億位元組（gigabyte）的儲存空間得花上數十萬美元，還得占據大部分的房間；今日，它可塞進如信用卡般大小的設備裡，售價低於 200 美元。

姑且不論數位科技未可限量的燦爛遠景，數位觀念（digital concept）實在是

1　Bill Gates, *The Road Ahead*, 2nd ed. (Penguin, 1996), p.19.

2　K. Cavanaugh, "A Trip to the Digital Beach: MTV Brings Sound and Chat to Virtual Reality Web Site," *New York Times*, August 2, 1996.

再單純不過了。當我們說某些東西是數位化的，就表示這些東西的屬性及資訊是由一系列的 0 與 1 來儲存的。個人電腦及網路上所呈現的文字、圖像、動畫、影片等，都是由 0 與 1 所組成的各種不同的狀態。

在數位電腦（digital computer）中所有的資料，皆是以位元的開啟和關閉來表示。位元（bit）是二進制數（binary digit）的縮寫。為了要儲存大量的文字、數字或特殊符號，電腦就會將若干個位元集結成位元組（byte）。一個位元組就是集結若干個位元來表示資料的一種特性。位元可以用不同的方式（例如：二進位、EBCDIC、ASCII-8）來加以集結。除此之外，有些電腦以 16 進位的方式將資料儲存在記憶體中，以便於程式設計師進行除錯（debugging）的工作。不論資料以何種方式表示，資料的正確性皆以同位位元（parity bit）來檢查。

麻州理工學院媒體實驗室（MIT media lab）研究員 Nicholas Negroponte，對於位元的描述最為傳神：「位元無顏色、無大小、無重量，但是速度卻有如光速一般。位元是資訊的 DNA 中最小的原子元素。它是存在的實體，只有兩種狀態：開或關、真或偽、上或下、內或外、黑或白。」[3]

在網際網路上，每件東西都是數位化的。但是我們了解水能載舟，亦能覆舟，數位科技也不例外。位元是數位作家（直接用電腦寫作者）的紙張和文字，是數位藝術家的畫布和顏料，但是不幸的，位元也方便了駭客及剽竊者。

@ 對行銷的意涵

數位化科技發展一日千里。摩爾定律（Moore's law）描述了這個現象。過去三十年來以及可預見的未來，數位科技的發展自然會受到摩爾定律的支配。大體而言，摩爾定律所描述的是，晶圓的成本愈來愈低，體積愈來愈小，運算能力愈來愈強。今日網際網路的運用如此廣泛，網路行銷者的群立如林，是因為什麼因素造成的？摩爾定律。

數位科技所造成的數位環境（digital environment），對行銷亦有重大的影響。數位環境改變了訊息傳遞及溝通的本質及方式，使得網路行銷策略（如網路定價、網路廣告等）的擬定及落實更具有彈性及適應性。

3　Nicholas Negroponte, *Being Digital* (Alfred Knopf, 1995), p.4.

數位科技的出現，打破了產品間的界線。電視愈來愈像電腦，電腦也愈來愈像電視。電話具有電腦運算能力，膝上型電腦也可以用來打電話。具有數位科技的產品愈來愈受到消費者的青睞。既然大多數的產品都已經數位化——也就是說，產品已向數位化收斂（convergence）——網路行銷者便必須重新思考其活動。原本利用不同方式處理的行銷活動可能必須合而為一。例如：傳統上的相簿與音樂 CD 的包裝必然不同，但現在由於相片已經數位化，所以相簿與音樂 CD 可以用同樣的包裝方式。

值得提醒的是，不見得必須懂得網際網路的艱深技術，才能成為有效的網路行銷者。但是不可否認的，對於這些技術的了解愈深入，將愈能擬定及落實能彰顯數位科技的特性及威力的網路行銷策略，進而能夠洞燭機先，拔得頭籌。

5-2 摩爾定律與梅特卡夫定律

摩爾定律所描述的現象是現代社會中一股強而有力的經濟力量。由於數位科技成本的「直直落」，以及數位科技功能的無遠弗屆，數位科技已經造就了無以計數的產品，也使得資訊的流通達到前所未有的順暢境界。

許多政治家（注意，不是政客）曾觀察到，數位科技在「將共產主義拋入歷史的灰燼中」（Ronald Reagan 就職演說）及全球民主政治的風起雲湧裡，扮演著一個關鍵性的角色。有些經濟學家甚至認為，數位科技是促進經濟繁榮、抑制通貨膨脹的功臣。[4]

姑且不論上述的結果，摩爾定律只不過是對工程實務的觀察結果。摩爾定律是英特爾的共同創辦人哥登・摩爾（Gordon Moore）所發現的。當英特爾於 1960 年代成立時，它的主要生產線是電腦記憶體晶片。英特爾善用了彼時剛剛商業化的半導體技術，將許多電晶體集合在一個矽薄片內。

摩爾注意到，每隔 18 個月，電晶體體積與其他電路元件的差距就縮小 30%。就以在同樣矽薄片上的積體電路元件而言，儲存同樣元件數目的表面積，

---

4 *The Emerging Digital Economy* (1998), U.S. Department of Commerce, http://www. commerce. gov.

每隔 18 個月只需要原先的 70%×70% = 49%。

在電腦運算方面，摩爾定律指出，處理器的速度（以 MIPS 做標準，也就是每秒鐘執行多少百萬個指令）每隔 18 個月就會倍增，但費用維持不變。除此之外，與半導體技術沒有直接關係的數位技術，也出現驚人的進步。我們從硬碟、DVD 的進步可見一斑。1970 年代，在大型電腦上的硬碟，每一個百萬位元組（megabyte）的價格約為 50 美元；到了 1999 年代，在個人電腦上的硬碟，每一個百萬位元組的價格不到 0.1 美元。價格下跌的幅度比摩爾所發現的半導體變化速率還來得大。[5]DVD 的容量比傳統的 CD 大上 7～20 倍。以這樣的技術，一片 DVD 就可以容納一部電影。如果福特也預測內燃機每 18 個月馬力就會加倍而價格不變，那麼我們現在早就可以開車上月球吃早餐了。同時，這些車子的引擎也會低廉到只要購買麥當勞漢堡就會隨餐附贈給你。

雖然沒有摩爾定律那麼出名，3Com 創辦人、同時也是乙太網路協定的設計者梅特卡夫（Robert Metcalfe）所觀察到的現象是值得一提的：網路（不論是網路電話、網際網路或區域網路）每加入一個節點（node）或使用者，價值就會大幅增加。梅特卡夫定律（Metcalfe Law）以使用者的平方來表示網路的使用價值。[6]梅特卡夫定律的著名方程式如下：

$$效用 = 使用者^2$$

梅特卡夫認為，新科技在使用者人數眾多的情況下才有價值。更具體地說，網路的實用性與使用者數目的平方成正比。愈多人使用你的軟體、網路、標準、遊戲或書籍，其價值就愈高，也愈能吸引更多的使用者，同時增加其實用性與更多使用者接受的速度。我們也可以電話為例，如果我只能和你對打電話，那麼此電話的價值就不大；但如果能打給世界上的絕大多數人，那麼它就令人難以拒絕了。

從 1990 年代初期開始，摩爾定律與梅特卡夫定律就以一個引人注意的新

5　Montgomery Phister, *Data Processing Technology and Economics*, 2nd ed., 1979, p.143.

6　本節參考自邱文寶譯，12步打造數位企業（台北：天下文化，2000），頁4-6。原作者為Larry Downes and Chunka Mui，書名為*Unleashing the Killer App*, Digital Strategies for Market Dominance.

方式共同運作。摩爾定律讓幾乎所有我們能夠想得到的設備都可能以便宜的方式數位化,從烤麵包機、汽車、孩童的玩具到公共建築的洗手間;當然,個人電腦設備也會愈來愈強大,愈來愈便宜。資訊設備的激增將促使人們尋求統一的標準,如此數位內容方能共享,設備的價值也會因此而倍增。這樣的標準目前已儼然成形,不過它們並不是源自於 IBM 與 AT&T 這種傳統電腦與通訊大廠的專屬架構,而是來自於反應遲緩的美國政府所建造的網路,也就是網際網路(Internet);而高度開放正是其成功的最重要因素。

有了這種便宜的全球電腦環境,摩爾定律與梅特卡夫定律開始互相增強彼此的效應。新軟體與標準能夠非常便宜的在網際網路上發表與流通,許多開發者甚至樂意將產品免費送出,只求快速達到市場的主宰。梅特卡夫預測,如此「放長線,釣大魚」的做法,會使得未來的使用者更樂意採用這些產品,當然也可以為企業帶來潛在的邊際收入。

利用摩爾定律的速度與梅特卡夫定律的效能,今日市場的效率已經大幅改善。許多公司長期處於反競爭管制的保護傘下,科技基礎建設過時且昂貴,因此不易採用接近市場發展步調的新硬體、軟體與標準。微軟公司的 Internet Explorer 瀏覽器這項能幫助使用者進入全球資訊網的產品,其閃電般的擴張速度就告訴我們,市場能在數月、甚至數星期之內就達成臨界量。

@ 對網路行銷的意涵

摩爾定律對於網路行銷有何特殊的意涵?當每個位元的成本愈來愈便宜的時候,我們就要利用位元所衍生的技術來代替其他的行銷活動,這種情形可稱為輸入替代(input substitution)。輸入替代告訴我們,要用便宜的生產原料來代替昂貴的原料。我們也可以用相對成本的觀點來看,當產生同樣的輸出時,我們要多用能夠造成相對成本較低的那個元素。

位元的成本已有驚人的下降,但是行銷活動的其他成本卻不降反升,所以我們要用位元技術取代其他的行銷活動。能源、紙漿(印刷媒體的原料)的成本節節上升,人員訪問的成本也是愈來愈昂貴,時間也愈來愈寶貴。數位科技的使用可以大幅削減上述的各種成本,這樣的現象使得網路行銷不僅具有優勢,而且還是時勢所趨。

進行網路行銷，在成本節省方面最為可觀的就是在顧客服務方面。早在 1995 年，昇陽電腦公司（Sun Microsystems）就曾因為利用線上顧客服務而節省了數十萬美元。昇陽利用網站及電子郵遞取代昂貴的電話。網站除了當初的建置成本外，對於顧客的服務可以說幾乎不花一毛錢；在電子郵遞方面，雖然還需要人員來回應顧客的問題，但是比電話更有效率、更有彈性。

在軟體配銷（software distribution）方面所節省的費用更是可觀。1995 年，昇陽保守的估計，與傳統的軟體配銷方式比較，線上軟體配銷每季節省了 150 萬美元。由於顧客進入昇陽網站既容易又便宜，他們就會比傳統的方式更快的下載軟體修補程式或做程式更新。如果按照舊方式（定期的或不定期的派人員到客戶的所在地進行程式更新及修補工作），每個月要多花 1,200 萬美元。

福特汽車公司所使用的網內網路（Intranet），也是輸入替代的最佳實例。最簡單的、最有效的就是利用線上文件（如電子郵遞）取代舊有的紙張。1997 年，福特公司在線上所傳遞的資料若以傳統的紙張來計算，約等於 3 萬張文件。

@ 語言及數位替代

傳統的國際行銷者為了因應地主國不同的語言，必須印製各種語言的型錄，訓練熟諳不同語言的行銷人才，也必須承擔由於語言之間的誤會所造成的成本。據估計，全世界的多國企業與顧客溝通的成本超過 3,000 億美元。對多國企業而言，最大的挑戰就是以適當的語言傳遞訊息。

但在網路行銷的環境下，語言的轉換只是多設計一個超連結及呈現該國文字的相關網頁而已。在 BBC（British Broadcasting Company，英國廣播公司，http://www.bbc.co.uk/）的網頁上，我們可以發現，此網頁上可用英文、中文等 33 國語言來呈現。只要在適當的位置上一按，就可以看到不同語言的網頁。這種多語言的網頁設計，不僅可以嘉惠以非英文為母語的人，也可以吸引全世界 33 國的顧客。

網頁所針對的對象愈廣泛、愈具有世界性，則愈需要多種語言版本。在網際網路上最忙碌的網站之一就是 Yahoo!本身的網站，該網站具有英文、法文、義大利文、西班牙文、中文及日文版本，以饗世界各地的瀏覽者。

將數位科技發揮得淋漓盡致的就是自動翻譯。AltaVista 搜尋引擎以及

Systran 線上翻譯軟體、Dr. Eye 即時翻譯軟體，提供了及時的文字及網址翻譯。值得注意的是，只有文字才可以被翻譯，具有文字的圖片（已經是圖形檔格式）則不能被翻譯。

@ 持續性

摩爾定律會持續下去嗎？它當然有個極限。持保留態度的人士認為，「加倍」的時間範圍會愈來愈長。換句話說，以前 18 個月就可以使電腦速度加倍，現在則要 2 年的時間。他們的論點是認為凡是物理的東西總有個限度，不可能無限延伸。

但是英特爾的董事長 Andy Grove 卻持相反的看法，他認為「在理論上、在實務上，沒有任何跡象顯示摩爾定律不可能再延續 20 年」。基於他的看法，2012 年時，英特爾所生產的微處理器可容納 10 億個電晶體。[7]

有些觀察家抱持更為樂觀的看法。例如：Kurzell（1999）就認為，整個 21 世紀，電腦運算成本的降幅會以摩爾定律的速率來呈現。他曾比較過大型電腦及更早期的計算機器的成本，發現電腦的運算成本是以等比級數在下降（exponential cost decrease）。他預期以後的成本會以更驚人的速率下降。[8]從這裡我們可以體認到，網路行銷的目的就在於善用數位科技所帶來的優勢。

5-3 數位環境

麻州理工學院教授 Janet Murray 在「數位科技的能力如何創造數位環境」方面，曾做過相當多的研究努力。在她針對數位通訊（digital communication）──數位通訊是網路行銷活動的核心──研究中，確認了數位環境的四個基本特性，分別為程序性（procedural）、參與性（participatory）、虛擬性（virtual）及博學性（encyclopedic）。[9]這些特性向網路行銷者創造了無限的機會，但也衍生了許

7 "Focus Moore's Law : Changing the PC Platform for Another 20 years," http://developer.intel.com/solutions/archive/issue2/focus.htm.

8 Raymond Kurzwell, *The Age of Spiritual Machines* (Viking Press, 1999).

9 Janet H. Murray, *Hamlet on the Holodeck: The Future of Narrative in Cyberspace* (New

多問題。

@ 程序性

對數位環境影響最大的一股力量，就是電腦的「單一思考性」（simple-mindedness）。電腦是遵循邏輯的機器，必須依照一定的規則運作。如果沒有事先設定好的程式（如 BIOS、作業系統等），電腦就像一堆無用的機器。

由於數位環境是由電腦建構而成的，所以我們可以期待電腦會如何運作（假如我們了解電腦運作的規則，並適當的加以程式化）。過去 25 年來，電腦化的行銷決策支援系統（Marketing Decision Support Systems, MDSS）也已儼然成形，行銷分析人員可以利用電腦來建立行銷知識（marketing knowledge），例如：銷售人員的排程、最適價格的決定、廣告媒體計畫等。這些系統的主要功能在於輔助行銷經理做最佳的決策。

電腦的程序性本質會迫使網路行銷者徹底思考如何利用電腦的程序性本質來滿足顧客的需要。例如：如果顧客連結網站的速度太慢，我們在網頁上就不要呈現過多的圖形，僅提供適當的文字說明即可。

@ 參與性

如果網站對於消費者所做的選擇、所提出的要求或所表明的偏好有所回應的話，那麼消費者必然會有好感。在數位環境下，企業與顧客的互動是直接的、單獨的，因此顧客會有參與感（sense of participation）。當然要維持顧客的參與性，網站必須易於接觸及使用，對於相關的超連結也必須有效率，同時所呈現的畫面也要有相當的一致性。

網路不同於其他媒體的一點，就是能夠建立與個人的互動。藉著這個互動功能的協助，網路公司除了可以「公告」大眾外，還可以「私通」小眾，各個擊破。以亞馬遜公司為例，其 Eyes（獵眼）功能可針對個人做通報服務。在這項服務裡，顧客可以登記自己的興趣，依循某一位作者或某一主題來找書；而當新

York: Free Press, 1997), pp.71-94.在此論述中，她認為四個基本特性之一是「空間性」（spatial），但筆者認為「虛擬性」更為貼切。

書出版時，亞馬遜公司也會以電子郵件的方式通知個別顧客。

@ 虛擬性

數位科技可以創造出虛擬空間（virtual space）。在這個無遠弗屆的虛擬空間中，我們可以創造出無數的虛擬實體，例如：虛擬社群、虛擬商店、虛擬人物、虛擬景象、虛擬遊戲等，不一而足。網路行銷就是活用虛擬空間的一種行銷做法。

虛擬社群滿足了人們在人際關係、興趣、交易和幻想上的互動需求。一個衡量社群潛力的方法，就是看看它的潛在會員對於這四種需求的渴望程度。舉例來說，做父母的人通常極欲知道有關養育子女的各種資訊。他們在養育子女的過程中，總有一些情緒起伏，渴望跟其他父母交換心得及分享經驗。他們需要買各式各樣的東西，例如：醫療服務、嬰兒推車、嬰兒食品，希望聽聽別人的建議，以便增加自己購物時的效率及效益。因此，一個以養兒育女為主題的虛擬社群，自然能夠帶給它的會員非常大的價值。

虛擬社群可以分為兩種：消費者性質的社群，以及純商業性質的社群。消費者性質的社群可分為地域型社群、人口結構型社群，以及主題型社群。地域型社群圍繞著一個真實地區而設立，所有參加社群的人都有一個共同的興趣，通常是基於他們實際上共同居住在一個地區的關係。人口結構型社群的對象是特定的性別、年齡層或族裔。例如：以青少年、單親、空巢（兒女長大後離開家庭）為對象的社群。主題型社群是以一些興趣為中心（不包括地域、性別或年齡層），包括以嗜好和業餘消遣為焦點的社群，例如：繪畫、音樂、園藝，或以關心的議題為焦點的社群，例如：宗教信仰、環保、世界和平。

純商業性質的社群包括垂直產業型社群、功能型社群、地域型社群、企業類別社群。垂直產業型社群可能是早期商業性質的社群中最普遍的一種，其中又以高科技產業出現的例子最多，特別是軟體業。除了高科技產業之外，其他的產業也出現了不少垂直產業型的社群，例如：線上醫生、線上農業、生物空間（Biospace，專為生物科技產業服務）和虛擬成衣中心（專為成衣業服務，並且嚴格的替供應商和買主互相牽連）。功能型社群服務的對象是某一種企業功能，例如：行銷人員或採購人員。

純商業性質的地域型社群，可能是從某一消費者性質的地域型社群分支出來的。企業類別社群成立的目的是滿足某一類公司的需求，例如：全球小型企業協會（World Association of Small Business）的網站就是要滿足各小型企業的特殊需求。

利用數位科技的虛擬性的重點之一，就是在虛擬的環境中向使用者提供在真實環境（實境）所享受的親切感、舒適感。西南航空公司的虛擬櫃檯網頁便讓人覺得既親切又熟悉。

@ 博學性

以數位方式來儲存資料的成本是相當低的，因此在數位環境之下，儲存大量的資料是相對便宜而容易的事情（我們可以說數位科技是博學多聞的）。例如：1998 年 8 月，網際網路上提供的電影超過 165,000 部，與電影有關的超連結超過40,000 個。亞馬遜網路書店（www.amazon.com）提供了 370 萬種書籍。

5-4 數位達爾文主義

許華茲（Evan I. Schwartz）在其《數位達爾文主義》（*Digital Darwinism*）一書中，闡述了在網際網路這個新的生態環境下，網路行銷者所面臨的是「優勝劣敗、適者生存」的嚴酷挑戰。[10]他提出了七個策略或生存之道，簡述如下：

1. 建立「解決問題的品牌」（solution brand）

所有藉著網際網路而嶄露頭角的成功者，皆屬於一種稱為「解決問題的品牌」（solution brand）。這些品牌能夠找出人們生活中存在的障礙、難題，並藉由網際網路這項科技的特性和功能，創造出為人們排除障礙、解決問題的產品。

2. 動態彈性定價（dynamic and flexible pricing）

在網路的經濟環境中，價格不僅可以隨著購買者的時點而變動，還可以依

---

10 本節主要內容參考自：陳正平譯，《數位達爾文主義》（台北：臉譜文化事業股份有限公司，1999）。

照個人、購買頻率的不同而異。網路行銷者可以依照成本、需求及競爭情況等因素，靈活的調整其價格。

3. 聯屬網路行銷（affiliate Internet marketing）

聯屬網路是存在於網路社會的一種非常獨特的手法，可「眾志成城」的協助網路行銷推廣活動的進行。經由聯屬網站的引介，網路行銷者可爭取到更多新而忠實的顧客；可擴展產品及服務的領域；可共同哄抬聲勢；可以有濟無；可因合乎經濟批量的進貨而節省進貨成本，進而節省倉儲成本；可藉著相互支援或共用廣告製作、促銷活動、配銷系統等而節省成本。

4. 價值配套（valuable bundle）

把有價值的產品或服務搭配成套，然後用統一的價格推銷給網路購物者。當把數個單獨的採購決策合而為一的時候，消費者感覺比較容易下定決心。其結果是以每套為單位出售所獲得的營收，要顯著大於個別項目分別出售後的營收加總。從另一方面來看，那便是降低了消費者什麼都不買的風險，使營收金額達到最高的水準。

5. 客製化的網路生產（customized network production）

傳統生產導向的製造業者，是先把東西做出來再銷售給顧客，在供不應求的靜態經營環境中，總能獲得相當的利潤。但是在競爭激烈、消費者愈來愈挑剔的動態經營環境中，如果還是依照以前的做法，企業根本不能生存，更遑論獲得利潤。尤其是在網路行銷的環境下，經營的方式就是讓顧客設計自己決定要購買什麼東西，然後再著手製作。如何落實網路生產呢？首先要發展出一套簡便好用的訂貨系統，使得消費者可以在線上訂購符合自己獨特需求的產品。然後再決定你的公司最專長的事業領域，把核心領域以外的其他功能外放，並將顧客所輸入的各種資料加以妥善保存，以供未來參考應用之需。最後，則是根據自己所具備的核心能力所產生的競爭優勢，擴展進入其他新的事業領域。

6. 網路中介附加價值（network intermediary value added）

為了充分掌握網路商機，傳統的中間商必須儘早成為數位中間商（digital middlemen），建立一個中立的線上聚會場所，讓買方及賣方可以在這裡碰頭。

除此之外，還要製造條件，讓下單和接單都能夠有效進行。

7. 以網路整合現實世界（integrate the real world with network）

設法在不同的事業管道之間建立一個有效的「回饋迴圈」（feedback loops）。對零售商而言，就是要運用真實的門市店面來鼓勵消費者積極上網，以發揮網站所具備的特殊功能。另一方面，則是運用網站來宣傳門市店面的活動項目。最後，則是藉助型錄的印刷媒體同時推廣門市店面與網站兩者，以達到相得益彰的效果。

5-5 數位神經系統

@ 特色

比爾·蓋茲在其《數位神經系統》一書中，勾勒出一個最快速、最寬廣、最有效、最淨化、最人性化的明日世界。[11]

最快速

為什麼最快速？當攸關的資料傳到組織中的關鍵環節時，整個組織就像一個敏銳的神經系統。在遇到外界環境的刺激時，這個神經系統就會產生近似本能的反應。

最寬廣

為什麼最寬廣？網際網路無遠弗屆，打破時空界線，遠距教學、遠距工作將日益普遍。全球的專家在不同的時差工作，形同 24 小時的作業模式。

最有效

為什麼最有效？數位時代的工具和連結性（connectivity）使我們能以既新穎又特別的方式，快速取得、分享和使用資訊。正確的、及時的資訊掌握在相關

---

[11] 本節參考自：樂為良譯，比爾·蓋茲著，《數位神經系統》（台北：商周出版，1999）的〈編輯室報告〉。

人士手中，他便可以做有效的決策。在整個供應鏈（supply chain）中的各個活動，如採購、驗貨、訂單生產、開立顧客發票、運送、後勤補給、存貨及倉儲管理，以及處理會計及報稅的工作者，都可以及時的獲得線上資訊，則工作效率及效能必然大增。

最淨化

為什麼最淨化？數位化作業方式的最終目標就是無紙辦公室（paperless office）。試想一個學校的一級行政單位，如果要將教育部的公文影印發給全校的二級、三級單位的話，不知要耗費多少紙張。如果用電子郵遞傳送，對於環境的淨化、生態的保育，都會有直接、間接的貢獻。

最人性化

為什麼最人性化？在數位化的工作環境中，知識工作者（knowledge worker）可以免除大量的例行性工作，進而可以利用寶貴的時間從事思考性的、較複雜的、較例外性的工作，如此一來，不僅使得工作更有效率，而且會使他有工作上的成就感。

@ 落實數位資訊流動

公司如何將數位資訊流動（digital information flow）的觀念及做法，徹底的落實在公司中？以下是對於知識工作者、企業經營及電子商務方面的建議：

在知識工作者方面

(1) 堅持組織內、組織間的資訊流通要經由電子郵件，這樣你才可以如直覺反射的動作回應新的訊息。

(2) 研究線上的有關資料（如銷售資料、網路消費者行為等），並將有關的變數建立最適模式（如網路最適定價模式、消費者行為預測模式等），並將這些模式分享給有關人員。要對未來做預測，並且對個別的顧客提供客製化服務（customerized service）。

(3) 使用個人電腦進行營運分析，以協助知識工作者對產品、服務及獲利的思考能力。

(4) 利用數位科技創造跨部門的虛擬團隊（virtual team），以及時的分享知識及經驗。

(5) 將既有的紙上作業轉換成數位流程，並藉以使作業合理化，讓知識工作者有時間從事思考性的、較複雜的、較例外性的工作。

在企業經營方面

(1) 利用數位科技使得工作更具有附加價值。

(2) 建立數位回饋迴圈（digital feedback loop），以改善實質流程的效率、改善產品及服務的品質。

(3) 利用數位科技，把顧客的抱怨及時傳送給能夠解決這個問題的人。

(4) 利用數位通訊，重新界定事業願景（mission）和範疇（scope）。願景是指公司在中期或長期企圖達到的狀態的正式聲明。在實務上，願景與使命常互相套用。波音公司（Boeing）描述其願景是「在品質、獲利及成長方面，成為世界航空界的佼佼者」。執世界半導體牛耳的英代爾公司（Intel）宣稱其願景是「成為全球硬體架構的主宰者」。AT&T 在 1980 年的年報中，對其使命的界定在策略管理上具有重大的涵義：「我們不再將自己侷限在電話及通訊事業上；我們是資訊處理的事業，是提供知識的事業；我們要放眼全球。」台積電的願景是「要做全球最有聲譽、服務導向、對客戶提供最高價值晶圓的代工廠」。在範疇方面，根據顧客的情況，決定要讓公司變大，還是維持小規模但與顧客更接近。

在電子商務方面

(1) 以資訊交換時間。與所有的供應商和合作廠商利用數位交易，把所有的企業流程轉換成剛好及時（just-in-time）交貨。

(2) 服務和銷售以數位交易，如此可以減少中間商的費用。如果你是中間商的話，可利用數位科技創造交易的附加價值。

(3) 利用數位科技幫助顧客解決問題，並對價值較高的顧客保持個人性的聯繫。

5-6 推播技術

網際網路的狂潮，導致了電子化訊息與新聞傳遞的激增。為了因應這個趨勢，幾個新的資訊傳遞媒介在網際網路上應運而生，其中最突出的是「推播技術」（push technology）的觀念及應用。利用推播技術可將訊息傳遞到個人的電腦桌面上。

典型的網際網路是以拉力形式（pull format），使用者必須利用搜尋引擎或其他傳遞系統去尋求資訊，然後再把資訊「拉」回到他們的電腦上；相反的，推播技術可直接將資訊內容傳送給最終使用者。桌面下方的工具列、螢幕保護程式等，就是讓使用者點選的媒介。「推播」這個術語是來自「伺服器推力」（server push）的概念，也就是網頁內容是由網頁伺服器傳送至網頁瀏覽器之間的上下流程。

對於推播技術的使用訂戶而言，其利益是節省搜尋網站的時間。網路服務公司或網路行銷者可透過網頁技術及網際網路，自動傳送訂戶有興趣的資訊內容到電腦桌面上。

推播技術這個觀念在今日的電子商務市場機制中，已變成了一個重要的觀念。值得重視的是，在過去所採用的「大量生產」（mass production）的生產導向，必須為了迎合顧客需求而調整成「大量客製化」（mass customization）的行銷導向。同樣的情形也可應用在廣播上。廣播（broadcasting）類似於大量生產，而重點傳播（pointcasting）則類似於大量客製化，也就是說，只有與使用者最有相關的資訊才會傳送給使用者。

為了將資訊重點傳播（pointcast）到使用者的電腦上，使用者要完成三件事情：

(1) **描述個人資料**：使用者在一套推播技術的資訊傳遞系統中註冊記錄。

(2) **選取個人專屬內容**：使用者可將客戶端軟體（如 Realplayer）下載到其電腦上，這些軟體可依照顧客所選擇的頻道、所訂閱的資料（如線上新聞、體育、財務資料等）來加以播放，使用者可以指定這些資料要多久更新下載一次。

(3) 下載所選取的內容：當發現使用者有興趣的資訊，推播程式就會下載此資訊給顧客，方式可能是以電子郵件、語音郵件或桌面上的智慧圖示（icon）。

@ 組織內網路的推播技術

在今日競爭環境中，許多組織體認到，必須要向那些需要及時資訊的工作者建構出一套客製化的新聞，也就是要透過推播技術，使得重要資訊能夠重點傳播，讓組織工作者及組織間供應鏈上的合作夥伴都能夠設定自己的頻道。推播技術使得企業內及企業間可以利用方便、容易的方式來傳遞資訊。直銷人員可以利用推播技術，將促銷活動的資料傳送到目標顧客的電腦桌面上。

所傳遞的資料可以是企業在外部蒐集到的資料，並將這些資料在組織內傳遞，也可以是企業內資料庫中所監控到的特別資訊。例如：Microstrategy 公司發展出一套決策支援軟體，能夠每日掃描企業資料庫（如庫存與存貨狀況等），並透過電子郵件、語音郵件，自動送出相關資訊給員工及管理者。

5-7 網路經濟學

在現今的電子商務環境中，有下列的現象：

(1) 網路行銷者透過虛擬社區（virtual community）來擴張其影響力、增加其利潤。

(2) 廣告策略已從大量廣告改變到目標導向式廣告。

(3) 企業間網路（Extranet）的風起雲湧，使得供應鏈與供應鏈之間的競爭益趨激烈。

(4) 許多企業以嶄新的商業模式（business model），爭先恐後的投入網路行銷行業。

學者史瓦茲（Schwartz, 1997）將以上的現象稱為網路經濟學（webnomics 或 web economy）。他認為網路經濟學具有新的經濟規則、新的貨幣形式，以及新的消費行為。

在分析電子商務的經濟面之前，我們有必要了解市場的經濟角色。市場有三個基本的功能：(1)撮合買賣雙方；(2)加速資訊、產品、服務及支付交換的順

利進行，在交換的過程中，買賣雙方、中間商、甚至整個社會就可以創造經濟價值；(3)提供制式的基礎設施，例如：法律及管制架構，以使得市場機能可以充分發揮。

　近年來，由於資訊科技的一日千里，市場的功能以及運作效率有著極大的改變，如表 5-1 所示。資訊科技也使得市場履行其功能的成本大為降低。

　電子化空間市場（electronic marketspace）──又稱空間市場（marketspace）──的出現，改變了交易程序。這些改變再加上資訊科技的推波助瀾，更造成了經濟效率及效能的大幅提升、配銷成本的大幅下降，進而造成無摩擦（friction-free，無交易成本）的市場出現。

▶ 表 5-1　市場的功能

撮合買方及賣方
1. 決定要提供什麼產品 　賣方所提供的產品及其特徵 　彙集各種不同的產品 2. 尋找（替買方尋找賣方、替賣方尋找買方） 　價格及產品資訊 　拍賣及以物易物的機會 3. 價格發掘（price discovery） 　價格決定的過程及結果 　提供比價
加速交易
1. 後勤補給 　向買方提供資訊、產品及服務 2. 付款 　將買方的付款交予買方 3. 信用 　建立信用系統、聲譽，並做稽核（考評像「消費者報告」這樣的機構）
制式的基礎設施
1. 法律方面 　商事法、契約法、訴訟的仲裁、智慧財產權的保護 2. 管制方面 　包括規則及規章、監督、執行

來源：Y. Bakos, "The Emerging Role of Electronic Marketspace on the Internet," *Communication of the ACM*, August 1998.

在虛擬世界中進行商業交易與傳統商業交易截然不同。在虛擬世界中，電子商務活動涉及到蒐集、選擇、綜合及傳遞資訊，而不是處理原料、配銷成品。因此，電子商務的經濟學，在供需、定價、競爭等方面均迥異於傳統商業。

@ 數位經濟的組成元素

與地理市場（marketplace）一樣，在空間市場（marketspace）中，賣方與買方也會以產品／服務來交換金錢（或是以物易物）。產品／服務的交換只是經濟活動的一部分。空間市場涵蓋了新形式的產品／服務、配銷活動。空間市場的組成因素包括：數位產品、消費者、網路行銷者（賣方）、基礎設施公司（infrastructure companies）、中間商、支援服務，以及內容創造者（content creators）。

數位產品

地理市場與空間市場的最大差別所在，是產品及服務的數位化。除了軟體及音樂可以數位化之外，還有許多產品及服務可以數位化，詳如表 5-1 所示。數位化產品的成本曲線與一般產品不同。對數位化產品而言，大部分的成本是固定的，變動成本只占一小部分，因此，當銷售量增加時，利潤便會增加得非常快速。

消費者

全球上億的網路遨遊者，都是網路上產品及服務的潛在消費者。消費者所尋求的是價廉物美的產品、客製化的產品、具有收藏價值的產品、娛樂等。消費者才是市場的主宰，他們能夠很方便的尋找詳細的資訊、做比較、出價，甚至討價還價。

網路行銷者（賣方）

網路商店不知凡幾，網路廣告也如雨後春筍，所提供的商品也不下數百萬種。我們幾乎每天都可以在網站上看到新產品。

基礎設施公司

數以千萬計的公司提供了在電子商務上所需要的硬體、軟體。許多提供軟體

的公司也提供有關如何架站的諮詢服務。此外，許多公司也向小型網路行銷者提供主機服務。

中間商

包括批發商與零售商在內的網路中間商，提供了各式各樣的服務。網路中間商的角色與傳統中間商迥然不同。網路中間商創造了線上市場（on line market），此外，他們也可協助撮合買賣雙方，並促成買買雙方的交易。他們也提供了某種基礎設施服務。

支援服務

支援服務包括了買賣雙方的認證及信託，這些服務可增進網路交易的安全。這些服務都是網路行銷者在落實其網路交易時不可或缺的因素。

內容創造者

許多媒體公司對於網路內容的提供及創意的發揮，可謂厥功甚偉。他們除了設計自己的網頁之外，還替其他網路行銷者設計網頁。網路內容的品質是電子商務的成功關鍵因素（Critical Success Factor, CSF）。

5-8 電子化市場的競爭

亞馬遜網路書店（www.amazon.com）在成立後的前三年，其銷售成長的快速令人嘖嘖稱奇，1997 年的銷售成長是 1996 年的 8 倍。其競爭對手邦諾書店（Barnes & Noble）披星戴月花了一年半的時間，才成立了網路書店。在邦諾書店跨入電子商務那一年，亞馬遜網路書店早已是線上銷售的龍頭馬車。雖然由於環境、經營及其他因素使然，亞馬遜網路書店於 1998 年仍處於虧損狀態，但是它卻控制了 75% 的線上書籍銷售，而且在 1998 年中期至少和 10,000 家公司建立了商業夥伴關係。

邦諾書店亦非等閒之輩，它建立了「企業對企業」（B2B）應用，使得只建立「企業對顧客」（B2C）應用的亞馬遜網路書店相形失色。除此之外，邦諾書店也購併了幾家外國公司，並在其產品線組合策略中加入了 CD 產品及其他產

品。為了增加其競爭優勢，邦諾書店成立了獨立的公司，處理所有的線上交易活動，包括「企業對企業」（B2B）的應用在內。

我們可以預見，亞馬遜網路書店及邦諾書店之間的競爭將益形白熱化，它們之間的新點子及把戲將層出不窮，我們且拭目以待。無可否認的，網路書店由於配銷成本的降低，可向顧客提供 40%折價的書籍，因此受惠最多的還是網路消費者。

從以上的網路行銷個案中，我們可以發現影響空間市場競爭的因素：

1. 降低購買者的搜尋成本（search cost）

電子化市場可降低搜尋產品資訊的成本。這種情形對於競爭有著重大的影響。消費者的搜尋成本降低之後，就會間接的迫使賣方降價、改善顧客服務。

2. 加速比較

在網路的環境下，顧客可以很快、很方便的尋找到廉價的產品。顧客不必再一家一家的逛商店，只要利用購物搜尋引擎（shopping search engine），就可以很快找到所要的東西並做比價。因此，線上行銷者如能向搜尋引擎提供資訊，將使自己（以及顧客）受惠無窮。

3. 差異化

亞馬遜網路書店向顧客提供的服務是傳統書店所沒有的，例如：與作者溝通、提供及時的評論等。事實上，電子商務可使產品及服務做到客製化（customization）。例如：亞馬遜網路書店會不定期利用電子郵件通知讀者他們所喜歡的新書已經出版了。差異化會吸引許多顧客，同時顧客也會願意因為享受差異化而多付些錢。差異化減低了產品之間的取代性，因此在差異化策略中的降價措施，對市場占有率不會造成太大的衝擊。

4. 低價優勢

亞馬遜網路書店可以較低的價格競爭，是因為其成本較低之故（不必負擔實體設備，只要保持最低存貨量即可）。某些書本的成本降低了 40%。

5. 顧客服務

亞馬遜網路書店提供了優異的顧客服務,這些服務都是重要的競爭因素。

此外,網路行銷者還必須了解在網路競爭中的事實:

(1) 公司的規模大小並不是獲得競爭優勢的關鍵因素。

(2) 與顧客的地理距離並不是重要因素。

(3) 語言障礙可以很容易的克服。

(4) 數位化產品不會因為存放時間長而變質。

電子商務會增加市場的效率,也會產生近乎完全競爭的市場型態出現。在完全競爭市場中,當消費者願意支付的代價等於製造產品的邊際成本時,製造商就會製造產品,同時買賣雙方均不能個別的影響產品的供需情況。綜合而言,完全競爭市場具有以下特性:

(1) 買賣雙方均可自由的進入市場(無進入成本或進入障礙)。

(2) 買賣雙方均不可能個別的影響市場。

(3) 產品具有同質性(無差異性)。

(4) 買賣雙方對於產品、市場情況均有充分的資訊。

電子商務滿足了(或幾乎滿足了)以上的市場條件。值得一提的是,獲得資訊的容易性可嘉惠買方及賣方。買方可以很容易的獲得有關產品、網路行銷者、價格等資訊;賣方也可以很容易的獲得有關顧客、需求、競爭者等資訊。

曾經是全球最大書店的邦諾書店,由於低估了網路行銷的震撼,有將近 2 年的時間被亞馬遜網路書店占盡了優勢。在這 2 年的時間,亞馬遜網路書店有充裕的時間建立其品牌聲譽。亞馬遜網路書店與邦諾書店的競爭,顯示了競爭本質的改變。

公司之間的競爭已被網路競爭所取代。企業如果具有吸引人的網站、網路廣告的能力,並與其他網站建立夥伴關係,自然會有競爭優勢。

我們可利用麥可‧波特(Michael E. Porter)的競爭模式,說明有關影響空間市場競爭力的因素:

(1) 新進入者如過江之鯽，有些只從事線上行銷。

(2) 由於可接觸到更多的賣方、產品及資訊，並可在網路上做比較分析，購買者的議價能力會增加。

(3) 代替品會愈來愈多，這些代替品包括數位產品及在網站上銷售的創新性產品與服務。

(4) 由於供應商的數目增加、詢價的方便，以及小型及國外供應商的容易進入市場，供應商的議價能力會減少。

(5) 在某一地區的競爭者數目會增加。

簡言之，在空間市場上的競爭將會有增無減，不僅離線及線上業者之間的競爭愈來愈激烈，線上業者（尤其是銷售書籍、音樂、影音產品者）之間的競爭亦將更加白熱化。

5-9 電子化市場的特色

電子商務對各產業的影響程度不同。什麼因素影響了電子商務的實施呢？至少有四個因素：產品特性、產業特性、網路行銷者及消費者特性。

@ 產品特性

數位產品特別適合在電子化市場中銷售，因為市場機制本身就是數位化的，而且數位化的配銷機制可使交易成本降到很低。數位產品也可使得完成訂購週期（order fulfillment cycle time）減到最低。

數位產品的價格也是影響電子商務實施的一個重要因素。產品價格愈高，市場交易風險就愈大，對於地理歧散的買方、賣方而言更是如此。因此，目前在電子化市場上銷售量最大的就是那些低價產品。

電腦、電子化產品、消費者產品、甚至轎車，也可以在電子化市場中銷售，因為消費者明確的知道他所要買的東西。產品愈標準化、產品資訊愈豐富，消費者愈會從事線上購買。利用多媒體動畫展示更能提供豐富的產品資訊。

@ 產業特性

電子化市場如能撮合買賣雙方，必能發揮很大的功能。然而，有些產業需要仲介，所以全面進入電子商務會比較慢。股票經紀商、保險經紀商、旅行社仍然必須人為的服務，故不能百分之百的跨入電子化市場（也就是百分之百的放棄傳統的作業方式）。也許有一天智慧系統的功能會強化到足以代替人類。

@ 網路行銷者

電子化市場可減低搜尋成本，讓消費者很快、很容易的找到最低價的產品。就長期觀點而言，這個現象會減低網路行銷者的利潤，但卻會促進網路交易的熱絡。這是在一個高度競爭、進入障礙很低的產業，網路行銷者所必須面對的現實。在寡占市場，網路行銷者還必須面對割喉競爭（cut-throat competition）。

@ 消費者特性

消費者可分為衝動型、耐心型及分析型。如果在某一產業中（如日用品業），衝動型顧客占了一個很大的比例，則在此產業進行網路行銷就未必適當。由於網路行銷的對象最好是能做某種程度的努力，例如：蒐集資訊、做比較分析的顧客，所以，網路行銷比較適合針對耐心型及分析型的顧客。分析型顧客在決定於何處購買之前，會利用既有的工具分析有關的資料。有關網路消費者、消費行為的討論，請見第 11 章。

複習題

1. 試說明數位科技。

2. 數位科技對行銷有什麼意涵？

3. 試說明摩爾定律與梅特卡夫定律。

4. 摩爾定律對於網路行銷有何特殊的意涵？

5. 何謂語言及數位替代？

6. 摩爾定律會持續下去嗎？試加以解釋。

7. 許華茲（Evan I. Schwartz）在其《數位達爾文主義》（*Digital Darwinism*）一書中，闡述了在網際網路這個新的生態環境下，網路行銷者所面臨的是「優勝劣敗、適者生存」的嚴酷挑戰。他提出了哪七個策略或生存之道？

8. 比爾·蓋茲在其《數位神經系統》一書中，勾勒出一個最快速、最寬廣、最有效、最淨化、最人性化的明日世界。試加以說明。

9. 公司如何將數位資訊流動（digital information flow）的觀念及做法徹底的落實在公司中？

10. 何謂推播技術？

11. 試說明組織內網路的推播技術。

12. 何謂網路經濟學？

13. 數位經濟的組成元素有哪些？

14. 試說明電子化市場的競爭。

15. 電子商務對各產業的影響程度不同。是什麼因素影響了電子商務的實施呢？至少有四個因素：產品特性、產業特性、網路行銷者及消費者特性。試加以闡述。

練習題

1. 進入「數位視野」網站（http://www.dcview.com/），了解其所提供的數位產品，並說明這些數位產品所帶來的影響。

2. 試以「數位世界，天地無限」為題，寫一篇短文。文中要描述數位產品與服務對你每日生活所造成的影響。

3. 你認為數位世界的成長速度超乎預期嗎？試提出一些數據證實你的看法。

4. 試上網找一些資料，補充本章對「摩爾定律與梅特卡夫定律」的說明。例如：掌握「殺手應用」，笑傲數位江湖（http://www.bnext.com.tw/article/view/cid/0/id/8505）。

5. 美國國家半導體執行長 Brian L. Halla 在談到未來的趨勢時，認為「摩爾定律失靈，梅特卡夫定律崛起」。你同意他的看法嗎？為什麼？

6. 試上網找一些資料，補充本章對「數位達爾文主義」、「數位神經系統」的說明。

7. 試以 PointCast 公司為例，說明其推播技術。

8. 試提出閱讀心得報告。書名：《Webonomics（網路經濟學）：一個新名詞背後的無限商機》。作者：許華茲（曾任《商業周刊》總編及記者，專門報導軟體及數位媒體的產業消息）。出版社：天下遠見出版股份有限公司。

9. 試說明某產品在全球電子化市場的發展（例如：全球電子化服飾的市場與發展）。

10. 試利用波特的五力模式分析 eBay。例如：eBay 如何降低新進入者的威脅？必要時，可上 eBay 網站尋找相關資料（www.ebay.com）。

6 網際網路與全球資訊網

6-1　網際網路、企業內網路與企業間網路的比較

6-2　網際網路（Internet）

6-3　全球資訊網（WWW）

6-1 網際網路、企業內網路與企業間網路的比較

網際網路（Internet）、企業內網路（Intranet）與企業間網路（Extranet）是電子商務最受歡迎的平台（platform）。在企業對顧客的電子商務應用中（B2C EC），網際網路是最普遍的平台；在企業內部的管理實務中，企業內網路是最普遍的平台；在企業對企業的電子商務中（B2B EC），企業間網路是最普遍的平台。一個網路行銷者有必要明確的了解及比較網際網路、企業內網路與企業間網路。在網際網路、企業內網路與企業間網路之間提供的相互操作性（interoperability）協定的，就是 TCP／IP（Transmission Control Protocol／Internet Protocol，傳輸控制通訊協定／網際網路通訊協定）。表 6-1 是網際網路、企業內網路與企業間網路的比較。

▶ 表 6-1　網際網路、企業內網路與企業間網路的比較

網路類型	典型的使用者	資料檢索	資料類型
網際網路	以電話撥接或使用區域網路的任何人	不受限制的大眾	一般的 公眾的
企業內網路	只限於經過授權的員工	私人／有限制	特定的 公司的 專屬的
企業間網路	經過授權的商業夥伴或群體	私人及經過授權的商業夥伴	在經過授權的商業夥伴間分享的資訊

來源：B. Szuprowics, *Extranet and Intranet: E-Commerce Business for the Future* (Charleston, SC: Computer Technology Research Group), 1998.

6-2 網際網路（Internet）

網際網路是公眾的、全球性的通訊網路，它向區域網路（Local Area Network, LAN）、網路服務公司（Internet Service Provider, ISP）內的成員提供直接連接（direct connectivity）的服務。網際網路是連結各閘道（gateway）的公眾網路。最終使用者先連結到地區性檢索公司（local access providers，如

LAN、ISP），後者再連結到網際網路檢索公司（Internet access providers），再連結到網路檢索公司（network access providers），最後再連結到網際網路骨幹（Internet backbone）。

由於網際網路是開放性的，因此資訊膨脹得非常驚人。同時由於「網海無涯」，使用者必須利用搜尋引擎（search engines，如雅虎），才能夠及時有效的獲得所需資訊。

網際網路（Internet）及全球資訊網（World Wide Web, WWW）是常常被互相套用的兩個名詞，但是在技術上，它們不是同義的。我們可以把網際網路想成是一個傳遞資訊的硬體系統，而把全球資訊網想成是資訊本身或者是軟體。

就技術上而言，任何時候你只要把兩個網路連結在一起，使得電腦間能夠溝通及分享資源，你就有了一個網際網路（internet，注意：這裡用的是小寫 i）。網際網路（Internet，注意：這裡用的是大寫 I）是一個廣大的、世界性的、相互連結的網路集合，所有的網路都使用 TCP／IP（Transmission Control Protocol／Internet Protocol，傳輸控制通訊協定／網際網路通訊協定），這些協定或指令界定了網際網路的基礎。在 1960 年代末期所發展的 TCP／IP，原先是為了 UNIX 作業系統而設計的，現在各個主要的作業系統都少不了它。你的電腦必須要有 TCP／IP 軟體才能上網。

全球資訊網是具有親和力的網際網路公用程式（utility），包括有圖形、文字、聲音及電子資料交換（Electronic Data Interchange, EDI）能力。全球資訊網是由網站，或者各「首頁」（homepages）所構成，可以連結到其他的網站。首頁通常是指主要的網頁（當然這個主要的網頁可以連結到許多其他的網頁）。許多營利組織、非營利組織、個人都不約而同的撰寫網頁。超連結的東西可能是網頁設計者所建立的檔案，也可能是別的網站。超文件（hypertext）是任何連結到其他文件、文字或文件中的片語的文字。我們在超文件中點選某些連結的字，就會檢索或呈現這些字所表示的檔案。建立超文件或網頁的語言，叫做「超文件標記語言」（HyperText Markup Language, HTML）。

超文件傳輸協定（HyperText Transport Protocol, HTTP）是用在全球資訊網中最重要的協定，因為它可以在網際網路中傳送超文件。HTTP 要發揮功能的話，客戶端程式（client program）必須在一端，伺服器端程式（server program）必須

在另一端。瀏覽器（browsers）就是一個典型的客戶端程式。微軟公司的探險家（Explorer）以及網景公司的通訊家（Communicator），都是有名的瀏覽器。全球資訊網只是網路上的一個公用程式或功能。

網際網路日漸風行，流風所及，幾乎各階層的人士無一倖免。年輕人鵠候電腦螢光幕前，浸淫在浩瀚的網路世界裡，網際網路可說改變了我們的生活習慣及吸收資訊的方式。

@ 網際網路的由來

1969 年，美國國防部的高級研究專案機構（Advanced Research Projects Agency, ARPA）想要建立一個當美國遭遇到核子攻擊，使得電話、收音機、電視都無法運作的情況下，仍能維持通訊能力的工具管道，因此，研發出一個可藉由多種管道來傳遞訊息的網路節點。這套系統就是 ARPANET。透過ARPANET，使用者可以互相傳遞訊息，但是這些使用者只是侷限於軍事人員及研究員。

後來一手拉拔及扶持 ARPANET 的美國聯邦政府，決定將 ARPANET 分為商用及軍用，商用的這部分網路稱為網際網路（Internet）。從此，其他的網路便可與 Internet 相連，而 Internet 也成為網路中的網路，與 Internet 有關的技術、商業應用也如雨後春筍般湧現。Internet 的創始人之一 Vinton Gerf 曾預言，Internet將可連結 10 億個網路。[1]而全球最大微處理器公司英特爾董事長葛洛夫（Andy Grove）則預測：「網際網路將全球電腦串聯所形成新的溝通網路，不但是推動資訊科技精進的主導力量，更將改變人類的溝通方式。」

在台灣，Internet 儼然創造了一個「資訊全球社區」，讓每台 PC 都可以分享全球一百多個國際網路上的資訊資源，包括各產業的動態資訊、軟體開發資訊、生活資訊、工作交流資訊等。由於 Internet 的普及以及所提供的豐富資訊，國外有許多廠商將 Internet 視為增加競爭優勢的一種工具，他們可以從 Internet中獲得最新的情報，以做為擬定行銷策略及研發策略的重要參考，也可以向客戶提供迅速、有效的服務。

---

[1]   Gary Anthes, "In Depth: Interview with Vinton Gerf," *Computerworld*, February 9, 1994.

@ 基本觀念

實體上，Internet 是連結數百萬台電腦的通訊媒介（如光纖、衛星等）所組成的網路，這些高速的連結線路稱為 Internet 骨幹（Internet backbone）。這些骨幹線路是由通訊公司或是網路服務業者所擁有。網路服務業者（Internet Service Provider, ISP）就是建立骨幹線路、建立伺服器與 Internet 連結，讓沒有伺服器的組織或個人可以連上 Internet 的公司。在美國，有名的 ISP 包括 Verizon、WorldCom、Sprint、AOL（美國線上）等。這些 ISP 會對其骨幹線路加以更新或維護。

直接與 Internet 相連並在 Internet 上傳送訊息的電腦，稱為網際網路伺服器，簡稱網路伺服器（Internet server）。典型的 Internet 使用者會透過工作場所的區域網路，或者利用數據機、電話線直接連接網路伺服器，然後這些網路伺服器再連接到骨幹。愈來愈多的使用者會利用高速的傳輸媒介，例如：纜線（cable）、數位用戶線路（DSL）來上網。這些使用者稱為網際網路瀏覽者（Internet surfer）。

網域伺服器（domain server）就是直接與 Internet 相連，並具有一個可辨識的名稱的伺服器，例如：www.xiaodongjung.com。雖然 Internet 的某些管理作業在最初是由美國政府所監督，但是基本上 Internet 並不隸屬於任何人，因此也不是任何人可以掌控的。在這種情況下，必然天下大亂──誰有權利決定哪個伺服器可以連結到骨幹、誰有權利決定網域伺服器名稱。所幸有許多非營利機構，例如：「名稱及號碼指派網際網路公司」（Internet Corporation for Assigned Names and Numbers, ICANN）、WWW Consortium（W3C）、網際網路工程專案小組（Internet Engineering Task Force, IETF），致力於技術標準的建立，以及網域名稱的管理。

@ 網際網路如何運作

任何連接到網際網路（上網）的電腦，都有一個獨一無二的標籤或網際網路位址（Internet address）。Internet 軟體及協定可使一部電腦「找到」另一部電腦。一致性資源定址器（Uniform Resource Locator, URL），例如：www.fju.edu.

Http://www.fju.edu.tw/myfolder/myfile.htm

協定　　　網域名稱　　　資料夾　　　檔案名稱

圖 6-1　一致性資源定址器（URL）

tw，就是位於 Internet 上資源的位址，使用者可利用瀏覽器來「定位」這些資源。但是 URL 所代表的意義是什麼呢？請看圖 6-1。

　　URL 的第一部分是協定名稱（protocol name），它界定了資料傳送及接受的規則。在全球資訊網的協定是「超文件傳輸協定」（HyperText Transfer Protocol, HTTP）。如果資料在傳遞時具有加密的動作以保護資料的安全性，則此協定稱為「安全性超文件傳輸協定」（HyperText Transfer Protocol Secure, HTTPS）。網域名稱 www.fju.edu.tw 指明了主機伺服器的名稱。嚴格的說，www 表示全球資訊網（將於稍後說明），tw 代表台灣，所以網域名稱是 fju.edu。URL 的其他部分表示 myfile.htm 這個檔案儲存在 myfolder 這個資料夾內。Html 是超文件標示語言（HyperText Markup Language, HTML）的格式，它是網頁最普通的格式。

　　在網域名稱中的 edu，被稱為是「最上層網域」（Top-Level Domain, TLD）。TLD 分辨了註冊單位本質，例如：商業組織、非營利組織、通訊公司或 ISP 等。表 6-2 顯示了各最上層網域所代表的意義。唯有 ICANN 有權利增加新的 TLD。

　　網域名稱可以具有兩個以上的部分，這要看是否有（或者是否有必要有）子網域而定。例如：輔仁大學所註冊的網域名稱是 www.fju.edu，它可以將 www.mba.fju.edu.tw 指派給「管理學研究所」這個子網域，將 www.itf.fju.edu.tw 指派給「國際貿易與金融系」這個子網域。

▶ 表 6-2 各最上層網域所代表的意義

最上層網域名稱	組織型態	有無限制	範例
.com	商業組織	無	www.microsoft.com
.org	非營利組織	無	
.net	通訊公司或ISP	無	www.gcn.net.tw
.edu	高級學術機構	有	www.fju.edu.tw
.gov	政府單位	有	www.dgbas.gov.tw
.mil	美國軍事單位	有	www.army.mil
.aero	航空公司	有	www.cathaypacific.aero
.biz	任何種類的企業	有	www.websitesnow.biz
.coop	合作社	有	www.coopscanada.coop
.info	任何組織或個人	無	www.wcet.info
.museum	博物館	有	icom.museum
.name	個人	無	www.tyson.name
.pro	專業人員或專業組織	有	Schwartz.law.pro
兩個字母的國碼： .uk（英國） .de（德國） .fr（法國） .cn（中國）	任何組織或個人	在該國內通常不會限制	www.bbc.co.uk www.dw-world.de www.radiofrance.fr www.showplace.cn

網域名稱與 IP 號碼

在 Internet 骨幹上的每一個裝置，都要以一個數字標籤做為辨識之用，此數字標籤稱為網際網路協定號碼（Internet Protocol number, IP number）。IP 號碼又稱 IP 位址（IP address），它是以句點劃分成四個部分，例如：146.186.87.220，每一部分是由號碼 1 到 254 所組成。如果你知道某一網站的 IP 號碼，你就可以利用瀏覽器連上它的網站。但是要記住一個名稱及文字比記住號碼容易多了，所以，大多數的組織會將 IP 號碼與網域名稱加以對應。將 IP 號碼與網域名稱加以對應的程序，稱為網域名稱決議（domain name resolution）。而提供網域名稱決議服務的，就是網域名稱系統（Domain Name System, DNS）。DNS 伺服器大多

是由許多 ISP 所保有及維護。在大型組織中，可以將某一個伺服器指定為 DNS 伺服器。對每個裝置指派 IP 號碼也是 TCP / IP 的一部分。

IP 號碼必須事先註冊以避免重複。當一個組織欲將其 LAN 連接到 Internet 時，必須先向 Network Solutions 公司或其他由 ICANN 監督的公司申請一組 IP 號碼。這些公司（負責網域命名的公司）必須利用相同的中央資料庫，才不會造成命名的混亂。目前這個大型中央資料庫是由 Network Solutions 公司所維護。

IP 號碼四部分中的第一部分（或稱區塊）決定了系統層級，如表 6-3 所示。當組織收到第一區塊的號碼後，它可以將任何數字指定到其他的三個區塊中，例如：當某大學收到 140 的第一區塊號碼後，就可以將 140.136 指定到某一個子網域（如管理學院）。在 140.136（管理學院）這個子網域中，它可以將 140.136.11 指定到國貿系。在 140.136.11（國貿系）中，可以將 140.136.11.171 指定到作者的電腦。每一個子網域（或每一台電腦）都可以連接到伺服器，而此伺服器可以連接到更高層的伺服器，最後連接到可以連接骨幹的伺服器，如此「網網相連」，儼然成為「互聯網」。

表 6-3 網際網路位址編排

第一區塊的數字範圍	網路等級	支援的節點數
1～126	A	16,777,214
128～191	B	65,354
192～223	C	254
224～239	D	保留；未指定
140～255	E	保留；未來使用
注意：第一區塊的 127 未被指定		

靜態與動態 IP 號碼

如前所述，每一台連接 Internet 的裝置（包括電腦、數位相機等），都必須要有獨一無二的 IP 號碼。如果伺服器、電腦及其他裝置被指派固定的（不變的）IP 號碼，就稱為靜態 IP 號碼（static IP number）；如果伺服器、電腦及其他裝置被指派臨時的（變動的）IP 號碼，就稱為動態 IP 號碼（dynamic IP number），如圖 6-2 所示。

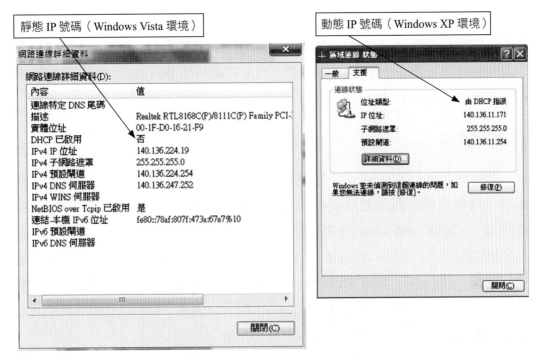

▶ 圖 6-2　靜態與動態 IP 號碼

　　對於網路系統管理人員而言，如果每台機器都要設定一個 IP 號碼，要是有上百台機器，那麼系統管理人員不是會疲於奔命嗎？DHCP（Dynamic Host Configuration Protocol，動態主機設定協定）就可以解決這種設定上的惡夢。系統管理人員只要設定好 DHCP 伺服器（DHCP server），同時在其他的機器中指定使用 DHCP server 所給予的 IP 號碼就好了。使用者在打開電腦後，DHCP server 就會自動分配 IP 號碼；在將電腦關閉之後，DHCP server 又將這組 IP 號碼收回，供下一台電腦使用。這樣的話，你就可以想像有多方便了。

@ 特性

　　網際網路環境具有以下的特性：(1)在全球通訊及交易上，它提供了單一的、共同的平台；(2)它實現了經濟學理論中完全資訊（perfect information）的觀念，使得消費者及商業客戶可以極低的成本，在極短的時間內從網路公司中獲得資訊；(3)在此媒介上通訊的互動性，使得企業、供應商與客戶之間的有效溝

通開啟了前所未有的機會大門；(4)它的範圍是涵蓋全球的；(5)企業不論規模大小、不論地理遠近，皆有同樣的競爭機會（至少在理論上是如此）；(6)它是全年無休的通訊網路；(7)它是「多對多」的通訊網路（電話是「一對一」的，電視及廣播是「一對多」的）。

@ 推播技術

網際網路的狂潮，導致了電子化訊息與新聞傳遞的激增。為了因應這個趨勢，幾個新的資訊傳遞媒介在網際網路上應運而生，其中最突出的是「推播技術」（push technology）的觀念及應用。利用推播技術可將訊息傳遞到個人的電腦桌面上。例如：PointCast Network（www.pointcast.com）定期向訂閱者「推出」（push）股票市場的報告、及時新聞、娛樂剪影，以及比賽分數等。微軟公司的探險家（Internet Explorer, IE）及網景公司的通訊家（Netscape Communicator）均已在瀏覽器內增添了推播技術。

典型的網際網路是以拉力形式（pull format），使用者必須利用搜尋引擎或其他傳遞系統去尋求資訊，然後再把資訊「拉」回到他們的電腦上。相反的，推播技術可直接將資訊內容傳送給最終使用者。桌面下方的工具列、螢幕保護程式等，就是讓使用者點選的媒介。「推播」這個術語是來自「伺服器推力」（server push）的概念，也就是網頁內容是由網頁伺服器傳送至網頁瀏覽器之間的上下流程。

對於推播技術的使用訂戶而言，其利益是節省搜尋網站的時間。網路服務公司或網路行銷者可透過網頁技術及網際網路，自動傳送訂戶有興趣的資訊內容到電腦桌面上。

推播技術這個觀念在今日的電子商務市場機制中，已變成了一個重要的觀念。值得重視的是，在過去所採用的「大量生產」（mass production）的生產導向，必須為了迎合顧客需求而調整成「大量客製化」（mass customization）的行銷導向。同樣的情形也可應用在廣播上。廣播（broadcasting）類似於大量生產，而重點傳播（pointcasting）則類似於大量客製化，也就是說，只有與使用者最有相關的資訊才會傳送給使用者。

為了將資訊重點傳播（pointcast）到使用者的電腦上，使用者要完成三件事

情：(1)描述個人資料：使用者在一套推播技術的資訊傳遞系統中註冊記錄；(2)選取個人專屬內容：使用者可將客戶端軟體（如 Realplayer）下載到其電腦上，這些軟體可依照顧客所選擇的頻道、所訂閱的資料（如線上新聞、體育、財務資料等）來加以播放。使用者可以指定這些資料要多久更新下載一次；(3)下載所選取的內容：當發現使用者有興趣的資訊時，推播程式就會下載此資訊給顧客，方式可能是以電子郵件、語音郵件或桌面上的智慧圖示（icon）。

@ 交易成本

在過去，公司是使用其專屬系統來整合內部系統，然後再以專屬的通訊系統連接到客戶及貿易夥伴。這些系統通常非常昂貴，而且在技術上的要求也很高。近年來，由於網際網路的興起與普及，使得企業能夠利用網際網路技術方便而相對便宜的連結客戶及貿易夥伴。因此，網際網路很快地成為電子商務的基礎。組織無論使用哪種電腦系統及資訊科技，網際網路都是方便而實用的共同媒介或平台。

在網際網路的環境下，貿易夥伴可以直接溝通。網站全年無休，消費者可以隨時隨地上網找資料或購物。一些電子化產品，例如：軟體、音樂及視訊，都能透過網際網路傳遞或銷售。提供產品及服務的網路行銷者，也能利用網際網路來傳遞產品資訊（例如：產品價格、產品項目、可銷售數量及送貨時間）。企業可在網際網路上建立入口網站，以吸引及服務本來不會光顧的顧客，並且能夠超越或取代舊有的配銷通路。例如：網站利用其便利性、提供的折扣，以吸引付不起傳統仲介費、財務服務公司高額費用的顧客光臨。

公司能利用網際網路技術大幅減少交易成本。交易成本（transaction cost）包括尋找買方賣方、蒐集產品資訊、談判、撰寫及完成合約、安排運送的成本。電子化的交易處理方式能減少某些產品（特別是完全數位化的產品，如軟體、文件產品、影像或視訊）的交易成本和送貨時間。表 6-4 呈現了傳統方式與網際網路方式在交易成本方面的比較。例如：人工處理一張訂單的成本為 15 美元，而透過網際網路市集的採購成本則能減少到每筆 0.8 美元。

▶ 表 6-4　網路如何節省交易成本

交易形式	傳統	網路
確認銀行餘額	$1.08	$0.13
回答顧客問題	$10～20	$0.1～0.2
交易100股股票	$100	$9.95
修正員工的紀錄	$128	$2.32
處理顧客的交易	$15	$0.80
送出廣告手冊	$0.75～10	$0～0.25
付帳單	$2.22～3.32	$0.65～1.1

來源：Kenneth C. Laudon and Jane Price Laudon, *Essentials of Management Information Systems*, 6th ed. Upper Saddle River, NJ.: Prentice Hall, 2005, p.117.

@ 商業模式

　　商業模式（business model）是公司如何遞送產品或服務，以及如何創造財富的過程。說得口語一點，就是公司如何做生意、如何賺錢的方式。例如：在網際網路興起之前的零售時代，我們如果要買書的話，必須到傳統實體書店才能知道有什麼書目、內容及售價。書店壟斷了這些資訊。當亞馬遜（amazon.com）設立網路書店之後，其網站向瀏覽者提供了大量的電子化書目（包含將近 300 萬本書目、內容目錄）。我們利用自己的桌上型電腦進入其網站，就可以輕鬆的看到書評及其他相關資訊，並可以直接訂購。亞馬遜網路書店的書價必然比傳統商店更為便宜，因為它不需要負擔租金、員工薪水、倉儲費用，以及其他維持傳統書店的經常性開銷。亞馬遜網路書店幾乎不需負擔存貨成本，因為大多數的書都依靠書本批發商的倉儲。亞馬遜網路書店的線上商業模式，使得傳統實體書店受到極大的威脅。這種不需實體店面而直接從網上銷售書籍、其他商品的方式，就是一個新的商業模式。

　　財務服務的商業模式也經歷了相似的變革。在過去，人們想購買股票或證券，需付高額的佣金給像美林證券全方位服務的經紀商，個別的投資者也必須依賴這些公司來進行買賣交易、提供投資訊息。個別的投資人自己要獲得股票報價、曲線圖、投資消息、歷史資料、投資建議及其他財務資訊，是既麻煩又困難

的。但當這些資訊在網路上就能獲得之後，投資人只要花少許交易費用就可在財務網站上直接進行交易，不需假借經紀商之手。

@ 網際網路商業模式

網際網路能以增加現有產品及服務的額外價值，或以提供新產品及服務的新方法，來協助公司創造和獲得利益。表 6-5 顯示了一些重要的網際網路商業模式。網際網路商業模式（Internet business model）是指公司透過網際網路來遞送產品或服務，並創造財富的過程。例如：透過網際網路向客戶提供新產品或服務，或在傳統的產品或服務上提供額外的資訊或服務，或以比傳統方式更低的成本提供產品或服務。

表 6-5 中的一些商業模式，充分發揮了網際網路的強大功能。eBay 網站是一家運用電子郵件及其他互動網頁方式的線上拍賣廣場，人們能在線上出價購買世界各地賣主所寄賣的物品，例如：電腦設備、古董及收藏物、葡萄酒、珠寶、搖滾演唱門票和電子儀器等。eBay 網站在網際網路上接受各個產品的出價，並進行比價、公布得標者。eBay 網站會對每一筆登錄和銷售收取少許的佣金。

企業對企業（B2B）的拍賣也如雨後春筍般的湧現。BigEquip.com 提供企業對企業間網路拍賣二手營建設備的服務。B2B 的出現有助於公司處理過多的存貨。線上競標，亦稱動態出價（dynamic pricing），預期將是電子商務的主流，因為買賣雙方能很容易的經由網際網路的互動方式決定在某一時刻的產品價值。

網際網路的虛擬社群可讓同好者（具有相同嗜好的人們）從全球各地互相溝通、交換意見，這些虛擬社群儼然建立了一個新的商業模式。Tripod、Geocities 和 FortuneCity（成立於英國）提供人們有關藝術、生涯、健康保健、運動、商業、旅遊及其他嗜好的溝通環境。成員能建立個人網頁、參與線上討論，以及加入其他志同道合的線上俱樂部。這些社群主要的收入來源是提供橫幅廣告。橫幅廣告（banner ad）是在網頁上的圖示，消費者在此圖示上按一下，就可以連結到刊登此廣告者的網站。

▶ 表 6-5　網際網路商業模式

種類	說明	範例
虛擬店面	直接販賣實體產品給客戶或個別企業。	Amazon.com EPM.com
資訊仲介商	提供產品、價格與可銷售數量資訊給客戶或企業。由廣告費用或介紹買方給賣方的仲介費來創造收益。	Edmunds.com Kbb.com Insweb.com ehealthinsurance.com IndustrialMall.com
交易仲介商	藉由處理線上銷售交易來節省使用者的金錢與時間，在每次交易發生時賺取手續費，亦提供價格與商品的資訊。	E*Trade.com Expedia.com
線上市集	提供一個數位環境，讓買方與賣方能在此會面、搜尋產品、展示產品，並決定產品價格。可以提供線上拍賣或反向拍賣（意即買方發出標售訊息給多家賣方，賣方分別出價，由出價最低的賣方得標）。	eBay.com Priceline.com ChemConnect.com Pantellos.com
內容提供商	經由網站提供數位內容來創造收益，例如：數位新聞、音樂、照片或影片，客戶可能付費以取得內容。收益也可能來自販賣廣告空間（讓客戶登橫幅廣告）。	WSJ.com CNN.com TheStreet.com Photo Disc.com MP3.com
線上服務提供商	提供個人或企業線上服務，以收取訂購費、交易費或廣告刊登費等方式創造收益。	@Backup.com Xdrive.com Employease.com Salesforce.com
虛擬社群	提供具有相似興趣的群眾一個線上交談的地方，可以讓同好者相互溝通、交換意見。	Geocities.com FortuneCity.com Tripod.com iViilage.com
入口網站	網路上提供特定內容或服務的起始進入點。	Yahoo.com MSN.com

　　甚至連傳統的零售商也加強他們的網站，以聊天、訊息佈告、建立社群等方式來吸引消費者，希望消費者能經常光顧，並做線上購買。例如：iGo.com（一個銷售行動運算技術的網站）透過線上人機溝通模式（消費者可以和虛擬的業務

代表進行溝通），使它的銷售量倍增。

網頁上大量且豐富的資源，使得入口網站的商業模式紛紛出現。顧名思義，入口網站（Portal）是進入浩瀚網海的起始點。例如：「Yahoo!奇摩」在網際網路上提供新聞、運動、天氣、電話簿、地圖、遊戲、購物等資訊，並提供電子郵件和其他服務。也有一些針對特殊嗜好者提供服務的入口網站，例如：Barrabas 入口網站提供登山和雪地運動相關的氣象報導、滑雪追蹤報導、雜誌、專家審查、建議及說明，並在線上提供 14,000 種滑雪及登山裝備的銷售。

Yahoo!奇摩等入口網站和內容提供網站（content provider），通常是從許多不同來源及服務結合有關的內容和應用，另外還有一個稱為企業聯合集團的網際網路商業模式。企業聯合集團（Syndicator）是聚集資源、加以重新包裝再銷售的網站。例如：E*TRADE 折扣交易網站，從外部購買大部分的資源，如路透社（新聞）、Bridge Information Systems（報價）、BigCharts.com（曲線圖）、電子商務服務（購物車、電子付款系統），加以整合之後，再賣給第三者（通常是新興的網站）。

表 6-5 中所描述的大多數商業模式，都是屬於「僅線上式」（pure-play），因為它們只是純粹以網際網路為基礎，進行網路行銷及服務，這些公司的網際網路商業模式並不需要實體廠房。然而，許多現存的零售公司，如 L.L. Bean、Office Depot 或華爾街日報等所發展的網站，是它們傳統實體企業的延伸，這種企業所代表的是線上及傳統的（clicks-and-mortar）商業模式。

@ 資訊不對稱

網際網路縮短了資訊不對稱。資訊不對稱（information asymmetry）是指交易中的一方擁有比對方更多重要的交易資訊，而這些資訊決定了議價能力（這就是所謂的資訊權）。例如：在網路上出現汽車零售站之前，車商和顧客間顯著存在著資訊不對稱，因為只有車商曉得製造價格，而且消費者要從比價中找出最好的價格是相當費神的事情。車商的邊際利潤就是來自於資訊不對稱。現在消費者可以輕易上網，網站上提供了競爭價格資訊，因此消費者就可以很容易的進行比價。有些網站甚至提供了比價的功能，省去了消費者進出各網站的麻煩。消費者的資訊豐富了之後，資訊不對稱情形便消失了。

在網際網路時代以前，企業必須就資訊的豐富性和延伸度做取捨。豐富性（richness）是指資訊的深度和詳細度，延伸度（reach）則是指企業能連結多少人、向多少人提供產品。例如：當一個業務代表拜訪客戶時，在互動中分享資訊是非常有限的，而且互動的對象僅是此客戶一人。報紙和電視廣告能相當廉價的向數百萬人提供資訊，但這些資訊卻是相當有限的。傳統企業要同時擁有資訊的豐富性及延伸度，必須要付出相當大的代價。運用網際網路及網頁多媒體的能力，公司便能快速且廉價的提供詳細資訊給特定的客戶，或者無數的潛在客戶。表 6-6 顯示了傳統促銷方式與網際網路的差別。

▶ 表 6-6　傳統促銷方式與網際網路的差別

	豐富性	延伸度
人員推銷	×	×
報紙、電視	×	✓
網際網路	✓	✓

@ 價值鏈

企業可利用價值鏈來了解如何利用策略資訊系統以確認機會。價值鏈的觀念是由麥克‧波特（Michael Porter）於 1980 年早期所提出的，如圖 6-3 所示。價值鏈（value chain）是將企業視為是一個包含許多基本活動的系列（或鏈、網路），這些基本活動可增加產品或服務的價值，進而使得企業獲得競爭優勢。在價值鏈的觀念架構下，有些活動是主要活動，有些是支援性活動。

主要活動（primary activities）又稱主要的價值活動（primary value activities），是指牽涉到實體創造、運送及銷售產品的各項活動，其中包括進料後勤（inbound logistics）、生產作業（包括零組件的製造等）、出貨後勤（outbound logistics）、行銷及銷售、顧客服務這類的活動。

支援性活動（supporting activities）又稱支援性價值活動（supporting value activities），是支援主要活動的履行的各項活動，包括採購、技術開發、人力資源管理，以及公司的基礎設施（例如：財務、法律制度，以及企劃等）。

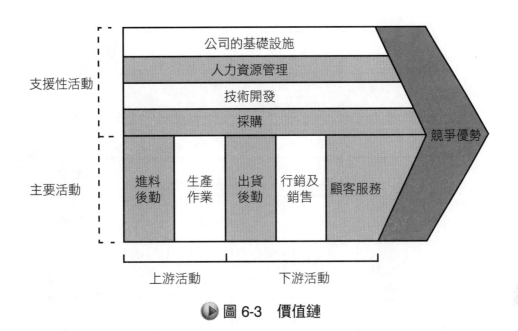

● ▶ 圖 6-3　價值鏈

　　利用價值鏈的架構，管理者及資訊專業人員就可確認企業應如何利用 Internet 及其他科技來輔助這些活動。

@ 價值鏈的資訊科技內涵

　　圖 6-4 強調了協同式工作流程 Intranet-based 系統可以提升人員之間的溝通及合作品質，改善行政協調及支援性服務。事業生涯發展 Intranet 可以幫助人力資源管理者提供事業發展訓練計畫。電腦輔助工程及設計 Extranet 可使企業及其商業夥伴共同設計產品及商業程序。Extranet 可以藉著向供應商提供線上電子商務網站，而大幅改善資源獲得的效率。

　　資訊系統技術的其他策略運用之例，亦如圖 6-4 所示，包括：自動化及時倉儲系統的建立，以支援內運後勤補給作業；電腦輔助彈性製造，以支援生產作業；線上銷售點及訂單處理系統，以支援外運後勤補給。資訊系統也可以藉著在 Internet 上發展互動式的、目標導向式的行銷系統來支援行銷及銷售活動。最後，協同式的、整合式的顧客關係管理系統可以大幅改善顧客服務品質。

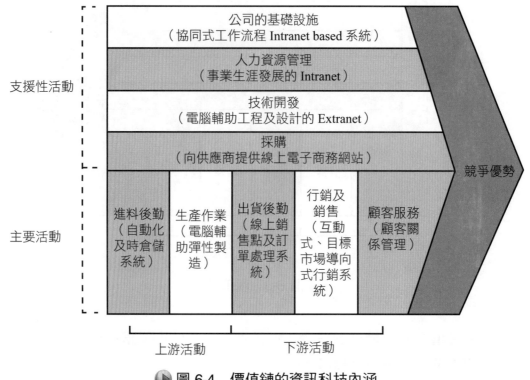

圖 6-4　價值鏈的資訊科技內涵

@ 網際網路化價值鏈

　　企業也可以針對價值鏈的活動發展網際網路化的應用系統（Internet-based applications），以獲得競爭優勢。圖 6-5 顯示的網際網路化價值鏈模式（Internet-based value chain），勾勒出公司以 Internet 與顧客連結，可使企業掌握市場機會、增加競爭優勢及獲得利潤。例如：公司所建立的新聞群組、聊天室、電子商務網站，是市場研究、產品發展、直銷、顧客回饋及支援的有力工具。

　　企業善用供應商的 Extranet，也會獲得競爭優勢。例如：在供應商網站上的多媒體產品型錄、線上遞送、排程、及時狀況資訊，可使公司及時檢索最新資訊。在這種情況下，可以大幅降低成本、減少前置時間，並改善產品及服務品質。

　　因此，價值鏈的觀念可幫助企業思考及落實在何處、如何運用資訊科技的影響力。它也顯示了如何運用各種不同的資訊科技到特定的商業程序上，以使企業在市場上獲得競爭優勢。

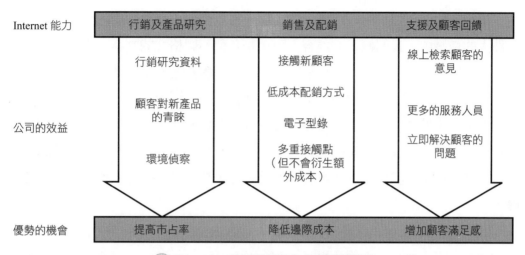

行 圖 6-5 網際網路化價值鏈模式

來源：Mary Cronin, *Doing More Business on the Internet*, 2nd ed.（New York: Van National Reinhold, 1995）, p.61.

@ 網際網路的一般應用

Internet 向組織成員提供了非常有價值的服務。例如：有些網路可使群組成員之間進行電子化的溝通，並共享硬體、軟體及資料資源。通訊網路強化了組織內、外成員之間的合作及溝通，因為 Internet 可使企業立即處理遠端的銷售資料，可使企業與顧客、供應商進行電子資料交換（如電子化的商業文件），可使企業在遠端監控生產程序。

Internet 的應用有：電子郵件、資料會議、FTP（檔案傳輸協定）、VideoTex、瀏覽器、搜尋引擎、新聞群組及部落格、立即訊息、網路電話、視訊會議。

電子郵件

電子傳遞（electronic messaging）已經成為現今辦公室中不可或缺的重要技術。電子傳遞的好處是比較容易使用、可靠與節省成本。電子郵件（electronic mail, e-mail）是利用網路電腦來傳送、接受及儲存訊息。微軟公司的 Outlook 和網景公司的通訊家（Communicator）均可使得數千萬的網路使用者，利用其電子郵件功能有效的傳遞及接受訊息。

電子郵件系統是利用網路強大的功能，將我們輸入在電腦中的資料，傳送到收件人的電腦中。我們輸入的內容，可以是各種不同格式的文字、圖形、動畫、聲音（也就是各種 OLE 物件）等。同時由於電腦軟體的友善性，我們可以很方便地編輯資料，並且可以加密保護。採用檔案夾方式的 mail，可以將繁瑣的郵件管理工作化繁為簡，使用者可將所接收到的各種郵件，分門別類的存放在不同類別的檔案夾中。在 Windows Outlook 的操作畫面中，閱讀過和尚未閱讀的郵件都有清楚的標示，我們可以依照郵件的重要性，決定是否要存入檔案或是直接刪除。

通訊服務公司（如 GTE、TELENET、MCI、Yahoo!）都提供了電子郵件服務的功能。電子郵件在概念上並不複雜。傳送者（sender）在確定他（她）所要傳達對象的電子郵件地址（筆者的是 trad1004@mails.fju.edu.tw）之後，就可以將訊息鍵入。當然，電子郵件系統之間會有些差異。例如：某些電子郵件系統可以將訊息傳送到多個目的地，而有些系統則具有類似「雙掛號」（return receipt requested）的功能，以確認接收者得到訊息的時間。雖然電子郵件的優點甚多，但是卻無法傳遞傳訊者的語氣、音調，所以它被稱為是一種「冷酷」的媒介。

電子郵件的優點如下：

1. 減少「追蹤」（shadow function）

根據古達（Coudal, 1982）的調查報告，只有 28% 的電話會成功的與對方接上線。[2]電子郵件系統可以在接收者要讀取訊息時，就直接透過此系統來讀取。因為訊息一直儲存在電腦中，除非接收者在讀取其內容後加以刪除。在用電話做追蹤時，我們會重複的以電話聯絡對方，但如果對方不在，或是正在撥號回電，也是無濟於事。某大公司的副總裁花在以電話追蹤的平均成本，估計大概超過美金 10 元。

2. 減少干擾

大部分的電話都是在接收者的黃金時段進行傳遞，因此常會引起干擾。電子

---

[2] Koladzuej, "Where Is the Electronic Messaging Explosion?" *Computerworld*, October 16,1985, pp.21-23.

郵件具有在適當時間傳遞訊息的等待系統，故不會干擾對方。

3. 傳遞既快且廣

電子郵件系統不像電話，一次只允許一通電話。電子郵件系統可同時傳送訊息到各目的地。

目前電子郵件有兩種形式：(1)POP3（Post Office Protocol 3，郵局協定 3）電子郵件；(2)以網頁為基礎的電子郵件。POP3 的郵件訊息儲存於電子郵件伺服中。圖 6-6 顯示了電子郵件的系統結構圖（electronic mail system configuration）。使用者必須利用電子郵件應用軟體（例如 Outlook、Endora），並做好適當的設定（圖 6-7），透過 Internet，就可以傳送郵件到收件者的電子收件夾信箱（electronic mailbox）中，收件者可以在方便的時間來收信。POP3 電子郵件位址與公司團體或機構當初設立網站時所使用的網域名稱相同，例如：輔仁大學的網域名稱是 fju.edu.tw，其電子郵件位址是 mails.fju.edu.tw。

當使用以網頁為基礎的電子郵件時，使用者必須藉由網路瀏覽器（例如：IE）來讀取信件，如圖 6-8 所示。因此他們可以在世界上任何地方，不必經過電子郵件帳號的設定，就可以讀取他們的郵件。

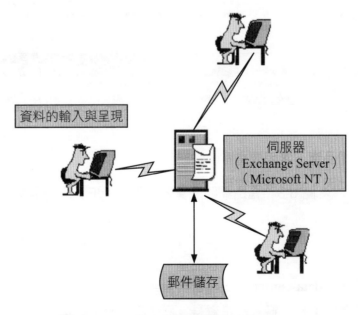

資料的輸入與呈現

伺服器
（Exchange Server）
（Microsoft NT）

郵件儲存

▶ 圖 6-6 　電子郵件的系統結構圖

▶ 圖 6-7　網際網路電子郵件設定（POP3）

▶ 圖 6-8　藉由網路瀏覽器（例如：IE）來讀取信件

資料會議

　　資料會議（data conference）可讓地理相隔遙遠的使用者進行「線上共同作業」，以便共同編輯資料、修正資料。例如：各使用者可利用文書處理軟體，進行線上共同作業以共同研擬、修正法律文件或契約書，或者利用試算表軟體來研

擬、調整預算。

FTP（檔案傳輸協定）

FTP（File Transfer Protocol，檔案傳輸協定）是 Internet 檔案傳送、儲存最普遍的使用方法。當我們在網頁中下載檔案（例如：共享軟體、視訊短片、圖片等），或者把檔案附加在電子郵件上時，我們就在使用 FTP 的應用程式。許多學校、企業、甚至個人設有 FTP 站台，放置了大量的免費軟體、共享軟體或商業軟體的試用版、修正版，供網友免費下載。

在視窗環境下，使用 FTP 有兩種方法：一是使用瀏覽器連線，以 ftp://起頭，填入欲連線的 FTP 站台位址。用這種方式，使用者執行 anonymous FTP，不必輸入帳號密碼。另一個方式是使用 FTP 專用軟體，例如：WS FTP、Cute FTP。

VideoTex

VideoTex（電傳視訊）是以電信線路提供一些資訊給終端用戶，通常使用者一端必須要有個人電腦、數據機、電話線路。電傳視訊所提供的資訊通常是即時性的，例如：股市行情、班機起降表、火車時刻表、匯率等。在美國，提供 VideoTex 服務的系統有 Prodigy（由 IBM 及 Sears 合資設立）、CompuServe Bank-at-home、CompuServe shopping-at-home（你可以在線上查看銀行帳戶、做線上訂購等）。許多大型公司，如 Viacom、時代華納（Time Warner）也躍躍欲試，企圖掌握這個未來高速公路的主流。

瀏覽器

最著名的瀏覽器是微軟公司的探險家（Internet Explorer, IE）及網景公司的領航員（Netscape Navigator）。網路瀏覽器可使我們很容易的在任何地方下載及執行軟體。問題是，我們所下載的軟體，雖然我們認為是安全的，但是它可能具有引發病毒的「動態內容」（active content）。「動態內容」是由許多技術所組成，其主要目的是增加網頁設計的噱頭、點子及互動性。Java Applets、JavaScript、ActiveX 及推播技術（push technology）都是眾所周知的「動態內容」技術。但「動態內容」本身並不會造成在使用網路瀏覽器時的使用者安全

問題。在瀏覽器上安裝外掛程式（plug-ins）也可能有安全之虞。外掛程式通常用來觀看複雜的圖片或聽音樂，它就好像能夠改善多媒體觀看效能的解譯器（interpreters）一樣。最後，瀏覽器軟體本身也許有瑕疵，雖然當發現有漏洞時，修補的速度還算滿快的。

搜尋引擎

在 Internet 上，我們可以利用搜尋引擎（search engine）很方便的找到所需的資料。事實上，搜尋引擎的市場競爭一直是相當白熱化的，除了雅虎以外，Infoseek、Excite、Lycos、AltaVista、Magellan、Openfind 也是相當叫好的搜尋引擎。對於一個網路新手而言，搜尋引擎就像一位親切的導航員。但是這些導航員各有其專長與特色，必須針對他們的專長加以運用，才能夠有最大的收穫。國內的許多網站也提供了搜尋引擎的功能，例如：Yahoo! 奇摩（http://tw.yahoo.com/）就提供了方便、實用的搜尋功能。

新聞群組與部落格

網路科技可使具有相同興趣的人（同好者），在網頁上互相交換意見、分享知識及資訊。這些透過網站互動的一群人，稱為新聞群組（newsgroup）。新聞群組有時候也表示能使這些溝通實現的伺服器。新聞群組內交換的訊息大多以文字為主，有些新聞群組還可支援立即訊息的傳送。

與新聞群組相類似，近年來普遍受到大眾歡迎的是部落格（Web logs，簡稱 blogs）。部落格是一個網頁，在此網頁上顯示了各種意見、評論、文藝作品，以及超連結（連結到其他相關網站）。網路瀏覽者可在此網頁上發表意見（或者大放厥詞）。有些部落格具有追蹤軟體（trackback），可以告訴部落格的意見發表者（bloggers）他們所發表的意見在哪些其他的網頁上呈現。有些公司也建立部落格，鼓勵員工發表意見，提出新構想，甚至發牢騷。

立即訊息

立即訊息（Instant Messaging, IM）又稱多人線上聊天系統（Internet Relay Chat, IRC），可讓使用者在線上互動、傳遞訊息。立即訊息又被視為「即時電子郵件」（real-time e-mail），因為它具有同步性。IM 可讓使用者偵測是否有人上線，也可讓使用者跟新聞群組中的每個人聊天（稱為聊天室），或者只和一個

人私下交談。

IM 應用軟體可透過單一伺服器或者相連結的若干個伺服器來運作，這個（這些）伺服器就好像是每個使用者的呼叫中心。比較有名的 IM 提供者有：AOL Instant Messenger（AIM）、Yahoo!奇摩 Messenger、MSN、ICQ 等。這些 IM 系統已經分別成為數百萬人的「電子會議中心」。在先前，AIM 的使用者與 MSN 的使用者因為系統不同，所以不能交談，但是現在有廠商（如 Trillion 公司）提供了統一的系統，克服了這個困難。

IM 聽起來好像全是為了娛樂而設計的，其實不然。IM 也可以成為商業上的重要利器。許多線上零售商在其網頁上設計一個特殊的按鈕，讓消費者與銷售代表可以及時進行線上交流。這個功能不僅可提供更好的個人化服務，也可節省大筆電話費用。

網路電話

只要透過適當的軟體及麥克風跟電腦連結，Internet 使用者就可以透過系統撥打長途電話或國際電話。而讓這個現象得以實現的技術，就是網路電話。網路電話（Voice over Internet Protocol, VoIP）是以封包的形式先將聲音訊號加以數位化，再透過 Internet 來傳輸。透過 VoIP 軟體，使用者可進行 PC 對 PC、PC 對電話的交談。圖 6-9 是利用 MSN 語音功能進行撥打網路電話的情形。

應用在企業會議用途上的網路電話，稱為語音會議。語音會議（audio conference）是利用聲音傳輸裝置（voice communications equipment），在地理分散的人員之間建立語音連結（voice link），以便順利進行會議。會議電話（conference call）是語音會議的一種形式，可使得兩人以上同時互通語音訊息，至今仍頗受大眾的喜愛。然而，現在有許多企業利用更高級的語音通訊系統，彈指之間就可以與各分公司的人員進行通話。

語音會議是問題解決的有效工具，其理由如下：(1)語音會議的設備成本相對較為低廉，是企業可以負擔得起的；(2)用電話溝通會比較自然（有些事情面對面溝通，反而會使有些人感到尷尬）；(3)可在數分鐘之內安排會議。[3]

---

[3] Belden Menkus, "Why Not Try 'Audio Conferencing?'," *Modern Office Technology 32*, October 1987, p.124.

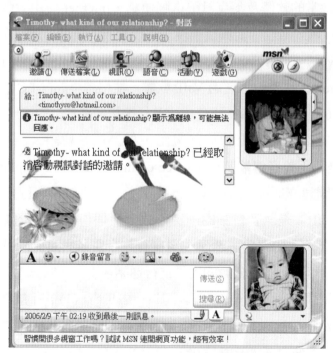

🔘 圖 6-9　利用 MSN 語音功能進行撥打網路電話的情形

視訊會議

視訊會議（video conference，圖 6-10）是利用網路設備，使得參與者既可聽到對方的聲音，又可看到對方。簡單的說，和他人在網路上直接用聲音交談，稱之為網路電話（web tone）；若再加上影像，就叫做視訊會議了。

在 Internet 上如何進行視訊會議呢？首先，你要有多媒體電腦的基本配備，再加上 WinCam 視訊攝影機和視訊會議軟體。以使用 Windows XP 進行視訊會議的需求而言，必須配合正確的設備和網路連線，Windows XP 中的 Windows Messenger，可讓你在自己的電腦上進行即時的視訊會議。你可以和世界各地的人通話，同時看到他們的面孔和周圍環境。你可以交換文字訊息，或共用檔案及程式。你和你的聯絡人都需要有 Windows XP、音效卡、麥克風及喇叭或者耳機、Web 數位相機，最好有網際網路的寬頻連線，例如：纜線數據機、Digital Subscriber Line（DSL）或區域網路連線（透過標準撥接網際網路連線通話時，或許能使用視訊；但是如果寬頻連線的話，效果會更佳）。[4]

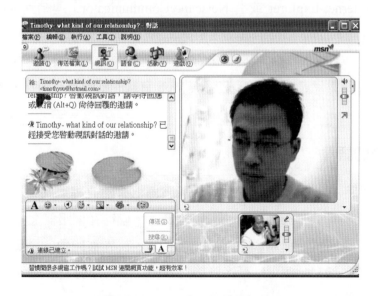

▶ 圖 6-10　MSN 視訊會議

---

[4] 詳細說明可參考：http://www.microsoft.com/taiwan/windowsxp/pro/using/howto/communicate/videoconf.htm

雖然視訊會議可以節省許多旅行拜訪的成本，但是這並不是企業採取視訊會議的主要理由。其主要的理由是「集結更多的問題解決者來做決策」（因地理距離遙遠的管理者可能藉此理由而不參與決策的制定）。

6-3　全球資訊網（WWW）

全球資訊網（World Wide Web，WWW，也有人寫成 W3、3W、the Web）最初是由瑞士日內瓦 CERN 物理實驗室的一群英國科學家所孕育出來的構想。當地的科學家為了方便與其他地方的研究人員做更簡單的溝通，因此產生了 WWW 的構想，希望使得所有的資訊都以達到簡單一致的存取方式為目標，讓使用者可以輕易上網，取得各式各樣的資料。

WWW 可以說是促進 Internet 發展的大功臣，因為它是結合文字、聲音、影像於一體的網路資料傳送系統。例如：透過 WWW，我們可以輕鬆的以瀏覽器（Microsoft Internet Explorer 或者 Netscape Communicator）連結到全世界的各網站。如果拿人體做比喻，Internet 是軀幹，而 WWW 就是肌肉及其他人體系統。由於必須透過 WWW，才能夠發揮 Internet 的功能，所以一般人通常以「全球資訊網」（the Web）代表 Internet。茲將與 Web 有關的軟體及其所具有的功能，說明如下：

@ Web 軟體語言

我們可以將 HTML 檔案放在 Web 伺服器上來建立專屬網站，這個動作稱為「在 Web 上發布」（publishing on the Web）。儲存在伺服器上並可在 Web 上被存取的若干個網頁，稱為網站（Web site）。首先被開啟的網頁，稱為首頁（home page）。通常一個可以直接連接到 Internet 骨幹的獨立伺服器，可以負責若干個網站的運作。

WWW 瀏覽器上的規格標準就是 HTML。HTML 的規格是由全球資訊網協會（World Wide Web Consortium, W3C）這個組織所設定。除了這個標準規格之外，網景公司及微軟公司對於 HTML 也都制定了額外的延伸語法。不過由於不是業界的標準，所以只有該公司的瀏覽器可以看到這些延伸規格的效果。要將

資料登載到 WWW 的網站上,就必須將文件以 HTML 的格式呈現,才能透過瀏覽器讀取資料。此外,如果要表現豐富的動畫,就必須用爪哇語言來撰寫;如果要創造虛擬實境,則要用虛擬實境標示語言(Virtual Reality Markup Language, VRML)來撰寫。

如上所述,HTML、XML 及 Java(爪哇)是多媒體網頁設計、網站設計及網路化應用系統發展的三個重要的程式語言。此外,XML 與 Java 已成為軟體科技的關鍵市場工具,因為它們可支援及提升商業上許多網路服務的品質。

HTML 與 XML

HTML(HyperText Markup Language)是指超文字標示語言。它是網頁描述語言,可以產生超文字或超媒體文件。HTML 可在文件中某一處插入控制碼(control code),並將此控制碼與此文件的其他部分或在 WWW 中任何地方的文件建立超連結(hyperlink)。HTML 所嵌入的控制碼是文件中的 ASCII 文字,這些控制碼可以表示文章名、某一標題、圖形、多媒體元件,以及文件中的超連結。讀者可利用 IE 上任何網站,看看支持此網頁的 HTML。

XML(eXtensible Markup Language)是指延伸性標示語言。XML 可讓網站資料易於搜尋、排序與分析。XML 可將識別標籤或文意標籤(contextual label)嵌入網頁文件資料中,以便於識別。例如:網站上的書籍庫存資料,可經由「書名」、「價格」、「出版書局」這些標籤來加以識別。如果網路上的書籍資料都已標示 XML 標籤,那麼支援 XML 的搜尋軟體就可以輕易的搜尋到所指定的書籍資料。而且採用 XML 網站可以輕易的分析消費者使用了網頁中的哪些功能、瀏覽過哪些產品,以進一步了解消費者的偏好,並做網頁設計改進的重要參考。透過 XML 來支援企業之間、企業與客戶、供應商及其他商業夥伴間的網路化電子資料交換,可使得電子商務的發展如虎添翼。

HTML 的標籤是「說明這是什麼」(what it is),XML 標籤則是「呈現出什麼樣子」(how it looks)。以下說明了 HTML 標籤與 XML 標籤在語法上的差別。

HTML
```
<font size="2">管理資訊系統</font>
```

```
<b>$600</b>

XML
<book name>管理資訊系統</book name>
<price>$600</price>
```

XHTML（Extensible HyperText Markup Language）是指可擴充超文件標示語言。XHTML 獲得了全球資訊網協會（W3C）的推薦，是一種結合 HTML 與 XML 的過渡時期網頁語言，可以完全取代 HTML，並且將 HTML 模組化，以適用各種不同的資訊設備、文件檔案，並且保持檔案之間的互通性。XHTML1.0 結合了 HTML4.01 以及 XML1.0，可以簡化網頁設計師的工作，在「說明這是什麼」、「呈現出什麼樣子」這些方面具有最佳的網頁繕寫方式。

Java

Java 是 Sun Microsystems（昇陽）所開發的物件導向程式語言，在敘述資訊網、Intranet 及 Extranet 的應用上占有一席之地。Java 與 Microsoft C++類似，但是它具有安全簡單、跨平台的能力。所謂跨平台（cross platform）是指可在不同的作業系統如 Windows、Unix Macintosh 上運作。Java 特別適用於開發即時互動的網站應用程式。Java 應用程式是由許多稱為 Applet 的小程式所組成。Java Applet 開發容易，且能輕易的從網路伺服器透過網際網路、Intranet 與 Extranet 傳送到客戶端 PC 上，這是 Java 受到普遍使用的最大原因。

Java Applets。如前所述，由昇陽電腦公司（Sun Microsystems, Inc.）所發展的爪哇程式語言（Java），是一種跨平台語言，也就是說，它可以在不同的作業系統中撰寫及執行。例如，在 Unix 作業系統下撰寫的爪哇程式，可以在視窗（Windows）環境下執行。稱為 Java Applets 的爪哇程式是小型的、可攜式的程式，具有非常嚴密的功能界定。Java Applets、JavaScript 及 ActiveX 提供了許多吸引消費者及電子商務企業的噱頭，遠非 HTML 所能望其項背。利用這些語言，可輕易的設計客製化按鈕及下拉式清單、豐富的圖形介面，以及其他有親和力的功能，增添了網頁設計的風采。

Java Sandbox。爪哇語言的創始者不久就發現到，這些可攜式程式可能藏有

潛在的安全風險,因此又發展了一個稱為「爪哇沙袋」(Java Sandbox)的安全模型。「爪哇沙袋」可防止 Java Applets 檢索任何有關系統的資源,並防止 Java Applets 讀或寫任何檔案系統,只允許它在限制區域內運作。不幸的是,駭客可藉著快速移動、躲避安全檢查及避開公司電腦的方式來操縱爪哇。

JavaScript。由網景公司所發展的 JavaScript,是一種劇本語言(script language)。劇本語言比 HTML 更為強大,但又不如 Java Applets 那麼複雜。JavaScript 可以被用來改善網頁或瀏覽器介面的風貌、撰寫簡短的程式,或將訊息傳送給 Java Applets 及 ActiveX 物件。閃動的新聞稿或在電子看板上的股票報價,都是 JavaScript 的傑作。JavaScript 可偵測到安全漏洞,並設法修補這些漏洞。但是它並非萬靈丹。專家們認為,JavaScript 的問題就是在原始設計時沒有考慮到安全問題,但是 Java Applets 及 ActiveX 就有。

ActiveX

微軟公司的 ActiveX 並不是一項新科技,而是將現有科技重新加以包裝而已。ActiveX 程式稱為「物件」(controls,又譯控制項),能夠做到 Java Applets 所能做到的同樣事情。程式設計師可利用標準化的程式語言(如 Visual C、Visual Basic)來撰寫 ActiveX 物件,因此,它已成為程式設計師的最佳選擇。ActiveX 可讓設計師以他最駕輕就熟的語言來撰寫。

功能太過強大反而成為 ActiveX 的安全負擔。物件可能會破壞檔案、傳播病毒、瓦解防火牆等。微軟公司早已察覺到 ActiveX 可能會被誤用,因此在一開始時就著手防止安全漏洞。微軟公司在與 VeriSign 公司建立合夥關係之後,開發出「驗證碼」(authenticode)。在「驗證碼」之下,所有的軟體發展者必須「簽署」其軟體。認證機構會驗證欲發表 ActiveX 程式的發展者,檢視其是否合法。如果合法,微軟就會頒發准予公開發表的證明。「驗證碼」無法防止「無不良紀錄」的軟體發展者在一念之間所種下的惡果。

VRML

VR(虛擬實境)與 Internet 這兩個 20 世紀末最先進的資訊技術,卻一直是各自發展,直到 1994 年推出的虛擬實境模式語言(Virtual Reality Modeling Language,VRML,唸成 VER-mul)1.0 版,才把這兩個先進的技術合而為一。

VRML 是虛擬實境結合網路的基礎,它是讓使用者可以在全球資訊網上觀看及使用虛擬實境的基本語言,並將成為全新的核心技術。第二版的 VRML 增加了「物件行為」,使得網路上的景物可以自由移動,同時加入模擬聲音的功能,也可以讓多位使用者同時連線;它還可以支援動態視訊解壓縮技術(MPEG),使得動態影片也可以存在相關首頁中。

@ 網頁編輯器

XHTML 是易懂易學的程式語言,但是要設計及定義一些物件(如表格)是相當曠日費時的事情。如果我們使用網頁編輯器來設計網頁,則有事半功倍之效。網頁編輯器(home page editor)會將我們所設計的內容轉換成 HTML 原始碼,我們只要在設計版面上插入表格、插入文字方塊、嵌入圖形即可,這是典型的物件導向程式設計。目前較受歡迎的網頁編輯器有:Microsoft Frontpage、Macromedia Dreamweaver、Adobe Golive。圖 6-11 是筆者利用 Microsoft Frontpage 所設計的首頁畫面。

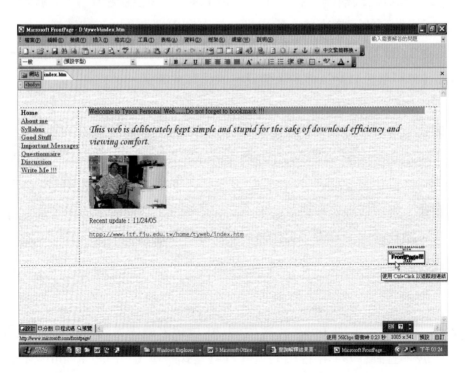

▶ 圖 6-11 利用 Microsoft Frontpage 所設計的首頁畫面

@ 內部資料庫與 Web 的連結——CGI

使用者透過 Web 來存取資料的情形是一個重要的應用趨勢。例如：使用者可利用其瀏覽器，透過 Web 來檢索某零售商有關價格、產品的訊息；又如訪客留言、新聞討論群組、電子郵件、電子賀卡、線上投票、線上問卷調查、會員管理、聊天室、線上購物、線上考試、搜尋引擎、FTP 檔案上傳等應用。使用者可以在其客戶端上的 PC，利用瀏覽器軟體來檢索此零售商在 Web 網站上的資料。網頁設計人員在使用 HTML 與 Web 伺服器溝通之後，使用者就可利用其瀏覽器存取組織內部的資料庫資料。由於後端資料庫並不能解譯 HTML 指令，所以，Web 伺服器會將這些 HTML 指令（用 HTML 所寫的查詢資料的要求）傳給能夠解譯 HTML 指令成為 SQL 的特殊軟體，以便 DBMS 來處理。在伺服器／客戶端的環境下，DBMS 會安置在一個稱為資料庫伺服器（database server）的特定電腦上。DBMS 在接受到 SQL 之後，就會加以處理，並將處理後的資料顯示在使用者的瀏覽器上。

在 Web 伺服器與 DBMS 之間工作的軟體，可能是應用程式伺服器、制式程式（custom programs）等，如圖 6-12 所示。應用程式伺服器（application server）是處理在使用者瀏覽器與公司後端資料庫之間的所有應用作業的軟體，這些應用作業包括：交易處理、資料檢索等。

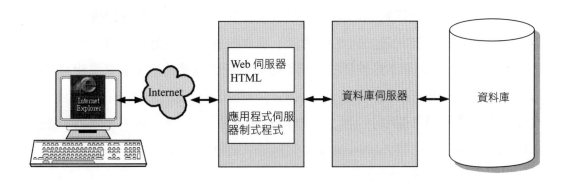

▶ 圖 6-12 連結內部資料庫與 Web

來源：修正自 Kenneth C. Laudon and Jane P. Laudon, *Essentials of Management Information Systems*, 5th ed. (Upper Saddle River, NJ: Prentice Hall, 2003), p.239.

應用程式伺服器從 Web 伺服器接受到要求之後，就會依據這些要求來處理，並連結組織的後端系統或者資料庫。共通閘道介面（Common Gateway Interface, CGI）是在 Web 伺服器與程式之間接收及傳送資料的規格。CGI 程式可以用若干個程式語言來撰寫，如 C、Perl、Java、ASP（Active Server Pages）。[5]

利用 Web 來檢索組織內部的資料庫有很多優點。Web 瀏覽器非常容易使用，幾乎不需要任何訓練，因此所需要的訓練比以前具有親和力的查詢工具少了許多。使用 Web 介面不需要對內部資料庫做任何改變。企業在重新設計、重新建構一套能夠讓遠端使用者很方便的檢索資料庫的新系統，必然會花費大量的時間和金錢；而如果在傳統系統的前端加上 Web 介面的話，必然可節省大量的時間和金錢。

透過 Web 來檢索公司的資料庫，不僅提升了效率、創造了無窮的機會，甚至在某些方面改變了企業經營的方式。有些企業利用 Web 技術讓公司員工及商業夥伴很有效率的檢索公司的資料（例如：員工要了解庫存資料、報價資料；客戶要了解工作進度等）；也有些企業專門替客戶設計及建置整套系統；有些工作室提供教學課程、教學書籍等。

@ Cookies

你每次上一個網站或參與新聞群組的討論，你的硬碟中就會產生 Cookies 檔案來合法記錄你的上網行為，用來做為事後再度造訪時的記錄及提醒之用。綜合及分析以前的造訪紀錄，網站就可以了解你的偏好，進而提供個人化服務。Cookies 檔案的利用原本是善意的，但是卻被許多不肖網站用來從事違背資訊倫理的事情（詳見第 14 章的討論）。我們可以利用瀏覽器的功能（在 IE 中，按【工具】【網際網路選項】），在「網際網路選項」視窗內刪除 Cookies，如圖 6-13 所示（或者利用像 Ad-aware 這樣的軟體來刪除 Cookies 檔案）。

---

[5] 讀者如有興趣了解 ASP 的撰寫，可參考：王國榮，《ASP.NET 網頁製作範本》（台北：旗標出版公司，2003）。

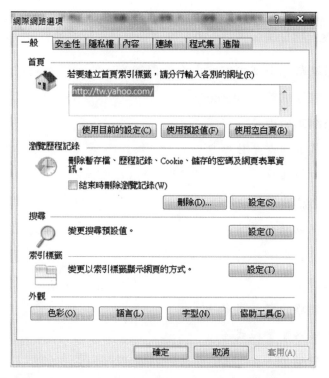

▶ 圖 6-13　在「網際網路選項」視窗內刪除 Cookies

復習題

1. 試比較網際網路、企業內網路與企業間網路。

2. 試扼要說明網際網路（Internet）。

3. 試解釋網際網路的由來。

4. 網際網路的基本觀念是什麼？

5. 網際網路如何運作？

6. 試解釋網域名稱與 IP 號碼。

7. 試分辨靜態與動態 IP 號碼。

8. 網際網路環境具有哪些特性？

9. 何謂推播技術？

10. 試說明網際網路的交易成本。

11. 試解釋網際網路商業模式。

12. 何謂資訊不對稱？

13. 在網際網路時代以前，企業必須就資訊的豐富性和延伸度做取捨。試加以闡述。

14. 試繪圖說明網際網路價值鏈。

15. 試說明網際網路的一般應用。

16. 何謂全球資訊網（WWW）？

17. 試說明 Web 軟體語言。

18. 何謂網頁編輯器？目前較受歡迎的網頁編輯器有哪些？

19. 試解釋內部資料庫與 Web 的連結──CGI。

20. 何謂 Cookies？

練習題

1. 網際網路讓我們得以悠遊於資訊的大海中，你同意這個說法嗎？為什麼？

2. 調查全球資訊科技。美國的聯邦政府機構中央情報局（Central Intelligence Agency, CIA）會蒐集與公布各國的資訊科技資訊。請上 CIA 網站（www. cia.org）並點選「The World Factbook」（全球事實報導），在出現的網頁上點選「Search the World Factbook」（搜尋全球事實報導），並鍵入「Internet Service Provider」（ISP，網路服務公司）做為搜尋的關鍵字，你將會發現全世界各國的資料。選擇全世界不同地區總共 10 個國家，並查看每個國家的「communication」（通訊）資料。把每個國家的 Internet 主機數、網路服務公司數、Internet 使用者人數打在試算表（如 Microsoft Excel）上。如果你想成為一個 ISP，你要選擇哪一個國家？為什麼？你要利用試算表對這些資料做分析。

3. 查看 100 家值得投效的公司。每一年《財星》（*Fortune*）雜誌會發表 100 家值得投效的公司。找出最近一期有登錄 100 家值得投效的公司的《財星》雜誌或上其網站（www.fortune.com），並列出這 100 家值得投效的公司分別屬於哪個產業？比較一下這 100 家值得投效的公司在哪個產業最多？選一個比例最多的產業（或你日後想要投入的產業），並在其中選出一家公司。寫一份報告說明為什麼這家公司值得投效？

4. 你所居住的地區有哪些上網服務？寫一份報告說明你所居住的地區有哪些提供上網的服務？有多少網路服務公司（ISP）提供以電話數據機上網服務？你能以 DSL 上網嗎？你附近的人呢？有線電視公司（第四台）有提供纜線數據機上網服務嗎？在學校宿舍能夠上網嗎？試比較以上各種上網方式的價格、傳輸速度，以及其他事項，例如：所能連線的電腦數、網路作業系統及售後服務等。你目前是用什麼方式上網？你以後想要更新嗎？如果要，你要改以什麼方式上網？為什麼？如果不要，為什麼？

5. 替貴校發展一個價值鏈。你不需要刻意蒐集資訊才能夠建構這個價值鏈。你要說明在此價值鏈中，哪些程序是支援的程序，哪些程序是基本的程序。根據圖 6-4，繪出貴校的價值鏈圖。列出你認為最重要的三個程序，並說明原因。

企業內網路與企業間網路

7-1　企業內網路（Intranet）

7-2　企業間網路（Extranet）

7-1 企業內網路（Intranet）

企業內網路（Intranet），或稱網內網路，是 1997 年最耀眼的產品。全球各大資訊公司如昇陽（Sun）、網威（Novell）、網景（Netscape）、甲骨文（Oracle）都紛紛點燃戰火，軟體大廠微軟公司也是不遺餘力的大舉進軍企業網際網路。由於在 Internet 上進行電子商務牽涉的幅員相當廣泛，效益難以掌握，線上交易又因為認證（authentication）的問題尚待克服，所以市場還在摸索當中。

反觀 Intranet 做為企業內部營運作業的資訊系統，有明確的對象和目標，使用行為容易規範，又可加強公司的競爭力，因此，Intranet 將是企業未來使用的主流。[1]

Intranet 是利用網際網路技術在公司內建立的區域網路或廣域網路（Wide Area Network, WAN）。它利用防火牆（firewalls）來保護資料的安全。如圖 7-1 所示，Intranet 連結了各種不同的伺服器、客戶端、資料庫，以及像「企業資源規劃」（Enterprise Resource Planning, ERP）這樣的應用程式。

雖然 Intranet 是利用與 Internet 相同的 TCP／IP 所發展出來的，但是屬於一個私有網路（private network），只向少數經過授權的個人或群體提供檢索服務。只有經過授權的員工、顧客、供應商及其他商業夥伴才能夠使用。

由於 Intranet 是透過 Internet 來檢索資訊，故企業無須再建置一個承租的網路。這種開放式的彈性連結是 Intranet 主要的功能及優勢。

---

[1] 根據美商若納公司的研究，Intranet 在 1996 年的產值已經超過 Internet，1997 年達到 40 億美元，1998 年達到 80 億美元；而 Internet 在 1997 年的產值可能只有 15 億，1998 年只有 20 億美元，只有 Intranet 市場規模的四分之一。

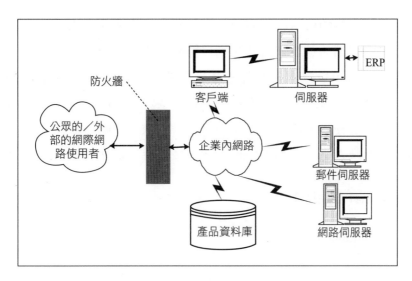

@ Intranet 與 LAN

網內網路其實就是區域網路（Local Area Network, LAN）。以往一個企業只要將各個個人電腦連接起來，指定一台伺服器（server），安裝上一個網路作業系統，讓該伺服器成為一個檔案伺服器（file server）或者列印伺服器（print server），便可成立一個區域網路。不過它只允許客戶端（client）去存取伺服器端的資料，而客戶端與客戶端之間通常無法交換訊息，因此不能讓企業內部成員互相溝通。Intranet 乃是基於 Internet 科技，在企業內所建立的專屬網路。在企業網路的環境下，組織的資訊資源可以在每個客戶端之間做有效的溝通，並且可以保護資訊不被無權者使用。

Intranet 可在防火牆內建立。防火牆是一套軟體程式，可以阻擋外界使用者的無權侵入，同時讓企業網路的使用者使用到 Internet 上的資源。

@ Intranet 的推播技術

在今日競爭環境中，許多組織體認到，必須要向那些需要及時資訊的工作者建構出一套客製化的新聞，也就是要透過推播技術，使得重要資訊能夠重點傳播，讓組織工作者及組織間供應鏈上的合作夥伴都能夠設定自己的頻道。推播技

術使得企業內及企業間可以利用方便、容易的方式來傳遞資訊。直銷人員可以利用推播技術，將促銷活動的資料傳送到目標顧客的電腦桌面上。

所傳遞的資料可以是企業在外部蒐集到的資料，並將這些資料在組織內傳遞，也可以是企業內資料庫中所監控到的特別資訊。例如：Microstrategy 公司發展出一套決策支援軟體，能夠每日掃描企業資料庫（如庫存與存貨狀況等），並透過電子郵件、語音郵件自動送出相關資訊給員工及管理者。

@ 建立 Intranet 的目的

組織建立 Intranet 的目的如下：

(1) 檢索資料庫。

(2) 讓使用者能夠有效使用網路資源。

(3) 發布電子文件。

(4) 提供論壇。

(5) 提供線上訓練。

(6) 獲得有效的工作流程（例如：廣告公司的 AE 人員在接到客戶的訂單後，在螢幕上填好相關資料，並將此表單傳給控管人員做財務分析之用）。

@ Intranet 的運用範圍

目前適合運用在 Intranet 的項目有：(1)企業通訊；(2)產品研發；(3)行銷與銷售；(4)人力資源管理；(5)教育訓練；(6)客戶服務；(7)資訊管理；(8)財務會計。茲將上述各項簡述如下：

企業通訊

企業通訊可能是第一個將 Internet 運用在企業組織的部分。在通訊方面可納入 Internet 的功能有：電子郵件、佈告欄、行事曆、備忘錄等。由於近年來視訊會議技術逐漸蔚為氣候，在企業內的一般會議也可以透過 Intranet 來進行。在企業通訊方面有關的內容包括：公司章程／員工手冊（圖 7-2）、最近有關新聞簡報、年度報告、企業簡介與回顧、問答集、企業內部標準表格、行事曆、論壇、一般會議通知及紀錄等。

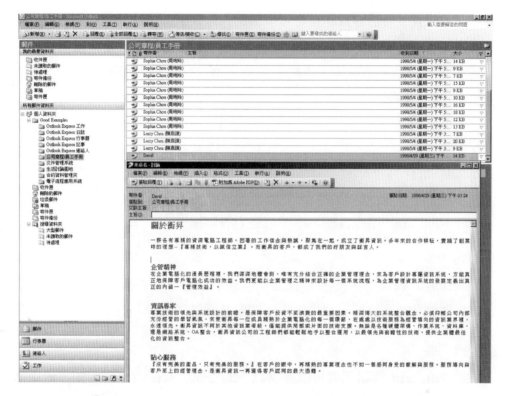

● 圖 7-2　Intranet 的應用（公司章程／員工手冊）

產品研發

　　研發小組成員可利用 Intranet 來聯絡其他成員，以做好計畫的擬定、時程的安排及變更、產品設計及規格的確認、進度的控制、測試結果及效益評估的報告。

行銷與銷售

　　透過 Intranet，行銷人員可以從研究報告、論壇中，隨時獲得及提供有關市場的情報，以掌握商機。同時，透過 Intranet，行銷人員可做好客戶管理、訂單管理、存貨管理、銷售統計分析與預估、市場調查報告、銷售簡報等。

人力資源管理

　　企業內部有關員工與企業的訊息，可以由人力資源的首頁來擷取。Intranet可以很有效的傳播有關員工福利、組織結構、公司政策及工作設計（工作內容、

相關工作及權責）等靜態資訊，也可以幫助人力資源部門做好動態的人員招募工作。典型的人力資源相關用途包括：員工手冊、健保／勞保計畫、工資與休假／加班資訊、福利品申請手續、出缺職務徵求消息、工作流程、員工工作時數紀錄、出勤紀錄、績效考評等。

教育訓練

Intranet 是提供教育訓練的有效管道，它可以有效的節省時間與成本，達到高品質的教育訓練目的。通常 Intranet 的教育訓練用途包括：課程簡介、師資簡介、訓練時間、訓練內容、線上測驗、線上解決疑難等。

客戶服務

客戶服務及技術支援的項目包括：服務的內容、提供實際服務的經驗及成效、客戶問題彙總及分析、提供線上提問題及回答問題等。

資訊管理

透過 Intranet，資訊部門可以提供以下的資訊：軟硬體使用需知、軟硬體更新進度及方式、軟體發展進度及配合事項、軟體臭蟲更正、討論廣場、使用者問題的彙總及解決、有關法律的知識（如智慧財產權、廣電法、勞基法的新規定等）、網路使用規則、網路安全、有關軟硬體廠商的網址超連結。

財務會計

Intranet 可以幫助財物部門監督財物計畫的狀況、定期公布財務報表、追蹤重要的財務資料及帳單等。在 Intranet 上，有關財物會計的用途包括：應收／應付帳款的處理、內部請款／繳款處理、廠商信用評等的紀錄及公布、財務會計工作流程、專案的財務帳目管理、監督公司股價的變化、公布公司年度財務報表、公布目前財務計畫執行狀況及因應之道。

@ Intranet 的評估標準

現今有愈來愈多的公司已建置 Intranet，其中不乏成功的個案，但運作得差強人意的亦比比皆是。我們應如何評估 Intranet 呢？以下是幾個重要的標準：

1. 延展性（scalability）

當使用者及檢索數目增多時，對交易處理的效率。

2. 互相操作性（interoperability）

企業網站、資料倉庫、訊息及郵件管理者、線上交易處理及其他節點，在網路上均能環環相扣、相輔相成。

3. 共容性（compatibility）

企業的伺服器不因企業作業、系統結構的改變而更換。

4. 管理性（manageability）

不論未來有何變化，系統均可應付主要的作業管理問題（如系統結構、問題診斷等）。

5. 可利用性（availability）

企業的伺服器在極短時間能夠應付成千上萬個檢索及交易的能力。

6. 可靠性（reliability）

可確保硬體可靠性、資料完整性、系統整合性，以及作業的零誤差。

7. 分配性（distributability）

在二、三層的伺服器／客戶端的結構中，企業的網路伺服器均可適當的操作。

8. 服務性（serviceability）

直接與系統提供者的服務中心做遠端連線，即時進行問題診斷，以確保線上交易品質。

9. 穩定性（stability）

技術及系統結構的更新不會影響現行作業的運作效率。

 7-2 企業間網路（Extranet）

Extranet 又稱為延伸性 Intranet，係利用 Internet 的 TCP / IP，將位於各地的商業夥伴、供應商、財務服務公司、政府、顧客的 Intranet 加以連結，如圖 7-3 所示。

Extranet 的資料傳輸通常是透過 Internet，因此，資料的隱密性及安全性基本上很難受到周全的保護。有鑑於此，在使用 Extranet 時，有必要改善各節點的安全性，例如：企業可以利用密道技術（tunneling technology）對資料加密。具有密道技術的 Internet，稱為虛擬私有網路（Virtual Private Network, VPN）。Extranet 的組成因素包括：Intranet、網路伺服器、防火牆、網路服務公司、密道技術、介面軟體及商業應用軟體。值得了解的是，Extranet 的開放式、彈性平台，非常適合做好供應鏈管理。

為了獲得競爭優勢，企業不僅應在企業內擴展網路的連結，還應與企業以外的組織廣建網路。例如：大型的零售連鎖店不僅將其資料從收銀機傳到總公司及配銷中心的電腦中，還傳到企業外的組織，諸如供應商、運輸公司、金融公司、

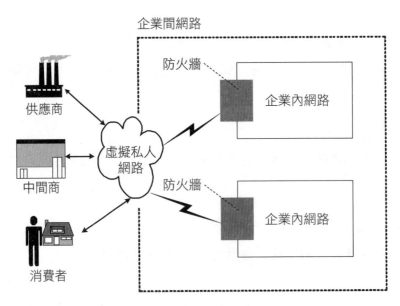

▶ 圖 7-3　企業間網路（Extranet）結構

甚至顧客。在未來,企業之間的資訊交換將變得更加自動化、更具透通性(transparent)。投資公司的資料將「穿梭」於銀行、貿易公司、證券商及客戶之間。在醫療服務業中,資料將來往於醫院、檢驗所、保險公司及病人之間。網際網路(Internet)是促成組織間合作(inter-organizational collaboration)的最佳媒介。

將企業內網路及企業間網路加以結合後,企業內幾乎所有部門都會受惠──行銷及銷售部門可加速訂單的處理;研發部門可以檢索大量的資料庫,以進行更高深的研究;顧客服務部門可以很快的知道顧客的反應,並將這些資訊傳給行銷部門;人力資源部門可以很輕鬆的發布有關人事的資料;製造及生產廠商可以更有效的和行銷部門聯繫,以做到有效的供應鏈管理,並且剔除了中間商。

企業與企業間的電子商務,是指結合成策略聯盟的企業,或是具有商業關係的企業,在網際網路上進行交易以及資訊流通的業務。金融業者連線的電子資金轉移(Electronic Fund Transfer, EFT),與零售、物流、製造業者之間的供應鏈管理(supply chain management),以及電子資料交換(Electronic Data Interchange, EDI),都屬於「企業與企業間」應用的範疇。

@ 供應鏈管理

供應鏈(supply chain)是指從原料的供應、製造及裝配、配送的整個過程。供應鏈管理(Supply Chain Management, SCM)就是透過有關的技術及做法,使得供應鏈中的各活動做得有效率、有效能,以滿足線上顧客的需求。

要做好供應鏈管理,在供應鏈上有關的參與者(供應商、製造商或裝配者、策略聯盟者、線上顧客或企業客戶)之間需要有一個很有效的連線系統。所幸由於網際網路、廣域網路的技術已臻至成熟穩定,所以要達到供應鏈的管理並不是一件困難的事。

如果你是完全「自給自足」的(也就是產品所有的部分都是由你公司一手包辦),那麼你的溝通連結是在企業內部進行的,但是這並不表示你可以草率的做計畫。你要明訂每個部門的責任,而且也要明訂部門之間的互動關係。

團體成員要如何共同合作才能得到最高的標準?如果你必須依靠獨立的供應商、經銷商才能夠完成交貨的過程,那麼這個流程就變得比較複雜。除了要界定

供應鏈中各公司的角色之外，也要明訂他們的責任。你在做分析時，要考慮以下的問題：

(1) 主要的溝通線是什麼？

(2) 到底必須和誰溝通？如果訂單突增或突減，要在多少天前事先通知？

(3) 什麼資訊會雙向交流？以什麼形式？

(4) 如要加速訂單的處理，要採取什麼措施？

(5) 如果供應商、經銷商不能滿足你的需要，你是否有備選方案？

當你把公司內外的資訊流程界定清楚之後，你就可以有效的利用企業內網路及企業間網路了。企業內網路（便於部門內的資訊交流）以及企業間網路（便於與經銷商、供應商做資訊交流）合併使用的話，將會增加你及時追蹤資訊的能力。

如果你要做到依照顧客所要的規格來提供貨品的話（事實上，未來大多數的公司都是這樣），你就要確信你的願景是和戴爾公司一樣。你應該決定誰必須直接使用到你的存貨資訊：經銷商、顧客、銷售人員，還是中間商？同樣重要的是，你也要決定誰應該不會。對資訊的使用，你的系統要有保全的設計，哪些個人或公司可以使用，哪些不能，都應該規劃得清清楚楚。

@ 組織間連線系統

連結供應鏈上參與者的系統，稱為組織間連線系統（Inter Organizational Systems, IOS）。組織間連線系統在管理及建置方面，自然較公司內部資訊系統更為複雜。跨越公司界限所建立的連線系統必然會產生許多新的問題，但也提供了相當大的潛在利益。IOS 和分散式資料處理系統（Distributed Data Processing, DDP）的區別如下：

(1) DDP 是在單一公司下運作，IOS 則跨越了公司的界限。一個公司的人員可直接檢索另一個公司的資料。

(2) IOS 的資訊交換跨越了各個組織的界限，因此牽涉到政府管制及法律的問題。

(3) IOS 的促成者（facilitator）在 DDP 中並不存在，促成者乃是發展網路系統的一個組織單位，其目的是提供支援性產品及服務，使得參與者之間的資訊能夠交換。

(4) 在與資訊科技的傳統內部應用相較之下，IOS 對潛在競爭優勢的影響比 DDP 更大。

許多原因促成了 IOS 的發展。我們可從組織、經濟、技術、競爭方面的因素來探討其原因。從對於這些因素的說明中，我們可以了解在這個時代何以 IOS 通常被認為是公司有價值的資源。

促成 IOS 發展的原因

促成 IOS 發展的原因有：組織因素、經濟因素、技術因素、競爭因素。

1. 組織因素

組織因素包括：組織間接觸的需要日殷、資料通訊業的自由化、組織內資訊處理的飽和，以及組織規模的擴大。

(1) 組織間接觸的需要日殷：近年來有許多新的組織型態（例如：聯合投資、票據交換所等）如雨後春筍般湧現，使得對組織間密切溝通的需要性日益迫切。

(2) 資料通訊業的自由化：電子通訊業的開放，使得許多企業能夠進入這個行業。此舉已大幅降低了服務的價格，並且提供了創新的觀念及服務。許多不同的網路在今日的廣泛使用便可證明。

(3) 組織內資訊處理的飽和：由於成本降低和產能增加的雙重影響，導致企業內部電腦應用範圍的擴大，以及所儲存的資料愈來愈多，事實上，這些資料在組織之間是可以共用的。例如：甲廣告公司的圖書資料及廣告影片檢索系統，在廣告同業之間的共用性很高。

(4) 組織規模的擴大：許多大型組織已能在它的事業單位實施類似 IOS 的電子通訊，所以在這方面，它們已有相當的經驗。除此之外，大型組織擁有投資 IOS 所需的資源，並有能力承擔使用 IOS 的風險。

2. 經濟因素

經濟因素包括：資訊價值的增加及通訊成本的大幅降低。

(1) 資訊價值的增加：正確和及時的資訊是相當有價值的，但只有在智慧型的 IOS 的協助下，才能使企業獲得有價值的資訊。在詭譎多變的企業環境中，及時的資訊尤其重要。造成此種現象的主要因素是競爭的變化、地域區隔的縮小和取消管制後更開放的競爭等。

(2) 通訊成本的大幅降低：由於技術進步、網路服務提供者之間的激烈競爭，使得電子資訊傳遞的價格愈來愈低。

3. 技術因素

技術因素包括：硬體的進步、通訊協定規格的建立，以及更好的通訊軟體。

(1) 硬體的進步：最重要的 IOS 技術包括：電腦輸入、輸出裝置的能力增加；更好的通訊媒介，其中有光纖網路及人造衛星；更快、更安全的次級儲存設備。

(2) 通訊協定規格的建立：在以往，政府是建立通訊協定規格的主要推動力；但現在，像同業公會與商業團體等組織也建立通訊規格，甚至私人企業也積極地參與通訊規格的建立。網際網路（Internet）這套呈爆炸性成長的電子資訊流通系統，是 26 年前美國聯邦政府所設計建造的，其前身是 ARPANET，這是美國國防部為了確保在遭核子攻擊後，仍能維持通訊能力而設計的。從 1995 年 5 月 1 日起，網際網路便進入一個嶄新的時代，因為一手拉拔及扶持這套國際資訊高速公路的美國聯邦政府，決定全面撤手，改由民間商業公司負起管理的責任。網際網路創造了一個「資訊全球社區」，讓國內五十餘萬家家用電腦都可以分享全球一百多個國際網路上的資訊資源，包括：電腦界的動態資訊、軟體開發資訊、生活資訊、工作交流資訊等。由於 Internet 的普及以及其所提供的豐富資訊，國外有許多廠商將 Internet 視為增加競爭優勢的一種工具，他們可以從 Internet 中獲得最新的情報，以做為擬定行銷策略及研發策略的重要參考，也可以向客戶提供迅速、有效的服務。

(3) 更好的通訊軟體：國內目前已有 TANet（教育部）、SEEDNET（資策會）、HINet（電信局）與 Internet 相連，使得國內的使用者享受到相當便利的服務。在 Internet 上有許多有用的工具，例如：Telnet（遠端的載入控制）、FTP（File Transfer Protocol，提供遠端檔案的存取）、E-Mail（電子郵件）等。Internet 也提供了相當豐富的查詢服務，它有 Gopher（分散式的文件查詢系統）、WAIS（Wide Area Information System，提供區域或廣域網路上大量資料的檢索查詢）、WWW〔World Wide Web，全球資訊網路，這是 Internet 上的一種協定（protocol），它的連結介面可以是圖形、文字、聲音、動畫等。當我們看到一個高亮度的文字或圖形時，只要用滑鼠在上面按一下，即可獲得有關該文字或圖形的進一步資訊〕。

4. 競爭因素

除了上述三個因素之外，IOS 的普及化還有另一個原因，那就是：競爭的改變。組織不斷企圖嘗試新方法以獲得相對於競爭者之優勢，而 IOS 則可藉由降低成本、提升產品的差異化來獲得競爭優勢。

基本上，IOS 的建立可增加企業間資料共享及傳遞的效率，但我們應了解 IOS 是增加競爭優勢的策略工具，它可使得連線成員具有超越其競爭者的優勢。

建立 IOS 的優勢

建立 IOS 的組織可獲得作業上及策略上的優勢，而是否建立 IOS 的決策，通常是基於作業上、策略上的考慮。建立 IOS 有三項潛在的利益：成本降低、生產力改進、協助產品／市場策略的擬定及落實。前兩個利益很明顯的是作業上的，而產品／市場策略則屬策略性質。

1. 作業上的優點

建立 IOS，在作業上的優點有：

(1) 紙上及人工作業的減少。

(2) 較低的存貨水準。

(3) 較快的材料及產品流程。

(4) 程序的標準化。

(5) 能夠迅速取得關於需求改變的資訊。

(6) 較低的電傳通訊成本。

2. 策略上的優勢

由使用 IOS 所得到的策略優勢有很多，而且具有相輔相成之效。在這裡，我們將以企業功能來討論。

(1) 生產與製造：在生產方面，主要的策略利益可經由成本降低而獲得。對一個小型企業而言，生產與製造通常是一項企業內部的功能，IOS 在這方面所發揮的功能比較有限。當一個大企業整合許多個別的生產工廠時，IOS 的功能才見發揮，其方式是透過公司間的網路連結。但是資料的儲存及傳遞是 IOS 的重要功能，在這方面，IOS 藉由資訊的及時有效流通，可以降低存貨水準，並且可以使得買方做彈性訂購。例如：美國醫療用品供應公司（American Hospital Supply Corporation，AHSC，已於 1985 年被 Baxter-Travenol Lab. Inc.所購併）因使用 IOS，而曾獲得相當強勢的市場地位。

(2) 行銷：在行銷方面，IOS 可幫助企業進行市場的區隔化及產品的差異化；而在行銷及銷售功能方面，網路行銷者可利用 IOS 來說明及介紹產品或服務。只有當 IOS 的服務開放給所有願意共同參與的組織時，上述情況才有可能發生。例如：航空公司可藉由組織間的資訊系統連結，將其路線及飛行班次顯示在旅行社的終端機上，並可使旅客在台北的旅行社查詢從芝加哥飛往紐約的班機。

(3) 採購：透過 IOS，企業能與供應商建立可靠的、實際的關係，以增加供應資源（原料、組件等）在驗收、倉儲及配銷方面的效率。因為 IOS 連接了供應商與企業內部的後勤單位，使得存貨水準能夠降低，並獲得經濟訂購量之效，進而使得成本得以降低。

(4) 管理：一般而言，管理上的 IOS 經常被視為蒐集及顯示資訊，以供做決策的系統。有效的 IOS 能從外部的資料庫取得有價值的資訊，而這些資訊將有助於產品／市場決策的制定，同時此種資訊無法由公司內部的資訊系統

中獲得。睽諸現代的商業環境，我們可以發現 IOS 的主要現象：(a)不受一個單獨的組織所控制；(b)因為最近幾年來在經濟、組織及技術上的改變而變得可行；(c)其廣泛的使用將引起組織中的新改變，而這個改變的過程必須加以有效的管理；(d)只有在企業內部系統處於良好狀態下才能運作；(e)比企業內部系統更難建立，但比內部系統更能提供策略及作業上的優勢。它們通常需要產業內各企業的合作；(f)替提供網路、通訊協定轉換及其他服務的第三者，創造了營業的機會；(g)經常需要大量的應用，才可獲得經濟性。

IOS 應用實例

聲寶保險有限公司（Sampo Insurance Company Limited）及其相關企業是芬蘭第二大保險集團，它提供了所有的保險項目。1987 年底，經由向顧客提供免費的股份及跨足股票市場和保險業，它從一個合資公司搖身一變成為一個股份公司。聲寶在消費性產品市場（例如：房屋、汽車、旅遊保險等）亦有舉足輕重的地位。

由於聲寶集團的大量保險導向，使得每張保單所獲得的收入極為有限，這種情形便產生了需要提升營運效率的壓力。資訊系統需要經常更新，然而大多數的工作由於非常零星雜亂，以致資訊系統也幫不上忙。

工作之間整合不良的原因之一是缺乏組織間的連結，因為如此，許多工作仍用手工操作。顯然，IOS 的建立是迫在眉睫的事。在尋找建立 IOS 的潛在合夥人時，客戶是第一個被考慮的對象。可能產生的客戶群有：觀光局、不同需要的各種保險經紀人、汽車經銷商、卡車公司。

1. 觀光局

他們提供保險給旅客，但由於旅客的情況各異，因此必須做許多簿記工作，但是所帶來的利潤卻很少。

2. 不同需要的各種保險經紀人

目前的趨勢是使用內部經紀人。地方保險商會將他們無法提供的保險交給較大的公司，保險經紀人的數量於是日漸成長。與這些公司的連線會獲得很強的競

爭優勢。

3. 汽車經銷商

經銷商經常以提供新車保險來服務顧客。

4. 卡車公司

他們必須為他們的貨車及所承運的貨物投保。

為了提供並管理其貸款及證券業務,聲寶必然會關心客戶的財務狀況。為了提供客戶最好的保險計畫,對其財務狀況的了解也是必須的,而這些資訊都可透過 IOS 來提供。

另一方面,聲寶也能向客戶提供資訊。客戶希望知道自己可能承受多大風險,他們需要一個最佳解,而使用 IOS 可使客戶獲得資訊以評估風險的大小。此外,客戶對下面問題亦感興趣:

(1) 保險的消息及條款。
(2) 對如何處理意外事件的建議。
(3) 有關風險管理的資訊。
(4) 新產品與服務。
(5) 有關的統計數字。

在供應商方面,IOS 可幫助處理:

(1) 汽車修理服務:發生意外事件後,保險公司及修理廠必須交換資訊。
(2) 醫院及其他健康中心:醫院或其他健康中心與保險公司之間的商討是必要的。

從保險公司的觀點來看,其他的 IOS 可能是:

(1) 保險業的各有關組織:許多統計的資料必須提供給保險業中的各個組織。
(2) 其他保險公司:當發生共同承保時,對於賠償給付,各保險公司之間通常需要互相查核。
(3) 銀行及其他金融機構:因為保險公司通常亦為投資者或是債權人,所以必

須與其他金融機構連結。當然，日漸增加的交易處理亦需透過 IOS。

作業上的利益是建立 IOS 一個很重要的誘因。文書工作與郵資的減少可導致成本的降低。雖然資料最初可能由電腦產生，但與顧客往返的信件和訊息仍舊需要人工作業。對此較佳的解決方法乃是將文書工作排除於工作程序之外。而隨著電子通訊成本不斷降低及郵資費率不斷提高，以電子郵遞來代替傳統的郵寄應是更為明智的做法。

一般來說，因為保險公司並不處理實體產品，所以，原料的快速流通及存貨水準的降低並不是他們所關心的事。然而，快速的資訊流通才是他們所關心的，因為這樣可以造成收款的快速。

作業程序的標準化亦是一個目標，但因為顧客乃是以事先印好的格式來填寫投保單，所以這不是重要的問題。

當我們考慮到策略的優勢時，應注意或許 IOS 能與顧客維持關係，所以，IOS 應能做到：(1)提高轉換成本（switching cost）及(2)建立差異化（differentiation）的形象。組織的轉換成本決定於其內部作業的變動程度（對內部作業所牽涉到的變動程度愈高，則轉換成本愈高）。轉變為 IOS 主要牽涉到電腦及軟體的投資。在保險業中，顧客對於 IOS 所提供的新服務有非常迫切的需要，故可預見的，內部作業的變動量將非常大。在公司形象的差異化方面，成功與否則決定於當新的 IOS 服務推出時，在市場中所產生的差異化形象。

因為上述的壓力，聲寶的管理當局成立了一個與主要顧客做資訊系統連結的專案（稱為「聲寶 IOS」）。從經常使用保險服務的客戶中挑選出建立 IOS 的對象，同時他們也都確信與保險公司做電腦連線將對他們大有助益。篩選的結果選出了兩個主要的客戶群，每群又分別選出一家公司來參與這個計畫。這兩個客戶群分別是：

(1) 為其客戶代辦汽車保險的汽車經銷商。
(2) 為其貨運車投保且日後可能會為其所承運之貨物投保的卡車貨運公司。

在第一個案例中，客戶事實上就是汽車的購買者，而不是汽車經銷商（雖然經銷商可能擁有需要保險的貨車，或是必須為其汽車租賃業務進行投保）；在第

二個案例中，所投保的即是卡車貨運公司或是所承運的貨物。

在獲得競爭優勢方面，與客戶連線的 IOS 具有以下的優點：這兩家公司皆與聲寶位於同一城市中，因此在系統建置的階段，經由電話線路可使得通訊成本下降。

技術問題的解決，具有下列兩點特質：

(1) 客戶使用此系統不會帶來額外的成本。

(2) 聲寶所投資的電腦及程式已模組化，因此，新客戶及新的訊息型態能夠毫無障礙的增加。

客戶方面的作業應在離線狀態下以微電腦執行。大多數的客戶都擁有微電腦，如果沒有，此項花費亦在其能力範圍內。程式由聲寶免費提供，不需要任何商業套裝軟體配合即可執行。

▶ 電子資料交換

目前經濟部正在積極推動商業電子資料交換系統（EDI），期望以電子資料交換標準及加值網路的技術，協助國內業界建立一個標準化、制度化的商業現代化環境。導入 EDI 的企業不但能促進產業的競爭力，同時可以提高企業整體的服務品質，掌握市場的先機，加速產業升級的腳步。目前政府所輔導的 EDI 系統，以貨物通關自動化及商業 EDI 最為成功。貨物通關自動化自推行以來，目前已有 3,000 多家報關行、航空公司、船公司、倉儲業、進出口商，加入連線報關的 EDI 作業，使得過去為人所詬病的通關速度加快。至於商業 EDI 的實施成果，目前已經有 140 家企業、2,700 多個營業點，利用 EDI 系統進行訂貨、詢價、託運等作業，尤其是零售業、物流業、貨運公司及銀行等單位，更積極導入這項系統。EDI 系統的建置，在政府的推動下，已經有了初步的成果；但是要讓企業更有競爭力，一種名為「快速回應」（quick response）的制度，是繼企業導入 EDI 後，另一種加強企業競爭力的制度。「快速回應」是將買方與供應商連結在一起，使他們共同達成消費者的需要，讓正確的商品出現在正確的地點。[2]

CommerceNet 是架構在 Internet 上的網路系統，它可以向註冊者提供網路連線的服務。當一個製造商掛上 CommerceNet 之後，便可以與其供應商、顧客進行連線溝通，並提供產品目錄、競爭報價、詳細工程圖等資料。

---

2 讀者若欲了解詳細資料，可上網查詢：http://www.ciss.seed.net.tw。

根據調查，平均一台電腦的輸入資料中，有 70% 是來自另一台電腦的輸出。在這種情況下，通常電腦輸入人員依照別台電腦的輸出資料來重複輸入到電腦中，以產生自己所需要的報表。

這種不完全的電腦化作業，使得公司與公司之間的資訊交流仍無法藉著彼此的電腦進行直接的溝通，其間的報表文件是形成大量人力、時間和成本浪費的癥結所在。平均完成一筆國際貿易，其總成本的 25% 是花在書面資料的反覆處理上。同時，人工作業也免不了有錯誤發生，這種情形在國內特別嚴重，因為中文輸入有其先天上不方便的限制。

電子資料交換發軔於 60 年代的美國船務界。在彼時，美國船務界曾在業者之間規範出一個共同的資料格式，以電子直接交換取代商業書信的往返，這就是「電子資料交換」（Electronic Data Interchange, EDI）。在其他的行業中，由於雜貨業的交易頻繁且對象穩定，因此繼船務界之後發展其 EDI。美國的鐵路運輸業也曾在 1975 年由運輸資訊協調委員會（Transportation Data Coordinating Committee, TDCC）制定了第一套 EDI 的行業標準（Industry Convention）。

當時 EDI 並未受到特別的重視，也鮮有學者針對 EDI 的效益做詳細的評估，但是隨著市場競爭的白熱化、電腦普及化、通信條件的成熟，以及標準化的推動，近幾年來，EDI 已備受重視。

電子資料交換（EDI）是組織間電腦對電腦的結構化資料交換，這些資料必須具備標準化、電腦可處理的格式。這些格式是由電子商務資源中心世界機構（Electronic Commerce World Institute Resource Center，其網址是：www.ecworld.com）所規定的。EDI 系統是私人網路，透過專有的軟體來支持，對於使用的人也有所限制。EDI 是可以使合夥公司或組織以電子的方式互相交流的系統，以取代採購訂單、存貨表、提貨單、發票等傳統的手工文件作業。如果這些文件由手工來做的話，很容易造成差錯。EDI 可使企業正確無誤的傳送文件（也就是那些例行性的、令人厭煩的、冗長乏味的文件）給他的商業夥伴，即使他的商業夥伴所使用的是截然不同的電腦系統也沒有關係。

EDI 不是用在「企業對顧客」的商業交易上。EDI 使用在「企業對企業」的交易上最為普遍。如果你的企業成長得很快，分公司陸續成立，那麼你使用 EDI 是再恰當不過了；但如果你的公司只有對顧客的交易，那麼你就可以不用 EDI。

當你的貿易夥伴使用 EDI，並且希望你也以同樣的模式和他互動時，EDI 就成為重要的課題。誰是你的貿易夥伴？貿易夥伴是與你做生意的任何人。

如果你要和比較有制度的公司或美國政府做生意，你遲早都需要用到 EDI。在你說「我才不會使用 EDI 呢！」之前，你要想到美國政府所購買的東西幾乎無所不包，而且購買量也大得驚人。地區小企業發展中心（Local Small Business Development Center）也樂於幫助小企業獲得政府的合約。對於許多小企業而言，這是跨入「大聯盟」的第一步。在美國各地都有的電子商務資源中心（Electronic Commerce Resource Center），更可以幫助小型企業進行 EDI 交易。

在電子商務發跡之前，大多數《財富》（Fortune）前 1,000 大企業與供應商及顧客做線上交易的歷史，已經有 10 年以上。有些產業使用 EDI 的經驗已有 20 年，他們早已利用電子化的文件與貿易夥伴做聯繫。今天，進行線上行銷的先鋒不免會碰到兩難的問題：要提升自己的系統到網際網路的標準，以使用這些先進的科技呢？還是繼續沿用既有的 EDI（這些公司在過去對 EDI 已經做了相當大的投資）？

許多較「老」的公司已經發現到，要使分處世界各地的貿易夥伴加入 EDI 的行列，並不是一件容易的事。網際網路提供了相當大的彈性。哪些類型的公司會面臨最大的困境？似乎財務公司及製造公司是如此（因為這類型的公司早年特別熱衷於建立私有的網路）。事實上，許多製造業者到現在還是繼續沿用 EDI。但其他比較睿智的公司都併用網際網路與 EDI，他們會利用網際網路向大眾做促銷、獲得訂單，利用 EDI 向供應商訂貨。

利用 EDI，使用不同硬體、軟體的貿易夥伴都可以交換資訊。EDI 的翻譯軟體可以處理任何事情，而此軟體可以裝在個人電腦內，並可以將資訊轉換成美國國家標準語言（稱為 ANSI X 12）。

貿易夥伴（就像你以及你希望與他做生意的人）要互相確認所要交換的資料，包括內容及細節，並且簽訂協議書。

網際網路 EDI（Internet EDI）是以既有的 EDI 技術為基礎（早年只有政府及大型企業才使用 EDI），然後把它變成小型企業也可使用的技術。由於對小型企業而言，使用 EDI 的成本不貲，但許多大型企業仍願意吸收一部分的費用（因為他們要和小型企業做生意）。在這種情況之下，小型企業可以直接進入大

型企業的網站,填寫由大型企業所設計好的表格,訂購所需要的產品及服務,然後大型企業再處理有關 EDI 的事宜。

EDI 與企業的競爭優勢

EDI 在改善企業經營的效率及效能上,具有無比的影響力。EDI 在運用之初,旨在藉著改善資料流程及減少錯誤,提升企業經營的效率。但是有充分的證據顯示:在組織間交流日漸頻仍的今日,EDI 最大的價值在於增加經營效能,並使企業獲得競爭優勢。明確的說,EDI 可使企業增加行銷優勢、節省成本與費用、縮短進入市場的時間、獲得更佳的品質、促進聯盟關係。

1. 增加行銷優勢

近年來,顧客本身以及行銷人員在滿足顧客的需求方面,其方式均有顯著的改變。購買者會利用 EDI 來獲得有關產品規格、價格及供應可行性的訊息,行銷人員則會利用 EDI 來改善消費者對產品的態度,以增加市場滲透的可能性,並且評估配銷通路及配銷成本。

2. 節省成本及費用

據估計,約有 70% 的電腦輸出是必須再輸入於其他的電腦中,以供再處理之用,其中所可能產生的資料錯誤可想而知。約有 50% 的複雜文件,例如:提貨單(bill of lading),在第一次產生時,其中至少有一項錯誤發生。重複的資料輸入、錯誤的偵察及改正,是一種時間及人力資源的浪費。

在引進 EDI 之後,其時間及人力上的節省是立即而可觀的。企業可將寶貴的人力資源用於更具生產力的活動(例如:提升服務顧客的水準)上,而不再浪費於處理例行事務上。

今日的許多企業也已在進行電子交換發票、電子訂單處理及電子資金轉換等活動。美國雜貨業最早使用 EDI 的超價值公司(Super Value)在使用 EDI 之後,安全存量降低了 20%,在直接成本方面,每週可以節省 6,000 美元。

3. 縮短進入市場的時間

顧客所希望的是在適當的時間,獲得適當的產品。企業要縮短從訂貨到交貨的時間,才會取得先占(preemption)的優勢。像彈性製造(flexible

manufacturing）、剛好及時（just-in-time）這些做法固然可以增加製造程序的效益，然而，EDI 引進所造成的文件處理前置時間的縮短，亦是降低存貨成本、及時將產品推出市場的功臣。

如何讓訂單處理、生產、交貨及會計作業這整個資料流程達到最適化，才是重要的管理任務，也是企業經營成功的關鍵因素。

4. 獲得更佳的品質

具有競爭優勢的公司，必然會提供顧客所需的產品及服務。所謂品質，指的是「持續不斷的滿足顧客所認知的需要，並減低提供產品及服務的成本」。許多大型組織的採購者已堅持供應商必須符合其績效指標，例如：交貨的可靠性、符合規格及批退率等。

提升品質所呈現的效益是：客戶有更正確的資訊，以了解其訂單被處理的進度；供應商會獲得更詳細的產品規格；更有效的存貨管理及更少的浪費。

EDI 可加速在公司內、貿易夥伴、顧客及供應商之間的資訊流通，這使得企業可以掌握供應物及製程的品質、產品交期、顧客滿足及市場需要。

5. 促進聯盟關係

EDI 的建立可使得企業之間更能密切合作，進而同蒙其利。企業之間的合夥或聯盟的關係，會使得規劃、生產及溝通更為順遂，並獲得規模經濟之利。在這種情況之下，參與聯盟的企業的競爭力就會增加，並對企圖加入此產業的廠商造成很大的進入障礙（entry barrier）。

美國奇異公司與相關業者的策略性聯盟，開創了聯盟合作的良好典範。爾後，策略聯盟在各行業間被廣泛的應用，成為分擔成本、提升競爭優勢的利器。

@ 網際網路式電子資料交換

傳統式電子資料交換（traditional EDI）是將格式化的訊息（formatted message），透過加值網路（Value-Added Network, VAN）來進行儲存及傳遞的活動（圖 7-4 上）。但是 VAN 非常昂貴，只有大型的廠商才能夠負擔得起。如果必須透過 EDI 和許多小型的廠商做生意，必然會因為小廠商無法負擔昂貴的費用而錯失商機。幸好由於網際網路式電子資料交換（Internet-based EDI）（圖 7-4 下）的出現，才使得情況大為改觀，消除了這個困境。

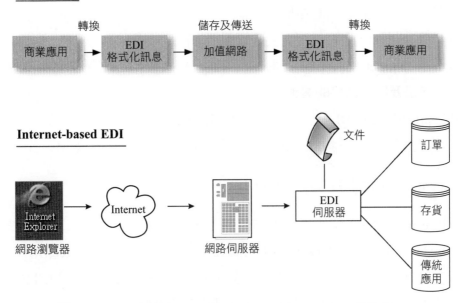

ⓞ 圖 7-4　傳統式 EDI 與 Internet-based EDI 的比較

傳統式 EDI 的缺點如下：

(1) 需要龐大的最初投資（initial investment）。

(2) 必須重新建構商業程序，才能符合 EDI 所要求的條件。

(3) 建置的時間長。

(4) 必須使用昂貴的 VAN。

(5) 作業成本高。

(6) EDI 標準有很多，各標準之間又不相容。

(7) 系統非常複雜，使用不易。

(8) 必須使用轉換器（converter），才能將商業交易轉換成 EDI 標準。

　　以上的缺點充分顯示，傳統式 EDI 由於必須遵循正式的交易模式，必須使用轉換器及 VAN，因此並不是一個良好的、長期的解決之道。Internet-based EDI 就是利用 Internet 來代替 VAN，使得 B2B 的交易幾乎無遠弗屆，聯繫了各大小組織。採用 Internet-based EDI 的理由如下：

(1) Internet 是公眾網站，可以克服地理藩籬的限制。它大規模的連結各貿易夥伴，促成了廣泛的商業應用。

(2) 利用 Internet，各廠商不需要建置個別的網路結構。

(3) 利用 Internet 進行 EDI 交易，正可迎合愈來愈多的廠商透過網路進行電子化產品及服務銷售的興趣。

(4) Internet-based EDI 可以輔助或代替目前的 EDI 應用。

(5) 許多使用者已經對 Internet 工具，例如：瀏覽器及搜尋引擎駕輕就熟。

Internet 可利用下列方式支援 EDI：

(1) Internet 的電子郵件可以用來做為 EDI 訊息傳遞的媒介，以取代昂貴的 VAN。Internet 工程專案小組（Internet Engineering Task Force, IETF）也正在研擬如何在「安全性網際網路郵件延伸」（Secure Internet Mail Extension, S／MIME）的架構下，建立一個傳遞訊息的標準。

(2) 公司可以建立企業間網路，使得交易夥伴以網際網路格式（web-form）傳遞訊息，其欄位與 EDI 訊息的欄位相同。

(3) 公司可以利用 Internet-based EDI 的主機服務。網景公司的 Enterprise 軟體，可使公司在 Internet 上提供自己的 EDI 服務。

實施傳統式 EDI 的公司，對於 Internet-based EDI 也都採取正面的態度。1998 年，佛瑞斯特研究公司（Forrester Research Inc.）對《財星》前 50 大公司進行調查，結果顯示有半數的公司在 2000 年以前會採用 Internet-based EDI。[3]在未來，Internet、XML 及爪哇程式結合之後，即使小量的、偶然發生的交易也不會昂貴。

---

[3] Efraim Turban et al., Economic Commerce - A Managerial Perspective (Upper Saddle River, N. J.: Prentice-Hall, 2000), p.25. 讀者亦可上網（www.forrester.com）查詢。

複習題

1. 何謂企業內網路（Intranet）？

2. 試比較 Intranet 與 LAN。

3. 試解釋 Intranet 的推播技術。

4. 建立 Intranet 的目的有哪些？

5. 試說明 Intranet 的運用範圍。

6. Intranet 的評估標準是什麼？

7. 何謂企業間網路（Extranet）？試繪圖加以說明。

8. 何謂供應鏈管理？

9. 試解釋組織間連線系統。

10. 促成 IOS 發展的原因有哪些？

11. 建立 IOS 的優勢是什麼？

12. 試舉例說明 IOS。

13. 何謂電子資料交換？

14. 試說明透過 EDI 如何使企業獲得競爭優勢？

15. 試繪圖說明網際網路式電子資料交換。

16. 傳統式 EDI 有何缺點？

17. 採用 Internet-based EDI 的理由是什麼？

18. Internet 可用哪些方式來支援 EDI？

練習題

1. 影響使用者接受企業內網路資訊系統的因素有哪些？試上網尋找相關資料，綜合之後，提出你的看法。

2. 「在許多人都在注意網路上流竄的大型殭屍網路時，小型的殭屍網路不僅在企業環境中頗為流行，而且所執行的任務也不同。由於他們更了解企業的運作環境，因此也更為危險。」你同意這種說法嗎？試提出你的看法。

3. 試上網找一些有關企業內網路的論文（例如：建置高品質企業內部網路的新思維），並提出閱讀心得報告。

4. 試說明企業間網路如何協助企業間知識的轉移。

5. 進入台灣銀行網站（http://www.bot.com.tw/Business/ITBusiness/EDI.htm）說明其 EDI 電子轉帳。

6. 試說明企業金融 EDI 應用。

電子商業與電子商務

- 8-1　電子商業的觀念
- 8-2　電子商業活動
- 8-3　落實電子商業的具體行動
- 8-4　電子商業策略
- 8-5　認識電子商務
- 8-6　電子商務應用
- 8-7　顧客導向電子商務
- 8-8　未來與潛在問題

 8-1 電子商業的觀念

　　商業活動（business activity）是實現某一特定的企業功能（如行銷）的一系列程序及工作流程。薪資處理、訂單處理、存貨控制、運送及成交，都是商業活動之例。商業活動包括了許多獨立的交易，這些交易有些是正式的，有些是不正式的。以這個廣泛的定義來看，商業活動幾乎包括了企業中的任何活動。在企業內最重要的商業活動就是那些能提升企業競爭地位、提供顧客價值的活動。電子商業（E-business）就是落實這些活動的實務。電子商業活動不僅包括與顧客、供應商的電子商務交易，同時也包括企業內部支援交易的活動（這些活動有些未必是電子化的）。

　　電子商業及電子商務的實現，均需要企業釜底抽薪的改變其經營方式。在電子商業、電子商務中，如欲發揮網際網路及其他電子科技的功能，組織必須重新界定其商業模式（business model）、重新設計企業流程、改變組織文化，並與顧客及供應商保持緊密的關係。

@ 電子商業元件

　　在從事電子商業時，專案負責人會利用到以下電子商業元件（E-business components）的各種組合：

- 網際網路或網站。
- 電子資料交換（Electronic Data Interchange, EDI）。
- 透過供應鏈（supply chain）或價值鏈（value chain）的企業對企業銷售。
- 自助式顧客服務。
- 透過網站的電子商務。
- 整合性的隨傳服務中心。

@ 落實電子商業

　　在落實電子商業方面，其主要目標是落實電子化交易，並調整目前的商業活

動以整合電子化交易。同時，專案負責人必須精益求精，不斷的使用新的方法及程序。在這方面，有些企業採用「再造工程」（reengineering），但是這對電子商業的落實可能不太適合，因為再造工程所著重的是程序的急進改變。員工在察覺到工作受到威脅之後，必然會惶恐不安，進而消極的抵制或積極的抗拒。我們看到電子商業的成功率不到五成，也就不足為奇了！在落實電子商業時，關鍵性的因素就是要讓員工參與（包括最基層員工的參與）。參與會帶來承諾，而承諾就會導致電子商業的成功。因此，在落實電子商業上，我們的看法是這樣的：

- 員工的參與扮演著一個關鍵性的角色。
- 目前的商業活動不應被「攪亂」，因為它們是維持企業生存的主流。
- 必須整合目前的商業活動，以及新式的商業活動。
- 這是一個大型專案，在緊湊的時程及沉重的工作壓力之下，專案負責人必須按部就班、步步為營，以期積沙成塔。競爭的壓力會迫使專案負責人百尺竿頭，更進一步。

　　為什麼在落實電子商業時，要改變既有的做事方式？電子商業的落實，受到了外在及內在因素的影響。外在因素包括：競爭的改變、供應商／顧客關係、政府管制及技術。內部因素包括：管理方向、缺乏彈性、過時的做事方法。企業為什麼必須改變？最主要的原因來自於電子商業的壓力，當然其他還包括目前的商業活動不能達到管理當局的預期水準。也許過去人們所著重的是「如何」，而不是「是什麼」、「誰」及「何處」。也許工作者滿足於現狀，因循舊習的結果使得他們不願費點心思重新檢討目前的作業。不論如何，現行的工作流程或程序並不能（或早已不能）支援電子商業。既然專案負責人已經花了大把銀子在電子商業上，就必須要有成本／效益觀念。只要時間允許，在一開始時就要改變目前的工作流程及程序。

　　在進行改變時，只改變系統、技術、組織結構，未必能改善工作的品質、效能及效率。電子商業需要全方位的、專注的努力（這些努力包括技術上的、政治上的、管理上的）。電子商業的落實並非一蹴可幾，不說別的，單是組織文化就必須改變成電子商業文化。

@ 常用術語

茲將在電子商業上常使用的術語說明如下：

- 電子商務（**E-Commerce**）：在線上進行的商業交易。
- 電子商業（**E-Business**）：利用電子商務交易的商業活動、組織及結構。
- 基礎設施（**infrastructure**）：商業交易所需要的電腦、通訊、配置及其他的實體支援，包括能夠支援落實電子商業及標準商業程序的設備、通訊、一般科技，以及其他資源。
- 組織（**organization**）：企業的結構及其員工。
- 活動群組（**activity group**）：由組織、技術、供應商或顧客所形成的商業活動群組。
- 技術（**technology**）：包括電腦、軟體及通訊的技術。

8-2 電子商業活動

　　電子商業活動是環環相扣的。對顧客或供應商而言，電子商業是包含著許多步驟的大規模商業活動，而且他們所交易的對象並不是企業部門或事業單位，而是企業整體。這固然是自動化的結果，當然也是因為必須剔除工作中的某些人工步驟。由於電子商業分布在各部門中，所以需要靠跨越各部門的集中式協調。

　　在沒有電子商業的情況下，資訊科技（Information Technology, IT）必須扮演著支援各部門的角色；有了電子商業之後，資訊科技的角色就比較具有集中性。為了掌握落實電子商業的時效性，專案負責人可能必須將幾個活動加以外包。由於在電子商業中，專案負責人必須和顧客、供應商互動，所以商業風險會比較大，因為任何問題或缺點都會曝光，讓外界一目了然。表 8-1 是電子商業與標準商業的比較。

▶ 表 8-1 　電子商業與標準商業的比較

屬　　性	標準商業	電子商業
管理者觀點	以交易來支援商業	交易是企業前途的命脈
管理控制	分布於各部門	集中式的協調
進行改變時所著重的因素	單一商業活動	著重於供應商、顧客的一組相關活動
技術及系統	個別的，但有共同介面	整合性的
資訊科技的角色	支援性的	整合性的
外包	相對少	相當多
潛在風險	有限，因為商業活動是企業內部導向的	風險較大，因為必須與顧客及供應商互動

　　除了在落實方面有所差異之外，還有一個主要的差異，那就是在電子商業中，專案負責人必須進行一系列的促銷、折扣及行銷努力。這些活動對於專案負責人如何經營及支援商業，有著重大的影響。管理當局必須對市場的變化保持相當的彈性。

　　表 8-2 列舉了某型錄郵購公司、製造公司、銀行、能源公司所執行的若干活動。注意：這些活動只不過是幾個主要的活動，每個公司還有屬於他們自己的支援性商業活動。

▶ 表 8-2 　四種類型的公司所執行的若干商業活動

型錄郵購公司
・與供應商聯絡，要他們提供產品以及架設網站所需的文字和圖片
・網站內容的設計與維護
・其他網站的競爭性評估
・網站的行銷及銷售方法
・有關產品、顧客及銷售資料分析的行銷
・訂單處理
・信用卡處理
・過期訂單的處理
・取消訂貨及退款的處理

‧退貨的處理
‧網路顧客的服務
‧訂單的銀貨兩訖
‧網站軟體的維護，對於促銷及折扣作業的改善
‧網路的監控及使用狀況的衡量
製造公司
‧接觸小型企業，銷售代表的規劃
‧目錄內容的設計與維護
‧所習得的經驗，以及網站架設及維護準則
‧網站的訂單處理
‧產生拍賣作業的程式精靈
‧裝船作業
‧存貨政策及程序
‧製造訂單的優先次序及管理
‧管理報告的提出
‧行銷分析
銀行
‧網站的架設與維護
‧其他網站的競爭性評估
‧網路貸款作業
‧網路行銷方面的定價及利潤分析
‧貸款處理
‧顧客服務
‧貸款支付
‧收款作業
‧其他產品的評估
能源公司
‧企業內部對拍賣作業的規定
‧拍賣物件的準備
‧拍賣者目錄的建立及維護

・拍賣過程中的問題處理
・計畫書的評估
・契約的訂定、協商
・產品開始製造及運送的協調
・企業內部部門與供應商之間衝突的協調
・什麼叫做「契約修改」的界定
・企業修改及增加條款的處理
・網站服務的維護
・網站的監控及使用狀況的衡量

@ 跨越事業單位的電子商業活動

企業中的許多活動是透過各事業單位或部門通力合作完成的。跨越各單位的合作有時是組織刻意設計的，有些則是將控制權加以分散的結果；不論如何，總會有一個正當的理由。有些組織說改就改，絲毫不考慮到對實際工作所產生的影響（牽一髮而動全身）。當專案負責人一頭栽進電子商業時，別忘了他還是在現行的商業架構中，而現行的商業才是提供金錢及支援以供從事電子商業的源頭活水。

在電子商業中，專案負責人必須考慮到跨越各組織單位的商業活動。專案負責人不能只注意到幾個活動，否則必然會因小失大、得不償失。

@ 商業活動與科技

現在我們來探討一下商業活動與電腦、通訊科技及系統的關係。網際網路、電話系統、電腦網路、電子郵件、語音郵件、傳真機等，是支援企業運作的基礎設施。如果企業利用電腦軟體來處理某一個特定交易，則此電腦系統就與企業整合在一起了。硬體、網路及使系統運作的軟體，是基礎設施的一部分。在從事電子商業時，專案負責人也不能忽略設備（如辦公室、倉庫）、地點、辦公室佈置。不適當的基礎設施會對電子商業造成負面的影響。

電子商業通常需要新的科技及系統。雖然有些新系統會取代舊系統，但是大

多數的情況是新系統成為現行系統的介面。在有些情況下，專案負責人可以調整現行的系統來支援新系統。然而，這種情況並不常見，因為現行系統可能已經太過老舊過時。當初在設計這些現在已經老舊的系統時，並沒有想到有一天會和電子商業整合，因此自然也不會符合反應時間的要求。

@ 正式與非正式電子商業

正式交易（formal transaction）通常都會有文件紀錄，或至少得到組織的承認。發生得非常頻繁的非正式交易（informal transaction）及工作，可能是人工化的，也可能是電腦化的。例如：人們將資料填在表單上，或將資料輸入到個人電腦中。這些非正式的「影子系統」（shadow system，由組織內略懂得電腦的人土法煉鋼，自行發展的一套可以湊合著用的系統）會帶來麻煩。當組織漸漸依賴這些系統時，也就是所有的工作流程都配合這些系統時，潛伏的危機就產生了。這些具有「創造力」的員工一旦離開組織之後，所有的非正式交易就會停擺。

@ 關鍵電子商業活動

影響電子商業的關鍵活動（critical activities）有哪些？有些組織比較重視某種商業活動，例如：薪資處理。如果某些商業活動或功能會顯著的影響組織的效益或成本，這些活動便稱為關鍵活動。

@ 商業活動的演變

商業活動如何隨著時間而改變？在許多企業內，商業活動在一開始時是以非正式的手工交易來完成的。在組織漸漸成長的過程中，沒有人會注意這些活動，因為它們未曾出現過紕漏。但隨著時間的流逝，工作量漸增，交易的本質與範圍也會跟著改變，每個交易所處理的工作量也增多了。當初從事這些工作、設定工作程序的人也許已經離職了，而後來進入組織的工作人員並沒有接受正式的訓練，組織也沒有提供在職訓練。

當在落實電子商業時，由於不確定性、缺乏知識的緣故，有些新的程序必然是比較不正式的。電子商業並不是百分之百的自動化，雖然許多人喜歡自動化。

當電子商業起飛時，專案負責人就會將這些程序加以自動化。由於競爭壓力、技術改變，以及企業的經驗累積，電子商業會隨著時間而改變。自動化會使得交易更正式化、更標準化，而且更有效率。

當專案負責人建置一套系統時，他的目標通常是支援某交易的某一部分，或是銷售量大的某些關鍵交易，因此部分工作是自動化的。當專案負責人落實電子商業時，就必須整合現行的及新的技術才能克竟其功。資訊人員通常會從簡單的工作開始進行自動化設計，其他的工作者就會改變既有的工作流程以配合新系統的運作來完成交易。不多久，系統運作漸漸失靈，必須常常維護，人們此時會發現系統並不是萬靈丹。而且此時在管理報告上、企業功能的運作上又有額外的需求，人們就會自行發展影子系統。以上的說明，中肯地描繪了工作改變後的情形。在落實電子商業時，專案負責人必須要見樹又見林。

以下是管理者必須要提高警覺的惡化現象：

- 商業活動也許運作得差強人意，但是毫無反應性。專案負責人的電子商業及技術不斷更新，但是無法應付大筆的交易量。
- 缺乏現代化的、正式的程序。電子商業需要將更多的程序及政策加以自動化。
- 有些人通常在組織中長期從事某一些活動，他們一路走來，對過去如數家珍，但是他們常被管理者所忽略。這種情形在傳統商業及電子商業中屢見不鮮。這些人常被貼上「老賊」的標籤。
- 在基本的交易上增加了一些不必要的或替換性的動作，在企業因應行銷壓力時尤其明顯。程序及政策的朝令夕改是罪魁禍首。
- 人們對現有的工作抱怨連連，卻又害怕改變，因為習慣了熟悉的方法和同事之後，對於改變後的未來總是會感到惶恐不安。

網路行銷

 8-3 落實電子商業的具體行動

落實電子商業的具體行動，如表 8-3 所述。[1]

電子商業的落實是用金錢堆砌出來的，在組織內贊成及反對的聲浪不絕於

▶ 表 8-3　落實電子商業的具體行動

了解商業，選擇電子商業活動	
行動 1：	了解企業目標及方向，否則電子商業的任何努力都不會促成目標的達成。
行動 2：	選擇能夠落實電子商業的活動。
蒐集企業外部及內部資訊	
行動 3：	分析競爭情況及產業，以免被競爭洪流所淹沒。
行動 4：	評估技術及基礎設施。支援電子商業的技術會不斷的改變，而新技術又層出不窮。
行動 5：	蒐集有關交易、基礎設施及組織的資訊。除非專案負責人了解擁有哪些東西，否則不可能成功的落實電子商業。
界定新的電子商業交易及工作流程	
行動 6：	分析現行的交易及目前的組織。目前的情況配合電子商業的情形如何？
行動 7：	對電子商業及傳統商業界定新的程序及工作流程
準備落實電子商業	
行動 8：	界定電子商業，衡量電子商業的成功
行動 9：	擬定電子商業執行策略
行動 10：	向組織內部及顧客促銷電子商業
在標準商業及電子商業中，如何實現新的交易及工作流程	
行動 11：	規劃如何執行電子商業
行動 12：	實現電子商業，調整目前的程序及工作流程
行動 13：	落實電子商業後的追蹤

---

[1] 有關的細節可參考：Bennet P. Lientz and Kathryn P. Rea, *Start Right in E-Business, A Step-by-Step Guide to Successful E-Business Implementation* (San Diego, CA.: Academic Press, 2000). 本章的若干內容均參考此書。此書是以條理式來說明以上各行動的詳細步驟，頗值得參考。

耳,因此,電子商業的執行策略必須要有系統化、可衡量。由於電子商業的落實是勞師動眾的——必須跨部門,而且組織的基礎設施必須做重大的改變——所以必須要擬定好落實策略(implementation strategy)。

同時,對成本做分析並不會直接產生效益。成本必須包括執行前、執行中及執行後的規劃成本。執行的細則必須要能夠支援策略的實施。執行後的工作必須要有衡量的標準,並引導下一步要往何處走。

@ 落實電子商業的方法及工具

方法(method)是從事專案中某一特定工作的技術,例如:資料蒐集方法、發展及測試新的工作流程和程序等。工具(tool)是利用正確方法,使得工作簡單易行、更有效率的東西。工具包括交易對照(transaction mapping)、軟體設計的流程圖、測試及模擬工具。如果不使用正確的方法,則工具便無用武之地。在落實電子商業時,必須透過訓練、專家、指導方針、經驗、管理者期望等,才能使工具發揮最大的功用。

落實電子商業必須靠方法及工具,因此,選擇正確的方法及程序是相當重要的。方法及工具使用不當,將會是落實電子商業的致命傷。

8-4 電子商業策略

@ 承諾程度

企業在進行電子商業化時,會隨著承諾程度(level of commitment),也就是投入的全面性或普及性的不同而異。對電子商業的活動與程序進行百分之百電子化的公司,稱為純網路公司(pure play)。活動包括:訂單處理、線上購買、電子郵件、內容出版、商業情報(蒐集、處理與傳送)、線上廣告與公關、線上促銷、動態定價等。程序(process)是指一系列的標準化活動,透過這些活動可完成某特定的工作,包括:顧客關係管理(CRM)、知識管理(KM)、供應鏈管理(SCM)、社群建立、資料庫行銷、企業資源規劃(ERP)、大量客製化等。

@ 策略運用

專案負責人必須界定電子商業的整體策略。專案負責人要考慮的四個策略是：

- 獨立策略（**separation**）：電子商業是獨立的活動。
- 重疊策略（**overlay**）：電子商業的執行是奠基在目前的商業上。
- 整合策略（**integration**）：電子商業與目前的商業加以整合。
- 取代策略（**replacement**）：電子商業取代了部分的現有商業交易。

獨立策略

如果專案負責人想針對一些新的市場區隔（即與原商業活動所針對的顧客不同），那麼採取獨立策略是相當適當的。專案負責人必須加快落實電子商業的腳步，因為不想受到既有商業實務的羈絆。但不可否認地，獨立策略是比較耗費成本的。專案負責人也可能必須重複的執行某些商業活動，譬如在用人、系統、技術及基礎設施方面。

例如：某銀行將網路貸款服務做為一個獨立的實體，這樣才不會讓目前的顧客一窩蜂的上網（如此才不會使原來的商業活動形同虛設）。有一家領導性的零售商在開始時採取重疊策略，但是到後來還是採取獨立策略。

重疊策略

許多企業的電子商業是奠基在現行的商務上。這看起來似乎是一個快速起步的方式，因為在短時間內就可以架好網站，是一個對既有企業做「四兩撥千金」的做法。但是，重疊策略也有缺點。一般而言，專案負責人要改變組織既有的文化，如此會威脅到組織及員工。利用重疊策略時，專案負責人也必須調整某些電子關鍵活動來處理一般商業及電子商業。許多汽車製造商都曾採取這個策略，有些銀行在信用卡作業上也都採取這個策略。

整合策略

採取整合策略的公司會按部就班的將資源投入在擬定及執行整合策略上，並獲得相當好的成果。這是在電子商業中最複雜的策略。整合策略也是具有報酬潛

力的策略。由於專案負責人在執行電子商業計畫的同時,必須改變目前的商業實務,又必須使得目前作業運作正常,所以整合策略是相當複雜的,同時也是一個相當艱鉅的挑戰。

取代策略

在採取取代策略時,專案負責人會針對電子商業選擇一組商業活動,然後再將這些活動改變成電子商業的結構,以取代舊的活動,他只採用電子商業交易。例如:公司可在採購及外包上採取取代策略。一旦採購及外包變成電子化之後,電子商業計畫的執行不僅可節省大量的成本,同時也改變了供應商關係。

8-5 認識電子商務

@ 定義與目的

電子商務(Electronic Commerce, EC)就是透過電腦網路(包括網際網路)以購買、銷售或交換產品、服務及資訊的過程。從通訊觀點來看,電子商務涉及到如何透過電話線、電腦網路或其他電子方式,來傳遞產品/服務、資訊的作業。以商業程序觀點來看,電子商務涉及到如何利用科技,使得商業交易、工作流程自動化。從服務觀點來看,電子商務是滿足企業、管理、顧客需求的有利工具,它可以減低成本、改善產品品質、加速服務的提供。從線上的觀點來看,電子商務是透過網際網路或其他線上服務,進行產品及資訊交易的舞台。

電子商務技術是為了支援企業目標而存在的,它不是為了科技而產生的科技。電子商務應能夠使你達成以下的事項:

- 使你的企業程序更加單純化、更快速、更有效率。
- 減低總成本(最後的結果)。
- 使你的企業更具有競爭力。
- 使你的企業服務全球的顧客及其他企業(就好像他們是本地顧客及廠商一樣)。
- 幫助你創造新產品及服務,以滿足顧客的需求。

・不論企業規模的大小，遊戲空間都一樣。

・擴展你對未來的視野。

電子商務真正的附加價值在哪裡？首先，它可以使公司在網路市場環境中曝光、打響知名度。除了曝光之外，它還可以增加你的形象。大多數的人認為，提供上網購物的企業必然是比較具有優勢的企業。

@ 完全及部分電子商務

隨著產品數位化、交易程序及中間商的不同，電子商務可以有許多形式，如圖 8-1 所示。產品可以是實體產品（physical product），也可以是數位產品（digital product）。交易程序及中間商也可以是實體性的、數位化的。我們可以利用以上的三個向度，建立八方塊立體圖。在傳統的商業環境中，這三個向度都是實體的（圖 8-1 左下方）；在完全電子商務的環境中，這三個向度都是數位的（圖 8-1 右上方）。其他的方塊都具有某種程度的實體性或數位化。

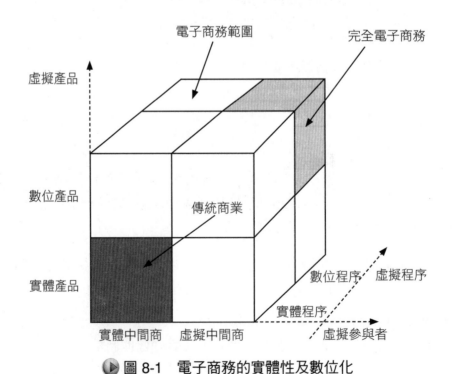

📍 圖 8-1　電子商務的實體性及數位化

來源：Choi et al., *The Economics of Electronic Commerce* (Indianapolis: Macmillan Technical Publications, 1997),
　　　p.18.

@ 電子商務架構

許多人認為架設一個網站就是電子商務，這實在是以井觀天之見。電子商務的應用包括了家庭銀行、網路購物、線上股票交易、線上求職求才、線上拍賣、線上行銷研究等。欲落實這些應用，必須要有資源性的資訊及組織基礎設施。圖 8-2 顯示了由基礎設施所支持的電子商務應用，這些基礎設施包括：Internet 商業共同服務基礎設施、訊息及資訊傳遞基礎設施、多媒體內容及網路出版基礎設施、網路基礎設施、介面基礎設施。同時，電子商務的執行取決於四個主要部分：人員、公共政策、技術標準和其他組織。

以上的組成因素內容細節，詳如表 8-4 和表 8-5 所示。

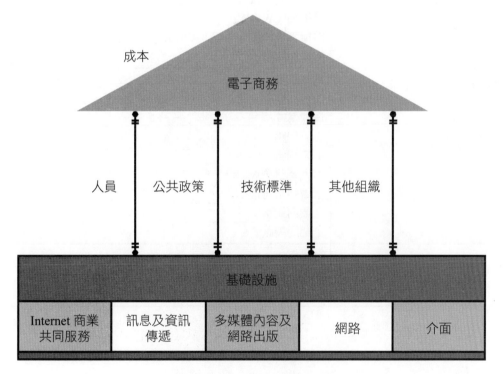

▶ 圖 8-2　電子商務架構

來源：修正自 Efrain Turban et al., *Electronic Commerce-A Managerial Persptctive 2004* (New Jersey: Upper Saddle Rivers, 2004), p.6.

▶ 表 8-4　電子商務的基礎設施

Internet商業共同服務	數位簽章 身分認證、安全 電子支付 目錄服務 電子型錄
訊息與資訊傳遞	電子郵件（E-Mail） 電子資料交換（EDI） 網路電話（I-Phone） 網路聊天（Chat） 檔案傳輸協定（FTP）
多媒體內容及網路出版	超文件標記語言（HTML） 爪哇程式（Java[2]） 萬維網（WWW） 虛擬實境模型化語言（VRML） Real Audio
網路	電信網路 Cable TV 無線傳輸 網際網路 加值網路（VAN） 廣域網路（WAN） 區域網路（LAN） 企業內網路 企業間網路
介面	資料庫 顧客 應用程式

---

[2]　Java 是昇陽公司（Sun Microsystems）所發展的高階語言，它的語法類似 C++。Java 是專為網際網路環境所發展的語言，可攜性高，不怕病毒，且具有物件導向的特性。

▶ 表 8-5 電子商務的決定因素

人員	購買者 網路行銷者 中間商 服務人員 資訊人員 管理者
公共政策	稅務 法律 隱私權問題 言論自由 網域名稱
技術標準	文件 安全 網路通訊協定 支付
組織	商業夥伴 競爭者 協會 政府服務

經濟部表示，由於網路科技和電子商務蔚然成形，產業發展已走向以虛擬企業為主的異業合併，不同企業可以運用網路科技建立零組件原料供應鏈，並進行網路行銷。特別是在美國線上和時代華納合併後，更印證了虛擬企業的時代已經來臨。

我國產業屬於分工整合式結構，上下游關係緊密，更需依賴電子化提升競爭力。經濟部將從 2001 年開始推動次世代網路應用核心技術三年發展計畫，早日協助國內產業實現虛擬企業的境界。

第一代網路應用僅限於資料傳送；目前第二代網路應用則以電子商務為架構，提供交易服務；第三代網路應用將以整合技術及智慧型代理人為基礎，形成虛擬企業和智慧型市集，企業應用網路將不限於目前的 B2B 電子商務，而將提升到資源共享、共同使用供應鏈和行銷網路，分享採購、銷售、研發資源。

次世代網路應用計畫就是要發展虛擬企業和智慧型市集所需要的核心技術，

經濟部計畫針對新興的資訊家電（Information Appliance, IA）產業建立虛擬企業示範體系，包括：虛擬政府採購中心、虛擬創業服務中心，提供電子支付、安全驗證評估、個人虛擬服務員、虛擬企業管理系統、企業知識人口等虛擬企業應用的整合性先導系統。

@ 電子商務的參與者

電子商務的參與者（E-commerce participants）包括：訂購者（最終消費者及企業客戶）、網路行銷者（網路商店）、金融機構（銀行信用卡發行公司、電子貨幣發行公司等）、電子憑證認證機構、網路服務提供者（Internet Service Provider, ISP），如圖 8-3 所示。

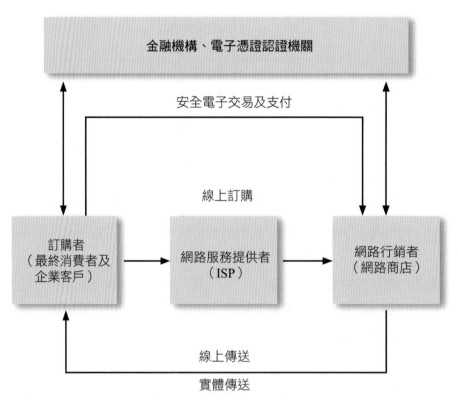

圖 8-3 電子商務的參與者

@ 電子商務的效益

電子商務有什麼顯著的效益？首先對訂購者而言，操作簡便、搜尋容易、回應迅速、超越時空限制、價格相對便宜，以及交易成本（包括：締約成本、協商成本、資料搜尋成本等）降低、可容易的做比價。

對於網路行銷者而言，可以獲得以下的效益：

- 建立全球化的行銷通路，爭取時效並降低交易成本。
- 掌握顧客的基本資料及其消費行為，並隨時提供遠距服務及推播（push）。
- 正確的預測產品需求，做好存貨管理。
- 促使企業的部門間進行線上溝通，展現出一個現代化、科技化的群體工作形式。
- 使得企業再造（business reengineering）得以徹底落實。
- 使得組織間溝通更有必要、更有效率，形成供應鏈的策略聯盟。

@ 電子商務付款系統

在電子商務上，以電子化的方式支付款項的電子付款系統（electronic payment systems），已日臻成熟。在電子商務上主要的電子付款方式包括：信用卡、數位錢包、累計餘額數位付款系統、儲值付款系統、點對點付款系統、數位支票，以及電子帳單兌現和付款系統。

信用卡

在美國，約有 65% 的線上付款是使用信用卡的方式，在其他國家這個比率大約是 50%。在網路行銷上的信用卡付款，當然必須要有特定的電子商務軟體來處理付款業務。在網站上利用數位信用卡付款系統（digital credit card payment systems），必須經過認證（驗卡）、轉帳（發卡銀行將款項轉帳到網路行銷者的帳戶）、通知等功能。對於網路行銷者及消費者而言，使用數位信用卡付款系統是相當方便有效的方式。

數位錢包

數位錢包（digital wallet）省去了購買者在每次消費時，必須重複輸入其地址、信用卡資料等麻煩程序，使得在電子商務上的購物付款變得更有效率。數位錢包安全的儲存了信用卡及持卡者的資訊，並提供電子商務網站上「結帳台」的資訊。當完成購物動作時，電子錢包便會自動輸入購買者的姓名、信用卡號碼及運送資訊。亞馬遜網路書店（amazon.com）的「1-click」購物，可讓消費者在按鍵之後，即自動填入信用卡資訊、運送資訊。其他以數位錢包支付的網站還有Gator、America Online 的 Quick Checkout（快速結帳）。

累計餘額數位付款系統

累計餘額數位付款系統（accumulated balance digital payment systems）是在網路上相當流行的小額付款方式，對於購買小額物品的消費者而言是相當方便的工具。累計餘額數位付款系統可讓使用者在線上進行小額購買，累計的欠款餘額則會定期透過信用卡、劃撥帳戶戶頭來支付。例如：Qpass 可將消費者所積欠的零星購買費用彙集起來，要求消費者以信用卡付款方式逐月付款。

儲值付款系統

儲值付款系統（stored value payment systems）可讓消費者利用儲存在數位帳戶內的金額，進行及時付款給債權人（例如：網路零售商或個人）。儲值付款系統是利用消費者在銀行帳戶、支票或信用卡帳戶中的金額，或者數位錢包做為支付工具。智慧卡是另一種用來做為小額付款的儲值付款系統。智慧卡（smart card）是塑膠卡片，狀如信用卡大小，可儲存數位化資訊。智慧卡可儲存健康紀錄、身分資料或電話號碼等，並可視為代替現金的電子錢包（electronic purse）。Mondex 與 American Express Blue 所發展的智慧卡可儲存電子現金，透過特殊的讀卡設備可做為在實際店面、網際網路上的消費工具。網路購買者必須將智慧卡讀卡機連接到電腦，將智慧卡刷過讀卡機後，就可以進行付款作業。數位現金（digital cash）亦稱為電子現金（e-cash），可用來做小額、大額付款之用。數位現金是在一般流通貨幣（如紙幣、硬幣、支票和信用卡）之外，以電子化形式表現的貨幣。使用者安裝好客戶端軟體之後，便能夠與網際網路上的其他電子現金使用者或接受電子現金的零售商進行付款交易。ECoin 與 InternetCash.

com 是提供數位現金的例子。除了方便小額付款之外，對於沒有信用卡但又希望透過網路購買的人而言，數位現金是非常實用的工具。

點對點付款系統

點對點付款系統（peer-to-peer payment systems）可以幫助債務人（廠商或個人）付款給無法接受信用卡的債權人。債務人利用信用卡在專門從事點對點付款系統的網站開立一個專門付款的帳戶之後，債權人就可到該網站上點選「收款」（picks-up），並填入有關資料（例如：收款的銀行帳戶、實際地址），就可收取款項。Paypal 是非常有名的提供點對點付款系統服務的網站。

數位支票

數位支票（digital checking）延伸了現有支票帳戶的功能，使得線上購物更為便捷有效。使用數位支票會比信用卡便宜，同時又比傳統的紙本支票更為快速。數位支票會被加密以保障安全，在企業對企業的電子商務中是十分有效的支付工具。

電子帳單兌現及付款系統

電子帳單兌現及付款系統（electronic billing presentment and payment systems）常用來支付每月例行的帳單，它讓使用者以電子化的方式檢視其帳單，並透過銀行的電子轉帳或信用卡帳戶來付清帳單。電子帳單兌現及付款系統會通知使用者關於到期的帳單，並進行帳單兌現、付款處理。

@ 電子商務交易週期

如前所述，電子商務（electronic commerce）是將傳統商業中的物流（物資的流動）、金流（金錢的流動）、資訊流（商品資訊的流動）的傳遞方式，利用網路科技來加以整合的活動。企業將重要的資訊以網際網路、組織間網路（商際網路）、企業內網路，直接與分布各地的客戶、員工、經銷商及供應商連線，透過網路，客戶直接在線上下單，由經銷業者通知供應商直接出貨到客戶手中，廠商可以節省商品再轉手到下游經銷商的時間，客戶直接在家中或公司取貨，現金直接從金融單位轉帳到廠商戶頭，再由客戶和金融單位結算。

電子商務交易（Electronic Commerce Transaction, ECT）就是利用網際網路以進行商業交易活動的一門新興學問。近年來由於網際網路的科技突破、上網人數如雨後春筍般的踴躍，更由於經濟部推動百萬商家上網的計畫，因此，網路行銷變成了相當值得重視的新潮流。我們應了解，網路行銷是傳統行銷的輔助工具，絕無百分之百取代傳統行銷的可能。例如：在「見面三分情」的中國社會，人員推銷（personal selling）還是占有舉足輕重的地位。企業在強化傳統行銷活動的過程中，如能輔之以網路行銷，便可獲得如虎添翼之效。

　　成功的電子商務交易（不論是企業對企業、企業對消費者的交易）應具備哪些資源及程序呢？圖 8-4 顯示了完整的電子商務交易週期。電子商務交易週期（complete E-Commerce transaction cycle）就是歷經吸引、告知、客製化、交易、支付、互動、遞送、個人化步驟，再加上回饋的過程。例如：如果沒有做好網路行銷及目標市場導向的網頁廣告設計，即使是一個炫麗的、速度快的網站也無法吸引到目標顧客。網路消費者希望利用網站上的「自助服務」軟體來客製化其產品與服務。網站顧客也希望以拍賣、交換或以物易物的方式，而不是傳統的

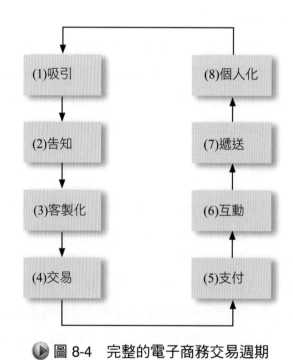

▶ 圖 8-4　完整的電子商務交易週期

來源：Jeffrey Davis, "How It Works," *Business* 2.0, February 2000, pp.114-15.

買賣方式來完成交易。當然，在成交之後，有效的電子商務廠商（或網路行銷者）還必須能夠做到快速遞送，並且能夠提供各種線上服務及服務選項。最後，成功的電子商務必須要能採用個人化技術，以確信顧客能再度光臨。

茲將完整的電子商務交易週期的各步驟說明如下：

吸引（attract）

如果不先引誘顧客進入電子商務市場，便不可能產生交易。網站所提供的技術及服務要能吸引目標顧客。有些網站會以聯屬網路行銷、橫幅廣告交換來吸引顧客。聯屬網路行銷（affiliate Internet marketing）是存在於網路社會的一種非常獨特的手法，可「眾志成城」的協助網路行銷推廣活動的進行。經由聯屬網站的引介，網路行銷者可爭取到更多新而忠實的顧客；可擴展產品及服務的領域；可共同哄抬聲勢；可以有濟無；可因合乎經濟批量的進貨而節省進貨成本，進而節省倉儲成本；可藉著相互支援或共用廣告製作、促銷活動、配銷系統等而節省成本。甲公司同意在其網站上展示乙公司的橫幅廣告，同時乙公司也同意在其網站上展示甲公司的橫幅廣告，這就是橫幅廣告交換（banner swapping）的情形。這也許是在橫幅廣告的建立及維護上較為便宜的方式，但是要和誰交換？這是一個相當困難的決定。要交換的對象，必須是他的網站能夠吸引大量人潮，而且這些人又會點選本公司的橫幅廣告的網站。有時候，要交換的單一對象不容易找到。如果有幾家公司想要交換橫幅廣告，反倒是比較容易的做法。例如：甲公司可展示乙公司的廣告，但是乙公司不能展示甲公司的廣告，但是乙公司可以展示丙公司的廣告，而且丙公司可以展示甲公司的廣告。

告知（inform）

當顧客進入網站時，就要向他們提供相關的資訊內容。許多網站採取外包的方式，讓內容仲介商（content mediator）來提供內容產生、內容管理及內容遞送服務。

客製化（customize）

愈來愈多的顧客希望能夠自己建構、組合產品。建構引擎（configuration engine）藉著強化資料庫的數位化邏輯及法則，可實現「自助服務」的過程。換

句話說，顧客的訂購、組合、完成交易及運送都可加以自動記錄及實現。

交易（transaction）

電子商務交易的核心是一個創造市場的平台，使買賣雙方能夠順利的完成交易。電子商務比較先進的平台有：目錄、拍賣、交換及以物易物模式，這些模式可集結許多買方與賣方一起進行交易。

支付（payment）

在電子商務交易中，可使用信用卡、電子錢包或現金方式來支付。線上交易的支付及信用可透過及時信用認可引擎（realtime credit underwriting engine）及支付伺服器（payment server）來審核顧客的信用，以順利完成交易。

互動（interact）

交易一旦完成，就要展開支援活動。顧客希望獲得建議、問題解決及訂購狀態更新等資訊。顧客互動平台（customer-interaction platform）的功能有如呼叫中心一樣，具有及時線上顧客服務、訂單追蹤等功能。

遞送（deliver）

支付作業一旦完成，遞送程序即將登場。電子商務廠商愈來愈依靠外包的供應鏈管理系統來遞送產品以完成交易，並做需求預測。

個人化（personalize）

每當顧客經由點選進入網站時，網站就必須對此顧客做深一層的認識。個人化技術如協同式過濾、資料採礦技術，可以掌握顧客的每一份細節資料，並分析他們的購買行為，以確信下一次互動產生時，讓顧客有「驚豔」之感（「哇！它怎麼把我摸得這麼清楚！」）。

@ 影響電子商務競爭的因素

亞馬遜網路書店（www.amazon.com）在成立後的前三年，其銷售成長的快速令人嘖嘖稱奇，1997 年的銷售成長是 1996 年的 8 倍。其競爭對手邦諾書店（Barnes & Noble）披星戴月花了一年半的時間，才成立網路書店。在邦諾書店

跨入電子商務那一年，亞馬遜網路書店早已是線上銷售的龍頭馬車。雖然由於環境、經營及其他因素使然，亞馬遜網路書店於 1998 年仍處於虧損狀態，但是它卻控制了 75% 的線上書籍銷售，而且在 1998 年中期至少和 10,000 家公司建立了商業夥伴關係。

邦諾書店亦非等閒之輩，它建立了「企業對企業」（B2B）應用，使得只建立「企業對顧客」（B2C）應用的亞馬遜網路書店相形失色。除此之外，邦諾書店也購併了幾家外國公司，並在其產品線組合策略中加入了 CD 產品及其他產品。為了增加其競爭優勢，邦諾書店成立了獨立的公司，處理所有的線上交易活動，包括「企業對企業」（B2B）的應用在內。

影響空間市場競爭的因素

我們可以預見，亞馬遜網路書店及邦諾書店之間的競爭將益形白熱化，它們之間的新點子及把戲將層出不窮，我們且拭目以待。無可否認的，網路書店由於配銷成本的降低，可向顧客提供 40%折價的書籍，因此受惠最多的還是網路消費者。

從以上的網路行銷個案中，我們可以發現影響空間市場競爭的因素如下：

- **降低購買者的搜尋成本（search cost）**。電子化市場可降低搜尋產品資訊的成本。這種情形對於競爭有著重大的影響。消費者的搜尋成本降低之後，就會間接迫使賣方降價、改善顧客服務。
- **加速比較**。在網路的環境下，顧客可以很快、很方便的尋找到廉價的產品。顧客不必再一家一家的逛商店，只要利用購物搜尋引擎（shopping search engine），就可以很快的找到所要的東西並做比價。因此，線上行銷者如能向搜尋引擎提供資訊，將使自己（以及顧客）受惠無窮。
- **差異化**。亞馬遜網路書店向顧客提供的服務，是傳統書店所沒有的，例如：與作者溝通、提供及時的評論等。事實上，電子商務可使產品及服務做到客製化（customization）。例如：亞馬遜網路書店會不定期的利用電子郵件通知讀者他們所喜歡的新書已經出版了。差異化會吸引許多顧客，同時顧客也會願意因為享受差異化而多付些錢。差異化減低了產品之間的取代性，因此，在差異化策略中的降價措施對市場占有率並不會造成太大的衝擊。

- **低價優勢**。亞馬遜網路書店可以較低的價格競爭，是因為其成本較低之故（不必負擔實體設備，只要保持最低存貨量即可）。某些書本的成本因而降低了 40%。
- **顧客服務**。亞馬遜網路書店提供了優異的顧客服務，這些服務都是重要的競爭因素。

此外，網路行銷者還必須了解在網路競爭中的事實：

- 公司的規模大小並不是獲得競爭優勢的關鍵因素。
- 與顧客的地理距離並不是重要因素。
- 語言障礙可以很容易的克服。
- 數位化產品不會因為存放時間長而變質。

完全競爭市場

電子商務會增加市場的效率，也會產生近乎完全競爭的市場型態出現。在完全競爭市場中，當消費者願意支付的代價等於製造產品的邊際成本時，製造商就會製造產品，同時買賣雙方均不能個別的影響產品的供需情況。綜合而言，完全競爭市場有以下這些特性：

- 買賣雙方均可自由的進入市場（無進入成本或進入障礙）。
- 買賣雙方均不可能個別的影響市場。
- 產品具有同質性（無差異性）。
- 買賣雙方對於產品、市場情況均有充分的資訊。

電子商務滿足了（或幾乎滿足了）以上的市場條件。值得一提的是，獲得資訊的容易性可嘉惠買方及賣方。買方可以很容易的獲得有關產品、網路行銷者、價格等資訊；賣方也可以很容易的獲得有關顧客、需求、競爭者等資訊。

8-6 電子商務應用

以交易的特性來看，電子商務的應用範疇可分為以下各類：企業對企業應

用、企業對顧客應用、其他應用（包括：顧客對顧客、顧客對企業、非營利電子商務、企業內部電子商務）。

＠ 企業對企業應用

企業對企業應用（Business-to-Business, B2B）是今日電子商務中應用最多的類型。B2B 包括了組織間連線系統（Inter Organizational Systems, IOS），以及組織間透過網際網路的電子化市場交易（electronic market transactions）。

B2B 市場類型

B2B 市場可分為兩種類型：水平市場與垂直市場。水平市場（horizontal markets）是指服務任何產業的市場，也就是任何產業都會購買的市場。維護、修復及作業（Maintenance, Repairs and Operating, MRO）產品是每個產業的企業所需要的。例如：不論是大到電子企業，小到居家附近的牙醫診所，都需要基本的作業供應品（如文具、辦公桌椅等）。垂直市場（vertical markets）是服務某特定產業的市場，例如：醫療診療設備只是提供醫院的產品。其他的產業如化工業、娛樂業不會需要這種產品。典型的垂直市場之例是 Marketplace，典型的水平市場之例是 ProcureNet.com 和 Novation.com。

B2B 顧客區隔

在 B2B 市場的顧客區隔方面，可分為兩種：(1)交易型顧客（transactional customers），也就是僅從事單一交易（只做一次買賣），正是價格導向的顧客；(2)關聯型顧客（relational customers），也就是在一段期間會從事多次交易，正是價值及服務導向的顧客。IT 顧問公司 Accenture（accenture.com）所進行的研究發現，B2B 客戶可分為：[3]

- **傳統者（traditionalists，占 28%）**：重視賣方的品牌聲譽，亦重視價值、產品的多樣性及價格。

- **電子化服務尋求者（e-service seekers，占 23%）**：重視賣方網站的功能，

---

[3] Stephen F. Dull, "Was it an Illusion? Putting More B in B2B, " 2001, www.accenture.com

關心他們本身資料的隱密性,不太重視價格。

· **價格敏感者(price sensitives,占 21%)**:重視價格,較不重視服務。

· **電子化懷疑者(E-skeptics,占 17%)**:對於線上交易採取保留態度。找尋值得信賴的供應商及知名品牌。不太重視賣方網站的功能及產品線寬度。

· **電子化先鋒(e-vanguards,占 11%)**:是電子商務交易的擁護(創新)者,重視產品的多樣性及網站的功能,不重視賣方的聲譽及本身資料的隱密性。

B2B 交易程序

相較於其他類型的電子商務,B2B 交易的程序比較複雜。網路行銷者在進行 B2B 時,通常都會遵循一定的程序。這些程序共分為三個階段:(1)購買前階段(prepurchase stage),包括確認需求、界定產品需求、擬定詳細規格、搜尋合格供應商、獲得及分析廠商的計畫書;(2)購買階段(purchase stage),包括仔細評估計畫書、選擇供應商、訂單處理;(3)購買後階段(postpurchase stage),包括評估產品與供應商績效。

B2B 成本

在每個階段都不免衍生成本,例如:在購買前階段會衍生搜尋成本。搜尋成本(search cost)包括搜尋產品資訊(規格、價格、性能等)的成本、搜尋合格供應商的成本。有些網站(如 Neoforma.com)在單一的市集中(也就是在其網頁上)提供了有關 168 個供應商的資料,大大減少了網路行銷者的搜尋成本。交易成本(transaction cost)包括內部溝通成本、外部溝通成本、購買者與供應商的協商成本、處理有關購買文件的成本。交易成本也包括在購買後階段與供應商的溝通成本、監控是否依循行事的成本、評估產品績效的成本。Neoforma.com 提供了各種加值服務,可大大減少廠商的交易成本。例如:讓供應商在其網站上展示完整的型錄、讓買賣雙方能瀏覽過去的合約(包括產品規格、價格等),以及許多線上報告,以使廠商(通常是醫院)來監視供應商的績效。如果廠商與供應商之間透過網際網路化供應鏈管理,必能大大減低搜尋成本與交易成本。表 8-6 顯示了 B2B 程序及其所衍生的成本。

▶ 表 8-6　B2B 程序與成本

階　段	程　序	成　本
購買後	評估產品及供應商績效	溝通成本 監督合約及產品績效成本
購　買	仔細評估計畫書 選擇供應商 訂單處理 電子付款作業	溝通成本 人際互動成本
購買前	獲得及分析廠商的計畫書 搜尋合格供應商 擬定詳細規格 界定產品需求 確認需求	搜尋供應商的成本 溝通成本 比價及比較產品的成本

B2B 商業模式

B2B 的建構基礎包括：交易機制、收益模式、加值服務、社群、資訊結構。

交易機制

電子化空間市場的交易機制（transaction mechanism）包括：線上型錄、拍賣與逆向拍賣。

(1) 線上型錄（online catalog）是指在網頁上的多媒體物件，通常是以文字、圖像、動畫方式呈現。相較於傳統的印刷型錄，線上型錄更易於更新、更具有多媒體特色。讀者可上 Grainger.com 網站，察看各式各樣的線上型錄。

(2) 拍賣（auction）。傳統的拍賣方式是拍賣者站在台上對物品提供底價，潛在購買者依固定價格出價，由出價最高者得標。拍賣的場地是彙集買賣雙方之處，依既定的規則進行拍賣。

(3) 逆向拍賣（reverse auction）是買方向合格的賣方提供產品規格，並要求賣方提供報價。如果涉及的是實體產品或專案（如建築工程），此過程稱為「報價要求」（Request For Quotes, RFQ）；如果涉及的是無形產品（如服務），則此過程稱為「計畫書要求」（Request For Proposal, RFP）。一

般而言，是由出價最低的賣方得標。但是有些買方不是僅以價格為考量依據，還要考量交往經驗、賣方供應能力、交期、運輸成本等因素。如果逆向拍賣在實體世界進行的話，不免會有以下缺點。例如，買方不能確信：(a)是否已包括了最具有資格的、最具潛力的賣方；(b)是否所選擇的是最佳的賣方；(c)所選擇的賣方是否提供了最佳的價格或交易條件。如果逆向拍賣是透過網際網路來進行，則上述的缺點就可解決泰半。同時，線上進行逆向拍賣還有硬錢節省和軟錢節省的好處。硬錢節省（hard money saving）較易衡量，在購買產品及服務上花比較少的代價，就是硬錢節省。軟錢節省（soft money saving）比較難以量化，包括了接觸大多數的賣方、減少採購時間、改善物料品質及服務方面所節省的成本。值得了解的是，線上逆向拍賣也會衍生成本，例如：軟體成本（續買或使用授權軟體的成本）、人員訓練成本，以及商業程序再造的成本。

收益模式

線上收益來自於本網站向賣方收取的費用，因為賣方透過本網站獲得了銷售收益，包括：(1)賣方所付的佣金：透過本網站完成交易，賣方付給本網站的佣金；(2)交易費用：通常向賣方收取交易額的 1%；(3)服務費：每年結算一次，向賣方收取顧問費或為賣方所建置的客製化網站費用；(4)廣告費用；(5)會員會費及訂閱費；(6)某種比例的成本節省費用。由於透過本網站，賣方（客戶）會獲得成本節省的好處，因此有時候網站會向賣方收取某種比例的成本以節省費用。

加值服務

提供加值服務也是網站的主要收入來源。加值服務（value-added services）包括：安排信用卡支付、配銷及後勤安排、財務分類帳及企業資源系統（ERP）的整合、處理交易糾紛、貨品檢驗等。

社群

由於垂直網站（vertical site）所服務的對象是該產業的廠商，因此它是建立線上社群的最佳媒介。社群網站應提供產業相關資訊以吸引訪客持續光顧。除了向購買者提供典型的採購服務之外，也應向供應商（買方）提供銷售機會，

以促成買賣雙方的成交。在社群網站的「新聞及社群」（News and Community）網頁中，要建立「論壇」（Discussion Forum）區。針對該產業中的特定主題或問題來進行討論，以解決訪客的疑難雜症。在網頁下端可建立「編輯者推薦」（Editor's choice），提供許多熱門產品的超連結，以及與該產品有關的相關訊息。當訪客進入社群網站的網頁時，與該產業有關的其他網址也會一併呈現出來，以方便訪客的參照。

資訊結構

B2B 的資訊結構（infostructure）包括企業的基礎建設（infrastructure）特定軟體，例如：拍賣軟體。當網際網路成為電子商務的通路媒介之際，許多解決問題導向的專業軟體（例如：拍賣軟體、逆向拍賣軟體）也如雨後春筍般的湧現。

現在我們來說明及時連結或循序連結。軟體的本質與複雜性是隨著 B2B 中買賣雙方的關係而定。軟體要在買賣雙方之間建立連結是無庸置疑的，但是連結的方式是不相同的。在拍賣模式中，在某一時點的連結是一（賣方）對多（買方）；但在逆向拍賣中，連結的方式是一（買方）對多（賣方）。不論拍賣或逆向拍賣，所要考慮的都是：是否所有的參與者都需要在同一時間進行叫價活動，或者參與者只要在拍賣期間自己方便的時間上線出價並查看拍賣結果即可。對於「及時互動」（real-time interaction）的要求，是對資訊結構的最大挑戰。

在一般的交易模式中，連結買賣雙方是多對多的形式；但是稱為循序連結（sequential connectivity）這種連結方式，並不需要買賣雙方同時參與交易活動。循序連結對資訊結構的挑戰或要求顯然比較低。

前端連結（front-end connectivity）是 B2B 的重要觀念。後端系統（back-end system）是買方或賣方自己的內部系統，基本上，在建立 B2B 時不需要與後端系統建立介面關係。但是連結後端系統是 B2B 的加值化服務，要提供這種加值化服務，企業必須投注更多的資源，例如：人力、硬體及通訊設備，如圖 8-5 所示。

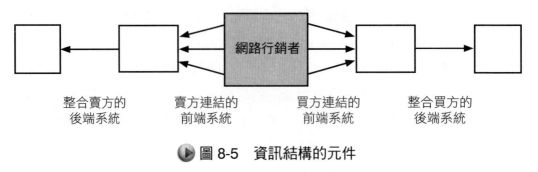

整合賣方的 後端系統	賣方連結的 前端系統	買方連結的 前端系統	整合買方的 後端系統

圖 8-5　資訊結構的元件

來源：修正自 Mary Lou Roberts, *Internet Marketing: Integrating Online and Offline Marketplaces* (Boston, MA: McGraw-Hill, 2003), p.118.

B2B 成功之道

　　由麥金錫顧問公司（Mckinsey & Company）與史丹佛大學商學院所進行的共同研究結果顯示，B2B 成功有三個重要指標：顧客獲得、顧客滲透與顧客金錢化。顧客獲得（customer acquisition）包括首度光臨網站的顧客數、積極的購買者數目、積極者數目、積極使用者的數目。顧客滲透（customer penetration）是指網路行銷者能夠從顧客不斷的獲得生意的程度，包括總交易數、每位顧客的交易數。即使績效卓越的網站，每位顧客的平均交易數也不會超過兩筆。顧客金錢化（customer monetization）是指實現報酬以抵銷支出的程度，包括總收益、交易收益、非交易收益、平均交易費用、營運支出報酬率。研究指出，績效卓越的網站在此三項指標均超過一般網站。[4]

@ 企業對顧客應用

　　企業對顧客應用（Business-to-Customer, B2C），是企業和顧客之間的零售交易，例如：亞馬遜網路書店向其顧客銷售書籍及 CD 等。WWW 可利用其超連結技術（hyperlink），將儲存在 Internet 的資訊加以連結。如果我們的電腦中安裝有適當的 WWW 客戶端系統，或稱瀏覽器（Browser，例如：微軟公司的 Internet Explorer 或網景公司的 Communicator），我們就可以在 Internet 中操縱廣泛的、分散式的資訊資源，諸如查詢儲存在其中的各種多媒體文件（包括文

---

[4]　有關此研究之細節，可參考：www.mckinseyquarterly.com。

字、聲音、靜態影像、圖片等）。相同的服務及工具更如雨後春筍般的湧現，而且愈來愈多的網路服務是針對個人，而不是公司行號。例如：Cybershoppers 可帶領你進入 Internet Shopping Network（Internet 最有名的電子超商）中，在這裡面，你可以看到 15,000 種的硬軟體產品資料（產品樣式及折價消息等）。由於資料及使用者驗證工具的進步，銀行、信用卡及財務交易的業務將會透過網路來進行。Visa、CitiCorp 也已宣布提供這些服務的計畫。出版業者，如 Clarinet 及 Electronic Newsstand 也已將有關運動、氣象、股票的資料傳到客戶家的電腦中。

根據資策會的資料，2009 年 B2C 的網路購物服飾類創下 220 億元業績，三 C 類業績僅 172 億，這是台灣網購服飾類首度超越三 C 類，原因在於許多網購服飾走山寨路線，仿服飾雜誌上的設計，以低價和網路快速發貨，創造流行。網購業者指出，為與實體店面區隔，網購服裝幾乎全為單價低、流行速度快的業者才能生存。即使料子不好、剪裁也差，但只要價格便宜，讓年輕網友每個月都有新衣可穿，也能獲得消費者的青睞。價錢低、天天有新貨，是網購服飾品牌興起的主因。女性消費者在辦公室中只要收到網購促銷信，多數都會翻閱參考，當看到琳瑯滿目的服飾商品，平均單價又在千元以下，加上可分期與滿千送百等活動，營造比實體通路更易下手的氛圍，造就了許多年營收破千萬元的新富，包括天母嚴選、東京著衣、小美日系、Garce Gift、Orange Bear 等。天母嚴選認為定位品牌明確、天天有新貨上架是其成功的主因，讓網友「每天點選頁面都有新鮮感」。東京著衣一件洋裝售價不到 300 元，不到專櫃貨十分之一。[5]

@ 其他應用

顧客對顧客（Customer-to-Customer, C2C）

意指顧客直接銷售給顧客，例如：有人在分類廣告（www.classified2000.com）中銷售房屋、汽車等。在網路上刊登「個人服務」廣告，並銷售知識及技術，就是 C2C 之例。有許多拍賣網站也允許個人上網拍賣。

---

[5] 聯合報／記者顏甫珉／台北報導，2010.03.08，網址：http://udn.com/NEWS/NATIONAL/NATS6/5460516.shtml。

顧客對企業（Customer-to-Business, C2B）

意指個人向組織提供產品及服務。

非營利電子商務（Nonbusiness EC）

學校機構、宗教團體、社會組織、政府機構等非營利組織，在網路上提供資訊、知識、技術、理念等的實務。非營利組織也可以利用網際網路來減少開銷（如採購作業的改善）、增加作業效率及改善服務品質。

企業內部電子商務（Intrabusiness EC）

企業內透過網際網路來交換產品、服務及資訊，其應用範圍很廣，包括企業向員工銷售某種產品、提供線上訓練、訊息傳遞等。

8-7 顧客導向電子商務

推動世界經濟成長的主力是什麼？不是大量製造，而是創造顧客價值。因此，現今企業的關鍵成功因素在於如何使顧客價值達到最大化。

企業要如何實現顧客導向電子商務的企業價值？首先，企業要有能力保持顧客的忠誠度，預測顧客未來的需求，因應顧客所關心的事情，以及提供高品質的顧客服務。著重於顧客價值（customer value）的策略，必然會強調品質及顧客認知的價值（不是廠商所設定的價值）。從顧客的角度來看，能夠持續的提供最佳價值的企業，必然能夠做到追蹤顧客的個人偏好、掌握市場趨勢、在任何時間及地點提供產品服務和資訊，以及提供滿足顧客個別需要的服務。

愈來愈多的企業會透過 Internet 來服務其顧客與潛在顧客。這些數目眾多的網路族群希望企業能夠和他們做有效的溝通，並透過電子商務網站滿足他們的需求。因此，Internet 已成為大小企業的策略機會。換句話說，企業可利用 Internet 快速的因應顧客的需求，以滿足顧客的個別需要及偏好。

圖 8-6 顯示了 Internet 科技將顧客變成經營重心的情形。Internet、Intranet 及 Extranet 網站可創造一個新的媒介，使得企業內、企業與顧客、企業與供應商、企業與商業夥伴之間能夠透過這些媒介進行互動式的溝通。在這種情況之下，企業就可以使每個企業功能（例如：行銷及銷售、生產與作業、研發等）與顧客互

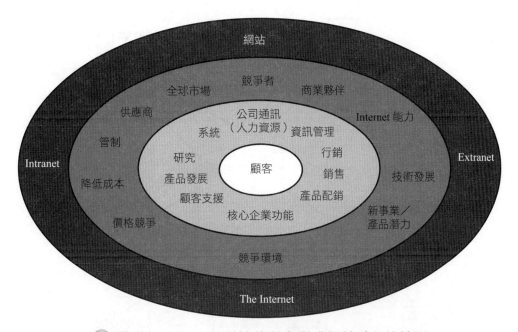

圖 8-6 Internet 科技將顧客變成經營重心的情形

來源：Mary Cronin, "The Internet Strategy Handbook," *The Harvard Business School* (Boston, 1996), p.22.

動，並鼓勵在產品發展、行銷、運送、服務及技術支援方面與顧客進行跨功能的合作。

顧客通常會利用 Internet 來詢問問題、購買產品、評估產品、表達不滿、要求支援。利用 Internet 及 Intranet，企業內各功能領域的專業人員就可以做有效的因應。如果建立跨功能的討論群組、問題解決團隊，則對於顧客問題解決、顧客的參與及服務會有如虎添翼之效。企業也可以利用與供應商及商業夥伴連結的 Internet 與 Extranet，來確信交期、物料及服務品質，以實現對顧客的承諾。以上總總即說明了實施網際網路化電子商務如何使企業著重顧客的情形。

圖 8-7 說明了顧客導向的電子商務運作細節。Intranet、Extranet 及電子商務網站，以及電子化的內部商業程序，形成了重要的 IT 平台，以支援電子商業模式。在這種情況之下，電子商業可著重於目標顧客需求的滿足，並且能「擁有顧客的長期經驗」（長期的鎖住顧客）。成功的電子商業會使所有影響到顧客的商業程序「流線型化」（精簡、合理、現代化），並讓員工能夠以整體性的觀點來向顧客提供高品質的個人化服務（不至於見木不見林）。顧客導向的電子商業不

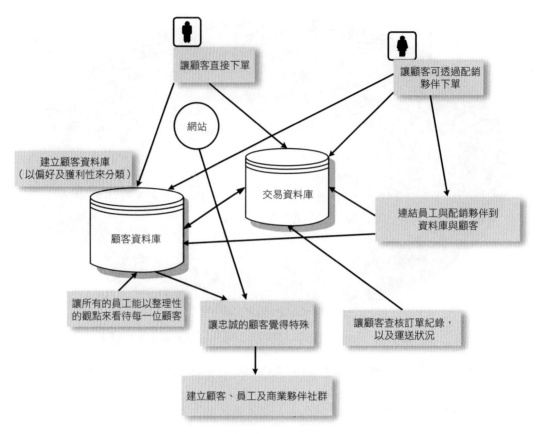

圖 8-7　顧客導向的電子商務運作細節

來源：Ronnie Marshak, "*Customer.com: How to Create a Profitable Business Strategy for the Internet and Beyond,*" (New York: Time Books, 1998), p.32.

僅可協助顧客，也可以幫助顧客做到自助。最後，成功的電子商業會建立包含著顧客、員工及商業夥伴的線上社群，以增加顧客的忠誠度，並透過相互間的合作以提供顧客美好的購物經驗。

@ 行動商務

行動商務的應用

　　行動商務的應用如下：

・線上股票交易。

- **網路銀行**：行動銀行快速發展，CityBank 在新加坡、香港和其他國家都有行動銀行的服務。
- **微付款機制**：在德國，顧客可以用手機來付計程車費。
- **線上賭博**：在香港，顧客可以用手機來支付賭馬的賭金。
- **線上訂購及服務**：Barnes and Nobel Inc.開創了一種在 PDAs 及手機方面的服務，可以讓顧客以下載音樂的方式聆聽個人化的音樂，也可以訂購書籍。
- **線上拍賣**：QXL.com 是一個英國的公司，可以讓使用者使用手機進行線上拍賣活動。
- **訊息交流**：Short Messages Service 可以發送一些有市場區隔或個人化的 E-Mail 給顧客。
- **B2B**：行動商務有強大的功能可以蒐集及分析資料，以快速做出更好的決策。員工也可以使用手機查詢公司庫存，並直接從手機下訂單。

一個成功的廠商：I-MODE

1999 年到 2000 年，I-MODE 是日本無線上網服務的先鋒。只需少許的按鍵，I-MODE 使用者就可以完成很多的行動商務活動，包括線上股票交易、旅遊票券的購買，以及訂房。I-MODE 使用者可以發送及接收有顏色的圖檔。I-MODE 從 1999 年開始到 2000 年底，已有 1,500 萬的使用者。以下是一些 I-MODE 的應用：

- 每天接收 Tamagotchi（電子雞），一個月只要 1 元。
- 火車時刻表及購物區域的導覽。若火車誤點，還可自動發送訊息告知。
- 餐廳或購物的折價券。
- 線上購買音樂。
- 傳送或接收照片。
- 購買機票。
- 提供銷售最好書籍的資訊，並能線上購買。

8-8 未來與潛在問題

你正在和小孩子們看有關海豚的紀錄片（看起來好像公視播出的特別節目），你希望了解海豚的平均大小及體重，你可以在呈現於螢幕上的互動式視窗內鍵入要問的問題，幾秒鐘之內就會得到回應。要知道更詳細的資料嗎？要把解答印出來嗎？家庭作業會變得更輕鬆、更有趣。不久之後，電視可能會問：「你要把自己的姓名、老師姓名、交報告日期及期望的分數印出來嗎？」

IBM 資訊中心的負責人柏格曼（Mark Bergman）認為，未來將是智慧裝置發揚光大的時代。這些裝置長得一點都不像個人電腦。他預測，洗衣機及其他家電產品都會有液晶面板及網路瀏覽器，這些家電產品可以和網際網路及其他家庭設備交流。這是不是表示當我們的清潔袋用完了，附近的服務中心就會知道，並馬上到府補貨？這樣的服務似乎愈來愈有可能。

@ 趨勢

許多人（包括美國前總統柯林頓）認為，電子商務對我們生活的影響遠甚於工業革命的影響。一般而言，對於電子商務的未來，大家都有一個共識，就是它的前途是光明無比的；但是其預期的成長率如何、哪一個產業的成長最快，人們的看法卻各有不同。對於電子商務的樂觀態度，主要是以下的趨勢及觀察而來的。

網際網路使用將日益普及

網際網路的使用者呈指數成長。當電腦與電視整合在一起、當個人電腦愈來愈便宜、當在路邊的書報攤就可以上網、當網際網路的知名度變得家喻戶曉時，網路遨遊者將會多如過江之鯽。當現在的青少年成為成人時，網路的使用將無可限量。1999 年時，網路使用者就已超過 25,000 萬人（單單美國的寬頻網路使用者就有 1,200 萬人），電子郵件的使用者更是超過 4 億人。

購買機會大增

隨著交易機制的健全、中間商服務的改善、多國語言的障礙克服，以及網路

行銷者的努力，在網路商店所提供的產品及服務可以說是琳瑯滿目，令人目不暇給。在這種情形之下，消費者的購買機會及選擇性將大為增加。

購買誘因增強

網路購物的方便性以及產品價格偏低，都會促使消費者在網路上購物。許多創新性的產品及服務，都會陸續在網路商店出現。網路購物將成為沛然莫之能禦的潮流及生活習慣。

安全及信任仍待加強

企業對顧客（B2C）成長最大的障礙在於人們對網路安全性及隱私權的顧忌。我們希望在未來，這些安全性及隱私權保護的問題都可以迎刃而解，人們的這些顧忌也將消失於無形。

資訊處理效率的提升

許多資訊將可在任何地方隨時萃取。利用資料倉庫（data warehouse）以及智慧代理技術（intelligent agent），企業就可以隨時掌控顧客的動向、操縱網路行銷活動。及時行銷的實現將是指日可待的事情，屆時電子商務的活動將更熱絡。

創新性組織的出現

資訊科技是組織重組、再造的媒介。組織如能充分發揮適能團體（empowered team）的功能（這些團體有些是虛擬團體），就會具有創新性、彈性及反應性。具有創新性的組織必然是徹底落實電子商務者。

虛擬社區的普及

虛擬社區將如雨後春筍般的湧現。事實上，現在已有許多虛擬社區向其數百萬的成員提供服務。虛擬社區可擴展線上商業活動。有些虛擬社區是由專業團體所組成的，這樣可以加速企業對企業（B2B）電子商務的進行。

支付系統將具規模

利用電子現金卡進行電子支付（micropayment），將會愈來愈接近實務。當電子支付大規模的應用在線上購物時，電子商務的活動將更為熱絡。在建立國際

支付標準後,電子支付將會普及於全球各地,如此會使得全球電子商務的發展更為快速。

企業對企業(B2B)的應用將成為主流

產業內企業間網路(Extranet)將是一股沛然莫之能禦的潮流,迫使每個企業必須加入 B2B 的行列。在短期間內,B2B 將繼續維持電子商務界的主流(以交易量來看)。未來將有更多的網路行銷者加入、更多的網路購物者、更完善的服務提供,因此,電子商務的成長將是不爭的事實。B2B 以及 B2C 的成功,將取決於企業是否能將電子商務技術整合到其商業程序和傳統的資訊系統內。

技術趨勢

電子商務技術的未來大致是這樣的:作業成本大幅降低、軟體的能力、近便性及易用性將大幅提升、網站的建立愈來愈容易、安全性將更增強。我們可在此舉出幾個重要的技術趨勢:

1. 客戶端(client)

各類型的個人電腦將會愈便宜、體積愈小、功能更強。網路電腦(Network Computer, NC)又稱薄式客戶端(thin client),可在 UNIX 上執行爪哇程式或微軟的視窗程式,其價格將趨近於電視價格。另外一個趨勢是嵌入式客戶端(embedded client),也就是在客戶端嵌入專家系統,使其更具智慧、更能對環境做反應。

2. 伺服器(server)

微軟公司的 Windows NT 將成為作業系統的主流。NT 具有叢集(clustering)的能力。叢集伺服器(clustering server)不僅可提升處理能力,而且更具有經濟性。

3. 網路

在電子商務的環境中,通常有大量的多媒體素材,例如:彩色電子型錄、影片、音樂等,所以在傳輸上,頻寬是很重要的因素。某些寬頻技術(如 XDSL)可大幅提升頻寬。在相對便宜的網際網路上利用寬頻技術,可取代昂貴的廣域網

路（Wide Area Network, WAN）或加值網路（Value-Added Network, VAN）。利用虛擬私人網路（Virtual Private Network, VPN）可增加網際網路的安全性。利用無線通訊來取代光纖電纜，可以節省大量的裝置時間及金錢。1998 年，無線通訊的速度可達 T1（約 1.5mbps，每秒可傳送 1.5 百萬位元組的資料）水準，但成本卻可節省 80%。但是，對於某些數位產品的傳送，無線網路的傳送速度可能還是太慢。

4. 電子商務軟體及服務

各類型的電子商務軟體的功能將愈來愈強大，使得架設網站成為相對容易的事情。此外，許多網站提供租賃服務，網路行銷者可輕鬆的利用其服務來進行線上拍賣、安全認證、款項收支、國外銷售。

5. 電子商務知識

電子商務還有尚未探知的知識及技術。在未來，人們將不斷的探求、挖掘有關的知識。我們愈了解電子商務，就會愈加速它的擴展。到目前為止，我們對電子商務的了解還是貧乏得可憐。

6. 整合

電腦與電視、電腦與電話（包括手機）的整合，將會加速網際網路的普及性。

@ 前途無可限量

電子商務及一般的網際網路會持續改變我們的生活方式。用這麼簡易的方式就可以檢索資訊，會使得教育更為普及，知識更容易獲得。我們將會緊密的連結在一起，並能夠在線上找到任何東西。我們的注意力應從「如何尋找資訊」，轉移到「如何利用資訊」。能夠分析及解釋資訊的人，將是收穫最多的人。我們應增加資訊的附加價值。

科技的進步一日千里。在網際網路上，如何提供快速的、可靠的資訊傳輸，是永遠受到重視的問題。亞必林網路（Abilene Network）的科技成就更是為人所稱道。亞必林網路曾展示相隔遙遠的醫師們如何透過網際網路的溝通，共同為病人進行手術的情形。亞必林網路是全國性的教學研究網路，連結了相距一萬哩的 37 所大學，其傳輸速度是 T1 專線的 1,600 倍。亞必林網路是由 Qwest、思科公

司、Nortel 網路及印第安那大學共同投資成立的（其設備及服務約 5 億美元），它是聯邦政府及網際網路第二公會（Internet 2 Consortium）的網路發展計畫的子計畫。

在未來，電視、電話及網際網路科技可望整合在一起。例如：美國廣播公司（America Broadcasting Company, ABC）已經做好市場定位，充分善用整合的科技，並藉著 go.com 網站的架設，提供美國廣播公司及迪士尼家族系列產品的資訊。美國廣播公司具有「隨時可連結到網際網路」的能力。

網際網路與電視將合而為一，而電視將是互動式的。當你在電視上看到葛萊美頒獎典禮時，想要訂購冠軍 CD 歌曲，就可以透過電視直接訂購。有線電視業者在這方面能夠幫得上忙。以使用者觀點來看，使用起來愈方便愈好。以有線電視業者的觀點來看，未來的遠景及利潤將無可限量。想一想，你在家裡有多方便。當網際網路與有線電視結合時，你隨時都在線上，一打開電視就等於上網了！

@ 確認潛在問題

在建立網路行銷系統的目標中，你要勾勒出一些方法，以減低投資在時間、努力及金錢方面的風險。例如：你的潛在顧客在做最終的購買決定時，總是會貨比三家。畢竟，在線上購買時的比價也未嘗不是一種樂趣。你要確認這些潛在的問題。看看你的競爭者怎麼做，並且要保證你的標價不會使你被判出局。網路行銷者（尤其是起步者）要注意哪些問題呢？表 8-7 提供了一些答案。

▶ 表 8-7　剛進入電子商務所應考慮的潛在問題

你知道……	因此你應該……
顧客對於安全問題會很緊張	在一開始就重視安全問題
在尖峰時刻，購物者得到的反應很慢	確信能夠處理大量的東西
有些網站會故障	具有備用系統來支援
潛在顧客會貨比三家	產品的價格要有競爭性
不久之後，競爭就會白熱化	站在其他網站的上頭
如果沒有新的東西，顧客會失去興趣	經常更新你的網站

復習題

1. 試扼要說明電子商業的觀念與電子商業元件。

2. 網路行銷者如欲落實電子商業，應注意哪些事項？

3. 試扼要說明在電子商業上常使用的術語。

4. 試列表說明電子商業與標準商業的比較。

5. 試列舉某型錄郵購公司、製造公司、銀行、能源公司所執行的若干活動。

6. 試說明跨越事業單位的電子商業活動。

7. 試說明商業活動與科技的關係。

8. 何謂正式與非正式電子商業？

9. 近年來商業活動有哪些顯著的演變？

10. 試扼要說明落實電子商業的具體行動。

11. 落實電子商業的方法及工具有哪些？

12. 專案負責人必須界定電子商業的整體策略。專案負責人要考慮的四個策略是什麼？

13. 試說明電子商務的定義與目的。

14. 試繪圖分辨完全及部分電子商務。

15. 試繪圖說明電子商務架構。

16. 試繪圖說明電子商務的參與者。

17. 電子商務有哪些效益？

18. 試解釋電子商務付款系統。

19. 成功的電子商務交易（不論是企業對企業、企業對消費者的交易）應具備哪些資源及程序？

20. 影響電子商務競爭的因素有哪些？

21. 試說明電子商務中企業對企業應用。

22. 試說明電子商務中企業對顧客應用。

23. 試說明電子商務的其他應用。

24. 何謂顧客導向電子商務？試繪圖加以說明。

25. 行動商務的應用有哪些？

26. 試說明 I-MODE 的應用。

27. 試闡述電子商務的未來與潛在問題。

練習題

1. 試列表比較傳統商業與電子商業。

2. 今天電子商業快速發展，商業企業之間愈來愈多採用電腦網絡進行商業活動。透過電子商業，企業可以更及時、準確的獲取訊息，進而準確定貨、減少庫存、促進銷售、提高效率、降低成本，獲取更大的利潤。試對電子商業的商機做進一步的闡述。

3. 試以「網際網路智慧型代理人與電子商務」為題，寫一篇心得報告。

4. 電子商務如何改變企業發展並開創新局？

5. 「文筆天天網」（http://tw.ttnet.net/）號稱是台灣最大的 B2B 網站。試上該網站，並說明它所提供的功能，包括關鍵字搜尋、分類搜尋、代客搜尋、貨通天下專案等。

6. 「就如同 1999 年達康的神話幻滅一樣，企業對企業電子商務的泡沫也即將成為幻影。」你同意這種說法嗎？試提出你的看法。

7. 「電子商務市集業者面臨兩難的局面，一方面缺乏足夠的資金流動推動交易進行，但買方對於線上採購的接受度又不高。」你同意這種說法嗎？試上網尋找相關資料來支持你的看法。

8. 試上網找一些有關電子商務的論文（例如：B2B 電子商務 e 化功能與績效）。閱讀之後，做出評論。

9. 試分別說明下列電子商務實務：網路加盟店、上網看屋、上網購買新鮮蔬菜、電子郵局、英特爾的線上電子商務、IBM 的線上電子商務、亞馬遜網路書店、虛擬主播等。

10. 試說明電子商務在各行業的應用，例如：石化業、銀行業、百貨業、雜誌業、汽車業等。

11. 某網購服飾業者透露，他們負責月初收購日本流行時尚、國際中文版與各類型穿搭服飾雜誌，勾選出適合台灣消費者的服裝，直接快遞到對岸東莞、虎門等地的服飾業者依圖生產，快則十天、慢則二十天就可量產，並立即上架販售。試說明網路服飾業者經營成功之道。

Part **3**

網路行銷策略規劃與
了解市場

第 **9** 章　　網路行銷規劃與控制
第 **10** 章　　網路行銷研究
第 **11** 章　　網路消費行為

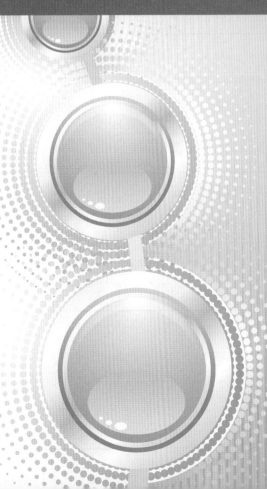

網路行銷規劃與控制

9-1　網路行銷規劃程序

9-2　環境偵察

9-3　建立網路行銷目標

9-4　研究及選擇網路目標市場

9-5　建立產品定位

9-6　建立網路行銷策略

9-7　發展網路行動方案及擬定預算

9-8　建立網路行銷組織

9-9　執行網路行銷方案

9-10　控制網路行銷績效

在擬定電子商務策略（第8章）之後，網路行銷者必須依據網路行銷規劃程序來擬定網路行銷策略。

9-1 網路行銷規劃程序

你（行銷經理或網路行銷專案負責人）的主要工作就是擬定周全的網路行銷計畫（Internet marketing plan），並且付諸實現。要擬定周全的行銷計畫，必須遵循有效的網路行銷規劃程序。網路行銷規劃程序包括以下各步驟：

(1) 環境偵察。

(2) 建立網路行銷目標。

(3) 研究及選擇網路行銷目標市場。

(4) 建立產品定位。

(5) 發展網路行銷策略。

(6) 發展網路行動方案及擬定預算。

(7) 建立網路行銷組織。

(8) 執行網路行銷方案。

(9) 控制網路行銷績效。

9-2 環境偵察

網路行銷計畫起始於對環境的了解，也就是「衡外情」。網路行銷者必須了解線上的人口統計變數（online demographics，例如：有多少上線人口、他們使用網路的頻率如何、他們的網路消費行為如何、有無改變的趨勢等）、線上商業統計數據（例如：哪些產業比其他的產業更快進行網路行銷、哪些產業現在正在進行線上交易等），以確實掌握進行網路行銷的機會。網路行銷者也必須「量己力」，也就是衡量上線的行銷成本（online marketing cost）。行銷成本包括發表（提供內容網站）、提供資料庫檢索功能、提供個人互動化功能，以及提供及時行銷功能的成本。

值得了解的是,在三、四年前,網頁設計者要花上幾個小時才能做好一個網頁,如果以當時每小時人工成本 300 元新台幣來計算,做一個網頁的成本大約是 4,000 元新台幣。但現在有了網頁設計軟體如 FrontPage 之後,做網頁已經是易如反掌,半個小時之內就可設計好一個網頁。設計一個網站的成本也不過 30～40 萬元,這在三、四年前可能要花上幾百萬元。

@ 機會

在網路行銷規劃中,了解環境的機會與威脅是非常重要的一環。機會之所以產生,乃是因為環境變化造成了未被滿足的慾望及需求。例如:網路消費者渴望獲得更多的資訊,希望能方便的比價,希望能方便快速的訂購到國外的產品,則網路行銷的機會便產生了。

又如:根據 IDC 的研究報告指出,全球上網人口有 60% 住在美國以外的地區,但 78% 的網站都是英文,網路上的語言障礙大於生活。因此,以色列的 Babylon.com(www.babylon.com)認明了這個事實,掌握行銷機會,推出多國語言翻譯系統,協助解決這種資訊溝通的鴻溝。

銷售機會

對具有創意的、企業家心態的行銷者而言,機會俯拾即是。他們會利用機會,獲得豐厚的利潤,絕非在網站上銷售一些產品或服務者所能望其項背。網站本身就是價值,如果此網站很受歡迎,那麼價值就會增加。橫幅廣告交換(banner exchange)是第一個趨勢,現在超連結變得相當熱門,使用者只要在某網頁上的生動圖像上點選一下,就會被帶到另外一個網站。

橫幅廣告交換可使具有互補性的小型企業,以交換網站上廣告空間的方式來減低成本,這是網路創業者的理想策略。小規模公司不必再獨自支付橫幅廣告的錢,他們藉著交換廣告空間的方式就可以分擔成本。LinkExchange(www.linkexchange.com,現歸微軟公司所有)說他們在橫幅廣告的顧客數上有漸增的趨勢。SmartClicks(www.smartclicks. com)也有同樣的現象。

這兩家公司怎麼會賺錢呢?因為他們提供了一個機會,使許多大公司可在許多網站上登廣告。他們也提供了許多服務,使交易更為順遂:他們利用其搜尋引

擎替公司註冊、建立橫幅廣告、處理直接銷售的問題。橫幅廣告交換可使公司以很快的、很便宜的方式，觸及全國的目標市場。若要節省成本的話，你可以自己利用繪圖軟體（例如：Adobe 的 PageMill）來設計橫幅廣告。

網路行銷者如果要充分掌握行銷機會，就應考慮組織是否有此願景（vision）、財務資源是否充裕、是否有相當的管理技術及資訊科技技術。網路行銷所追求的網路行銷機會應與組織總體目標一致，否則不是失敗，便是會強迫公司改變其長期目標。在確認及評估行銷的機會及威脅時，行銷部門需要建立及運作可靠的行銷資訊系統。

@ 威脅

當滿足需求及慾望之門緊閉之際，威脅便產生了。例如：網路消費者擔心網路訂貨不安全（誰放心在網路上暴露自己的信用卡號碼），或擔心萬一所訂購的貨品不適用，可退貨嗎？要如何退貨？這些情形對網路行銷者就構成了威脅。

@ 環境特色

在了解網路行銷環境方面，網路行銷者必須了解網路環境的四大特色：目標市場化、個人差異化、數位化、地理及時間。首先是目標市場化，由於最早接觸及使用網際網路的消費者多為電腦玩家，對於電腦軟體、硬體、視聽性電子產品的接受度相對較高，因此，網路銷售產品的目標市場具有特別的屬性。

在個人差異化方面，在網際網路上的消費者對於具有個人差異化、高附加價值的產品（例如：旅遊商品）接受度較高。而每位網路消費者都希望其獨特的需求能被滿足。

在數位化方面，像是軟體程式、電子書、音樂，透過數位化的技術，透過網路試閱、試聽的機會增大，消費者的接受度也大為提升。

在地理及時間方面，消費者喜歡在自己所指定的時間及地點收貨。如果網路商店能夠超越時空限制，提供消費者地理及時間的便利性，則商機必然大增。

@ 分析競爭者

追蹤你目前的顧客活動固然可以豐富你的網站，使你的網站更加現代化，但

追蹤你的競爭者網站對你也很有幫助。有兩種方法值得你參考：(1)定期獲得特定競爭者的目前資訊；(2)查一查線上討論群體（online discussion groups）。

檢查競爭者網站

在過去，如果你要向競爭對手索取一些行銷資料，或者打聽競爭者的動向，你總是以匿名的方式。如果公司是私人企業，你對它的財務能力會毫無所知。如果你想知道廣告費率，就需向另外的來源打聽，而他們的回應既不完整，又緩如龜步。

今日，你只要上競爭者的網站，就可對他的動向瞭若指掌，而且不需說名道姓。利用任何搜尋引擎（search engine）就可以找到競爭者的網站，瀏覽各種細節，諸如：

(1) 他們的型錄（網頁）長得怎樣？

(2) 他們的產品及服務定位如何？

(3) 他們的產品訴求是什麼？

(4) 他們的價格結構如何？

(5) 你從他們的新聞稿中知道了什麼？

(6) 新產品發表對你有何衝擊？

(7) 他們提供任何財務資訊嗎？

(8) 如果你看得到，他們的廣告費率是多少？

(9) 他們的網站上有什麼廣告主？他們有什麼網路連結？

查一查線上討論群體

線上討論群體是無價的，而且也是免費的市場研究工具。線上討論群體經常在論壇上肆無忌憚的討論（或批評）某些產品及服務的優劣。這些開放心靈的交談真的是資訊的豐富寶藏。唯一的缺點就是這些資料是完全「非科學的」，對線上交談的取樣也是偏頗的。然而，另外一個好處是，你可以隨時加入討論（只要你不會魯莽的自我推銷的話）。網路禮節（即 netiquette，是 net 與 etiquette 的複合字）禁止在線上討論群體內做推銷的活動。

@ 了解你的競爭者

你想對競爭者有徹底了解的話，就要從各種角度來了解，諸如店面、型錄及網站。你們到底在競爭什麼？你們在什麼舞台上競爭？透過網站的幫助，你會更加了解競爭者。你可以上競爭者的網站，徹底了解他們如何運作、花多少時間，悉聽尊便。但是你也應該知道，你的競爭者也會用這種方式來了解你。

你要去搜尋任何與你競爭的公司的網站，仔細研究他們的設計、形式及內容。除此之外，也要了解他們的產品及售價。他們有沒有提供折扣？特別的東西？看看他們完整的型錄。他們的網站上有多少廣告商？這樣可提供你吸引潛在廣告商的參考。他們的收費率是多少？購物者在網站上會比價，廣告商也是一樣。資料準備好了嗎？你也要查看一下上網訪客的類型。如果一個設計得很炫的競爭者網站，其訪客卻寥寥無幾，這是你的運氣，你的相對地位比較強。

@ 檢視任務環境

企業在偵察任務環境時，應分析包括影響其任務環境的所有因素。分析的形式可以是這樣的：由企業內不同部門的人員個別進行分析，然後再彙總上呈。例如：在寶鹼公司內，品牌群的每位成員必須在每一季與銷售、研發部門共同合作，針對每一項產品類別完成「競爭活動報告」（competitive activity report）。採購人員必須完成產業的最新發展分析。這些報告及其他報告會彙總上呈到高級主管辦公室，以便高級主管進行策略決策。如果高級主管認為某項新產品值得發展，就會要求公司全體成員注意有無相關產品也值得發展。這種方式使得寶鹼公司可以充分掌握外部策略因素。

波特的五力模型

產業是由生產類似的產品或服務的企業所組成的，例如：冷飲業、金融服務業。檢視的利益關係者，例如：供應商及顧客，是產業分析的一部分。競爭策略的權威麥可·波特（Michael E. Porter）認為，企業最關心的是產業內的競爭密度（competitive intensity，競爭激烈的程度），而競爭密度是由產業中的「基本

競爭力量」（competitive forces）所決定。[1]這些驅動產業競爭的基本力量包括：
新競爭者的加入、代替品的威脅、購買者的議價能力、供應商的議價能力，以及
競爭者，如圖 9-1 所示。雖然波特只提出五種力量，但本書為了突顯利益關係者
（工會、政府及任務環境中其他團體的力量）亦會對產業活動產生影響的事實，
故認為有必要加上這個力量。

　　從上述的分析來看，我們可以說競爭密度或強度（competitive intensity）最
高的產業情況就是：任何企業可自由進入此產業，現有的企業對於購買者及供應
商並無議價能力，競爭者眾多，代替品的威脅層出不窮，政府及工會的壓力不
斷。在短期，這些力量造成了企業運作的限制；但在長期，企業可透過其策略選
擇來改變一種或一種以上的競爭力量，以使企業占盡優勢。例如：英特爾為了使
個人電腦廠商購買更多其最新發展的高速微處理器（3D 圖形晶片），便大力進
行高級軟體發展以提升 3D 圖形晶片的處理能力。同時，英特爾也加速網路管理
軟體的發展，使得 PC 網路的伺服器管理員可駕輕就熟的進行網路管理。英特爾
的種種做法不外乎藉由刺激 PC 的消費，進而加速其晶片的出貨。

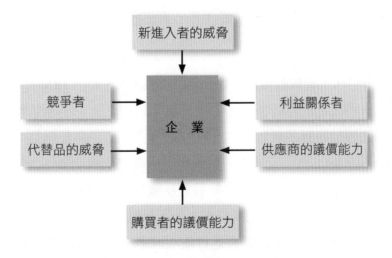

▶ **圖 9-1　產業競爭的驅動力量（波特的五力模型加上利益關係者）**

來源：Michael E. Porter, *Competitive Strategy: Techniques for Analyzing Industries and Competitors* (The Free
　　　Press, 1980).

1　Michael E. Porter, *Competitive Strategies* (New York: Free Press,1980), chap.2.

網路行銷者在分析產業時，可以對每種力量給予高、中、低的評估。例如：可對目前的運動鞋產業做這樣的評估：競爭程度高（耐吉、愛迪達、銳跑、Converse 是強勁的對手）；潛在進入者的威脅程度低（其他的鞋子並不適合運動）；供應商議價能力程度中等但逐漸增強（在亞洲國家的供應商規模愈來愈大，能力也愈來愈強）；購買者的議價能力中等但逐漸增強（運動鞋漸漸喪失吸引力）；利益關係者的影響力中等到高等（政治管制愈來愈嚴格、人權團體的聲浪日起）。基於對這些力量的趨勢分析，此產業的競爭密度愈來愈高，這也表示整體產業的利潤會降低。

新進入者的威脅

如果新進入者被阻擋在產業之外，既有廠商就會有比較高的利潤。新進入者會減少產業獲利率的原因是，它會增加新的產能，而且也會侵蝕既有廠商的市場占有率。為了阻擋新進入者，既有廠商會儘量提高進入障礙。進入障礙（entry barrier）是指阻止企業進入某一產業或使企業進入某一產業變得更為困難的因素。一般而言，進入障礙包括：資金需求、規模經濟、產品差異化、移轉成本、成本優勢、品牌認同、使用配銷通路、既有廠商的報復，以及政府政策。

競爭者

以郵購業務起家的戴爾電腦、Gateway，在進入先前由 IBM、蘋果、康柏所霸占的 PC 市場後，使得競爭密度節節升高。任何廠商的降價活動或推出新產品，必然引起其他廠商的競相效尤。在經濟學上，這種現象稱為「割喉競爭」（cut-throat competition）。同樣的情況也發生在美國航空業、台灣的沙拉油業者。產業中競爭密度決定了產業的吸引力及獲利性。競爭密度會影響供應商成本、配銷通路，並增加購買者的議價能力，因此對產業獲利性會造成直接影響。當以下情況發生時，競爭者之間會進行割喉競爭，而使得產業獲利率降低：(1)產業沒有領導者；(2)廠商數目很多；(3)廠商具有高的固定成本或存貨成本；(4)產能；(5)退出障礙高；(6)產品無差異性；(7)產業成長緩慢；(8)競爭者的「人同此心」。

代替品的威脅

影響產業獲利性的另外一個重要因素就是代替品。代替品（substitute products）是在功能上與既有產品相同或非常類似，但可以滿足同樣需要的另一種產品。例如：不動產、保險、公債或銀行存款是普通股的代替品，因為它們都是資金投資的可行方式。有時候要確認某產品有哪些代替品並不是件容易的事情，因為那些外觀不同，或是其代替品不是一眼就可以辨識，但可滿足相同需要的產品都算是代替品。例如：賭博、渡輪及國外旅遊即是滑雪的代替品。

電子郵件是傳統郵局、快遞公司（例如：聯邦快遞、優比速）的代替品。由於網際網路、企業內網路（Intranet）及其他形式電子通訊的普及與便捷，使得使用者會放棄傳統的溝通方式。在高科技行業，技術發展一日千里，新產品的出現如雨後春筍，對既有產品的威脅相當大。例如：數位相機已逐漸取代傳統相機，連帶地對傳統底片業者（例如：柯達、富士）的打擊很大。網路電話（Voice over Internet Protocol, VoIP）的出現，對傳統的通訊業者亦造成了莫大的威脅。生物科技的突飛猛進，其所研發的新藥對於既有成藥也是威脅性很大的代替品。

在確認了代替品之後，企業必須判斷這些代替品對產業利潤的影響（更明確的說，是對企業本身利潤所造成的影響程度）。一般而言，當代替品能以更低成本來執行同樣功能（與既有產品相較），或者在不增加成本的情況下可執行更多的功能時，才會對既有產品產生威脅。更令企業憂慮的是，代替品的價格愈來愈低，但功能（或稱績效屬性）卻愈來愈好。例如：愈來愈多的使用者可利用個人電腦透過網際網路來打長途電話，價格比傳統電話還低，而通話品質又有超優音質、原音重現，甚至優於一般電話。假以時日，美國線上的瀏覽器可讓人們互通語音及文字訊息，而其及時通訊（instant messenger）將是傳統長途電話公司的最大威脅。

購買者的議價能力

產品及服務的購買者有時候可對廠商施加壓力，要它們降價或提供更好的服務。在以下情況下，購買者的議價能力（buyer's bargaining power）會更高：(1) 購買者具有產品知識；(2)購買量多、購買金額大；(3)產品不被視為絕對必須；

(4)購買者集中；(5)產品無差異化特性；(6)購買者很容易進入賣方產業。

供應商的議價能力

供應商也會對產業的獲利率產生影響。在以下的情況下，供應商的議價能力（supplier's bargaining power）會更高：(1)產品對購買者具有關鍵性；(2)高的轉移成本；(3)賣方集中；(4)很容易進入買方產業。

利益關係者

公司的利益關係者是對於公司的行為及績效休戚與共的個人或群體。利益關係者可分為內部利益關係者，以及外部利益關係者。內部利益關係者（internal stakeholders）包括股東及員工（包含主要執行長、其他管理者及董事會）。外部利益關係者（external stakeholders）包括顧客、供應商、政府、工會、社區及一般大眾。此外，利益關係者也包括補助者。所謂補助者（complementor）是指一個企業（如微軟公司）或一個產業，而此企業或產業必須與另外一個企業（如英特爾）或產業共同配合，才能夠獲得相輔相成之效，否則對任何一個廠商都不利，即所謂「合則同蒙其利，分則兩敗俱傷」。利益關係者對企業的影響隨著產業的不同而異。例如：政府會透過立法來約束企業的行為；環保署可對企業寶特瓶回收、污染等依法加以約束；社會人士會對企業所造成的污染提出抗議；工會會要求企業保障勞工的權益等。

電子化市場下的五力模型

曾經是全球最大書店的邦諾書店，由於低估了網路行銷的震撼，而有將近 2 年的時間被亞馬遜網路書店占盡了優勢。在這 2 年的時間，亞馬遜網路書店有充裕的時間建立其品牌聲譽。亞馬遜網路書店與邦諾書店的競爭，顯示了競爭本質的改變。公司之間的競爭已被網路競爭所取代。企業如果具有吸引人的網站、網路廣告的能力，並與其他網站建立夥伴關係，自然會有競爭優勢。我們可利用波特的競爭力模式，說明有關影響空間市場競爭力的因素：

・潛在的進入者如過江之鯽，有些只從事線上行銷。
・由於可接觸到更多的賣方、產品及資訊，並可在網路上做比較分析，購買者的議價能力會增加。

· 代替品會愈來愈多，這些代替品包括數位產品及在網站上銷售的創新性產品及服務。

· 由於供應商的數目增加、詢價方便，以及小型及國外供應商容易進入市場，供應商的議價能力會減少。

· 在某一地區的競爭者數目會增加。

簡言之，在空間市場上的競爭將會有增無減，不僅離線及線上業者之間的競爭愈來愈激烈，線上業者（尤其是銷售書籍、音樂、影音產品者）之間的競爭亦將更加白熱化。

9-3 建立網路行銷目標

網路行銷目標就是透過網路行銷活動所欲達到的成果。網路行銷目標的設定必須：清楚、容易客觀的衡量（至少必須指出努力的方向），以及具有時間幅度。在設定目標時，網路行銷者不應忘記，任何環境層面的改變都會影響目標的達成。例如：法律的通過或重新詮釋、技術的突破（例如：史丹佛大學教授 Ward Hanson 預測，在 2019 年，三度空間的虛擬實境將成為主流，每個人都會戴上 3D 眼鏡來上網）、人們購買或生活習慣的改變、材料供應的短缺及價格上漲等因素，均會影響網路行銷者的目標達成。同時，由於網路行銷環境詭譎多變，因此在設定目標時必須有相當的洞察力。

每一個利用網際網路來進行行銷活動的企業，不論是營利、非營利組織，均需要決定網路行銷的目標。網路行銷目標可分為策略性目標（strategic objectives）與量化目標（quantitative objectives）。策略性目標或稱質性目標（qualitative objectives），比較抽象，不容易衡量，但卻是努力的方向及標竿。網路行銷的質性目標包括：(1)獲得有利可圖的顧客；(2)建立忠誠的顧客關係；(3)建立品牌；(4)提高顧客服務，以及減少行銷成本；(5)與商業夥伴建立有效的網路關係。

1. 獲得有利可圖的顧客

吸引顧客購買公司的產品及服務，一向是行銷者的主要責任。在網際網路

環境下，由於可以追蹤顧客的購買行為，因此也就很容易的衡量行銷的投資報酬率。從此，網路行銷者的主要目標在於獲得「有利可圖的顧客」（profitable customers），而不是「顧客」。

2. 建立忠誠的顧客關係

由於網路行銷者可對顧客的獲利性加以衡量，所以，行銷目標重心應再從「顧客獲得」轉移到「顧客保留」。行銷者應了解，保有舊顧客的成本比獲得一個新顧客的成本低許多。

3. 建立品牌

網際網路本身即是一個可以和顧客互動，而且可讓顧客直接反應的媒介。就因為如此，對某一特定網路行銷者而言，要建立顧客忠誠並不是件容易的事。網路行銷者必須同時實現有效的線上及離線（傳統的）行銷計畫。

4. 提高顧客服務，以及減少行銷成本

網路行銷者的目標之一在於提高顧客服務之餘，還必須降低成本。由於網際網路具有「自我服務」的特性，所以降低成本上比較有利（相對於傳統廠商而言）。

5. 與商業夥伴建立有效的網路關係

網際網路上的資訊分享使得組織間的界限變得模糊，因此，行銷者與商業夥伴的關係本質也改變了。主要的改變是：(1)許多行銷功能及活動都以委外經營（外包）的方式進行，如此可增加專業性與彈性；(2)提供產品與服務的供應商之間的合夥關係變成了「常態」，各供應商貢獻其專業技術，並依據共同的資訊來完成其工作。要建立及維持各種合夥關係，必須依賴資訊及通訊技術基礎建設（information and communication infrastructure）。

網路行銷的量化目標包括了：(1)觸擊（hits）；(2)觸擊的程度；(3)某特定網頁的觸擊；(4)網路記數追蹤；(5)正面報導的次數；(6)潛在顧客的前置時間；(7)每位潛在顧客的成本；(8)透過網站的商業交易；(9)整體的商業交易系統；(10)回饋。這些目標就是網路行銷績效衡量的標準，詳見 9-10 節。

9-4 研究及選擇網路目標市場

目標市場（target market）是「網路行銷者以其所創造、維持的行銷組合策略來滿足某一群體的需求及偏好的一群人」。在選擇目標市場時，網路行銷者必須評估可能的市場，看看進入這個市場對於其利潤及成本的影響。

網路行銷者可以將目標市場定義成「一個廣大的人群」，或是「一個相對小的人群」。雖然網路行銷者可以用單一的行銷組合策略，將其所有的努力專注於一個目標市場；但它也可以用不同的行銷組合策略，專注於若干個目標市場。[2]

由於上線者的職業或身分不同，通常被區分為許多團體。因此，網路世界充滿著各種不同的市場利基族群，例如：學生、青少年、職業婦女、攝影愛好者、嗜好讀書者、各式各樣的運動迷、好閒談者、價格挑剔者等。對於網路行銷者而言，各式各樣的族群即為其目標市場，只要採取適當的行銷組合策略，即可產生許多網路行銷的契機。

有人建議以「神迷」的程度來區隔市場，進而找出目標市場。所謂「神迷」，就是消費者在某一個網站上有「欲罷不能、渾然忘我」的情境。

@ 關鍵多數

要使電子商務蓬勃發展，就必須要有關鍵多數，也就是要有相當多的買方或相當多的賣方。實施電子商務的固定成本有時高得驚人，如果買方的人數不夠多，賣方便毫無利潤可言。

根據市場情報研究機構 IDC 最近所揭露的「數位市場模式與預測」報告顯示，全球的網路人口數正伴隨著科技進步而快速成長。以 2010 年為例，全球經常使用網路的人口數已經達到 14 億，約占全世界人口的四分之一；預估到了 2012 年，即可突破 19 億大關，屆時網路人口數將占全球人口的 30%（http://www.bnext.com.tw/）。未來當電腦與電視整合在一起時，網路使用人口更會有驚人的大幅成長。

---

[2] 讀者若對這個說法不甚了解，可參考：榮泰生編著，現代行銷管理（台北：五南圖書出版公司，2000 年），第 5 章。

在進行網路行銷時，不僅要考慮到上述的總體統計數字（macrostatistics），也要考慮到個體層次的目標市場區隔。如果你的目標市場並不是一般顧客，而是受高等教育的一群人，那麼你就要研究一下這些人占網路使用者的比例，也就是這些人是否是關鍵多數。

在全球網路行銷的層次上，進行電子商務的國家有多少？是否是關鍵多數？這也是一個重要的考慮因素。例如：加拿大有志成為以電子商務發展為主的國家，並以此吸引國際企業投資。香港正不遺餘力地加速電子商務的發展，使自己成為一個百億網路港口（cyberport）及東南亞的電子商務中心。

最後，除了獲得利潤的原因之外，買賣雙方具有關鍵多數，也是造成市場效率的主要原因。市場有了效率之後，才會有公平的競爭及健全的成長。

@ 市場區隔

不論是用傳統的離線行銷研究（offline marketing research），或是新一代的線上行銷研究（online marketing research），了解消費者如何以不同的方式來聚合（grouping），是相當重要的事情。這種聚合稱為市場區隔（segmentation）。

市場區隔化（market segmentation）是將消費者市場劃分成合乎邏輯的群體（logical groups）的過程。市場區隔的觀念及實務在產品、價格、配銷、促銷策略的擬定上，扮演著一個關鍵性的角色。消費者市場可以用幾種類型來劃分，例如：利用地理區域（geographics）、人口統計（demographics）、行為（behavioral）、情境（situational）、心理描繪（psychographics）、所追求的利益（benefits sought）、廠商統計（firmgraphics）來加以劃分，如表 9-1 所示。利用這些變數來區隔市場的原因，在於針對特定消費群體、廠商所擬定的行銷策略才會有效。

表 9-1　區隔類型與區隔變數

區隔類型	說　明	區隔變數
地理	以地理區域來劃分市場	地區、國家大小、城市大小、標準都會統計區（Standard Metropolitan Statistical Area, SMSA，如新北市）、人口密度、氣候
人口統計	以消費者的人口統計變數來劃分市場	年齡、職業、性別、教育、家庭大小、社會階層、宗教、家庭生命週期、種族、所得、國籍
行為	以「消費者實際如何購買與使用產品」來劃分市場	網站忠誠度、先前購買經驗、涉入程度、使用率、使用情況
情境	以「消費者的產品需求、購買或使用的情境」來劃分市場	例行場合、特殊場合、一天中何時（早上、中午、午後、傍晚、晚上）
心理描繪	以消費者的生活型態及／或個性來劃分市場	生活型態（活動、興趣、意見）、價值觀、個性（悠閒、A 型個性）、認知風險、態度
利益	以「消費者對產品所追求的利益或品質」來劃分市場	便利性、物美價廉
廠商統計	以「廠商特定變數」來劃分市場	員工數目、組織規模

　　在過去，企業都以一群人為市場區隔的對象，因為「足量性」（substantiality，市場區隔必須大得使企業有利可圖）是市場劃分得好不好的指標之一。很少傳統公司能夠以消費者個人為一個市場區隔，也就是達到「客製化」（customerized）的理想目標。值得注意的是，透過網路技術的進步，進而了解個別消費者的需要，再透過製程的改變，以滿足個別消費者需求的理想，並不是那麼困難的事情。戴爾電腦公司便是實現客製化的典型範例。

　　市場區隔所涉及的重要任務就是分析顧客／產品的關係（在消費者市場中有什麼樣的顧客、他們喜歡什麼產品、對產品的感覺如何）。行銷者需要調查產品觀念（product concept），並了解什麼類型的顧客比較可能購買及使用某產品，以及這些人與不喜歡購買和使用的人有什麼差別。

　　心理描繪區隔調查研究通常可產生豐富的消費者資訊。多數網路行銷者認為人口統計變數不能用來有效地分辨線上與離線購買者，因此，他們會主張使用心理描繪區隔，例如：「對科技的態度」來分辨線上與離線購買者。Forrester 研究中心曾利用 Technographics 系統來衡量消費者「對科技的態度」。該研究中心將

消費者分為以下各種區隔：積極進取者（fast forwards）、科技力爭者（techno-strivers）、握手者（handshakers）、新時代孕育者（new age nurturers）、數位候選者（digital hopefuls）、傳統者（traditionalists）、滑鼠馬鈴薯（mouse potatoes）、機件攫取者（gadget grabbers）、媒體成癮者（media junkies）、邊緣公民（sidelined citizens）。[3]

@ 利基行銷

利基行銷（niche marketing）是指企業企圖將行銷努力專注於整個市場中的某個特定區隔（specific segment）。傳統上，利基行銷者（niche marketer）是由其成員的特性所界定的。利基（niche）可以「特定的顧客需要」（specific customer needs）來界定。大多數的人都同意，利基行銷是小型企業獲得領導地位的最佳策略。當公司將其行銷努力專注於某一特別的利基時，它就可以獲得雙重利益——不僅可以增加銷售，也可以降低成本。「企業對企業」（B2B）的行銷者在多年以前早已體認到這一點。現在，「企業對消費者」（B2C）的行銷者也已加入利基行銷的行列。傳統的大眾行銷者（mass marketers）所吸引的是「最小公倍數」的消費者。要滿足所有顧客的萬能者做法是昂貴而無效的（這要看產品而定）。

具有類似文化、背景、教育、訓練或經驗的人會形成一個利基。他們是某些特定利益的專家，他們非常明確的了解所需要的是什麼。為了吸引利基消費者的注意，你所提供的資訊必須合乎他們專業層次的內涵。以美國為例，利基市場的例子包括以下各項：

(1) 嬰兒潮出生的人。

(2) X 世代。

(3) 兒童。

(4) 網路使用者。

---

[3] 這是非常有創意的市場區隔與命名。有關這些區隔的詳細說明，可參考：Judy Strauss and Raymond Frost, *E-Marketing, Pearson International Edition*, 5th Ed., (Pearson Education, Inc. 2009)，第 8 章。

(5) 搖滾世代（即 hip-hop generation，喜愛饒舌音樂的青少年，以黑人居
多）。

(6) 非裔美國人。

(7) 拉丁裔美國人。

(8) 亞裔美國人。

(9) 加勒比海人。

(10) 健康意識高的消費者。

(11) 創業家。

(12) SOHO 族（Small Office, Home Office，小型家庭公司或工廠）。

以上所列出的只不過是一小部分。而且你也可以將每個利基市場再進行邏
輯性的細分成次類別，例如：兒童包括嬰兒及學步者，以及截然不同的 12 歲兒
童。

對利基市場做表面的了解是不夠的。重要的是，你必須深入的、巨細靡遺的
了解利基市場，例如：在網路上什麼地方可找到他們、如何接近他們等。

認明理想的顧客

想一想，怎樣的潛在顧客會變成好顧客？常去商店購物的人、常常索取型錄
的人，都是我們追蹤、檢視的對象。你的成功因素是什麼？如果你開始邁入電子
商務，你所要選擇的利基市場就是具有潛在顧客特性的那一群人，你要針對這些
人開始行銷。

確認潛在顧客的來源

你的好顧客來自哪裡？他們怎麼知道你的公司？你可以將這些來源的顧客帶
到你的網站嗎？商展、經銷商促銷、電話簿、推介、研討會、直接郵件、傳單、
廣播、電視及其他來源，是否可幫助你找到顧客？

決定在什麼地方發現他們

你的顧客常在什麼地方「混」？在網路上，他們常加入什麼交談室（chat
room）？

發掘目標顧客的方法

網際網路在蒐集及處理行銷資訊上提供了一個快速的、價廉的、值得信賴的有效管道。網際網路可透過與特定顧客的一對一溝通（通常透過電子郵件）、聊天室，以及在網際網路上的大規模調查，來與消費者互動。透過網路行銷調查，可以用以下的方式來發掘目標顧客：

(1) 界定研究主題及目標市場。

(2) 確定研究對象是新聞群體還是網路社區。

(3) 確認討論的特殊主題。

(4) 訂閱新聞群體，或向網路社區註冊。

(5) 搜尋討論群體所討論的主題及內容，以便發掘目標市場。

(6) 閱讀「常見問題集」（Frequently Asked Questions, FAQ）。

(7) 進入聊天室，成為會員，以便就近了解其他人的需求。

9-5 建立產品定位

網路行銷者除了要知道哪些市場區隔應成為目標市場之外，他們還應考慮產品定位（product positioning）的問題。有效的產品定位，是成功實施行銷策略的重要因素。不論是新產品或舊產品，定位是獲得市場占有率的主要因素，適當的市場定位可幫助行銷者在競爭激烈的市場中，找出利基的所在。

今日的消費者飽受產品／服務資訊膨脹之苦，他們每次在做購買決策時，不可能都重新對產品／服務做評估。為了簡化購買程序，消費者會將產品／服務做歸類，他們會在心目中「定位」某些產品、服務及公司。

不論是否受到行銷者的影響，消費者都會對產品做定位。但對行銷者而言，總不希望看到消費者的產品定位是來自於機緣。行銷者必須對定位的問題做好規劃，以便在所選定的目標市場中獲得最大的優勢，同時也必須設計行銷組合策略來實現經過精密規劃的定位。在本節，我們將討論產品定位與區隔的關係，以及產品定位策略。

@ 產品定位與區隔的關係

區隔是因應行銷計畫或策略,將消費者依不同特性加以劃分的方法。不同消費者會對不同的產品、促銷、定價、通路有不同的反應,因此,行銷者必須因應不同的產品及市場區隔而做不同的反應。所以,市場區隔不僅是對市場做區分,亦代表行銷資源的分配及產品定位(product position)。

所謂產品定位是指:目標市場中的消費者以產品的重要屬性,將產品加以界定的方式,也就是在消費者心目中,相較於競爭者產品,本公司產品所產生的知覺、印象和感覺。定位的問題涉及到如何將品牌的獨特利益及差異性,深植到消費者的腦中。在汽車市場上,豐田的 Tercel 及 Subaru 定位在「經濟上」,賓士及凱迪拉克定位在「豪華奢侈」上,保時捷及 BMW 定位在「性能」上,富豪則定位在「安全」上。

行銷者必須了解消費者對於產品的印象如何,並發展有效的行銷策略,以達成企業目標。因此,產品定位的主要目的為協助完成市場區隔。就研究過程而言,行銷者可以先選擇目標市場區隔,然後發展適當的市場定位;也可以先選擇一個能吸引人注意的產品定位,然後再確定適當的市場區隔。

@ 產品定位策略

有些公司能夠很容易的選擇其定位策略。例如:在某一市場區隔被公認為品質卓越的公司,在進入一個新的市場區隔時,仍然能夠相當容易的以「品質」來定位。定位策略(positioning strategy)涉及到四個步驟:(1)確認可能的競爭優勢;(2)選擇適當的差異化因素;(3)選擇整體定位策略;(4)有效傳遞定位訊息;(5)重新定位。

確認可能的競爭優勢

要贏得及保有消費者的關鍵因素,就是要比競爭者更能了解消費者的需要及購買程序,比競爭者提供更多的價值。如果公司能夠向所選擇的市場區隔以「提供更高價值」來定位,那麼公司就具有競爭優勢(competitive advantage)。但是,穩固的地位並不是建立在空洞的承諾上。如果公司將其產品定位成「優異品質」,那麼就要真正提供所承諾的高品質的東西。所以,定位源自於真正提供差

異化的產品／服務，以便向顧客提供更多的價值（相較於競爭者而言）。

要在什麼地方進行差異化？行銷者可以從顧客與公司的產品／服務接觸的整個經驗開始考慮。敏銳的公司會發現，公司與顧客開始接觸的任何一點，都是可加以差異化的地方。明確的說，公司與競爭者相較，可進行差異化的地方在哪裡？產品、服務、通路、人員及形象，都是可以進行差異化的地方。

產品差異化（product differentiation）的程度可在一個連續帶上表現出來。在某一極端，是幾乎沒有什麼差異化的產品，例如：雞肉、鋼鐵、阿斯匹靈等。即使在這個極端，還是可以產生有意義的差異化。例如：Perdue 公司宣稱其雞肉又新鮮、又細嫩，因此就可定出高於市價 10% 的價格。另一個極端就是可以高度差異化的產品／服務，例如：汽車、商用機具、家具等，這些產品可以特徵、性能、款式及設計來表現出其差異性。例如：富豪汽車提供了新式的、安全的性能，惠浦提供了「靜悄悄」的洗碗機。同樣的，公司可以一致性、耐久性、可靠性、可維修性這些屬性來強調產品的差異性。

除了將實體產品加以差異化之外，公司也可以將服務（服務是伴隨著產品的）加以差異化。有些公司以迅速、方便及安全送貨來獲得服務差異化（service differentiation）。例如：BankOne 銀行在超市附近設立全套服務的分行，以提供地點的方便性。此外，提供安裝、維修、客戶訓練及諮詢，也都可以造成服務差異化。

實施通路差異化（channel differentiation）的公司，也可以透過通路的涵蓋範圍、專業技術及績效來獲得競爭優勢。例如：戴爾電腦、雅芳都以高品質的直接通路獲得競爭優勢。進行網路行銷，網際網路就是最獨特的線上電子商務交易、配銷通路。對數位產品而言，網際網路就是整個配銷通路。網際網路是無遠弗屆、跨越時空的通路，也是線上提供產品與服務資訊的溝通通路（communication channel）。

人員差異化（people differentiation）也會使公司獲得強大的競爭優勢。人員差異化始於僱用及訓練更好的員工（相較於競爭者而言）。在人員差異化方面，迪士尼的員工以樂觀友善著稱，新航的空服員則以高雅受到很好的評價。

雖然所提供具有競爭性的產品／服務看起來相差無幾，但是購買者還是會感覺到品牌形象差異化（image differentiation）的存在。公司或品牌形象會傳達產

品特色及定位的訊息。建立令人難忘的獨特形象必須靠創意及努力。

選擇適當的差異化因素

假設公司很幸運的發現到幾個潛在的競爭優勢,那麼它就要從中選擇能夠幫助它建立定位策略的差異化因素(differentiating factor)。公司必須決定:(1)要宣傳多少個差異化因素;(2)要宣傳哪個(哪些)差異化因素。

1. 要宣傳多少個差異化因素

許多行銷者認為,公司必須向目標市場積極的宣傳一個差異化因素即可。公司必須替每一個品牌發展出獨特的賣點或獨特的銷售主張(Unique Selling Proposition, USP),並堅守著它。每個品牌都要挑選出一個號稱「第一名」的屬性。消費者對第一名的記憶比較深刻,尤其在這個資訊氾濫的今日社會裡。

但是有些行銷者認為,公司應以多個差異化因素來定位,因為在某一個特定的屬性上(如品質),每個公司都會認為自己是第一名。今日,由於競爭品牌林立、消費市場分眾,許多公司會擴展它的定位策略以吸引更多的市場區隔。例如:Unilevel 推出三合一肥皂 Level 2000,號稱具有洗滌、除臭、濕潤的功能。顯然有許多消費者希望購買這個兼具三種功能的肥皂。值得注意的是,以多個差異化因素來定位,會降低消費者的信任,也會造成定位不清的現象。

一般而言,公司要避免三種主要的定位錯誤(positioning errors):

(1) **定位模糊(underpositioning)**:公司根本無法實際的做好「公司定位」,以致使得消費者只有模糊的印象。

(2) **定位偏狹(overpositioning)**:使消費者對公司產生太過偏狹的印象,例如:消費者認為 Steuben 玻璃器皿公司只銷售 1,000 美元以上的精美藝術玻璃器皿;但事實上,它所銷售的藝術玻璃器皿種類很多,價格從 50 元到 1,000 元不等。

(3) **定位不清(confused positioning)**:使消費者混淆了公司的真正形象。

2. 要宣傳哪個(哪些)差異化因素

並不是所有的品牌差異性都是有意義的或是值得的。有些差異化因素固然會使顧客獲得利益,但對公司而言,是要付出代價的。因此,公司必須謹慎決定

要著重於哪一個差異化因素。差異化因素如果能滿足下列條件，才值得進行差異化：

(1) 重要性：差異性可使目標顧客獲得其高度重視的利益。

(2) 獨特性：競爭者不能提供這個差異性，或者公司可以更獨特的方式提供差異性。

(3) 卓越性：比起顧客可能得到相同意義的其他方式，此差異性更為卓越。

(4) 可傳遞性：差異性的訊息可向目標顧客明確傳遞。

(5) 先占性：競爭者不能很輕易的模仿此差異性。

(6) 可負擔性：購買者為了獲得此差異性，負擔得起這些費用。

(7) 獲利性：公司在提供這個差異性時，會有利可圖。

選擇整體定位策略

消費者總是會選擇能夠獲得最大價值的產品／服務，因此，行銷者必須將其品牌定位在關鍵性的利益上。品牌的整體定位稱為「品牌價值主張」（brand value proposition），也就是品牌賴以定位的所有價值的組合。如果顧客問道：「我為什麼要買這個品牌？」行銷者對這個問題的回答就是品牌價值主張。富豪汽車的價值主張是以安全為主，另外還包括可信、寬敞，以及流行，而顧客付出高價來獲得這些利益組合似乎是相當公平的。其他提供利益的例子包括：米勒淡啤酒（Miller Lite）向顧客提供社交活動管理的軟體；Volvoline 機油網站提供問候卡、賽車螢幕保護程式，並讓使用者加入會員訂閱電子報。

圖 9-2 顯示了公司將其產品定位的可能價值主張。在圖 9-2 中呈灰色的五個方格代表贏的價值主張（winning value propositions），也就是會使公司獲得競爭優勢的定位。斜線的方格是輸的價值主張（losing value propositions），而中間的白色方格充其量只能代表邊際價值主張（marginal value proposition）。我們將說明可賴以定位的五個贏的價值主張：(1)高價高利益（more for more）；(2)原價高利益（more for the same）；(3)低價高利益（more for less）；(4)低價原利益（the same for less）；以及(5)低價低利益（less for muck less）。

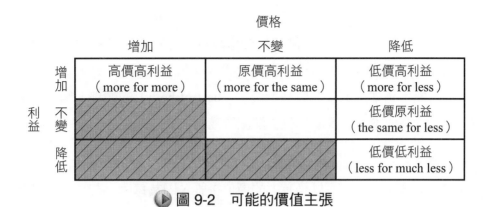

來源：Gary Armstrong and Philip Kotler, *Marketing-An Introduction*, 7th ed., (Upper Saddle, N. J.: Prentice Hall, 2005), p.212.

1. 高價高利益（more for more）

「高價高利益」定位就是以較高價格提供高檔的產品／服務。Ritz-Carlton 旅館、Mont Blanc 文具、賓士汽車，都以品質、技藝、耐久性、性能及式樣取勝，當然，購買者也要付出相當高的價錢。這些高品質的產品也會讓購買者得到威望、地位。這些產品的價差通常遠超過品質實際的增幅。我們在各類的產品及服務中，也常見到強調「只此一家，別無分號」（only the best）的行銷者，這些行銷者從旅館、餐廳、食品、時尚到汽車、廚具等不一而足。當然，這些行銷者所提供的產品也以高價位取勝，例如：星巴克（Starbucks）、Haagen-Dazs 冰淇淋便是（你可以到華納威秀點一球 Haagen-Dazs 冰淇淋看看多少價錢）。

2. 原價高利益（more for the same）

公司可以原價（即相對低價）提供同級品質的產品，來打擊競爭者的「高價高利益」定位。例如：豐田推出的 Lexus 就是「原價高利益」的最佳實例。它標榜著：「史上第一次花 36,000 美元就可享受到 72,000 美元的高級車。」它的廣告描述一位聽覺靈敏的盲人在聽到 Lexus 的關車門聲後認為是賓士車，以突顯它的品質可媲美賓士。

3. 低價高利益（more for less）

當然，贏的價值主張應該是以低價提供高利益，例如戴爾電腦（Dell）宣

稱：就某一層級的性能而言，它能以更低價提供更好的產品；寶鹼公司（Proctor & Gamble）宣稱，消費者可以最低的價格購買到洗衣效果最強的洗衣粉。在使用「低價高利益」的定位策略時，廠商固然可以在短期內吸引到大量的顧客，但是在長期可能不易維持這個「價利均優」（best of both）的態勢。消費者的高利益表示廠商的高成本，而高成本就很難讓廠商維持低價的承諾。

4. 低價原利益（the same for less）

採取「低價原利益」可以是有力的價值主張，因為每個人在進行交易時都要使自己划得來。亞馬遜網路書店（www.amazon.com）所銷售的書籍與傳統書店並無不同，但價格卻低出許多。沃爾瑪（Wal-Mart）、Best Buy、Circus City、Sportmart，都是採取「低價原利益」定位策略的著名廠商。他們所提供的商品與百貨公司、專賣店並無不同，但是會給消費者打折（因為他們的採購力強、經營成本較低之故）。

許多採取「低價原利益」定位策略的企業，都是想引誘市場領導者的顧客。例如：美商超微公司（Advanced Micro Devices, AMD）以更低的價格，銷售半導體晶片（其晶片與市場領導者英特爾所銷售的類似）；許多 IBM 共容機種製造商，也是以低價銷售類似 IBM 的個人電腦。

5. 低價低利益（less for much less）

市場永遠存在著一群想要以低價購買平實產品的消費者。他們覺得不需要、不想要、也負擔不起「超好的」產品。在許多情況下，他們能獲得比「最適性能」還低的產品，便心滿意足了；他們也願意犧牲一些錦上添花的噱頭，而少付點錢，例如：許多投宿的旅客不喜歡為了他們認為「不必要的額外東西」（例如：游泳池、附設餐廳、高級衛浴設備、殷勤的服務）而多付些錢。像美國 Motel 6 這樣的連鎖旅館，就因為不提供這些高級享受而可以壓低住宿費，吸引了許多甘願「低價低利益」的旅客。

「低價低利益」定位是配合消費者以超低價來換取品質的需求，例如：西南航空公司的票價為什麼相對的低？因為它不提供餐點、不提供劃位服務、不透過旅行社之故。

　　每個品牌都要採取一個定位策略,以滿足目標市場的需要和慾望。「高價高利益」是針對某一特定的目標市場,「低價低利益」是針對另一個目標市場,以此類推。因此對於任何市場而言,都有每一個公司的施展空間,每一個公司都能成功採取不同的定位策略。

　　重要的是,每一個公司都要發展贏的定位策略,讓目標消費者刮目相看。「原價原利益」的定位策略毫無競爭優勢可言。「高價原利益」、「高價低利益」、「原價低利益」的定位策略,必定使企業走入死胡同,因為顧客遲早會發現他們所得到的竟然是如此低劣的服務之後,便會競相走告,不旋踵之間,便再也沒有人願意理你了!

　　除了以價格、利益來考慮可能的價值主張之外,網路行銷者還可用產品或服務屬性、技術、使用者類別、競爭者、整合者來定位。產品或服務屬性包括:尺寸、顏色、成分、速度等。例如:亞馬遜網路書店、博客來以便捷的訂購、付款、發票作業、取貨程序做為定位屬性;iVillage 讓使用者建立個人化功能表;Tylenol 感冒藥雖不提供線上銷售服務,但卻詳細提供藥性、藥效的資訊,同時也讓使用者寄送問候卡。在技術定位方面,Land's End 可讓顧客塑造虛擬模特兒,並在此模特兒身上試穿虛擬服裝;美國航空公司(American Airline)網站會儲存旅客的座位偏好、忠誠資訊(如搭乘哩數)。在使用者類別(user category)或區隔方面,家樂氏(Kellog's)有專為兒童設計的互動式網站、Yahoo!Groups 為特定利益團體設立論壇、Eons 專為嬰兒潮人士設立社會網站。

　　在競爭者定位上,許多公司會以整個產業、特定廠商為對象來定位。例如:奶油廠商以「我不相信這不是純奶油」為訴求來定位,以突顯競爭品牌的奶油並不純。在整合者定位(integrator positioning)上,整合者可依某特定產品類別、某產業內消費者所需要的所有東西來定位。例如:網路行銷者為了滿足消費者「一次購足」的需求,便會提供某一事件(或活動)所有相關的產品或服務,如婚紗業者(如 knot.com)提供了設計與印製結婚請帖、親友接送、赴宴者住宿安排、酒席預訂、菜餚安排、試吃、蜜月旅行(代訂旅館、安排交通等)。我們在不動產業、租賃業、珠寶業、旅行業中,皆可看到許多有名的整合者(讀者可上 ZipRealty、Lending Tree、HomeGain、Blue Nile 網站做進一步了解)。

有效傳遞定位訊息

公司在選擇了某一個定位之後，必須讓目標市場的消費者清楚了解這個定位。公司的行銷組合策略必須支持這個定位策略。更重要的是，公司的定位策略必須腳踏實地的落實，絕不能流於空洞的口號。

如果公司想要建立高品質的定位（形象），就必須徹底落實。公司的行銷組合（產品、定價、配銷、促銷）設計必須配合戰術性的定位策略，必須以高價位、獨特的配銷商、精心製作的媒體，推出高品質的產品。這些公司必須僱用及訓練優質的服務人員、選擇以服務著稱的零售商、透過媒體散布高檔的訊息。以上都是獲得持續的、可靠的「高價高利益」定位策略所必須做的事情。

許多公司都有這樣的經驗：發展一個適當的定位策略並不難，但在落實的過程中卻是荊棘滿布、困難重重；建立或改變一個定位策略通常是曠日費時的，花了數年光景辛辛苦苦所設計及執行的定位策略，可能因為環境的劇烈改變而成為明日黃花。

如果公司能夠建立它所希望的定位，就必須小心翼翼的維護那個定位；要不斷的保持那個身價，同時也要不斷的提醒目標顧客它的確擁有那個身價。公司要不時的密切操控及適應定位的改變，因為消費者的需要及偏好、競爭者的動向都不斷的在改變。產品定位必須因應環境的變化而做適當的調整。最可貴的是，預見環境的變化而預謀定位策略的改變。

值得注意的是，不要做唐突的改變以使目標顧客有錯愕之感，不要三心兩意的東改西改，以免造成消費者的混淆。

重新定位

定位之後，隨著環境或情境的改變，網路行銷者可能必須重新定位。重新定位（repositioning）就是創造嶄新的或調整的品牌、企業與產品定位的過程。網路行銷者可根據市場回饋來強化或調整原先的定位，例如：雅虎從原來的線上指引（online guide），重新定位成入口網站；亞馬遜網路書店從原來的「世上最大的書店」，重新定位成「地球上最大的選擇」；臉書（Facebook）從社交網站，重新定位成「商圈」（business page profile）。

9-6 發展網路行銷策略[4]

@ 行銷組合策略

行銷組合（marketing mix）包括了四個要素：產品、價格、配銷及促銷。這四個要素又稱為「行銷組合決策變數」，因為網路行銷者要針對每一個要素決定它的內涵等。行銷組合變數通常被視為「可控制的變數」，因為它們可以被改變。但是改變是有限的。網路行銷者必須發展出一個能夠完全符合目標市場需求的行銷組合。要做到這點，網路行銷者必須詳細蒐集有關這些需求的資訊。

產品策略

在產品策略方面，網際網路上的產品包括了：網頁（homepage）、網域名稱（domain name）、產品本身及服務。網際網路上的產品是以影像、聲音、動畫的方式來呈現。在產品上，網際網路所能提供的產品是電子化產品，而不是實際可觸摸的產品。網路行銷的產品策略包括了：網頁的設計、產品推出速度的考量、產品是否要追隨開放標準或事實標準、網域名稱是否要和家族品牌相互呼應、產品項目的特色、商標的問題等。這些細節我們將在第 12 章加以說明。

價格策略

在價格策略方面，網際網路上的價格應比市場上的零售價格來得便宜，因為節省了許多中間商費用、龐大的人事開銷，更能擺脫行政包袱，以上所節省的費用會使消費者受惠。同時，價格的調整也比較有彈性。網路行銷的價格策略包括了：公式定價法、產品組合定價、折扣與折讓、考量價格敏感度的定價策略、網路定價政策等。這些細節我們將在第 13 章加以說明。

4　在這個階段，Philip Kotler（1997）認為是設計差異化及定位策略、新產品及服務的發展、測試及推出、產品生命週期的管理、設計市場領導者、挑戰者、跟隨者及利基者策略，以及全球市場策略。有興趣進一步了解的讀者，可參考：Philip Kotler, *Marketing Management: Analysis, Planning, Implementation, and Control*, 9th ed., (Englewood Cliffs, N.J.: Prentice-Hall Inc., 1997), Chap.10-14.

配銷策略

在配銷策略方面，網際網路上的配銷地點當然是所在的網站，利用網際網路來配銷。網際網路上的網站可以成為配銷的資訊匯集處。

在全球配銷的作業上，全球上某個角落的某個主機，可以成為一個訂單處理中心或是總樞紐，接到訂單之後，就可由電子郵件系統通知就近的配銷中心送貨。網際網路的配銷作業跨越了時空的界線。這些細節我們將在第 14 章加以說明。

促銷策略

在促銷策略方面，透過網友的登記名錄，網路行銷者可以不定期的發送電子郵件給潛在顧客，加上推播（push）技術，更可以將這個功能發揮得淋漓盡致。這些細節我們將在第 15 章加以說明。

在網際網路上進行促銷活動（尤其是廣告活動），可以說是無遠弗屆，但是要潛在消費者先上網，進入我們的網址，產生某種程度的認識（awareness），進而產生興趣、慾望，最後產生購買行動。潛在消費者是否會上網，是否進入我們的網址，並不是我們所能控制的；但是一旦進入我們的網址，是否被我們的首頁（homepage）提供的資訊所吸引，則是我們可以控制及掌握的。

首頁設計得愈有吸引力、愈容易操作、愈能提供有用的資訊，就愈會吸引人們的逗留，他們甚至會下載（download）一些有興趣的資訊，或者介紹他們的親友親自上網瀏覽一番。

@ 行銷戰要能相輔相成

當你在整合各行銷戰時，必須要面面俱到。你要考慮到企業的整體性及網站的運作問題。你要考慮行銷、銷售、公關、廣告、促銷及網路的問題。設計一個旗幟鮮明的專利圖案，並呈現在你的網站上、銷售手冊上、名片上、新聞稿上、文章上、新聞專題影本上、廣告上（印刷品、廣播、電視，以及其他網站的橫幅廣告）、促銷媒體上、網路工具上（目錄、餘興節目）。

9-7 發展網路行動方案及擬定預算

　　網路行銷者在發展行動方案時，就是在決定做什麼、何時做、由誰做、如何做、花費多少的問題。「花費」的決定是很重要的，因為不論行動方案如何周詳可行，如果缺乏財務資源，必將功虧一簣。

　　行動方案所涉及的成本即為預算（budgeting）的範疇。預算是在某一特定期間內對收入及支出的預估。它顯示出在特定的價格之下，所期望的產品銷售數量及所衍生的利潤。它也顯示出發展、製造及行銷這些產品的成本。

　　網路行銷者如欲充分發揮行銷計畫的功能，必須協調計畫中的每個活動。預算即是達成協調的最佳媒介，它可以預估每個活動的預期績效，然後再將這些活動加以整合，並在預計財務報表（pro forma financial statement，如現金預算、生產預算、銷售預算等）中顯示出來。

@ 預算

　　首要問題是：你的預算如何？你的財務能力會限制你在設計及執行上的選擇。你的預算上限在哪裡？企業規模、產品服務範圍，以及預算的不同，就會有不同的做法。即使你是一個剛剛起步的公司，銷售的產品有 50 項，你還是可以找到低成本的電子商務解決方案。當你的財務狀況漸漸好轉，你就可以逐步使用較為高級的技術。

　　客製化及全面化的程度，隨著電子商務的成本不同而異。一般而言，有三種類別，詳如表 9-2 所示。表 9-2 簡要彙總了公司透過電子商務系統所能完成的事情（從最複雜的到最簡單的事情）。

建立全面化的系統

　　這類網站所包括的不只是線上銷售。這是最龐大、最昂貴的系統，從頭到尾無所不包，涵蓋了前端訂單處理（front-end order processing），並自動連結到送貨及收款作業。「企業內網路」及「企業間網路」會使企業夥伴及公司員工分分秒秒掌握有關顧客資訊及產品處理狀態。當及時製造（just-in-time manufacturing）變成例行化時，成本便會大量削減。資料庫管理系統會分析顧客

▶ 表 9-2　電子商務的選擇

系統範圍	你的預算（估計）[5]	可能的選擇
建立全面化的系統	台幣 100 萬以上	網站設計所包括的不只是線上銷售，它涵蓋了前端訂單處理，並自動連結到送貨及收款作業。「企業內網路」及「企業間網路」會使企業夥伴及公司員工分分秒秒掌握有關顧客資訊及產品處理狀態。
建立客製化網站	台幣 30 萬～100 萬	建立你自己的客製化網站，方法是： ·讓公司內的（專任的）技術幕僚來建立網站 ·外包
利用網路服務公司	台幣 30 萬以下	請網路服務公司（ISP）幫你處理所有的事情。有些網路服務公司會提供三種服務供你選擇： ·樣板（無彈性、成本低） ·樣板（具有某些可操縱的功能） ·加強你現有的 HTML（你可以客製化，但費用較高）

的購買行為，並將有關市場趨勢的資訊傳給行銷及銷售部門。

　　這個系統設計是有板有眼的。這些專案利用了工作流程管理（workflow management）工具、專案管理（project management）軟體系統，以及計畫評核術（Program Evaluation and Review Techniques, PERT）的許多圖表等。[6]這些工具及技術可以分析、控制系統及方案，並可預估在固定期間內所花費的時間、費用及人工狀況。如果能耐不夠，千萬不要嘗試。這些東西是屬於預算寬裕、勇於嘗試的大型公司的，因為費用動不動就超過 100 萬美元。

　　但是「大」不見得就好。以紐澤西線上公司（New Jersey Online, NJO）為例，紐澤西線上公司受僱於美國花旗銀行（Citibank），重新建構及價值在數百萬美元的網站。紐澤西線上公司認為：「如果花旗網站沒有這麼複雜的話，紐澤西線上公司便可以提供更多的服務。」小心不要花了數百萬美元，到頭來對自己的生意卻毫無幫助。網路零售者很容易就被「誘騙」去建立複雜的、龐大的、資訊超載的網站。今日，專家們認為要重先建構網站，只需將網頁減少到幾頁就

5　此為根據電腦洞悉公司（Computer Insight）的負責人李薇（Joan Leavey）的看法。原資料為美金計價，筆者將這些金額轉換為台幣。

6　如欲了解這些技術，可參考：榮泰生著，資訊管理，二版（台北：五南圖書出版有限公司，2009）。

好，這樣反而會大幅增加觸擊率（hits）。因此在網站上，「大」並不是一切。

建立客製化網站

資金充裕的小型企業、銷售量大的中型公司及大型公司，都適合建立客製化網站。有兩種可行的方法：(1)將架站工作指派給公司內的（專任的）技術幕僚來做；(2)將架站工作外包。

由公司本身來架設網站，需要一群負責的專家。這個方法適用於已經有現成的軟體支援小組的大型公司。然而，在公司內的支援小組必須是由具有電子商務系統設計能力的專家所組成，而不是通才（one-size-fits-all）的程式設計師。他們的訓練必須是分分秒秒的。在設計線上交易處理系統時，這些通才的程式設計師（all-purpose programmers）便可派上用場。

如果程式設計及資料庫維護不是你公司的主要業務項目，「由自己做」所造成的「不能專心」，將遠超乎你的想像。如果架設網站的勞師動眾會使你不能專心於本身的事業，就要找別的公司來幫忙。如果為了維護網站而使事業垮了，再怎麼優雅的網頁也無濟於事。

當你外包工作時，受僱公司可替你做到任何事情，包括系統的每日維護等。現在所有的責任都由受僱公司來承擔，因此它必須確信系統能順利運作、系統備份無問題、線路無問題、安全問題無虞、線上交易永遠順暢──即使在尖峰時刻。但這並不表示你可以翹著二郎腿，輕輕鬆鬆的過日子。做為一個企業負責人，你要明確的了解系統是如何被設計的。你要了解正在完成了什麼事情。更明確的說，你要從受僱公司的廠商代表那裡，了解有關該公司、信用卡支付方式、所使用的套裝軟體及所使用的程式語言等事情。為了要有交談知識（conversational knowledge，夠用於交談的知識），知道廠商代表在說什麼，請繼續閱讀下去。

就某種程度而言，你在外包時，你就是一個專案經理，雖然你沒有親自做事。一個專案經理所要懂的，遠超過要懂微軟公司的 Word 或 Excel。你要先從比較懂的事情開始做，然後在比較能夠掌握事情的來龍去脈時，就比較能夠掌握它的結果。至少，你會問些適當的問題。如果你跟不上腳步，就多花點時間做做家庭作業，多費神了解設計的各種方法，以及其他的可能性！

如果你有請人修理房屋的經驗，就應該知道什麼叫做專案協調（project coordination）。你第一次修理房屋或加點什麼東西時，也許會僱用一個承包商（general contractor）來替你掌管大小事情。這個承包商除了有自己的班底外，還會請一些電機工、水電工、泥水匠、屋瓦專家來補他班底的不足。通常此承包商做些有的沒的事情。幾年後，你把環境搞熟了，在需要修理房屋時，就會自己去找一些電機工、水電工、泥水匠、屋瓦專家。不論是好是壞，這些人都會把你的房子摸熟。下一次你又要修理房屋時，就更可能駕輕就熟的自己做起承包商來（如果時間允許的話），帶領屬於自己的「幕僚」，僱用建築工人，當然你也會因此省下大把銀子。

在這個過程中，你在第一次時，從來沒有拿起一把槌子（你從未參與實際工作）；但是在第二次時，你絕對知道要如何問問題。關於電腦系統也是一樣，你必須要會問些有學問的問題，說話要像電腦高手一樣，否則你一輩子都會被牽著鼻子走，花費更是無底洞。

利用網路服務公司

對於一個剛成立的新公司、或是剛開始從事線上交易的公司、或是銷售量不大的中型公司而言，利用網路服務公司（Internet Service Provider, ISP）的服務，不失為最佳選擇。這種做法既容易又不貴，而且你也不必很懂技術。你可以馬上進行線上活動、看起來很專業，而且背後還有專門人員伺候！

一開始，貴公司就要界定好工作流程及產品資訊，然後網路服務公司就可以自此接手，在雙方同意的費用下完成工作。在許多情況下，網路服務公司會在既定的預算下，提供不同的服務水平供你選擇。這些選項包括：註冊網域名稱、圖形設計、安全保障、交易處理、付款處理及產生報表。

最便宜的做法，就是網路服務公司提供基本樣板，然後由你填空。比較貴一點的做法，就是利用基本樣板再加上一些客製化的功能，創造一些圖形使它看起來不那麼「罐頭化」。最貴的做法，就是修改 HTML，使網頁看起來更具有原創性。表 9-3 是在考慮僱用哪一個網路服務公司之前，要向任何一個網路服務公司詢問的問題。

▶ 表9-3 在考慮僱用哪一個網路服務公司之前，所應詢問的問題

詢問任何一個網路服務公司：
1. 系統當機的紀錄如何？如果網路服務公司垮了，那麼你的公司也垮了！
2. 你有備用系統嗎？請說明。要確信還原的速度夠快，因此在系統失靈後要能夠馬上恢復線上作業。
3. 你的容量夠嗎？你能應付多大的成長？如果網路服務公司的容量已經達到飽和，而你的企業隨著網路一起成長，那麼此網路服務公司可能無法應付你的需求。如因季節性因素而使業務大增，這也是一個問題。
4. 你採用什麼種類的傳輸線？速度如何？愈快愈好。考慮一下處理多媒體傳輸的能力，如果這是你目前的需要或是未來的願景。
5. 你還提供什麼其他的服務？一次購齊比較簡單。
6. 你可連接到本市的電話交換系統嗎？如果不能，你每上線一次，就要付一次電話費。

9-8 建立網路行銷組織

　　網路行銷者在將其行銷策略落實之前，必須要建立組織結構，也就是界定負有不同責任的個人之間的相互關係。一個網路行銷者如何整合其行銷活動的方式，取決於該企業對行銷著重的程度；更進一層觀之，取決於該企業是生產導向、銷售導向、亦或行銷導向。譬如說，在銷售導向的企業內，銷售與廣告經理是與生產及作業經理、財務經理屬於同一個組織階層；而在行銷導向的企業內，銷售及廣告是屬於行銷功能的一部分，因此，行銷經理與生產及作業經理、財務經理屬於同一個組織階層。

　　網路行銷策略的有效執行必須要以適當的組織來配合，此組織必須要反映目前的情況，並掌握未來的機會。

@ 組織結構

　　行銷部門在一個企業中的「地位」可用若干種方式加以界定，這些不同的方式是依產品的種類及形式、目標市場的本質，以及該企業所需提供服務的地理區域而定。在決定組織結構時，企業通常劃分部門的基礎是企業功能別、產品別、地理別、顧客別等。有些公司甚至採用矩陣式組織（matrix organization）。

　　強調速度與效率的網路出現，使得公司必須重新思考其傳統的行銷組織是否恰當。企業功能別、產品別、地理別、顧客別，每一種方式都有其優點與缺點。許多網路行銷者認為顧客別的組織型態最有意義，因為比較容易追蹤顧客終生價值（Customer Lifetime Value, CLV），使得與顧客的互動更具個人化（personalized interaction），可不斷的獲得快速的回應，使得封閉迴圈行銷（closed loop marketing）更為可行。所謂封閉迴圈行銷是指公司可以追蹤顧客對某特定行銷活動的反應。例如：某公司在網頁上登廣告鼓勵顧客註冊，如果公司可以追蹤到註冊的是何許人，則此廣告活動即可說是封閉迴圈。

　　在地理別的組織結構中，地區經理會向某一地區的所有顧客銷售公司的所有產品。在網路行銷方面，地理別的組織結構並不適當，因為網際網路的出現突破了地理的藩籬與疆界，「地區性」（地方性的行銷活動）變得相對不重要了！

　　在產品別的組織結構中，產品經理會針對所有地區的所有顧客，規劃及執行某一產品線的所有行銷活動。在網路行銷方面，產品別的組織結構也不適當，因為在網路購買行為上，消費者常會有「交叉購買」的行為，也就是同時購買不同產品線的產品項目。試想，如果某消費者同時購買了三種截然不同的產品，那麼要有三位經理「伺候」他嗎？其中所造成的重複處理訂單、開立發票、送貨的情況呢？在這種情況下，線上相互支援變得非常重要。

@ 網路行銷類型與組織結構

　　我們在第 1 章「網路行銷四階段」中曾經介紹網站的分類，現在我們來說明在提供某一類網站時，組織必須要做的配合以及牽動的情形。

階段一

　　階段一（發表階段）網站對於組織的牽動較少，行銷部門只要將進貨、銷貨、存貨的相關紀錄、產品型錄文件或通告等加以電子化即可（例如：以 Microsoft Word 建立檔案，然後另存成 Web 畫面）。就整個組織而言，由於許多組織已從集中化轉變成分散化的資訊系統結構，[7]因此，各部門可將既有的文件

7　有關「集中化」資訊系統結構、「分散式」資訊系統結構的討論，可參考：榮泰生著，
　　管理資訊系統（台北：華泰書局）。

加以電子化,以利公司網站上的發表。在第一階段,對組織的最大挑戰是提供及時資訊,以及責任與任務的分派。

階段二、三

階段二(資料庫檢索階段)、階段三(個人化互動)對組織的要求較多,尤其是要求行銷人員與資訊技術人員要充分合作,因為此階段網站要能讓使用者存取資料庫、追蹤資訊、填寫線上訂單、查核他們的會員資格等。在第二階段對組織的最大挑戰是如何在「保護機密資料」與「資料分享」之間的拿捏及取捨。

階段四

階段四(及時行銷)對整個組織的影響較大,此時組織必須重新調整其組織結構,才能夠做好在銷售前接單、建造,在銷售後依顧客的需要做調整。如何調整組織結構?我們可從建立團隊結構、虛擬組織、無疆界組織來思考。

1.團隊結構

工作團隊有愈來愈流行的趨勢。當管理當局使用團隊做為協調機能的樞紐時,就等於是建立了團隊結構。團隊結構的基本特徵在於它能打破部門間的障礙,並將決策授權到團隊這個層級。團隊結構內的成員有的是專才,有的是通才。[8]

在小型的組織中,整個組織就是由團隊所組成的,而每個團隊都要對作業問題及客戶服務肩負完全的責任。

在大型的組織中,團隊結構的建立無異對既有的科層體制(hierarchical structure)注入了一針強心劑。組織既可獲得效率(這是在科層體制下標準化作業的結果),也可以獲得彈性(這是建立工作團隊所帶來的結果)。例如:為了要改善作業階層的效率問題,Chrysler、Saturn、Motorola、Xerox 公司也廣泛採用了自我管理團隊(self-managed teams)。另外,像波音、惠普公司在設計新產品或協調主要的專案時,也是透過跨功能部門的團隊來進行。

美國著名的管理學者彼得·杜拉克(Peter Drucker)在其所著《後資本主義

8　M. Kaeter, "The Age of the Specialized Generalist," *Training*, December 1993, pp.48-53.

社會》（*Post Capitalist Society*）一書中提到，所謂的「雙打網球隊」類型的團隊，是當今最能發揮力量的團隊類型，此一團隊的特點除了能夠讓人發揮長才之外，亦重視個人的自律及人際間的默契。層級及隨之而來的權威在提升團體競爭力上已經失去重要性，工作重在搭配而非指揮命令。

2. 虛擬組織

虛擬組織又稱網路組織（network organization）或模組組織（modular organization）。典型的虛擬組織是小型的核心組織，它會把主要的企業功能活動外包出去。用組織結構的術語來說的話，虛擬組織是高度集權化的組織，在組織內不分（或幾乎不分）部門。

像耐吉（Nike）、銳跑（Reebok）、戴爾電腦（Dell）這些公司發現，不必擁有自己的製造設備，就可以做到幾千萬美元的生意。例如：戴爾電腦公司沒有自己的製造工廠，在其廠房中只是將外包的零件加以組裝而已。

這些虛擬企業顯然建立了許多關係網路（network of relationships），使它們能夠很方便的外包其製造、配銷、行銷及其他的企業功能活動。其管理當局認為，外包這些活動顯然比自己做更便宜、更好。

在虛擬組織之下，管理當局將所有的企業活動加以外包。組織的核心是由一小群高級主管所組成。他們的工作就是直接監控在企業內的活動，並與接受外包、從事製造、配銷等的公司做好協調工作。與外界（外包商）的關係都是以訂立契約的方式來相互約束，而對活動的協調及控制都是透過電腦網路連線來完成。

虛擬組織最大的優點在於彈性。它可以使具有創意但缺乏資本的人（如戴爾電腦公司的 Michael Dell），和藍色巨人 IBM 抗衡。虛擬組織結構的缺點是它減少了管理當局對於企業主要活動的控制。

3. 無疆界組織

奇異公司的董事長威爾許（Jack Welch）曾以「無疆界組織」這個名詞來描述他對奇異公司的期望。威爾許希望將奇異公司變成「營業額在 600 億美元的

家庭式零售店」。[9]換句話說，在這個龐大的規模之下，他希望在公司內打破垂直、水平界限，並剔除公司與顧客及供應商的障礙。無疆界組織企圖打斷指揮鏈，讓控制幅度無限延伸，並以團隊取代舊有的部門。

雖然奇異公司尚未達到無疆界組織的境界（或許永遠不會達到），但是它卻不斷的朝著這個方向努力。其他的公司，如惠普、AT&T、摩托羅拉，也朝向這個目標做不斷的努力。

在打破了垂直界限（vertical boundary）之後，組織就等於廢除了科層制度，模糊了職級。金字塔（傳統組織的形狀）也消失了，組織的上層人士與基層人員並無不同。跨科層團隊（cross-hierarchical teams，包括高級主管、中階經理、組長、作業人員）、參與式決策制定、360 度績效稽核（某人的績效是由其同事、上司及部屬所評估），就是奇異公司打破垂直界限的具體做法。

功能性部門就是造成水平界限（horizontal boundary）的始作俑者。打破水平界限的做法就是以跨功能團隊（cross-functional teams or multidisciplinary teams）來取代功能性部門，並以「過程」來組織各種活動。例如：全錄公司現在是以跨功能團隊來發展新產品（此跨功能團隊僅從事這個活動，而這個活動是行銷新產品的一個「過程」）。同樣的，AT&T 現在也不以功能性部門來編列預算，而是以「全球通訊網路維護」這個活動或專案的各過程來編列預算。另外一個打破水平界限的方法，就是將人員在不同的功能領域間做水平式的輪調，這樣做會使得專才變成通才。

無疆界組織會剔除組織與外在環境組成份子間的障礙，也會消除因地理區域所造成的障礙。全球化、策略聯盟、供應商與組織的連結、顧客與組織的連結，以及電子通勤等，都是能夠打破外部界限（external boundary）的方法。例如：可口可樂公司將自己視為全球性企業，並不是屬於亞特蘭大或是美國的公司。NEC 公司、波音公司、蘋果電腦，分別與十幾家公司建立策略聯盟或進行聯合投資。這些結盟關係使得不同組織的員工需共同完成專案，因此，組織間的界限已經變得模糊不清了。

---

[9] "GE: Just Your Average Everyday $60 Billion Family Grocery Store," *Industry Week*, May 2, 1994, pp.13-18.

　　無疆界組織的實現，網路電腦（networked computer）扮演著極為重要的角色，它使得人們能夠跨越組織內及組織間的藩籬，而獲得有效的溝通。例如：企業內網路（Intranet）、電子郵遞（electronic mail，或簡稱 e-mail）可使許多員工交換、分享資訊，並使得基層員工可直接與高級主管溝通。

9-9　執行網路行銷方案

　　網路行銷者在建立實施行銷策略的組織結構，並且發展了行動方案、擬定預算之後，就應將此行動方案加以落實。策略的擬定與執行是不可分割的，而策略的擬定並不僅是高級主管的責任，而是所有直線主管的責任。

　　網路行銷策略的執行要具有「組織體的遺傳基因」（organizational DNA）的觀念。在數位經濟時代，企業的組織型態必須有所轉變。在工業時代，組織所模擬的是「機械式結構」（mechanic structure），強調高度分工、清晰的指揮鏈、狹窄的控制幅度（span of control）、集權化（decentralization），以及高度正式化（formalization）。[10]早期的 IBM 就是以這樣的模式在運作。

　　在數位經濟時代，許多組織所模擬的應是生物的有機體結構（organic structure）。組織會形成一個跨功能團隊，讓員工在不同的功能單位流動、支援，就如同有機體的細胞。新的員工加入組織之後，必須學習如何將他的潛能融入到有機體，以使得這個有機體能夠成長和茁壯，而不是被動的等著被指派工作。在這種組織型態中的最高主管（CEO）比較像是教練，提供策略給隊員；但在實際的競賽中，決定行動的將是場上的隊員。因此，這個組織型態是分權化的（decentralized），每個成員都必須明白目標所在，並在其所在的位置做必要的決策。

　　從以上的說明，我們可以了解：要落實網路行銷策略，網路行銷者必須具有跨功能團隊及跨階層團隊，必須要讓資訊自由流通，必須要具有更寬廣的控制幅度、實施分權化，以及具有低度的正式化。

10　如欲對這些術語做進一步了解，可參考：榮泰生著，企業管理概論（台北：五南圖書出版公司，2000），第 6 章。

同時，要使新策略有效落實，網路行銷者必須進行有效的授權。他必須激勵員工、與員工進行有效的溝通、協調行動，以使員工達到網路行銷者的期望（認識並實現網路行銷的價值），進而獲得高績效。網路行銷者要有強烈的動機去發掘解決執行問題的新方法，而不要在無意義的衝突上浪費寶貴的資源。這個目標有時候必須非正式的透過強勢公司文化才能達成。在這個公司文化下，員工對於群體工作、對組織目標及策略的承諾，都會有一致的規範及價值觀。這個目標也可以透過行動計畫（action plan）或者全面品管（Total Quality Management, TQM）來達成。[11]

9-10 控制網路行銷績效

研究者曾對 20 家線上經紀公司（捐客）的績效進行比較研究，他們所用的指標有二：(1)檢索網頁的速度（speed of homepage access），此速度受到網路技術、伺服器容量、網站設計，以及網際網路連接速度的影響；(2)網站的可用性（availability of the site），可用性表示在上網時不會出現「建置中」這種字眼或是空白畫面。

對網路行銷方案的控制包括了：設定績效標準、評估實際績效，並將實際的績效與所設定的績效標準做比較。控制的成效端視績效標準的有效性及資訊回饋的正確性而定。

@ 自我評估：企業可從電子商務中獲益嗎？

旋踵之間，每個企業幾乎都將架設網站，儼然步入了電子商務行列。你的企業需要現在上線嗎？在公司名稱後加上達康（.com）會增加你的價值嗎？你的產品或服務需要線上銷售嗎？我們看到許多產品和服務已經輕而易舉的進行線上銷售，但是有些產品卻緩如龜步。有些網路先鋒不僅擴展了其既有產品及服務的範疇，同時也跨入新的領域，使得他們的經營項目增多了，能見度也提升了。做為

---

[11] Henry I. Ansoff, "Strategic Management of Technology," *Journal of Business Strategy*, Winter 1987, p.37.

一個後起之秀，你準備好進入電子商務的行列了嗎？誠實的回答下列問題：

(1) 你有時間經營網站嗎？（即使你是用外包的方式建立網站，但是你總得挪出時間來管理這個設站專案。）

(2) 你有金錢投資這個網站嗎？（雖然建立及管理一個網站有比較便宜的方式，但這畢竟不是一個免費的投資事業。）

(3) 你知道你要在線上銷售什麼嗎？（你將在線上銷售一部分的產品或服務，然後逐漸增加產品項目嗎？還是一股腦兒的全部上陣？）

(4) 在線上，你的產品會有視覺效果嗎？消費者可以很容易的看到產品的特性嗎？或者用文字及圖像就可以把產品的特色表現出來嗎？（這些問題都會影響線上的銷售成果。）

(5) 如果你銷售的是服務，你能夠創造一個視覺化影像，或者創造出一個吸引人的文字說明或旁白嗎？

(6) 以上的第 (4)、(5) 題，如果你自己沒有能力提供文字、圖像、動畫的說明，你有能力僱用專業人員或公司來做嗎？

(7) 你能在 24 小時之內運送你的產品嗎？

(8) 你能確信你的產品會保持新鮮（如果它是易腐品），以及安全（如果它是易碎品）嗎？

(9) 你能夠安排有效率的產品運送嗎？（如果你的運送成本過高，又要回收於消費者的話，你的銷售一定會受到影響。）

(10) 你有足夠的資源，例如：員工或耐心（如果你是獨立創業的話），來處理有關顧客服務及顧客追蹤的事情嗎？

(11) 你有能力處理突如其來的訂貨或退貨嗎？（這說明了在進行線上銷售時，你需要有相當好的產能規劃，並且要與供應商、經銷商維持良好的聯絡狀態。）

(12) 你的價格能夠吸引消費者嗎？品質呢？獨特性呢？記住：對網路購物者而言，比價是很容易的。你的競爭者並不只是地區性的零售店，而是全球性的大企業。

如果你對上述問題的回答都是「是」，那麼你就可以馬上進入電子商務的行

列；如果你對某些問題仍然猶豫不決，你就要設法解決這些問題。在徹底解決這些問題之前，不要一頭栽進電子商務，否則會得不償失。

對網路行銷方案的控制包括了：設定績效標準、評估實際績效，並將實際的績效與所設定的績效標準做比較。控制的成效端視績效標準的有效性及資訊回饋的正確性而定。

@ 標準

在取得網路硬碟空間、撰寫首頁文件、上傳檔案之後，[12]網頁應該是（或至少期待是）「車水馬龍」的，進而發揮極大的廣告效果及銷售效果。但是網站是否真的如此？我們要以客觀的衡量標準來檢視網站，乃至於網路行銷的效果。這些標準包括：(1)觸擊（hits）；(2)觸擊的程度；(3)某特定網頁的觸擊；(4)網路計數追蹤；(5)正面報導次數；(6)潛在顧客的前置時間；(7)每位潛在顧客的成本；(8)透過網站的商業交易；(9)整體的商業交易系統；(10)回饋。

觸擊

你的網站的觸擊或訪客人數有多少（這可用超連結來設計，以了解上網人數）？訪客人數的多寡，可以說明你在「建置後維護」這個階段所產生的效果。當然，企業也可以透過其他的媒體，例如：電視、報紙、雜誌、直接郵件，將公司的網址告訴潛在消費者，以競賽或抽獎的誘因鼓勵他們上網。當然，網頁設計得引人入勝，也會因為網友的奔相走告而增加訪客人數。

觸擊的程度

每一次觸擊能夠代表什麼意義？你在公園門口發送傳單，有些人拿到後會仔細的看一看；有些人會掃描一下，然後塞進皮包裡；有些人會看也不看就隨手一丟。同樣的，網站之於訪客也是一樣。在對網站觸擊程度（degree of hits）的衡量上，要衡量所看到內容的深度、逗留時間的長短（duration）、檔案下載的情形等。但是要注意：逗留時間的長短，並不能完全保證網友有在仔細的閱讀；他

---

[12] 這些步驟可參考：榮泰生著，計算機概論——實習教材（台北：五南圖書出版公司，2000），第 15 章的說明。

（她）可能臨時有事，而使電腦一直停留在某個網頁上。或者，檔案下載之後，潛在消費者是否有閱讀或閱讀多少次，就很難得知了！

eBay 認為它是商業網站中「最黏的」網站。1998 年 12 月，eBay 使用者的平均逗留時間是 27 分鐘。[13]

某特定網頁的觸擊

如果你的網頁設計中有許多超連結，而每一個超連結介紹一種產品，你就可以衡量每個不同網頁（在這裡代表不同的產品）受歡迎的程度。在網頁的維護工作上，你可以剔除不受歡迎的網頁，而加強那些受歡迎的網頁。

網路計數追蹤

Digital Planet 公司（http://www.digiplanet.com）所發展的網路計數追蹤系統（NetCount Tracking System），可以「依照個別網站對網際網路使用情形，加以正確的驗證」。

正面報導次數

專刊或專業作家的評論，不論褒貶，都是網頁是否成功的指標。為文讚賞的人數、次數愈多，表示此網站已經受到相當大的歡迎。例如：美國聯邦快遞（Federal Express）被正面報導的次數比 UPS、DHL、Airborne 還要多。

潛在顧客的前置時間

所謂前置時間（lead time）是指上網之後表示興趣到實際採取購買行動這一段時間。銷售人員在對潛在顧客做面對面的推銷時，可以問潛在顧客有關本公司網頁上的一些資訊，進而了解他們是否仔細閱覽。如果潛在顧客很快的決定購買（換句話說，網頁在推出之後進行人員推銷，一直到顧客購買這段前置時間並不長），多少可以表示網頁的設計是成功的。

每位潛在顧客的成本

任職於 Direct!Direct! 公司網際網路行銷服務部門主管的 Karen Blue（http://

---

[13] George Anders and Thomas Weber, "Online: Latest Chat Topics at AOL Links with eBay," *The Wall Street Journal*, February 17, 1999.

www.direct2.com/direct2/），曾經對 Photoshop（Adobe System 公司的產品）進行促銷方式的比較研究。利用網路促銷的方式，是以所設計的首頁放在 Sun Sparcstations 上。另外一種方式就是直接郵件的方式。

研究結果發現，利用網路首頁進行促銷的成本是直接郵件的 30%，所增加的潛在顧客數均為 50%，這可說明網路促銷的「成本／每位潛在顧客」較低。值得注意的是，以網路促銷所獲得的潛在消費者中有 75% 可以被歸類為「最可能購買者」，而直接郵件只有 18%。

從以上的說明，我們可以了解：衡量潛在顧客的增加數，以及「最可能購買者」的比例，可以衡量網頁的績效。

透過網站的商業交易

因為看了網頁上的廣告，而採取購買行動的顧客數目、購買量及購買額，當然也是衡量網頁、網路行銷的一個標準。但這是「機會成本」（opportunity cost）的問題。企業還應考慮從其他的通路中所減少的顧客數、銷售量、銷售額。

整體的商業交易系統

當網友進入本公司的網址時，要求其鍵入基本資料，從它產生興趣開始，一直到交易完成，都有完整的紀錄及追蹤。除此之外，還要有電子安全交易（Secure Electronic Transaction, SET）的整體設計。

回饋

衡量網頁設計、網路行銷成功與否的最後一個因素，就是潛在顧客對你的回饋。當你透過電子問卷（在網頁上設計的問卷）詢問人們有關你的產品、公司、網址的問題時，有多少人會漫不經心的回答？有多少人會積極而有效的回答？他們回答的內容品質如何？他們所提供的資訊，是否能夠讓你進一步了解他們對產品的喜惡？他們是否建議新產品應具有哪些特性及功能？他們對你所提供的線上服務是否滿意？

顧客或者潛在顧客如果能夠踴躍的提供以上資訊，顯示了他們的興趣及購買的慾望。這些資訊對於網頁的補強、產品的發展，都是有幫助的。

@ 點集流的重要意涵

假如你打算在網站上買一支釣魚竿，當做父親的生日禮物。你在搜尋引擎上鍵入「釣魚竿」三個字之後，網頁上呈現了二十多個有關網址，你在其中挑選了三個網站，其所呈現的情形分別是：

- 第一個網站：是一個非常專業的網路零售商，釣魚竿出現在網頁左下角的下拉式清單中。你點選了「友善牌」之後，畫面顯示出友善牌釣魚竿的圖片、價格等資料。但是下方出現了這樣的說明：「目前缺貨，預計 2 星期內可恢復供貨。」
- 第二個網站：是實施「多種目標市場策略」的網路零售商，所銷售的產品項目從籃球到露營帳棚應有盡有。你很費神的在「戶外娛樂」這類中找到「釣魚竿」，在點選「釣魚竿」這項之後，發現了各種品牌的釣魚竿，「友善牌」也在其中之列。但當你點選「友善牌」之後，網頁卻沒有進一步的動作。
- 第三個網站：網頁清爽，操作簡單，「友善牌」釣魚竿存貨充足，所以你在填寫兩個表格之後便完成了訂購作業。在表格中，你填入了收貨人地址、付款方式等。幾秒鐘內，訂購作業便大功告成。網頁上出現「確認訂購完成」的文字，並且在另一個網頁中出現「訂閱釣魚雜誌」的說明及優惠條件。你覺得很划算，因此也就訂閱了釣魚雜誌，送給親愛的父親當做生日禮物。

你在網站上所做的任何動作，都會被網站的伺服器加以記錄。你的一連串點選動作，稱為點集流（clickstream）。對網路行銷者而言，點集流具有重要的意涵，因為這些數據是微調既有行銷策略或者擬定新行銷策略的重要依據。我們再說明一下前述三個網站的結果：

- 第一個網站：必然蒙受「缺貨」的損失。
- 第二個網站：潛在顧客在歷經一番周折之後，又找不到所需產品的資料。這種情況不僅使得潛在顧客感到厭煩，而且也喪失了商機。
- 第三個網站：不僅成功獲得訂單，而且也獲得了兩個新資料（訂購者及收貨人）。同時，此釣魚產品網站也與釣魚雜誌網站建立了連屬行銷（affiliated

marketing）的關係。當然，釣魚產品網站必須向釣魚雜誌網站支付已協議的佣金。

記錄、檢索及分析點集流對於網路行銷者有重要的意涵，原因如下：

(1) 點集流資料點出了在網站使用上的可能問題，而這些問題必須立即檢視及改正。

(2) 點集流資料是管理網站、衡量網站有效性的指標。例如：可幫助網路行銷者了解網站廣告有效性、透過電子郵件所進行的促銷活動的有效性。

(3) 點集流的資料在蒐集到一定數量之後，可以透過資料採礦軟體（如 SPSS Clemtine）來進一步了解潛在顧客、顧客的網路消費形式及行為。基於這些了解，網路行銷者可以改善既有網站，或者做為建立新網站、擬定新的行銷策略的重要參考。

(4) 潛在消費者在點選、填表時，也充分了解這些資料會被網路收錄，因此如何保護消費者的隱私權，並向消費者保證資料的安全性，亦是一個重要的課題。

@ 網站有效性衡量

網站的有效性（effectiveness）可用三個向度來衡量：有用性、流量及瀏覽者、網站績效。有用性是從顧客的觀點來看，流量及瀏覽者、網站績效則是以企業（網路行銷者）的角度來看。

有用性

有用性與顧客的使用經驗息息相關。有用性（usability）是訪客如何看這個網站，他們認為使用上是否方便、網站對他們而言是否有價值。以顧客至上的行銷觀念而言，有用性實在不容小覷。如果訪客對他的使用經驗覺得滿意，他在長期再度造訪的機率必定會提高。

有用性測試（usability testing）並不是傳統的行銷研究，雖然它在測試的過程中引用了一些傳統的行銷研究技術。使用者測試（user testing）比較類似實驗情境中的廣告測試。使用者測試早年是應用在心理實驗室，後來被沿用到消費者

廣告測試、電腦使用者的行為測試。使用者測試是一種定性研究，其目的在於檢測網站是否能符合目標顧客在「友善性」方面的期望。

在使用者測試方面，要以尼爾森（Jakob Nielsen）的網站使用者測試為馬首是瞻。尼爾森所建置的個人網站（www.useit.com）上具有相當豐富有關測試的資訊，例如：及時新聞、企業內網路測試報告等。

有用性測試可分為：觀念測試、雛形測試、完成測試。

1. 觀念測試

觀念測試（concept testing）適用於網站發展的早期階段。施行的方式是將網站的各種特性印製於紙板上，然後再將這些紙板呈現給受測者，讓他們就這些紙板依據「使用上的方便」加以評選及排序。觀念測試的主要目的在於「防患於未然」，並對網站設計提供一個以顧客（或潛在顧客）為角度的一般性指引。如以焦點團體為受測對象，觀念測試可以在相對短的時間內完成。由於施行的方式是將各觀念（網站功能）印製在紙板上，所以在費用上也相當節省。值得注意的是，觀念測試是在測試網站的幾個重要特性，看看有沒有傳遞公司的主要形象、有沒有傳遞重要訊息，而不是網站功能的細部測試。

2. 雛形測試

雛形測試（prototype testing）適用於網站發展過程中，此時網站已經具有雛形，其中某些部分甚至可發揮完整的功能。雛形測試可從受測者那裡了解他們對網站外觀的觀感，以及對網站結構的看法（例如：超連結是否適當、資料在另頁呈現是否適當等）。在網站發展的早期進行雛形測試，可以避免做大幅牽動的麻煩，因此愈早進行雛形測試，改變或調整的幅度就會愈小。但是在早期做測試，網站的功能尚未完整，所以測試時很難一窺全貌，只能就局部功能做了解。如果在網站發展的較晚期進行雛形測試，即可做到比較全面性的測試，但是卻會「牽一髮而動全身」。網路行銷者要在網站發展的早期或晚期進行雛形測試，在拿捏上並不容易。

3. 完成測試

完成測試又稱全面可用性測試（full usability testing），測試的時機是在網站

設計完成（具有全方位的功能）並上傳到伺服器上，但是還沒有開放給一般大眾使用。工程師會在機房內對網站做全面性的整體測試。

流量及瀏覽者

流量及瀏覽者（traffic and audience）的衡量如果是內容網站，可用訪客人數及品質做為標準；如果是銷售網站，可用銷售量做為標準。上述的「品質」並不是指訪客的良莠或素質，而是指「目標顧客」。如果一個銷售成人情趣用品的網站，其訪客大多數是未成年人，即使人數再多，也稱不上有「品質」，因為目標顧客不對（當然這還涉及到倫理、法律問題）。網站本身可用三種方式來蒐集流量及瀏覽者資料：

1. 點閱計數器（hit counter）

點閱計數器是用幾行 HTML 寫成的指令，放在網頁上以計算訪客的數目。

2. 伺服器記錄檔（server log files）

伺服器記錄檔是放置網站的伺服器所建立的檔案。每當使用者透過瀏覽器要閱覽一個網頁時，就會在伺服器記錄檔中建立一筆紀錄。這筆紀錄包括：使用者（訪客）的 IP、閱覽網頁的日期及時間、此網頁是否呈現（亦即訪客是否順利開啟網頁）、傳輸的資料量、參照的網站、使用的瀏覽器類型及版本、訪客的電腦作業系統。

3. 編碼網頁（coded pages）

編碼網頁是在瀏覽器端（訪客或使用者端），而不是伺服器端，蒐集資料的新方法。產生編碼網頁的典型檔案大小為 1×1 像素。編碼網頁是放置在網頁上，一般人通常看不到。編碼網頁另外的名稱包括：資料標籤（data tag）、像素標籤（pixel tag）、透明動畫（automation gif），或甚至是資訊網臭蟲（Web bug）。當使用者開啟一個網頁時，編碼網頁就會將一些資料傳給伺服器。這些資料包括：IP 位址、URL、閱覽時間、瀏覽器類型等。

網站績效

網站績效（site performance）是指網頁中有多少連結，在內部連結、外部連

結（連結到其他網站）是否順利、是否正確。www.webtrend.com 網站對於各網站連結的情形可做詳細的分析。

復習題

1. 試扼要說明網路行銷規劃程序。

2. 網路行銷計畫起始於對環境的了解，也就是「衡外情」。試加以解釋。

3. 何以說在網路行銷規劃中，了解環境的機會與威脅是非常重要的一環？

4. 當滿足需求及慾望之門緊閉之際，威脅便產生了。試舉例說明。

5. 網路行銷的環境有什麼特色？

6. 如何分析競爭者？

7. 如何了解你的競爭者？

8. 如何檢視任務環境？

9. 試說明電子化市場下的五力模型。

10. 試解釋如何建立網路行銷目標。

11. 何謂目標市場？

12. 試解釋「關鍵多數」。

13. 如何進行網路行銷的市場區隔？

14. 何謂利基行銷？

15. 網路行銷者除了要知道哪些市場區隔應成為目標市場之外，他們還應考慮產品定位（product positioning）的問題。試加以闡述。

16. 產品定位與區隔有何關係？

17. 試闡述產品定位策略。

18. 何謂行銷組合策略？

19. 如何發展網路行動方案及擬定預算？

20. 如何建立網路行銷組織？

21. 如何執行網路行銷方案？

22. 何謂「控制網路行銷績效」？

23. 企業如何自我評估是否可從電子商務中獲益？

24. 我們要以哪些客觀的衡量標準來檢視網站、乃至於網路行銷的效果？

25. 點集流有何重要意涵？

26. 試說明網站有效性衡量。

練習題

1. 選擇一家著名的傳統公司，說明此公司如何用新的機會策略，從傳統行銷擴展到網路行銷（如寶僑公司 Reflect.com 的範例）。為何傳統公司採取此策略？進行網路行銷的傳統公司要如何發揮其傳統優勢？

2. 選擇一個明確地以若干個市場區隔為目標市場的網站。此網站如何滿足各個市場區隔的需求？此網站的區隔策略是否有效？整體訊息是否會因為針對若干個市場區隔而變得模糊？

3. 選擇一家線上公司，說明它如何進行五個步驟的定位計畫（確認實際的產品定位、確認理想的產品定位、發展可行策略以實現理想的產品定位、選擇和實施最有效的可行策略、比較實際與理想產品定位）。

4. 試上網找一篇有關「網路行銷規劃與控制」的研究〔例如：台灣網際網路資訊提供者（ICP）市場定位與經營策略之研究〕，寫一篇心得報告，並與同學分享。

網路行銷研究

10-1　了解網路行銷研究

10-2　網路調查

10-3　網路行銷研究步驟

10-4　網路調查問卷設計

10-5　資料採礦

10-6　電子商務研究課題

 10-1 了解網路行銷研究

@ 定義

　　網路行銷研究又稱線上調查（online survey），已成為網路行銷者蒐集資料的主要工具。網路行銷研究（Internet marketing research）是利用網際網路做為研究工具，以有系統的、客觀的態度和方法，指針對某一特定的行銷問題，提供行銷決策所需的資訊。這個定義有五個關鍵字：[1]

(1) 網路行銷研究是有系統的，也就是說，它是事先規劃周密、組織嚴謹的過程。

(2) 獲得資訊的方法是客觀的，也就是說，這些方法不因研究者的個人喜好、研究過程而有所偏差。

(3) 網路行銷研究的過程著重於提供有效的資訊，以幫助網路行銷者做決策。

(4) 由網路行銷研究所蒐集的資訊，是幫助網路行銷者解決特定的問題。一般而言，這種研究專案只做一次。

(5) 網路行銷決策的重點是在幫助網路行銷者擬定周全的決策。

　　由於研究技術的提升，以及企業對研究結果的信心倍增，所以，網路行銷研究所使用的技術愈來愈精密，研究的範圍愈來愈廣。許多非營利性組織也利用網路行銷研究來蒐集資訊，進而擬定有效的行銷策略以滿足其服務對象的需求。根據美國行銷協會所提供的報告指出：有很高比例的公司從事「銷售及網路行銷研究」，尤其是在市場特性及潛力確認方面的研究。

　　一個完整的行銷策略必須透過行銷研究（包括價格、數量、季節性等）來了解目標市場的各重要變數（包括人口統計、心理特徵、主要需求等），並透過有效的方式（如傳單、銷售促進、廣告、公共關係、網路），將有關產品及服務的訊息傳遞給目標市場消費者。

---

[1] C. D. Schewe, *Marketing, Principles and Strategies* (New York: Random House), 1987, p.105.

@ 重要性

網路行銷研究（marketing research）在行銷活動成敗中，扮演著關鍵性的角色。網路行銷研究的結果可增加網路行銷決策的品質，對於網路行銷策略的擬定及執行非常重要。有關於目標市場的資訊更有助於網路行銷組合的策略運用（第12～15 章），以及行銷活動的規劃及控制（第 9 章）。此外，如能適當的掌握顧客的有關資訊，則顧客導向的行銷觀念將更能落實。

網路行銷研究及行銷資訊系統是使得行銷觀念得以落實的基本工具。[2]在競爭已趨白熱化的今日，如果是先發展產品再去尋找有利可圖的市場，則是典型的生產導向（product-orientation）做法。網路行銷研究及行銷資訊系統可提供客觀的資訊，使企業避免做出錯誤的、盲目的、自以為是的假設及決定，進而誤導了行銷活動及行銷努力。

@ 優點與限制

就像網際網路一樣，網路行銷研究還是在嬰兒階段。等到網路使用及線上服務漸漸變成一個習慣，而不是風潮之後，線上研究就會變成快速的、簡易的、價廉的行銷研究媒介。

線上研究相較於傳統的調查研究，具有兩個明顯的優點：速度與成本效應（低成本）。進行定量研究的線上研究者，在短短數天之內，就可以蒐集到足夠的樣本數。雖然線上會心團體（focus group，又稱焦點團體）研究需要事先安排，但是獲得大量資料也是相當輕鬆的事情。

利用網際網路做研究，也是相對廉價的事情。位於世界各角落的參與者可利用撥接網路連上線，成為會心團體的一員，節省了旅行、住宿的成本。線上交談（線上的會心團體方法）比傳統的會心團體方法是便宜多了。就調查而言，線上調查節省了大量的郵資費、電話費、印刷費等。

網路遨遊者並不是一個具有母體代表性的樣本。線上使用者通常是教育程度較高、所得較高、較為年輕的一群人，而且大多數為男性（雖然近年來女性有漸

2　有關行銷資訊系統的詳細說明，請參考：榮泰生著，行銷資訊系統，四版（台北：華泰書局，1998）。

增的趨勢），這些人就是網路行銷者進行網路銷售的主要對象。但是當進行網路
行銷研究時，這些人很難接觸得到。線上研究或交談常常因為找不到這些捉摸不
定的、年輕的、單身的、所得高的、學歷高的閱聽眾的參與，而使得研究效果大
打折扣。

　　線上研究並不適合每一個公司或每項產品。例如：大量行銷者（mass
marketers，如可口可樂公司）所要研究的對象是涵蓋各種市場區隔、具有代表性
的消費者；但如果只有網路遨遊者來填答問卷，則代表性便大成問題。如果測試
產品或服務的對象與網路使用者不一致，那麼網路就不是一個好的媒介。利用網
路問卷來詢問消費者對康寶濃湯口味的看法，是好的方式嗎？可能不是！但如果
你用網路問卷來了解消費者（使用者）對康寶網站的看法，便是好的方式。

　　然而，利用網路進行行銷研究所衍生出來的另外一個疑慮（缺點），就是
「不知道樣本是由哪些人所組成的」。「紐約客」（New Yorker）上有一則卡通
頗為有趣：兩隻狗坐在電腦前上網，其中一隻狗說道：「在網際網路上，沒有人
知道我們是兩隻狗。」如果你看不到你所溝通的對象，你怎麼知道他（她）到底
是誰？如果研究者想要從這些「不經意加入的人」或是「偶爾插花者」那裡得到
資料，並從這些資料中做推論，在研究的嚴謹度、可信度上是相當令人質疑的。

　　為了克服樣本及反應的問題，NPD 研究群及其他提供線上服務的公司，挑
選了合格的網路常客的小組人選，做為線上調查的固定對象及線上會心團體的成
員。NPD 研究群目前有 15,000 位線上挑選的消費者，並利用電話加以驗證。綠
野線上公司（Greenfield Online）是從公司本身的資料庫中挑選合格的人員，並
定期打電話給他們，以驗證他們是不是他們所說的自己。另外一個公司，研究連
結公司（Research Connections）則是先利用電話錄用會員，然後再慢慢幫助他們
上網（如果有必要的話）。

　　即使是利用合格的會心團體成員，但是研究效度也是一個問題。在線上做產
品觀念（product concept）測試時，很難觀察到人們在看到產品時的眼睛一亮，
或展現出某種興奮感。在傳統的會心團體研究上，目光接觸及身體語言可以透露
出許多訊息；但是在線上，這些都無從獲得。換句話說，由於在線上，研究者及
受測者（會心團體成員）無法透過視覺線索（visual cues）來窺探對方的內心世
界。

　　有些專家學者對於網路行銷研究的未來抱持著樂觀的態度，但是有些則不然。有人認為在未來幾年，約有一半以上的行銷研究會在線上進行，而傳統的電話調查將如明日黃花。但是有人認為這種看法太樂觀了，「20 年後，網路行銷研究才會取代傳統的方式。」

　　網路行銷者可利用競賽、機智問答或贈品的方式與顧客進行互動，在顧客能夠獲得參加競賽、獲得贈品或免費下載軟體之前，先要回答問卷上的問題。然而，根據 GVU 調查（1998）顯示，消費者所提供的問卷答案中約有四成是不正確的。因此，網路調查問卷設計的適當性及誘因的提供，對於研究結果的效度是非常重要的。[3]

　　網路行銷研究也會碰到許多問題，例如：冗長的問卷使得消費者拒答、或技術問題（如使用者傳送答案的時間過長）等。如果不能克服這些問題，消費者便會拒絕填答問卷；尤有甚者，可能會拒上你的網站。

@ 目的

　　網路行銷研究的目的有四：(1)對現象加以報導（reporting）；(2)對現象加以描述（description）；(3)對現象加以解釋（explanation）；(4)對現象加以預測（prediction）。[4]

報導

　　對現象加以報導是網路行銷研究最基礎的形式。報導的方式可能是對某些數據的加總，因此這種方式是相當單純的，幾乎沒有任何推論，而且也有現成的數據可供引用。比較嚴謹的理論學家認為報導稱不上是研究，雖然仔細的蒐集資料對報導的正確性有所幫助。但是也有學者認為調查式報導（investigative reporting，是報導的一種形式）可視為是定性研究（qualitative research）或臨床研究（clinical research）；研究專案不見得要是複雜的、經過推論的才能夠稱得

---

[3] Efraim Turban, et al., *Electronic Commerce-A Managerial Perspective* (Upper Saddle River, New Jersey: Prentice-Hall, 2000), p.97.

[4] D. R. Cooper, and C. W. Emory, *Business Research Methods* (Chicago, Il.: Richard D. Irwin, Inc., 1995), pp.9-10.

上是研究。[5]

描述

描述式研究在網路行銷研究中相當普遍，它是敘述現象或事件的「誰、什麼、何時、何處及如何」的這些部分，也就是它是描述什麼人在什麼時候、什麼地方、用什麼方法做了什麼事。這類的研究可能是描述一個變數的次數分配，或是描述兩個變數之間的關係。描述式研究可能有（也可能沒有）做研究推論，但均不解釋為什麼變數之間會有某種關係。在企業上，「如何」的問題包括了數量（數量如何成為這樣的？）、成本（成本如何變成這樣的？）、效率（單位時間之內的產出如何變成這樣的？）、效能（事情如何做得這樣正確的？），以及適當性（事情如何變得適當或不適當？）的問題。[6]

解釋

解釋性研究是基於所建立的觀念性架構（conceptual framework）或理論模式來解釋現象的「如何」及「為什麼」這兩部分。例如：研究者企圖發現有什麼因素會影響消費者行為。他在進行文獻探討之後，發現這些因素有：(1)社會因素，包括角色、家計單位、參考團體、社會階層、文化及次文化；(2)情境因素，包括溝通情境、購買情境、使用情境；(3)個人因素，包括年齡、職業、經濟情況、個性、自我觀念；(4)心理因素，包括知覺、動機、能力與知識、學習、信念與態度。

接著，他就進行實證研究發現：所有的因素都會影響消費者的行為，只是程度不同而已。然後他就必須解釋為什麼這些因素會影響消費者的行為，以及為什麼在程度上會有所差別。

預測

預測式研究是對某件事情的未來情況所做的推斷。如果我們能夠對已發生

---

[5] M. Levine, "Investigative Reporting as a Research Method: An Analysis of Berstein and Woodward's all the President's Men," *American Psychologist* 35, 1980, pp.628-638.

[6] E. O'Sullivan, and O. R. Rassel, *Research Methods for Public Administrators* (New York: Longman, Inc., 1989), pp.19-39.

的事件（如產品推出的成功）建立因果關係模式，我們就可以利用這個模式來推斷此事件的未來情況。研究者在推斷未來的事件時，可能是定量的（數量、大小等），也可能是機率性的（如未來成功的機率）。

@ 調查目的與資料蒐集類型的關係

網路行銷者的調查目的（想要了解什麼）與資料蒐集類型（蒐集何種資料）息息相關。表 10-1 說明了調查目的與資料蒐集類型的關係。

10-2 網路調查

網路調查（Internet survey）又稱線上調查（online survey），就是利用網路有關科技來蒐集初級資料。值得注意的是，網路調查只是蒐集資料的新方法，即使進行網路調查，研究者仍然依循嚴謹的研究程序；也就是說，必須明確的說明研究動機、界定研究目的、仔細而確實的進行文獻探討，建立觀念架構及對假

▶ 表 10-1　調查目的與調查類型

調查目的（想要了解什麼）	資料蒐集類型（蒐集何種資料）
進行網路行銷方案是否划算	全世界的網路使用者及目標群體的估計數
有無擴展市場的機會	產業中網路使用的成長
向青年人、中年人、老年人行銷	所選定的使用者平均年齡
向婦女行銷產品	以性別來區分的市場區隔
針對特定的線上使用者來行銷	以教育別、職位別、所得別來區分的市場區隔
促銷策略是否有效	網路目標市場的行為、網路商業應用趨勢
商業用戶是否增加	網路名稱的註冊數
行銷預算是否要調整	網路對其他媒體的影響
電子商務是否成長	網路購物的行為（包括數量）及網路行銷利潤
電子商務是否有遠景	使用者對電腦及網路的熟悉度、使用率，以及使用網際網路的目的
首頁設計得如何？網頁之間的導引（超連結）如何？	瀏覽器、平台、連接速度

說、操作性定義做明確的陳述。網路調查的獨特之處在於其問卷是以網頁的方式呈現,受測者在此網頁上勾選或填寫之後,按「傳送」就可將資料傳送到研究者的伺服器上。研究者在一段時間之後,可將此伺服器上的資料檔下傳到其個人電腦上,以便利用 SPSS 進行統計分析。

近年來由於網際網路的普及,網路科技的日新月異,網頁製作的便捷,使得許多企業紛紛投入網路調查的行列。調查內容從公共政策民意調查、社會事件意見調查、網路新聞事件意見調查等生活百態、甚或價值觀念等不勝枚舉。甚至許多企業、政黨或者廣告行銷業者也開始大量採用網路市場調查的方式來取得行銷策略擬定時的重要參考資料。許多研究者也以網頁做為蒐集原始資料的主要介面。

@ 網路調查的優點

相較於傳統調查,網路調查具有以下的優點:成本優勢、速度、跨越時空、彈性、多媒體、精確性、固定樣本。

成本優勢

無論就人力、物力、財力上所花費的成本而言,網路調查會比人員訪談、電話訪談、郵寄問卷、電腦訪談都來得便宜。

速度

就速度上而言,利用網頁設計軟體(如 Microsoft FrontPage)可以迅速有效的設計出網頁問卷。同時,設計妥善的網路調查可以在短期間內獲得充分的數據,進而立即從事統計分析的工作。

跨越時空

網路調查可跨越時空,剔除了時空的藩籬,克服了傳統調查方式所遇到的問題。利用傳統調查方法時,如果晚上打電話,會錯過加班的上班族群或出門約會的年輕族群;如果白天打電話,所接觸到的對象大部分是家庭主婦、家中長輩,以及孩童。利用網路調查,我們不需要考量網友是否會在特定時間上網,或者擔心是否會錯過部分只在特定時間(如半夜以後)上網的網友。以電子郵件調查而

言，所發出的電子郵件會全天候的儲存在受測者的郵件伺服器上，他們隨時可以在微軟的 Outlook 中以「傳送及接受」的方式收件，並在填答完成之後傳送出去。

由於網路調查可剔除時空藩籬，對於從事全球消費者行為研究的研究者而言，不啻是一項利器。

彈性

我們可以先刊出探索式問卷（exploratory questionnaire），將所蒐集到的資料加以適當修正後，即刻改刊載正式問卷。如果研究人員對於消費者對某項產品的反應方式沒有把握，可以先行刊出探索式問卷，以開放式問題讓網友填答。經過幾天獲得資訊之後，再重新編擬正式問卷以獲得所需的調查數據。

多媒體

網路調查可以向網友呈現精確的文字與圖形、聲音訊息，甚至是立體或動態的圖形。傳統調查法若要呈現視覺資料，成本是相當可觀的。

精確性

網路調查的問卷在回收後不需要以人工將資料輸入電腦，可避免人為疏失，同時電腦程式還可以查驗問卷填答是否完整，以及跳答或分枝填答的準確性。網路調查問卷在跳答、分枝問卷（branching，也就是根據某項問題的不同回答，呈現不同版本的問卷提供給受測者填答）的設計上，具有高度精確性。

固定樣本

網路調查容易建立固定樣本（panel）。如果調查單位希望能夠針對同一個人長期進行多次訪問，網路調查是一個相當有效的方式。

線上焦點團體。由於網際網路的普及，探索式研究可以用電子郵件、聊天室（chat room）、網路論壇（forum）、虛擬社群（virtual community）的方式來進行。如果能善用先進的通訊科技，如語音會議、視訊會議，都可以有效的獲得寶貴的資訊。利用線上焦點團體比電話式焦點團體更為便宜。在新聞群組（news group）寄出一個主題，會引發許多迴響與討論。但是線上討論是毫無隱私性的，除非是在企業內網路（Intranet）內進行。雖然網路論壇不太能代表一般大

網路行銷

眾（如果我們所選擇的焦點團體是一般民眾的話），但是從眾多的網友中，我們還是可以從蛛絲馬跡中得到焦點團體成員的意見。

網路調查類型

一般而言，網路調查可分為以下三種類型：網站調查型、電子郵件調查型、隨機跳出視窗調查型。

網站調查型

網站調查型（Internet survey）是指由進行調查的單位將調查問卷刊載在網站上，並在各網頁上使用橫幅廣告（banner ads）、超連結（hyperlink）等方式邀請受測者進入網站填答。

> 研究者可自己利用適當軟體（例如：微軟的 FrontPage、Macro Media 的軟體）設計網站及網路調查問卷，並上傳到免費的伺服器上。例如：筆者是以微軟的 FrontPage 設計問卷，然後上傳到輔大貿金系的伺服器上。
>
> （筆者的網頁：http:// www.itf.fju.edu.tw/home/tyweb/index.htm）

如果研究者不願意將問卷上傳到別人的伺服器上，或者自己對網路建構、網路問卷設計等技術非常熟悉，便可以在自己的電腦上架設伺服器，成為主機。首先要有 Windows NT（或 Windows 2000），或者你也可以安裝微軟公司的 IIS（Internet Information Systems）系統。至於在資料庫方面，可安裝 Oracle 資料庫系統，以便接受資料，儲存在既定的檔案中。

> Internet Information Services (IIS) for Microsoft Windows XP Professional 將網路運算的威力帶到了 Windows。有了 IIS，你可以輕易地共用檔案及印表機，或者你可以建立應用程式，在 Web 上安全的發行資訊，以增進你組織共用資訊的方式。IIS 是一個安全的平台，適合用來建立及調配電子商務解決方案，以及重要的 Web 應用程式。
>
> 使用已安裝 IIS 的 Windows XP Professional，提供一個個人及開發的作業系統，讓你可以：安裝個人的 Web 伺服器、在小組中共用資訊、存取資料庫、開發企業內部網路、開發 Web 應用程式。IIS 將公認的 Internet 標準和 Windows 整合在一起，這樣，使用 Web 並不表示要重頭開始學習新的方式來發行、管理或開發內容。

　　我們可以針對網路調查型在成本、掌控這兩個向度上做說明。使用網路調查型所投注的成本相對較高，但是掌控能力也相對地高。成本是指在時間、人力、物力、財力上所投入的成本。掌控是指對網路問卷設計（包括內容、格式、佈置等）的自由裁決量或支配能力、對支援網路問卷設計的軟硬體的決定權。

電子郵件調查型

　　電子郵件調查型（e-mail survey）是將問卷發送到受測者的信箱，邀請其填答後寄回，或由進行調查的單位將調查問卷刊載在網站上，並發送電子信件附上超連結，邀請受測者進入網站填答。

> 　　你提出的表單或連結的頁面，需要 Web 伺服器及 FrontPage Server Extensions 才能正確運作。如果你將此 Web 發布到已安裝 FrontPage Server Extensions 的 Web 伺服器，則此表單或其他 FrontPage 元件就會正確運作。

隨機跳出視窗調查型

　　隨機跳出視窗調查型（pop-up survey）是指當網友點選一個特定網頁的時候，由系統隨機跳出問卷視窗來邀請網友填答的做法。

10-3　網路行銷研究步驟

　　在了解消費者行為、確認新市場及新產品的測試上，網際網路是一個強大的、具有成本效應的行銷研究工具。雖然網路行銷者仍會繼續沿用傳統的調查工具，如電話調查、賣場調查（shopping mall surveys）來蒐集資料，但是我們看到有愈來愈多的公司利用互動式網路研究方法。利用網際網路所進行的線上市場研究，通常是更有效率、更快速、更便宜，以及更能獲得廣大地理區域的閱聽眾資料。行銷研究的樣本大小是研究設計良窳與否的重要決定因素。具有母體代表性的樣本愈大，則正確性愈高，研究結果的預測能力也愈強。

　　在網際網路上進行大規模調查所花費的費用，比用其他方式還低，大約低20%～80% 左右。例如在美國，利用電話訪談每一對象的成本可高達 50 美元。

對任何企業而言（尤其是剛起步的小型企業），這都是所費不貲的。如果利用線上調查就會便宜許多。

　　網路行銷調查通常是以互動的方式進行，研究者與被調查者可以交談的方式進行，這樣的話，研究者對於顧客、市場及競爭者就會有更深入的了解。例如：網路行銷者可以確認產品及消費者偏好的改變，確認產品及行銷機會，提供消費者真正想要購買的產品及服務。網路行銷者也可以了解什麼樣的產品及服務不再受到消費者的青睞。

　　網路行銷研究的首要步驟在於界定研究問題（research questions），然後研究者可發展假設（hypotheses），也就是猜測實體（objects）與事件（events）之間的關係如何。這些假設在研究的過程中可以被修正、證實或推翻。最後所獲得的結果必須基於證據，而不是單純的靠直覺與臆測。網路行銷研究可分為五個步驟：(1)界定研究問題；(2)建立研究假設；(3)資料的蒐集；(4)資料的處理及分析；以及(5)驗證研究假設與解釋研究結果，如圖 10-1 所示。

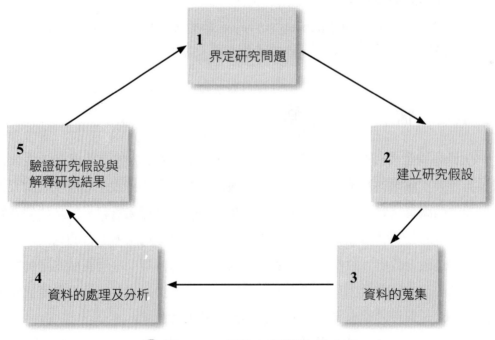

圖 10-1　網路行銷研究的步驟

本章將討論重心放在界定研究問題、資料的蒐集上。至於建立研究假設、資料的處理及分析、驗證研究假設與解釋研究結果，由於常用在嚴謹的學術研究上，本章將不說明。[7]

@ 界定研究問題

明確的形成一個研究問題並不容易，但是卻非常重要。研究者雖然由於智力、時間、推理能力、資訊的獲得及解釋等方面有所限制，因此在定義研究問題時，並不一定能做得盡善盡美；[8]但是如果不將研究問題界定清楚，則以後各個研究階段的努力均屬枉然。

當一些不尋常的事情發生時，或者當實際的結果偏離於預設的目標時，便可能產生了「問題」（problem）。此時，研究人員必須與管理者共同合作，才能將問題界定清楚。[9]他們必須澄清研究的結果如何幫助管理者解決問題、做決策，也必須澄清造成問題的各種可能事件。

利用網際網路銷售音樂 CD、書籍等的大海網路商店，發現其上網購物人數不增反減，或者和所預期的購物狂潮相差甚遠。這種情形並不是一個問題，而是一種症狀（symptom）。症狀是顯露於外的現象（explicit phenomena），問題則是造成此現象的真正理由。在這個例子中，大海網路商店所面臨的真正問題在於無法吸引上網的人進入他的網站，進而做網上購物。如果能夠了解這些原因，大海網路商店就可以採取適當的網路行銷策略。因此，網路行銷研究的結果有助於產品及促銷策略的擬定。

問題界定清楚之後，研究目標便可設定。這些目標必須明確，才能成為以下各研究步驟的指引方針。在大海網路商店的例子中，管理當局可設定如下的目標：

- 了解進入大海網路商店者的動機及滿意度和共有的特性（人口統計變數）。

---

[7] 有興趣的讀者，可參考：榮泰生著，企業研究方法，三版（台北：五南圖書出版公司，2008 年）。

[8] Herbert Simon, *Administrative Behavior* (New York: Macmillan),1947.

[9] P. W. Conner, "Research Request Step Can Enhance Use of Results," *Marketing News*, January 4, 1985, p.41.

‧了解網路訂購者的動機及滿意度和共有的特性（人口統計變數）。

@ 資料的蒐集

資料的來源可分為兩種：初級資料（primary data）與次級資料（secondary data）。初級資料是從上網者（或實際購買者）之處所蒐集而得，次級資料則是組織內部及外部的資料，其先前蒐集的目的可能不是專為了這個正在進行的研究。

次級資料包括了由不同的資料來源提供給組織的一般性報告。這些報告有市場占有率、零售店存貨水準，以及消費者採購行為等的調查報告。圖 10-2 列出了蒐集初級資料及次級資料的方法。

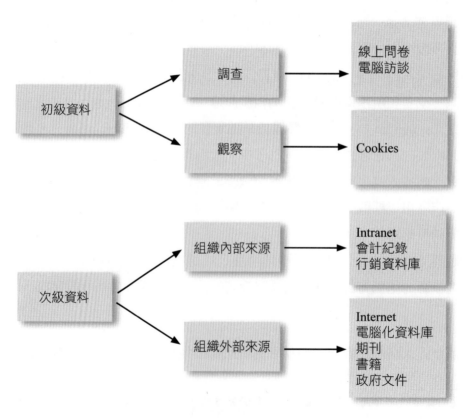

▶ 圖 10-2　蒐集初級及次級資料的方法

蒐集初級資料的方法

線上蒐集初級資料的方法可分為調查與觀察。茲將這兩種方法說明如下：

調查法

調查法依研究目的、性質、技術、所需經費的不同，又可細分為線上問卷（online questionnaire）及電腦訪談（computer interview）。

1. 線上問卷

在網頁上設計問卷是一種藝術，需要許多創意。幸運的是，在設計成功的問卷時，有許多原則可茲運用。

首先，問卷的內容必須與研究目的相互呼應。每一個問題項目必須要能夠「轉換」成一個特定的行銷決策。問卷中的問題必須儘量使填答者容易回答。譬如說，打「✓」的題目（或用點選的題目）會比開放式的問題容易回答。除非有必要，否則不要問個人的隱私（例如：所得收入、年齡等）；如果有必要，也必須讓填答者勾出代表某項範圍的那一格，而不是直接填答實際的數據。圖 10-3 顯示了蕃薯藤網站的問卷調查題目。

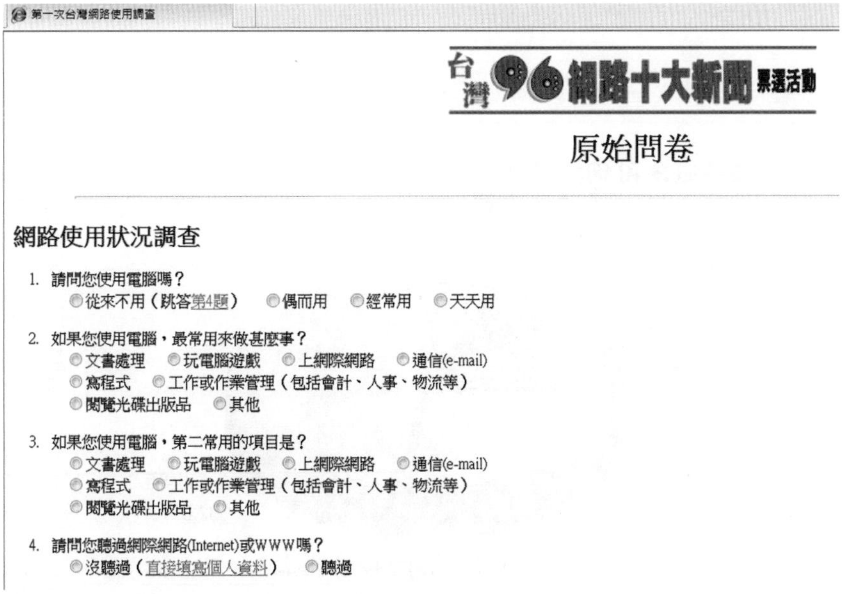
第一次台灣網路使用調查

台灣96網路十大新聞票選活動

原始問卷

網路使用狀況調查

1. 請問您使用電腦嗎？
◎從來不用（跳答第4題） ◎偶而用 ◎經常用 ◎天天用

2. 如果您使用電腦，最常用來做甚麼事？
◎文書處理 ◎玩電腦遊戲 ◎上網際網路 ◎通信(e-mail)
◎寫程式 ◎工作或作業管理（包括會計、人事、物流等）
◎閱覽光碟出版品 ◎其他

3. 如果您使用電腦，第二常用的項目是？
◎文書處理 ◎玩電腦遊戲 ◎上網際網路 ◎通信(e-mail)
◎寫程式 ◎工作或作業管理（包括會計、人事、物流等）
◎閱覽光碟出版品 ◎其他

4. 請問您聽過網際網路(Internet)或WWW嗎？
◎沒聽過（直接填寫個人資料） ◎聽過

圖 10-3　蕃薯藤的問卷調查題目（http://taiwan.yam.org.tw/）

　　除此之外，填答者可在任何方便的時間填答，而填答的暫時性結果（到目前為止的結果）也可以及時的反應出來。圖 10-4 顯示了對於「平均每週使用網路時數」這題的及時統計。

　　用字必須言簡意賅，對於易生混淆的文字也應界定清楚（例如：何謂「好」的音樂 CD 組合？）。值得一提的是，先前的問題不應影響對後續問題的回答。例如：前五個問題都是在問對大海網路商店的意見，這樣會影響「你最喜歡哪一個網路 CD 商店？」的答案。

　　在設計問卷時，研究者必須決定哪些題項是開放性的問題（open-ended questions），哪些題項是封閉性問題（close-ended questions）。

　　封閉性問題通常會限制填答者做某種特定的回答，例如：以勾選或點選的方式來回答「你認為下列哪一項最能說明你（妳）加入本公司會員的動機？」這個問題中的各項。開放性問題是由填答者自由表達他（她）的想法或意見。例如：「一般而言，你（妳）對於本公司網站的意見如何？」這類問題在分析、歸類、比較、電腦處理上會比較費時費力。

　　在網路問卷上通常會有選項按鈕（radio button）、核對方塊（check box），以及下拉式清單（combo）等設計，以加速填答者的填答，並保證資料的正確

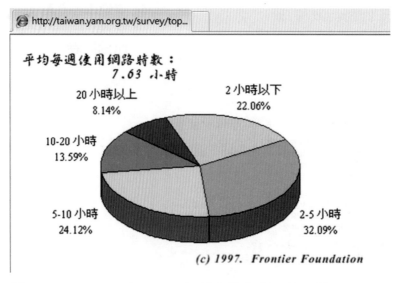

▶ 圖 10-4　對於「平均每週使用網路時數」這題的及時統計

性。在填答時，也會因為填答者的答案而做適當的跳題設計。填答者是否具有邏輯的一致性也可以很快的加以驗證，並適時的提醒補救。

問題的格式（或尺度）有很多種，其中以李克尺度法（Likert scale）及語意差別法（semantic differential）在企業的網路行銷研究上使用得最為普遍。有關網路問卷設計的詳細說明，請見 10-4 節。

李克尺度法是詢問受試者對每一個敘述的同意與否，尺度從「極同意」到「極不同意」，例如：

下列問題是請教你對大海網路商店的意見。請在最能代表你的意見之處打「✓」。

下列問題是請教你對大海網路商店的意見。請在最能代表你的意見之處打「✓」。					
	極不同意	略不同意	無意見	略同意	極同意
我認為 CD 價格是合理的	☐	☐	☐	☐	☐

語意差別法是利用一組由兩個對立的形容詞所構成的雙極尺度來評估任何觀念（例如：公司、產品、品牌等）。受測者所圈選的數字代表其感覺的方向及強度，例如：

大海網路商店		
價格合理	1___2___3___4___5___6___7___	價格不合理
取貨便利	1___2___3___4___5___6___7___	取貨不便利

2. 電腦訪談

在電腦訪談方面，最進步的應屬於「電腦輔助訪談」（Computer-Assisted Telephone Interviewing, CATI）的方式，訪談者一面在電話中聽被訪者的答案，一面將此答案鍵入電腦中。在電腦螢光幕上顯示的是問卷的內容，如此可省下大量的資料整理、編碼、建檔的時間。

觀察法

從問卷中獲得使用者的資料固然是一種不錯的方法，但是既無法察覺，也無法控制填寫者的不實回答。有一種方法可以觀察使用的行為，這種方法就是利用 Cookies 檔案（這些檔案會附著在使用者瀏覽器上），來追蹤使用者的線上活動。例如：Internet Profile 公司可從客戶端／伺服器端的日誌中蒐集資料，並蒐集人口統計數據及購買行為的資料，諸如顧客在哪裡、有多少顧客會直接跳過網頁而逕行採取訂購行動。該公司可利用網域名稱參照到實際的公司名稱，並在所提出的報告中包含公司的一般及財務資料。

值得注意的是，在消費者不知情及允諾之下，追蹤他們的活動是不合乎道德、甚至是違法的。

@ 次級資料的主要來源

次級資料的主要來源可分為組織內部來源與組織外部來源。

組織內部來源

組織內部資料包括了各市的會計紀錄及行銷資料庫，詳言之即包括了：組織內部的生產、銷售、人力資源、研究發展、財務的管理資訊系統、部門報告、生產彙總報告、財務分析報表、行銷研究報告等。

蒐集資料的方法隨著不同的情況而異，蒐集資料的成功與否則取決於是否知道在哪裡找到資料、如何去找這些資料。有時候這些資料會儲存在中央檔案（由總公司來統管）、電腦的資料庫、部門的年鑑報告中。

組織內部資料的有效提供，企業內網路（Intranet）扮演著極為關鍵性的角色。本書將在第 12 章詳細說明企業內網路。

組織外部來源

企業外部資料的總類相當多。學術期刊、政府的出版品等資料，是網路行銷研究人員、企業決策者不可或缺的資料來源。在這些琳瑯滿目的資料中，提供了研究人員許多研究的動機，例如：企圖發掘潛在市場、分散市場、進行國際行銷等。要檢索這些資料，也有一定的規則可尋。主要的外部資料來源有五種：電腦化資料庫、期刊、書籍、政府文件、其他。有關美國提供次級資料的主要來源，

請見附錄 10-1。

1. 電腦化資料庫

電腦化資料庫包括了相關的資料檔,每一個資料檔都是由相關的、同一格式的資料錄(record)所組成,我們可透過電腦線上查詢[10]或透過光碟(CD-ROM)來查詢。目前約有 1,500 家廠商提供了約 3,600 種以上的線上資料庫,而且我們可以透過 555 個線上服務系統來查詢。[11]如果從遠端查詢資料,可以透過網際網路(Internet)查到各個圖書館的目錄及其他電腦化檔案。

我們可在圖書館做電腦化的查詢(computerized search),也可以在家裡透過數據機(modem)來做。透過電腦來查詢資料,不僅快速、周全,又有成本效應。

資料庫是電腦中大量資料檔案的集合,它可以被快速的加以擴充、更新及檢索,以滿足不同的需要。[12]資料庫可分為兩大類:參考式(reference)及原始來源式(source)。參考式資料庫只提供有關的摘要、索引及有關文獻,例如:ABI / Inform(Abstracted Business Information)收錄了 7,400 多種期刊索摘,超過 4,300 種全文期刊,其獨家收錄的核心資源包括:[13]

- Journal of Retailing 等頂尖學術期刊。
- Incisive Media 之風險管理、保險、金融相關主題之權威期刊。
- Business Monitor International Industry Report:BMI 產業分析報告。
- First Research:提供 Hoover's 所提供之 300 種產業市場分析工具。
- EIU Viewswire exclusive!

---

[10] 在線上直接檢索系統(on-line direct-access systems)中,線上指的是:直接連接上電腦,並處於操作狀態。線上作業指的是:在電子傳訊(teleprocessing)的處理中,可使得輸入的資料從原始點(point of origin)直接輸入電腦,或者輸出的資料可以直接傳送到原始點(所使用電腦的地點)。例如:外出拜訪客戶的銷售人員,在客戶所在地利用手提式電腦,經過連線與總公司的電腦主機相連,直接輸入資料以獲得所需的輸出資料(例如:價格、存貨資料,或者直接列印訂單等)。

[11] *Directory of Online Database*, 9.1 (New York: Cuadra / Elsevier Associates, January 1988).

[12] "Database," *Webster's New World Dictionary*, 2nd college ed. (New York: Simon & Schuster, 1984).

[13] http://proquest.umi.com/

- Oxford Analytica- OxResearch
- Oxford Economic Country Briefings
- Wall Street Journal－Eastern Edition
- Financial Times
- 23,000 篇美加商學博碩士論文。
- Social Science Research Network（SSRN）working papers Index
- Hoover's Company Records：42,000 多家上市及非上市公司資料。

　　來源式則包括了該文章的詳細資料，這些資料有些是數字形式的（如普查資料），有些是文字形式的。文字形式的資料提供了全文檢索（full text search）的功能，也就是說，只要鍵入關鍵字，該資料庫就會去尋找包括這個關鍵字的有關文章。例如：道瓊新聞／檢索服務（Dow Jones News/Retrieval Service）、哈佛商業評論資料庫服務等，均具有全文檢索的能力。

　　圖 10-5 是以 ABI/Inform 來查詢有關「網路行銷」論文的結果。

2. 期刊

　　Ulrich 國際期刊目錄（Ulrich's International Directory）32 版，列出了全世界 140,000 種期刊（periodicals）。

3. 書籍

　　據估計，在美國，每年約有 47,000 本新書出版，這些有關的書籍提供了相當豐富的資訊。在台灣，可向各大書局索取書目，以了解所編著、所代理的書籍。

4. 政府文件

　　在美國政府的每月目錄（Monthly Catalog）中列出了近年來 20,000 種政府刊物，這只是所有政府刊物中的一小部分。在台灣，根據行政院主計處的分類，政府統計出版品可分為四類：統計法則、綜合統計、經濟統計及專業統計（包括地理、人口及社會統計、經濟統計及一般政務統計）。[14]

---

[14] 行政院主計處編印，政府統計出版品要覽（台北：行政院主計處）。

(a)

ProQuest

Basic | Advanced | Browse | My Research 0 marked items

Databases selected: Dissertations & Theses

Basic Search

Tools: Search Tips

Internet Marketing | Search | Clear

Database: Interdisciplinary - Dissertations & Theses ▾ Select multiple databases

Date range: All dates ▾

More Search Options

Text-only interface

ProQuest

(b)

ProQuest

Basic | Advanced | Browse | My Research 0 marked items

Databases selected: Dissertations & Theses

Results

283 documents found for: *Internet Marketing* » Refine Search | Set Up Alert | Create RSS Feed

Dissertations

☐ Mark all 📂 0 marked items: Email / Cite / Export

☐ 1. A comparative analysis of attitudes toward and responses to email and postal direct mail advertising
by *Staub Garland, Caroline*, M.A., **The University of Texas at El Paso**, 2009, 93 pages; AAT 1465274
📄 Abstract | 📄 Preview (114 K) | 🛒 Order a copy

☐ 2. Analysis of the evolution of research areas, themes, and methods in Electronic Commerce
by *Hwang, Taewon*, Ph.D., **The University of Nebraska - Lincoln**, 2009, 158 pages; AAT 3360499
📄 Abstract | 📄 Preview (331 K) | 🛒 Order a copy

☐ 3. A phenomenological study of older gay men in San Francisco within the context of socio-cultural change
by *Ellis, Thomas*, Psy.D., **The Wright Institute**, 2009, 92 pages; AAT 3363346
📄 Abstract | 📄 Preview (262 K) | 🛒 Order a copy

☐ 4. A process-based search engine
by *Liu, Yaling*, Ph.D., **University of Kansas**, 2009, 191 pages; AAT 3360489
📄 Abstract | 📄 Preview (306 K) | 🛒 Order a copy

☐ 5. A study on the relationship between online branding techniques and brand personality for nonprofit organizations
by *Witzig, Lisa W.*, Ph.D., **Capella University**, 2009, 130 pages; AAT 3366460
📄 Abstract | 📄 Preview (192 K) | 🛒 Order a copy

☐ 6. Character strengths and social axioms for Caucasian and Mexican-American managers and non-managers
by *Hernandez, Xavier*, Ph.D., **Alliant International University, San Diego**, 2009, 191 pages; AAT 3356839
📄 Abstract | 📄 Preview (281 K) | 🛒 Order a copy

☐ 7. Conflict, compromise and consensus: A deeper look at consumer roles, patterns and preferences in culturally diverse families
by *Cross, Samantha N. N.*, Ph.D., **University of California, Irvine**, 2009, 152 pages; AAT 3364932

▶ 圖 10-5 (a)鍵入關鍵字「網路行銷」 (b)顯示有關「網路行銷」的論文

5. 其他

這些特別蒐集的各種刊物、文件，包括了大學的出版刊物、碩博士論文、公司的年度報告、政策白皮書、公會的出版品等。

透過 Internet 檢索

連結著成千上萬的電腦網路系統的 Internet，是由美國的商業機構及政府發展而成。據估計，每天新增的上線人數約有 1,000 人。網際網路（Internet）是呈爆炸性成長的電子資訊流通系統。

網路瀏覽器軟體（Web browser software）可使你遨遊網海。當我們在觀賞今日美國、雅虎、澳洲雪梨科技大學的網站時，我們所使用的是網路瀏覽器軟體。坊間最受歡迎的網路瀏覽器軟體是 Internet Explorer（微軟公司）、Netscape 7.2（網景公司的產品，它是以版本編號來表示），以及 Firefox 1.0.2（Mozilla 公司）。Internet Explorer 已經成為大多數電腦的瀏覽器標準。你可從下列網站免費下載各網路瀏覽器軟體：

- Internet Explorer：www.microsoft.com/downloads
- Netscape 7.2：http://browser.com/msb/download/default.jsp（在本書撰寫期間，網景公司已經推出 Netscape 8.0 的瀏覽器版本，你可以從這個網站下載）
- Firefox 1.0.2：www.mozilla.org/

現在，我們來簡介與比較 Internet Explorer、Netscape 7.2、Firefox 1.0.2，以說明如何使用網路瀏覽器軟體。讀者不妨利用這三個網路瀏覽器軟體來上 eBay 網站（www.ebay.com）。每一個網路瀏覽器軟體的工具列都呈現在上方，而且都有像檔案、編輯（File）、檢視（View）、工具（Tool）、說明（Help）這些功能。每個網路瀏覽器軟體雖然都有一些特殊的功能，但都具有以上的基本功能。例如：你在這三個網路瀏覽器軟體中的任何一個點選「檔案」，就會看到下拉式的工具列，讓你做一些列印、傳送（可傳送此頁面或傳送連結）的工作。

在這三個網路瀏覽器軟體的工具列下面，都有按鈕工具列。我們不打算在這裡詳細說明，你只要在有空時隨便玩玩，就能體會它們的功用。再下來是位址欄（address field）。在 Internet Explorer 中，此位址欄呈現在按鈕工具列的下端；而在 Netscape 7.2、Firefox 1.0.2，此位址欄是呈現在按鈕工具列的右端。如果你知道要上網的網址，就可在位址欄內點選移下，然後鍵入網址，接著按 Enter 鍵即可。

網路瀏覽器軟體最重要的功能之一就是讓你建立、編輯、組織（維護）最常造訪的網站清單。在 Internet Explorer 中，這個清單稱為「我的最愛」（Favorites list）；在 Netscape 7.2、Firefox 1.0.2 中，這個清單稱為書籤清單（Bookmarks list）。因此，假如你常造訪 eBay 網站，就可以在觀賞此網站時，將此網站「加到我的最愛」。在 Internet Explorer 中，點選「我的最愛」、「加到我的最愛」；在 Netscape 7.2、Firefox 1.0.2 中，點選工具列上的標籤（Bookmarks），然後選擇「標籤此網頁」（Bookmark this page）。

網路瀏覽器軟體是相當容易學習的個人生產力軟體。大多數的人都覺得不需要說明書，也不需要別人的教導就可以學會。在連接 Internet 之後，啟動網路瀏覽器軟體（任何一種皆可），然後在網站間東逛逛、西逛逛，旋踵之間，你就成為上網專家了！

上網真是簡單！當你啟動網路瀏覽器軟體時，就會看到首頁（home page），也就是你的網路瀏覽器軟體自動連結的網站（在 Internet Explorer 內，你可以按「工具」、「網際網路選項」，來決定首度出現的畫面。你可以「使用目前的設定」、「使用預設的畫面」或者「使用空白頁」）。你在上某個網站之後，就可以依照你的興趣與需要，點選有關的連結。當然，你也可以鍵入新網址，到這個網站瀏覽一番。

如果你不能確定想要上的網站位址，可以用兩種方式來尋找。第一個方式是利用搜尋引擎（將於下節說明）；第二個方式就是在位址欄內鍵入邏輯名稱。例如：你想在美國國稅局網站下載報稅單，但你不知道它的網址，你就可以在位址欄直接鍵入「IRS」或「internal revenue service」，你的網路瀏覽器軟體便會自動尋找有關這個關鍵字的網站（這三種網路瀏覽器軟體都可以做到）。

1.利用搜尋引擎

《今日美國報》（*America Today*）每兩週定期為全球資訊網的網友篩選「內容最豐富、最具有娛樂價值、畫面最吸引人，而且最容易使用的網路站台」，將成績以百分法呈現出來，結果發現無論哪一個項目，搜尋引擎（search engine）都是佼佼者，其中又以「Yahoo!奇摩搜尋」（Yahoo）獨占鰲頭。

事實上，搜尋引擎的市場競爭一直是相當白熱化的，除了雅虎以外，

Google、Infoseek、Excite、Lycos、AltaVista、Magellan 等，也是相當叫好的搜尋引擎。對一個網路生手而言，搜尋引擎就像一位親切的導航員。但是這些導航員各有其專長與特色，必須針對它們的專長加以運用，才能夠有最大的收穫。國內許多網站也提供了搜尋引擎的功能，例如：奇摩站（http://tw.yahoo.com/）就提供了方便、實用的「Yahoo!奇摩搜尋」。Openfind 網站（http://www.openfind.com.tw/）的查詢服務是分門別類的，當然我們也可以用關鍵字去查詢。

有時候你想上網找資料，但是不知道要上哪個網站，這時候你可以鍵入邏輯名稱（如前述），也可以利用搜尋引擎。搜尋引擎（search engine）是一個 Web 上的功能，它可以幫助你尋找各網站，提供你所需要的資訊，以及／或者服務。Web 上有許多種類的搜尋引擎，最普遍的兩種是目錄式搜尋引擎，以及真實搜尋引擎。

目錄式搜尋引擎（directory search engine）會以階層式的清單來顯示各 Web 網站。Yahoo!就是最受歡迎的目錄式搜尋引擎。如果你想用目錄式搜尋引擎來尋找資訊，首先你要先選定一個特定的目錄，然後再選擇其中的次目錄，如此一層一層下去，直到你找到所要找的網站為止。由於是從目錄中尋找次目錄，不斷的縮小範圍，所以目錄式搜尋引擎是屬於階層式的。

真實搜尋引擎（true search engine）可讓你鍵入關鍵字，然後利用軟體代理技術來尋找 Web 上具有關鍵字的各網站，然後再將各網站加以排序顯示。真實搜尋引擎並不是不斷的從次目錄中做選擇。Google 就是最受歡迎的真實搜尋引擎。

為了說明起見，假設我要尋找「誰是 2004 年學院獎（academy award）得主」〔每年一次由電影藝術科學學院（影藝學院）頒發若干獎項的統稱，旨在表揚電影工業的成就。第 78 屆的學院獎是由李安獲得〕，我們來看看利用目錄式搜尋引擎以及真實搜尋引擎有何差別。

使用目錄式搜尋引擎。如前述，Yahoo!是最受歡迎的目錄式搜尋引擎。讀者不妨利用 Yahoo!的目錄式搜尋引擎來尋找「誰是 2004 年學院獎得主」。這些目錄的程序包括：

- Arts

- Awards
- Movies/Film
- Academy Award
- 76th Annual Academy Awards（2004）

最後一個網頁顯示了你可選擇的網站清單。

以這種方式來搜尋有一個明顯的優點。如果你看倒數第二個網頁，也就是 Academy Awards，它包含了過去八年來（1996～2003）有關學院獎的次目錄，因此，利用目錄式搜尋引擎就可以很容易地找到相關的資訊。

你可以使用目錄式搜尋引擎的另外一種方式。例如：在所呈現的第一個網頁中，我們可在「搜尋」右邊的文字方塊內以鍵入「Academy + Awards + 2004」，然後再點選「網頁搜尋」這個按鈕（或直接按 Enter 鍵）。這種方式與上述逐步選擇次目錄的方式非常類似。

你會發現我們在關鍵字中用了兩個「+」號，用這種方式就可限制所呈現的網站要同時具有這三個字（或符合這三個條件）。如果你不要顯示具有某些關鍵字的網站，你可以用「－」號。例如：假設你要找 Miami Dolphin NFL（美國足球聯盟邁阿密海豚隊），你可鍵入「Miami + Dolphin」（邁阿密 + 海豚隊），但搜尋結果可能出現許多「正確的」網站，但也可能出現在邁阿密觀賞海豚（如水族館）的網站。這時候你可以調整一下所輸入的關鍵字，變成「Miami + Dolphin－aquatic－mammal」（邁阿密 + 海豚隊－水族館－哺乳動物），如此所呈現的網站將更能符合你的需求。

在使用搜尋引擎來搜尋網站方面，如果你使用的是目錄式，而不是逐步選擇次目錄的方式的話，我們強烈建議你要善用加減符號。這樣的話，所顯示的結果比較能夠符合你的需求，而不會出現任何「只要沾到一點邊」的網站。

使用真實搜尋引擎。Google 是最受歡迎的真實搜尋引擎。使用 Google（www.google.com），你只要用問問題的方式或者輸入關鍵字即可。例如：要找「誰是 2004 年學院獎得主」的資料，我們可以鍵入「誰是 2004 年學院獎得主」（Who won the Academy Award in 2004），然後按下「Google 搜尋」（Google Search）或者「好手氣」按鈕即可（中文版的 Google 還有所有網站、

所有中文網頁、繁體中文網頁、台灣的網頁可供選擇）。讀者不妨使用 Google 來體會一番。

以上兩種類型的瀏覽器都很容易使用。你要用哪一個，要看你思考問題的方式而定。有些人喜歡用階層式思考，有些人喜歡用「問問題」的方式思考。無疑的，不論用哪種方式思考，都會有一些適用（比較有效率）的情況。

2. 行政院主計處網站

行政院主計處網站（http://www.dgbas.gov.tw/dgbas03/stat-n.htm）提供了相當豐富的次級資料，包括：專題分析、物價統計、台灣地區社經觀察表、國民所得統計、出版品目錄、重要社經指標速報、主要國家重要社經指標、經濟預測、國情統計通報、統計焦點、政府統計資訊窗口等。對於一個網路行銷研究者而言，這些都是相當寶貴的資料。

10-4 網路調查問卷設計

@ 善用軟體工具

利用協助問卷設計的軟體

近年來由於個人電腦硬體、軟體的突飛猛進，不僅電腦訪談成為可能，問卷的設計也可以借助於電腦。以下是兩個有助於問卷發展的軟體：[15]

Sawtooth 軟體公司所發展的軟體，可使我們設計輸入螢幕、變換顏色、改變字型、排列問題的次序、設計跳題、隨機排列問題（以免造成位置偏差）等。Sawtooth C12 型的兩種版本可分別提供 100、250 個題目設計。

Marketing Metrics 公司所推出的 Interviewdisk，是將問卷利用電子郵遞系統寄給受測者填答。這個軟體能夠處理圖形、多選項式問題、二分法問題、語意差別法問題、成對比較問題，以及跳題等。利用這個方式的前提是填答者必須有個

---

[15] J. Minno, "Software Replaces Paper in Questionnaire Writing," *Marketing News*, January 3, 1986, p.66. published by American Marketing Association.

人電腦、電子郵遞系統，但因具有節省時間、資料正確性等好處，筆者認為值得廣為延用。

利用免費製作問卷服務

由於線上研究已經逐漸蔚為風氣，所以有許多網路行銷公司會提供許多方便的服務，例如：為你免費製作問卷，如 My3q 網站（www.my3q）、優仕網（www.youthwant.com.tw）等。因此，你可以委託他們幫你設計網路調查問卷、蒐集資料。你可以在 Google 中鍵入「免費網路問卷」，來瀏覽提供免費服務的網站。當然，讀者在享受這些免費服務時，應先清楚了解權利與義務。

@ 自行設計

我們可依據以下步驟，自行設計網路問卷並蒐集網路問卷資料：

- 以 Frontpage 或 Dreamweaver 設計網路問卷，加上「傳送」的動作。
- 安裝 AppServ 軟體程式（包括 Apache、MySQL、PhpMyAdmin）。MySQL 為後端資料庫，接收資料所需。
- 在 PhpMyAdmin 網頁內建立新資料，設計資料格式（要與網路問卷中的資料相互呼應）。
- 將網路問卷透過電子郵件軟體（如 Outlook）傳送給問卷填答者。
- 以 PhpMyAdmin 收錄資料，並匯出此資料檔案（如 Excel 檔案）。
- 在 SPSS 中匯入此資料檔案〔見榮泰生著，SPSS 與研究方法（台北：五南圖書出版公司，2008），第 1 章，1-4 節〕。
- 利用 SPSS 進行下一步分析。

10-5 資料採礦

網路行銷者可依資訊系統所產生的資訊，來調整其行銷及銷售策略。這類的資訊系統（例如：The Easy Reasoner、SPSS Diamond 等）會利用既有的、豐富的資料，並將這些資料加以「採礦」（mined），以使企業了解顧客在購買習

慣、口味、偏好上的蛛絲馬跡，進而更有效的擬定廣告及行銷策略來滿足更小的目標市場的需求。

高級的資料採礦（data mining）軟體工具可從許多資料中找出軌跡（形式），並做推論。這些軌跡及推論可被用來引導決策及預測決策的效應。例如：有關在超級市場購買的採礦資料可顯示，當顧客購買馬鈴薯片時，有 65% 的機率會購買可樂。在促銷期間，當顧客購買馬鈴薯片時，有 85% 的機率會購買可樂。這樣的資訊可使企業做更好的促銷規劃或商品佈置。資料採礦技術在行銷上的應用上包括：確認最可能對直接郵件做回應的個人及組織；決定哪些產品最常被同時購買，例如啤酒與香菸；預測哪些顧客最可能轉向競爭者；確認什麼交易最可能發生詐欺行為；確認購買相同產品的顧客的共同特性；預測網站遨遊者最有興趣看什麼東西。[16]

資料採礦技術也可以被用來盯住有特殊興趣的顧客，或者確認某些特定顧客的偏好。例如：美國運通公司（American Express）持續不斷的從大量的電腦化顧客資料（3,000 萬個信用卡持有者）做採礦工作，並進行高度個人化的行銷戰。如果顧客在 Saks Fifth Avenue 百貨公司購買了一件洋裝，美國運通公司就會在寄出帳單時附上一封廣告信：「在 Saks Fifth Avenue 百貨公司用美國運通信用卡購買鞋子，享有折價優待。」這個目的就是在鼓勵顧客多使用美國運通信用卡，並在 Saks Fifth Avenue 百貨公司增加美國運通信用卡的曝光率。

這種依照顧客個人的興趣而提供個人化訊息的方式，稱為一對一行銷（one-to-one marketing），與大量行銷（mass marketing）大相逕庭。大量行銷的做法是向所有的人提供同樣的訊息。美國運通公司的一對一行銷系統，使它能夠提供成千上萬種不同的促銷方式。

資料採礦是實現一對一行銷的有力工具，但是它對個人隱私權的保護卻是讓人質疑的。資料採礦技術可以合併不同來源的資料，以建立一個詳細的個人資料影像（data image），在這種情況下，我們的所得、購買紀錄、駕駛習慣、嗜好、家庭及政治立場都會被蒐錄。有人質疑，公司是否有權蒐集涉及到個人隱私

---

16 有關如何利用 Microsoft Excel 來進行資料採礦，可參考：榮泰生著，Excel 與研究方法，二版（台北：五南圖書出版公司，2009）。

的資料。

綜上所言，網路行銷研究的主要目的，在於蒐集大量受測者（或受訪者）的基本資料、態度與行為資料等，經過分析之後，產生足以提升策略效能及效率的資訊。在蒐集大量資料之後，研究者就可利用線上分析處理（Online Analytical Processing, OLAP）及資料採礦（data mining）技術來分析這些資料。許多公司已開始使用資料採礦技術（如 SPSS Clementine）來挖掘（mine）從網路上、企業系統上所得到的顧客資料。OLAP（或多元尺度分析）可回答像這樣的複雜問題：依季別、地區別比較過去 2 年來編號為 101 的產品其實際銷售與預期銷售的情形。

然而，資料採礦可以探索在 OLAP 中無法發現的資料，因此，資料採礦是發掘導向的。它可以從大量的資料庫中發掘所隱藏的形式（pattern）及關係，並從這些形式及關係中推論出一些規則、預測出一些行為模式。從資料採礦所得到的資料類型有五種：關聯、循序、分類、集群及預測。

關聯（association）

關聯是與某一事件有關的事情。例如：對超市的消費者購買形式的研究發現：100 位消費者中，有 65 位消費者每購買一包洋芋片，就會再購買一瓶可樂；如果有促銷活動，則消費者人數會增加到 85 位。有了這些資訊，管理者便可以做更好的決策（如產品佈置），也可以知道促銷的獲利性。

循序（sequence）

循序是事件隨著時間而發生的先後次序。例如：100 位消費者中，有 65 位消費者在購買房子之後，會在兩週內購買冰箱；100 位消費者中，有 45 位消費者在購買房子之後，會在一個月內購買烤箱。

分類（classification）

分類是針對依照某項目加以區分的群體，找出每個群體的特徵。例如：擔心客戶流失量愈來愈大的信用卡公司，可以利用分類技術來確認已經流失的客戶有哪些特徵，並建立一個模式來分析某位客戶會不會流失，如此一來，公司就可以推出一些方案來留住容易流失的客戶。

集群（clustering）

集群就是將資料加以集結成群。它有點像分類，但是它事前並沒有界定好的群體。資料採礦工具可建立集群（cluster），以在資料中挖掘出不同的群體。例如：依照客戶的人口統計變數、個人理財方式，而將資料分成若干群體。

預測（prediction）

預測就是利用現有的資料去推測未來。它可以利用現有的變數去推測另一個變數，例如：從現有的資料中找出一些軌跡去推測未來的銷售量。

10-6 電子商務研究課題

電子商務這門學問是由許多學科所貢獻而成，所以在研究領域上是相當寬廣的，在研究題材上也是相當豐富的。我們也常看到結合若干學術領域的研究。我們可將電子商務研究分成三方面來討論：行為面、技術面及管理面。

在行為面的研究，包括了：

- 消費者行為：認知過程、行為影響。
- 建立消費者的行為資料，確認使用這些資料的方法。
- 網路行銷者的行為及動機：抗拒改變、如何克服抗拒心理。
- 事件導向的研究：為什麼有些應用程式馬上就會受到使用者的青睞，有些則不然？人們對電子資金轉帳的接受度如何？
- 網路使用的形式（pattern），以及購買意願。
- 消費者的產品尋找程序、比較程序，以及討價還價的心理模式。
- 如何在空間市場中建立信任度。

在技術面的研究，包括了：

- 協助顧客尋找到所需要的東西的方法，例如：利用智慧代理人（intelligent agent）。
- 組織間網路的設計與管理模式。
- 自然語言處理及自動化語言翻譯。

- 智慧卡技術如何配合支付機制。
- 電子商務與公司既有的資訊系統、資料庫等的整合。
- 從電子產業目錄中萃取資訊。
- 建立國際貿易的標準。
- 建立動態的網際網路配銷指揮系統（mobile Internet distribution command systems）。

在管理面的研究，包括了：

- **廣告**：線上廣告效果的衡量、線上廣告與傳統廣告的整合及協調。
- **應用**：創造一個能夠解釋電子商務商業應用的方法，分析在應用上成敗的原因，以及影響網路知識散播的因素。
- **策略**：分析電子商務的策略優勢（如攻擊策略、防禦策略）；如何將電子商務整合在組織之中；如何進行「商業情報」（business intelligence）；如何進行電子商務的成本效益分析。
- **影響**：確認電子商務對組織結構及組織文化的影響。
- **執行**：發展出電子商務活動的執行架構，例如：外包、重新界定中間商的角色、消費者研究的方法。
- **其他**：建立電子商務稽查的架構、線上／離線的產品及服務定價方法、配銷成員的衝突管理、研究電子商務與商業程序再造（business process reengineering）、供應鏈管理之間的關係。

金柏與李（Kimbrough and Lee, 1997）提出了以下有關電子商務的研究議題：(1)電子商務的可能性及希望如何？(2)在電子商務的應用上，操作需求及功能需求為何？(3)電子商務活動全面性實現的可能性如何？[17]

事實上，他們也曾調查並摘錄了許多研究議題，其中許多研究議題與電子資料交換有關。他們所建議的研究議題包括：開放式的電子商務、電子商務交易程序、審計控制、自動化交易程序、智慧協商代理（intelligent negotiation agents）

---

[17] D. Kimbrough and D. M. Lee, "Formal Aspects of Electronic Commerce: Research Issues and Challenges," *International Journal of Electronic Commerce*, Summer 1997.

的協定及合約、管理支援及決策、介面的最適化、互動及客製化、多語言電子文件等。

　　電子商務研究架構如圖 10-6 所示。左邊是可能影響的情境變數，中間是影響過程的變數，右邊是消費者的購買態度及實際購買，也就是結果。[18]

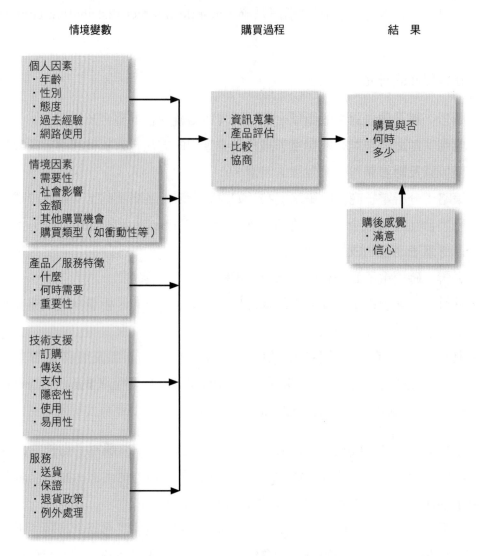

情境變數　　　　　　　　購買過程　　　　　　結　果

個人因素
・年齡
・性別
・態度
・過去經驗
・網路使用

情境因素
・需要性
・社會影響
・金額
・其他購買機會
・購買類型（如衝動性等）

產品／服務特徵
・什麼
・何時需要
・重要性

技術支援
・訂購
・傳送
・支付
・隱密性
・使用
・易用性

服務
・送貨
・保證
・退貨政策
・例外處理

購買過程
・資訊蒐集
・產品評估
・比較
・協商

結果
・購買與否
・何時
・多少

購後感覺
・滿意
・信心

▶ 圖 10-6　電子商務研究架構

---

[18] Turan et al., *Electronic Commerce-A Managerial Perspective* (Upper Saddle River, N.J.: Prentice-Hall, 2000), p.453.

研究者可針對圖 10-6 模式中的各變數做假設，並進行檢定。事實上，*"International Journal of Electronic Commerce"*、*"International Journal of Electronic Markets"*這些期刊，都經常登載有關的研究結果。

復習題

1. 試定義網路行銷研究。

2. 網路行銷研究有何重要？

3. 網路行銷研究的優點與限制各是什麼？

4. 網路行銷研究的目的有哪些？

5. 試說明調查目的與資料蒐集類型的關係。

6. 何謂網路調查？

7. 試說明網路調查的優點。

8. 網路調查有哪三種類型？

9. 試繪圖扼要說明網路行銷研究步驟。

10. 如何界定研究問題？

11. 資料的來源可分為兩種：初級資料（primary data）與次級資料（secondary data）。試加以說明。

12. 蒐集初級資料的方法有哪些？

13. 次級資料的主要來源有哪些？

14. 試扼要說明如何利用 Microsoft Frontpage 來設計問卷。

15. 試扼要說明如何利用 Dreamweaver 來設計問卷。

16. 協助問卷發展的軟體有哪些？

17. 如何利用免費製作問卷服務？

18. 如何從自行設計問卷到資料分析這些過程中得到一氣呵成的效果？

19. 何謂資料採礦？

20. 試說明電子商務研究課題。

 練習題

1. 在《網路行銷基礎與實踐》第二版（清華大學出版社，2004 年 10 月）中，作者將網路行銷信息傳遞的基本原則歸納為五個方面，並做為該書所建立的網路行銷內容體系的理論基礎之一。網路行銷信息傳遞的五項基本原則是什麼？

2. 自訂一個研究題目，詳細說明進行網路行銷研究的每個步驟。

3. 一般而言，網路調查可分為以下三種類型：網站調查型、電子郵件調查型、隨機跳出視窗調查型。試舉實例加以說明。擷取有關畫面，貼到你的報告中。

4. 試上網蒐錄並比較軟體公司所發展的問卷設計軟體（例如：QSurvey、Hot Potatoes、SPSS Dimensions、Sawtooth、Interviewdisk 等）。

5. 由於線上研究已經逐漸蔚為風氣，所以有許多網路行銷公司會提供許多方便的服務，例如為你免費製作問卷，如 My3q 網站（www.my3q）、優仕網（www.youthwant.com.tw）等。試比較這兩個免費製作問卷網站所提供的功能。

6. 試上網了解資料採礦技術（如 SPSS Clementine）所提供的功能。

7. 青少年喜愛上社交網站結交朋友或是分享心情，科學家已找到其中原因！根據素有「戀愛博士」之稱的美國學者薩克研究後發現，使用推特等社交網站會讓大腦產生催產素（Oxytocin），使當事人感受到愉悅、滿足與信任感等感覺，效果就像談戀愛一般（莊瑞萌，2010/06/30，台灣醒報，http://udn.com/NEWS/WORLD/WOR4/5695530.shtml）。試說明應如何進行此項研究。

 附錄 10-1 美國提供次級資料的主要來源

在美國，提供次級資料的主要來源（公司及網址）如下：

- Active Media, http://www.activemedia.com：Active Media 公司曾出版《1996 年萬維網市場趨勢》報告。此報告討論到在網際網路上所提供的各種商品及服務，以及其成功之道。Active Media 公司是在 1994 年由一群高科技人才所成立的，其研究小組專精於線上市場的研究分析及個案研究。

- Advertising, Marketing and Commerce on the Internet（網路廣告、行銷及商務）：這是由南洋技術大學所提供的網站，它會不定期的提供有關網路廣告、行銷及商務的資料。

- CommerNet, http://www.commerce.net：CommerNet 與 Nielsen 媒體研究公司（http://www.nielsenmedia.com）共同合作進行「網路再接觸（再度光臨某網站）的人口統計研究」。此研究結論可在網路上免費下載。

- Coopers & Lybrand, http://www.colybrand.com：Coopers & Lybrand 是著名的專業服務及顧問公司，所服務的對象遍及各產業。該公司的媒體及事業部最近對新媒體的成長做了深入的研究。

- DataQuest, http://www.dataquest.com：DataQuest 是一個市場情報公司，可提供有關新媒體及網路方面的研究、諮詢及分析服務。

- Find/SVP, http://www.findsvp.com：Find/SVP 的新興技術研究群（Emerging Technologies Research Group）專精於「技術改變對消費者及商業影響的研究」。最近所提出的報告是「美國網路使用者研究」。此網站所提供的資料非常廣泛，涵蓋了飲料、生物科技、化學、電腦、藥品、財務分析、食品、健康、高科技、商業自動化、軟體、塑膠及運輸。

- Forrester Research, http://www.forrester.com：Forrester Research 公司的研究重心在網路對商業的衝擊、策略管理研究、總公司研究及新媒體研究。該公司也對大型企業提供技術策略的建議。

- Frost & Sullivan, http://www.frost.com：Frost & Sullivan 公司的「研究發布群」（Research Publications Group）定期追蹤全美 300 種產業的市場資料，這些

資料可激發創意，協助企業做規劃及擬定投資決策。

· Jupiter Communications, http://www.jup.com：Jupiter Communications（木星傳播公司）是技術諮詢公司，廣泛的研究網路成長及人口統計趨勢，尤其對雅虎的使用者更是情有獨鍾。

其他有關提供次級資料的公司及網址如下，讀者可逕自上網了解。

公司名稱	網　址
Graphics, Visualization, & Usability	http://www.cc.gatech.edu
Hemes	http://www.personal.umich.edu
IntelliQuest	http://www.intelliquest.com
International Data Corporation (IDC)	http://www.idcresearch.com
Internet Society	http://www.isoc.org
The Market Research Center	http://www.asiresearch.com
Matrix Information and Directory Services, Incorporated (MIDS)	http://www.mids.org
MetaMarketer	http://www.clark.net
Network Wizard	http://www.nv.com
O'Reilly & Associates	http://www.ora.com
SIMBA Information Incorporated	http://www.simbanet.com

網路消費行為

11-1　了解顧客

11-2　網路消費者行為模式

11-3　網路消費者購買決策過程

11-4　AIDMA 模式與 AISAS 模式

11-5　B2B 採購行為

11-6　網路使用的心理議題

11-7　網路購物的藝術

11-8　網路消費者最關心的三個問題

11-9　如何說服網路顧客

透過網際網路進行電子商業交易，已經成為網路時代的新趨勢。美國所公布的電子商業草案，希望由政府主導、民間制定標準規範，創造合法的電子商業空間。在美國，有網路購物經驗的使用者多達八成，估計有上千家網路商場提供各種產品。日本通產省也已成立了日本電子商務推動協會，希望趕上世界的潮流。

最近幾年台灣網路蓬勃發展，開拓文教基金會蕃薯藤網站每年均主持「網際網路使用調查」（http://survey.yam.com.tw），調查結果提供了相當豐富的上網行為資料，對於網路行銷者在擬定網路行銷策略上非常有幫助。

 11-1　了解顧客

做為網路行銷者，你的首要任務就是界定你的顧客：誰最可能向你購買？這個市場在哪裡？你企圖向他們銷售什麼？然後再考慮一些比較複雜的問題：在實體上，你要如何接觸到他們？在心理上，你要如何接觸到他們？顧客的行為會成為你了解他們心理的線索。當你了解顧客的行為之後，就比較能夠了解他們整體的「個性」和慾望。利用網站上的資料蒐集工具，你就可以追蹤顧客的線上交易行為。

當你開始進行網路行銷時，你要蒐集顧客的什麼資料？如果你是以傳統商店起家的，你必然會蒐集顧客資料並做分析。如果線上行銷是你的第一個投資事業，焦點團體（focus group）會幫助你獲得有關顧客偏好、顧客意見、購買行為、價格敏感性等的第一手資料。直接與潛在顧客舉行面談，可以了解他們的看法。

你要儘可能的了解顧客。他們的嗜好是什麼？他們的休閒活動是什麼？他們加入了什麼會員？他們到什麼地方度假？多久度假一次？他們的家人喜歡什麼？你愈了解他們的生活風格，就愈能選擇要連結哪些網站，愈能知道如何吸引他們的注意，愈能擬定廣告及促銷策略。

在科維（Stephen Covey）的暢銷書《效能專家的七種習慣》（*The Seven Habits of Highly Effective People*）中，他所描述的第五種習慣是「先去了解，再被了解」。他寫道：「在其他因素都是一樣的情況下，交易中『人』的因素比

『技術』因素來得重要。」[1]在網路行銷中,人的因素就是買賣雙方的關係,以及你與你的顧客之間的關係。

11-2 網路消費者行為模式

網路消費者行為模式(Internet consumer behavior model)如圖 11-1 所示。網路消費者的購買決策過程是由行銷活動或刺激(stimuli)所引發的反應,而購買決策過程會受到消費者環境因素、個人因素、顧客服務所影響。最後,會產生消費者的決定。

行銷活動(或刺激)包括產品、價格、配銷及促銷,環境刺激則包括社會、文化、政治法律、技術、經濟因素。

環境因素包括社會、文化、政治法律、技術、經濟這些變數:[2]

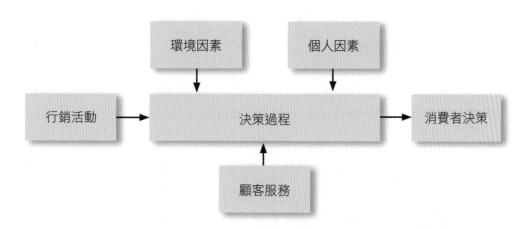

圖 11-1　網路消費者行為模式

來源:修正自 Efraim Turban, et al., *Electronic Commerce-A Managerial Perspective* (Upper Saddle River, New Jersey: Prentice-Hall, 2000), p.74. 原始來源為 Zinezone, GMGI Co.

1　Stephen R. Covey, *The Seven Habits of Highly Effective People* (Simon and Schuster, 1989)。有興趣的讀者,可上亞馬遜網路商店(www.amazon.com)購買。

2　有關這些環境變數,可參考:榮泰生,企業管理概論(台北:五南圖書出版公司,2000),第4章。

1. 社會

社會因素在網路消費行為中扮演著重要的角色。人們基本上受到家庭大小、朋友、同事的影響。在電子商務上，最重要的社會變數就是網際網路社區（Internet communities），以及透過聊天室、電子佈告欄及新聞群體（news group）的討論群體（discussion group）。

2. 文化

文化包括語言文字、信仰、傳統、習俗和儀式等。住在矽谷附近的人和住在尼泊爾山區的人，在文化上的差異不可以道里計。文化的差異對資訊科技的使用自然截然不同。

3. 政治法律

包括政府管制、法律約束等。

4. 技術

包括電腦及通訊技術等。

5. 經濟

包括經濟制度、國民所得、失業率、通貨膨脹率、利率等。

網路消費者的個人因素包括：年齡、性別、種族、教育、生活方式、心理、知識、價值觀、個性。如果要了解這些實際資料，可上番薯藤網站去查詢。如果你想了解美國網路消費者的行為，可上喬治亞大學 GVU 中心（www.cc.gatech.edu/gvu），或者 www. statmarkwet.com、www.forrester.com、www.ey.com、www.jup.com 這些研究機構或公司的網站去查詢。

顧客服務包括：(1)後勤支援，如支付、送貨；(2)技術支援，如網站設計、智慧代理（intelligent agents）；(3)服務支援，包括常見問題集（Frequently Asked Questions, FAQ）、電子郵件、客服中心（call center）及一對一行銷。

最後，網路消費者的決定包括：購買與否、購買什麼、何處購買、何時購買、花費多少、重複購買等。

11-3 網路消費者購買決策過程

決定網路消費者決策（consumers' decision making）的核心因素，就是購買決策過程（purchasing decision process）。在討論此主題之前，我們有必要澄清個人在購買決策過程中所扮演的角色。[3]

(1) 發起者（initiator）：對購買某一特定產品或服務首先提出建議或出點子的人。

(2) 影響者（influencer）：在做最後購買決定時，所提出的忠告或見解具有某種分量的人。

(3) 決定者（decider）：最後做購買決定（或部分決定）的人。購買決定包括：購買與否、購買什麼、如何購買、何處購買。

(4) 購買者（buyer）：實際完成購買行動的人。

(5) 使用者（user）：消費或使用此產品或服務的人。

當多個人扮演上述各種角色時，廣告及行銷策略的擬定會變得更加困難。討論到消費者購買決定的模式有數個，這些模式提供了一些架構，使得網路行銷者可以預測、改進或影響消費者的決定。這些模式也可以用來做為行銷研究的探討項目。本章將介紹兩個模式：購買決策過程模式，以及顧客滿意模式。

@ 購買決策過程模式

網路消費者的決策過程可分為五個階段：問題認知（需求確認）、尋找資料（資訊搜尋）、備選方案的評估（評估可行方案）、購買決策、購買／使用結果（購後評估）。

在數位世界（電子空間）上，網路消費者的購買過程有一些特色。O'keefe and McEachern（1998）曾提出所謂的「顧客決策支援系統」（Customer Decision

---

[3] Philip Kotler and G. Armstrong, *Principles of Marketing*, 8th ed. (Upper Saddle River, N.J.: Prentice-Hall, 1999).

Support System, CDSS）來說明以上的現象，如表 11-1 所示。[4]購買決策的每一階段皆可由 CDSS 功能、網際網路及全球資訊網來支援。CDSS 功能可支援每一階段的特定決策，而網際網路及萬維網可提供資訊、提升通訊功能。CDSS 架構可協助網路行銷者利用網際網路技術來改善、影響及控制消費者購買決策過程。

@ 顧客滿意模式

Lele（1987）提出了顧客滿意模式（customer satisfaction model），其中四個重要的因素是：產品、售後服務、公司文化，以及銷售活動，如圖 11-2 所示。[5]

▶ 表 11-1　消費者決策支援系統

決策過程	CDSS功能	網際網路及全球資訊網
需求確認	代理及事件通知	在訂購單網頁上的橫幅廣告 實體產品的網址 新聞群體的討論
資訊搜尋	虛擬型錄 在網站上進行內部搜尋 結構性互動及問題／回答功能 連結到（引導到）外部來源	網站所提供的目錄及分類 外部搜尋引擎 特定的目錄及資訊掮客
評估可行方案	常見問題集及其他彙總資料 樣品和試用 提供評估模式 引導到現有的顧客或提供現有顧客資料	新聞群體的討論 網站間（公司間）的比較 提供基本模式（generic model）
購買	產品或服務訂購 支付方法 交貨安排	電子現金及虛擬銀行 後勤支援及貨品追蹤
購後評估	透過電子郵件及新聞群體來支援顧客 電子郵件通訊及反應	新聞群體的討論

---

[4] R. M. O'keefe and T. McEachern, "Web-based Customer Decision Support System," *Communications of the ACM*, March, 1998.

[5] Milind M. Lele, "After-Sale Service - Necessary Evil of Strategic Opportunity?" *Managing Service Quality*, Vol. 7, No. 3, p.141.

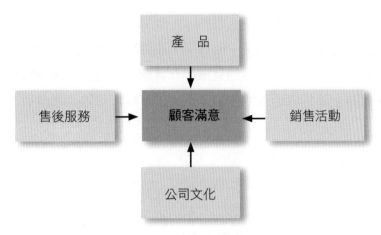

▶ 圖 11-2　顧客滿意模式

產品

　　產品是造成顧客滿意最主要的因素。如果你在線上購買一片音樂 CD，在播放時不如你的預期，你會滿意嗎？產品包括了產品設計、產品製造、包裝、所提供的誘因。產品也包括提供試用或試聽（例如：音樂網站提供試聽）以降低購後失調（post purchase dissonance），也就是降低對於購買這樣的產品是否正確的疑惑、反悔與自責。例如：在購買了一部昂貴的電腦之後，某學生可能開始對此項購買感到罪惡感，或開始對該產品的品牌與品質產生疑惑，而其結果可能是退還該產品，或者尋找資訊以支持當初的購買是正確的。

售後服務

　　售後服務包括了產品的維修、技術上的更新、詢問使用情況等。事實上，如果產品在合理的使用期限內維持相當的正常狀況，就是最好的「售後服務」。這就是為什麼有些學者認為「最好的售後服務就是不必服務」，或者「最好的售後服務就是品質」的原因。

公司文化

　　網路行銷者應了解公司文化（或組織文化）在長期績效上所扮演的關鍵性角色。績效卓越的企業必然能夠發展出一個自覺的、可辨識的文化來支持創新及策略行動。績效不彰的企業傾向於重視內部的政治鬥爭，而不是顧客；重視「數

字」，而不是產品及員工。[6]

公司文化塑造了成員在組織中的行為，也強烈影響了企業改變策略動向的能力。無庸置疑的，全球績效卓越的企業都有其獨特的文化，這些獨特文化就是他們能創造、維持全球領導地位的關鍵因素。以下我們摘錄了幾個有名網路公司的文化實例：

日立公司

一向重視穩重的日本日立公司，在大幅裁員、更換新的社長，以加強寬鬆、自由的公司文化後，最近又採取了一項新行動：要求員工穿著隨便，鼓勵大家脫掉西裝，別打領帶，穿上休閒衫和寬鬆褲上班。該公司發言人表示，全面推行的新政策，旨在使辦公室的氣氛輕鬆，鼓勵員工發揮創意。「我們強調的是尊重個人，我們鼓勵員工有自作主張的自由。」

日立公司的確需要這種改變。這家日本最大的電機公司，過去一直被批評組織僵硬、官僚氣息重，整個營運都受到不利影響。日立公司的新作風還不只在衣著上。該公司同時要求員工不要按照日本社會習慣以職別稱呼上級，而是互相以姓名相稱。日立公司還要取消各公司廣泛實施的晨間操，因為新社長認為這會助長集體心態，不利於發揮個性。

英特爾

在微處理器市場執牛耳的英特爾公司，其組織文化有以下特色：

(1) 以結果為導向（results oriented）。
(2) 著重紀律（discipline）。
(3) 鼓勵冒險（risk taking）。
(4) 品質至上（quality）。
(5) 以客戶為導向（customer oriented）。
(6) 讓員工樂在工作（great place to work）。

在矽谷，英特爾是擁有相當特殊文化的公司。「人人平等，事事求簡」的樸

---

[6] Thomas Peters and R. Waterman, *In Search of Excellence*,1982.

實原則，是英特爾徹底落實的文化特質。以辦公室為例，英特爾總裁的辦公室只有 3、4 坪左右，而且只有不到身高的隔離牆，這在世界上的大公司裡是非常少見的。

英特爾的特點還不止於此，其嚴謹的紀律在矽谷是出了名的。矽谷的最大長處是創新力，但是許多公司在沒有創新之前，就先把紀律鬆弛下來，目的是使員工有自由創新的空間；然而往往在失去紀律之後，創新倒不見得一定會發生。英特爾始終沒有放鬆紀律，卻不斷的在創新，這和其上層人員以身作則、奉行紀律很有關係。

台積電

台積電董事長張忠謀指出：強調專注本業、國際化經營、開放環境與研究創新等，就是台積電長期致力於塑造的企業文化具體表徵，也是台積電價值體系的反映。而建立企業文化必須將企業所秉持的價值體系在公司內部生根，從而培養出一貫的價值信念，使員工能夠完全服膺這套價值體系。為了讓企業的價值體系生根，台積電特地設計一套有別於傳統的績效評估系統，考績並非完全依照生產力指標，還要加上員工如何尊重、實踐企業價值體系。他也要求員工替主管打分數，讓高階主管也要以身作則，實踐企業價值觀。

惠普科技

惠普科技總裁 Louis Pratt 認為，企業文化的建立絕對不是靠鐵腕管理就可以達成。現代企業所著重的是使企業文化自然形成「文化控制」（culture control）機制，而非依賴科層組織的層層節制。惠普科技的組織散布於全球，採用「文化控制」管理即是尊重分權（而不是中央集權）的管理制度。找到七、八個全體共通的價值標準，做為主宰公司決策的行為準則。在全球各地的實際作業上，也可以因應當地情況，做適度的調整。

花旗企業文化

企業以人才為本，服務業的未來幾乎就是一場人才戰爭。在金融界，花旗一直是業界的人才訓練大本營，「花旗人」更是各銀行爭相挖角的對象。為什麼花旗人才「市場價值」如此被看好？花旗人認為，花旗把人才訓練視為企業文化，

同時不惜成本的投資人才，即是花旗人受到業界青睞的原因。

新人進入花旗，至少有半年以上的訓練，最後數個月是到各單位輪流實習，主要是了解市場。在這段期間，新人基本上什麼事情都可以做。

在職訓練早已是花旗的一項重要文化。花旗每年投入新台幣 4,000 萬元的訓練費，教育訓練中心每月至少要開 20 個班次，每月受訓的花旗員工由 400 到 1,000 人不等。業界盛傳，一個花旗人的訓練成本至少是美金 5 萬元。不過，中高層幹部每年需定期赴國外受訓，平均每人一年的人事訓練費用就要新台幣 70 萬元。

也因為如此，花旗從一般員工到高級主管的人事流動率一直居業界之冠。有人以為，這是花旗講求績效、不講人情的企業文化後遺症。

網路購買者在決定購買某公司的產品時，多少會受到網路行銷者公司文化的影響。因此，讓網路購買者了解公司文化是相當重要的事。對網路行銷者而言，在網站上表露或宣揚其公司文化是一個相當具有挑戰性的工作。

迪士尼網站（www.disney.go.com）是特別強調公司文化的網站之一，其網頁上的「Disney.com-The Web site for families」（四海一家的迪士尼網站）更是膾炙人口。該網站針對兒童提供了各種季節性活動目標、針對父母提供了育兒指南，以及針對學生提供了數學輔導等功能。

銷售活動

銷售活動包括了提供深度的產品資訊、利用資料庫解決問題、FAQ 的效率（解決問題的速度）及效能（解決問題的正確性），以及在網站上提供有關銷售活動資訊的豐富性。

找尋產品資訊容易嗎？資訊具有及時性嗎？網站是否記得顧客的基本資訊，並自動的呈現出在訂購單中的基本資料？（如果你在某一個網路商店填寫了基本資料，並訂購了某種產品，下次再度訂購時，這些基本資料就會呈現在訂購單上。）這些看似平淡無奇的功能，對於客戶的滿意度卻有著重大的影響。

11-4 AIDMA 模式與 AISAS 模式

傳統行銷在解釋消費者行為時，常用 AIDMA 模式。AIDMA 是 Attention（注意）、[7] Interest（興趣）、Desire（慾望）、Memory（記憶）、Action（行動）的啟頭字。事實上，廣告業者常把他們的目標設在 AIDMA 上。

業者會透過各式各樣具有吸引力的廣告來引起消費者的注意，並以創意和趣味的廣告手法來引起消費意願，並加深產品、品牌形象，進而引發消費者興趣、激發購買慾望，喚起消費者對產品的好奇心，並將這些美好的學習經驗置放在（儲存在）他的記憶之中，不論是感官記憶（sensory memory）、短期記憶（short-term memory）、甚至是長期記憶（long-term memory）。最後激起消費者的衝動，或者讓消費者在深思熟慮、進行理性的評估判斷之後，採取購買行動。

根據「多重儲存理論」（multiple-store theory），記憶有三個獨特的成份：

感官記憶
所有的刺激都會被做原始的分析（例如：我們會分析這個刺激的原始屬性，如聲音的大小等），以獲得某種意義，這種情形稱為感官記憶。這種分析是我們一接受到刺激時就立刻進行的，在分析後，我們就會對這個刺激做初步的分類。

短期記憶
當訊息經過我們的感官處理之後，就進入了我們的短期記憶之中。在這個過程中，訊息會被我們賦予某種意義。在某些情況下，這個意義會與長期記憶的內容（信念、態度）做比較，以將之分類與解釋。

長期記憶
長期記憶可被無限的、永久的儲存。在長期記憶中，每個元素都有邏輯的關聯性（例如：忠、孝、節、義），因此，將新資訊導入於既有的價值體系中是有可能的（當然，新資訊要與既有的信念、態度相容才行）。

---

7 有些學者將第一步稱為Awareness（認知）。

在這個 Web 2.0 時代，業者對於網路消費行為有一種新的詮釋。[8]AIDMA 原模式應調整為 AISAS，也就是 Attention（注意）、Interest（興趣）、Search（尋找）、Action（行動）、Share（分享）。消費者的行為從引起注意、引發興趣開始，接著對自己有興趣的事物會主動在網路上以關鍵字搜尋（search），找到有關網站或部落格，並對該事物做一番深入了解之後，便有可能採取購買行動（action），進而將自己的購物經驗、消費心得或是否有購後失調等，撰寫在部落格上，分享給其他網友。AIDMA 模式與 AISAS 模式的差別，如圖 11-3 所示。

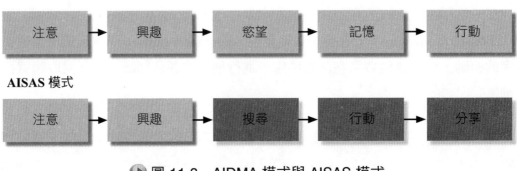

圖 11-3　AIDMA 模式與 AISAS 模式

11-5　B2B 採購行為

同樣的產品可以在典型的電子商務環境下做 B2C（Business to Customer，企業對顧客）的交易，也可以做 B2B（Business to Business，企業對企業）的交易。例如：個人及組織都會購買、採購同樣的書本、照相機、電腦，只是目的不同而已。雖然 B2B 採購的數量不及個人購買，但是前者的購買量非常大，在採買過程中的協商也非常複雜。個人購買和 B2B 採購的差異，如表 11-2 所示。

8　Web 1.0是將使用者連結到網路。Web 2.0是將使用者之間互相連結，包括維基百科、部落格、社交網路、RSS Feeds（Really Simple Syndication Feeds）、網路廣播，以及影片、圖片與標籤的分享等。Web 3.0技術包括：(1)使用者的參與、合作；(2)使用者的主導權；(3)無線網路。詳細的說明，可參考：Judy Strauss and Raymond Frost, *E-Marketing*, Pearson International Edition, 5th Ed. (Pearson Education, Inc. 2009)，第1章。

表 11-2　個人購買和 B2B 採購的差異

特　性	個人購買	B2B採購
需求	個人	組織
購買量	小量	大量
顧客數目	許多	少數
購買者所在地	地理分散	地理集中
配銷結構	比較間接	比較直接
購買的本質	比較個人化	比較專業化
影響購買的本質	單一	多種
協商	單純	負責
互惠性	無	有
租賃的方式	較少	較多
基本的促銷方法	廣告	人員推銷

來源：C. Lamb et al., *Marketing*, 4th ed. (Cincinnati, OH: South Western Publishing, 1998).

　　B2B 採購行為模式與個人購買行為模式類似。然而，有些影響因素是不同的，例如：家庭、線上社區對 B2B 採購者是沒有影響的。

　　圖 11-4 顯示了 B2B 採購行為模式。在此模式中，組織因素包括：政策及程序、組織結構、集權／分權、所使用的系統、合約。人際因素包括：職權、地位、說服力。

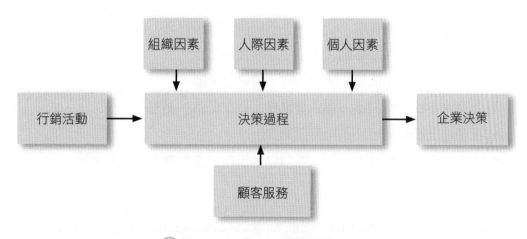

圖 11-4　B2B 採購行為模式

11-6 網路使用的心理議題

網路使用的心理議題包括：網路成癮（Internet addiction）、線上購物的吸引力、社會疏離、心理研究的意涵、認知運算。

@ 網路成癮

早就有人警告過，上網是會成癮的。也許目前網路遨遊者占總人口的比例並不算高，但是根據顯示，一天在網路上花上 9 小時的人卻有漸增的趨勢。到底是什麼心理因素使得這些人成癮？網路的吸引力對於尋找資訊的人、想和別人接觸的人、做生意的人、購物的人會不同嗎？網路吸引人的原因在於它可使人們在自由輕鬆的環境下，學習到想學習的東西嗎？還是網路可使你匿名的與全國的、甚至全世界未曾謀面的網友進行智慧性的（或是無聊的）交談、辯論？或是網路可省去你上圖書館的麻煩，進而可以馬上獲得言簡易賅的答案？或是你被網路的浩瀚世界所迷惑，沉迷在虛擬空間中而不自知？也許這些都是馬斯洛（Alfred Maslow）的需求層級中所說的「自我實現」的需求。

如果成天掛在網路上，就要懷疑是否罹患了網路成癮症。美國匹茲堡大學設定的一套檢測標準，也許可讓每位網友測試自己有無此一傾向。這套已被全球精神科醫師廣泛採用的檢測標準，共提列八種症狀，如果符合其中五種以上，就可能達到網路成癮。這八種症狀如下：[9]

(1) 全神貫注於網路或線上活動，在下線後仍繼續想著上網的情形。

(2) 覺得需要花更多的時間在線上，才能獲得滿足。

(3) 多次努力想控制或停止使用網路，但總是失敗。

(4) 企圖減少或停用網路，會感覺沮喪、心情低落、易怒。

(5) 花費在上網時間總比預期時間更久。

(6) 為了上網，寧願冒著重要人際關係、工作或教育機會損失的風險。

9　林進修，聯合晚報，2008/04/17，http://mag.udn.com/mag/life；http://www.ccu.edu.tw/TANET2001/TANET2001_Papers/T104.pdf 2008/12/11。

(7) 曾向家人、朋友或他人說謊，隱瞞自己涉入網路的程度。

(8) 上網是為了逃避問題或釋放一些感覺，如無助、罪惡、焦慮或沮喪。

值得一提的是，網路重度使用者（Internet heavy users）並不一定是網路成癮，因某些特定職業的工作或特定科系的學習，本就需花費比一般使用者更久的時間在網路上。

根據統計，國內使用電腦網路的人口當中，有 15%的人出現了「網路成癮症」。醫師表示，罹患這種網路成癮症的病患以男性居多，集中在 20 幾歲、大學以上的網路族為主。至於罹患網路成癮症，常會遇到人際關係退縮、失眠、焦慮及社交畏懼等困擾。

據中廣新聞網報導，台北市立聯合醫院松德院區社區精神科醫師王仁邦表示，病態的網路使用成癮，尋找的不是資訊，而是社會支持、性滿足，或者是為了創造一個新的人格，所以網路成癮症可分為網路性成癮、網路人際關係成癮、電腦成癮症、網路強迫症及資訊缺乏恐慌症五種。而這些罹患成癮症的網友，通常合併有焦慮、失眠、強迫症、社交畏懼等精神症狀。[10]

有鑑於網路成癮問題日趨嚴重，中國大陸將推行線上遊戲「防沉迷系統」，規定未成年人玩線上遊戲的時間不得超過 3 小時。台灣線上遊戲業者表示，此規定雖會影響業績，但影響幅度不大。遊戲橘子更表示，原本在自製遊戲就要增設「健康玩系統」，軟性地要求玩家遊戲時間不要超過 3～5 小時。[11]

@ 線上購物的吸引力

線上購物有什麼吸引力？有許多原因正待我們去發掘。對一個「散漫無章」的人來說，他並不在乎自己把最近的零售商型錄放在哪裡，反正一上網就可以找到。對於沒有耐心的人來說，他不必再看銷售人員或收銀員有沒有空，只要上網就可以買到所要的東西；雖然有時候還是要等，但是總不必站著排隊等。對於害羞的人來說，線上購物可使他大膽出價、果決行動，同時又可避免正面衝突及令人不悅的爭辯。對於支配性很強的人來說，他們不喜歡小格局的討價還價，而

---

[10] http://news.epochtimes.com.tw/8/4/18/82298.htm.

[11] 李立達，聯合報，2007/04/11，http://mag.udn.com/mag/digital/。

喜歡「阿沙力」式的購買，那麼讓他們按「現在訂購」這個圖示，是再恰當不過了。

@ 社會疏離

根據早先的研究，真正外向的人（他們喜歡社會互動、喜歡在賣場上碰到生張熟魏噓寒問暖一番），就不太可能把更多的時間花在網路上，也不太可能在線上購物。外向的人由於社會接觸很廣，所以上網的時間很少。由於網際網路的普及，「需要幫助的人」是世界上的幸運兒，因為他們充分享受到網路購物的方便與樂趣，但又極不可能上癮。

卡內基·美濃大學（Carnegie Mellon University）的研究人員在 1998 年的研究，發現了可能是最令人感到興趣的結果。研究結果顯示，網路使用會造成社會疏離、心理障礙。該研究是針對匹茲堡的 169 名參與者（都是網路使用新手），進行長達 2 年的縱斷式研究，企圖發現網路使用與社會關係、心理影響之間的關係。此研究對「社會涉入」（social involvement）的衡量向度是：家庭溝通、地區性社會網路的大小、遠距離社會網路的大小、社會支持。對「心理影響」的衡量向度是：寂寞、壓力及憂鬱。

重要的發現結果是：在研究期間，網路使用愈多，則憂鬱程度愈高。研究者結論道：網路使用會造成憂鬱程度的增加、寂寞程度的增加，以及社會互動的減少。誠然，研究中的參與者在網路上所花的時間愈多，則花在與家人及朋友共處的時間便愈少。最終的結論是：網路使用對社會涉入、心理健康都有不利的影響。這項研究結論可以一般化來解釋廣大的網路使用者嗎？

這項研究非常弔詭的地方是，網路科技本來的目的就是要建立人與人、團體與團體之間的關係，但是這項研究卻發現相反的結論。姑不論人與人的溝通可以跨越時空，長距離的接觸總比不上密切的個人接觸。

關於這項研究值得一提的是，卡內基·美濃大學於 2001 年 9 月再度進行研究，發現到：上網並不會增加憂鬱、寂寞及孤立，但是會增加壓力。[12]

---

[12] 可上網（http://www.cmu.edu/cmnews/010906/010906_internet.html）查詢更詳細的資料。研究人員包括：Jonathon Cummings、Vicki Helgeson等人。

@ 心理研究的意涵

　　網路使用的增加，對我們是好、還是不好？在和電腦離不開身、和匿名的陌生人交往的今日，我們允許自己成為網路世界的局外人嗎？透過網路，我們可以把人際間的疏離關係改善成親密關係嗎？對某些人而言，上網的確減少了他們從事身體活動的時間，減少了他們面對面的互動機會。卡內基‧美濃大學所研究的是在家庭中人際間溝通的問題，我們必須了解，在網路上的社會互動、社會關係，不同於傳統上的個人接觸。許多早期的研究發現，人們固然可以在線上建立社會關係，但是這種關係是表面的。這些現象對電子商務的涵義是相當複雜的。每個從事電子商務的業者，不見得都認為必須將顧客看成是親密的朋友。到底是保持親密的關係重要呢？還是讓他們再度光臨重要？在這裡，我們說的是利潤的問題，而不是心理的問題。但是，許多跡象顯示，透過網際網路與顧客保持親密的關係，會增加他們的品牌忠誠度。當然，這涉及到心理銷售策略的問題。

　　卡內基‧美濃大學的研究應再加以延伸：將網際網路視為溝通媒介，不僅是蒐集資訊，而且也是提升社會互動品質的工具。研究小組應該提出有助於社區發展、建立人群關係的服務。研究小組人員說道：「以國家的角度來看，我們必須在網路價值（提供資訊、溝通、商業）及成本之間取得平衡。使用網路固然可帶來許多娛樂性、實用性，但是如果它使我們與實際生活脫節，反而是有害的。」

社會互動

　　有些研究人員發現，網路不僅克服了地理的限制，也克服了孤獨（由於疾病、殘障或緊湊的時間所產生的孤獨）。為了克服這些障礙，網路可使社區內具有相同興趣的人聚集在一起，輕鬆的交談。網路也可以把資訊、教育、娛樂搬到家裡。對那些「大門不出、二門不邁」的人或者緊湊忙碌的人而言，網路科技反而增加了社會接觸的機會。他們可透過電子郵件、網路交談等來與別人接觸。電子商務使得不想逛街購物的人有比價、尋找最低折扣的平等機會。使得人們購物不會受到惡劣天候的影響，以及使得想要逃避所得稅的人都有平等的機會。

好奇心、新鮮感

　　網路購物者到底在尋找什麼？首先，快速的、新奇的、娛樂性的、熱門的資

訊。如果你的網站上的資訊看起來像是從上個月以來都未曾更新過，你就無法吸引注意。人們總喜歡上新鮮的網站。目標顧客所要的資訊是深度的，而不是膚淺的無聊資訊。

耐心、壓力感

雖然有些特異的人能夠長時間忍受電腦等待時間，但是大多數人對於以下的情況都會不耐煩：冗長的過程、捲動過多的螢幕、要多次點選滑鼠、要等很久才能下載的複雜圖形或圖像、太多的超連結、太長的下載時間（除非你事先被警告過）、太多的指示、太模糊的資訊、在許多其他地方都有的資訊。

我們在電腦前面有多少耐心？對一個有吸引力的東西，我們多久就失去了興趣？一般而言，我們都不是很有耐心的。我們一旦經歷了快速的反應時間之後（例如：一開始時你用 56K 數據機，後來用 T1 幹線），對於曾經是緩如牛步的速度就會更不耐煩。這個簡單的事實在早期的電腦使用上就已經非常明顯。在 1976 年針對 AT&T 的研究中，研究者企圖衡量電腦反應時間對操作者知覺的影響。受測的對象是辛辛那提 80 位全職的電腦操作員。[13]研究者發現，使用者對系統可信度、正確性及效能的態度，會隨著電腦反應時間的減少而增加。當反應時間增加時，研究者發現使用者的壓力感會增加，導致疲憊感及錯誤率增加、打字速度變慢、生產力也跟著降低。研究者發現到，即使反應時間做些微的改變（反應變得慢一點點），但由於等待的時間被視為是「浪費時間」，因此挫折感也會增加。所以，即使這些全職的電腦操作員還算新進人員，他們也討厭等待。當他們必須等待時，他們就會不耐煩。當不耐煩時，他們就會認為所使用的系統不值得信賴，進而錯誤百出，生產力自然也就下降了。

在今日高速的時代，瞬間反應時間是可以達到的。企業必須注意使用者對於時間的認知及比較基礎。人們一旦經歷到某種反應時間，比它慢的反應都會讓他們難以忍受。

---

[13] Bernadette Tiernan, *E-tailing* (Chicago, Il.: Dearborn Financial Publishing, 2000), p.56.

@ 認知運算

行為心理學家正企圖研究網路使用的心理問題如何影響網站的設計，以及電子商務的交易結構。「認知運算」（cognitive computing）是一個新興的學科，它結合了電腦科學及行為科學，整合了軟體工程及人類工程的技術，融合了心理學、社會學及文化人類學。

消費者行為模式可用來做為建立網站的架構，使得網站不僅可以滿足不同消費者的需求及慾望，也可以滿足特定人士的需求。認知運算的知識運用可以使整個線上購物變得更為直覺式，而不只是提供消費者點選、購買的誘因。顏色、螢幕的位置、文字的格式及點選的次數等都要再加以分析，並且要再蒐集足夠的資料，使人機互動的設計考慮到重要的心理因素。

11-7 網路購物的藝術

也許最早進行網路購物的人，就是當初那些從早到晚忘記了時間，閒逛於各網站的網路迷。從網路閒逛到實際購買，其中只有一小段距離，熟悉網路的人很容易就可以縮短這個距離。這些先鋒早就發現到網路購物的好處：速度快、方便、24 小時營業、每天都有新奇感、自助式服務及一次購足（可節省時間）、自動化（可節省精力）、不必衣著得體（事實上，不穿衣服都可以）。他們原先對網路的沉迷，很快的即轉變成網路購物的快感。現在按一下，以後再付款，是多麼輕鬆愉快的事啊！

網路購物是在幾分鐘之內花費上千元的最快方法。不必在擁擠的賣場中，一家商店接著一家商店的窮逛，你只要用滑鼠點選到另一個網站就可以了。不必再停下來買吃的，冰箱就在咫尺之遠。不必再提著沉重的袋子，東西會很方便的送到你家中。不可諱言的，你可能在極短的時間，做出超乎你想像的衝動性購買！

使你衝動的事情還不只這些！比真實拍賣還炫的線上拍賣（online auction），更會使你血脈賁張。eBay（www.ebay.com）在每季的尖峰時刻，生意鼎盛，近悅遠來，熱鬧無比。許多上 eBay 網站的人也是紛至沓來，爭取最熱門的產品。這真是美妙的經驗——直到信用卡帳單如雪片般飛來之前。eBay 是

讓你能坐在家中的沙發椅上、穿著睡衣,就可以參與競賽的第一家公司。得標的感覺,根據一個自認為「標狂」的網友說,是「非常 high 的」。現在,拍賣變成娛樂了!

曾經在每一個假期前夕,以不合理的價格購買「不可思議的」禮物的人,必然經歷過在聖燭節(Groundhog Day,亦稱 Candlemas Day,每年 2 月 2 日,為了紀念聖母瑪利亞之聖潔的節日)前收到信用卡帳單的痛苦。線上購物最大的好處之一,就是避免衝動購買。以匿名的方式討價還價,並來回於各網站之間做比價,直到滿意後再做購買決定。如果在傳統的商店購買,大多數的人必然會不好意思來回比價。但在線上購物,你不會因為要找比較便宜的東西,浪費了銷售人員的時間而有罪惡感。

@ 網路購物狂的七大特性

為了了解網路購物(cybershopping)的現象,你必須要了解典型的網路購物狂(cyber-shopaholics)的七種特性:極端沉迷、注意力短暫、貨比三家不吃虧、鶴立雞群、瘋狂刷卡、喜歡送貨到府、念舊。

1. 極端沉迷(immersion intensity)

當大多數的消費者習慣於舒服的坐在沙發上,吃著零食,穿著睡衣,在線上購物時,購買行為就產生了重大的轉變。即使在線上要等上 9 個小時,對他們而言,就好像不過是幾分鐘一樣。對網路行銷而言,這種對上網的極端沉迷,奠定了日後在假期前後銷售的基礎,其狂熱的程度遠超乎我們的想像。

2. 注意力短暫(abbreviated attention span)

一個明顯的弔詭現象是:雖然網路購物的熱潮方興未艾,但是每個網站都必須竭盡心力的吸引網友的注意,否則便會被拋諸腦後,就像傳統購物的「櫥窗購物」(window shopping)一樣。網頁必須要饒富趣味,而且顯示得要夠快。

3. 貨比三家不吃虧(compulsion to comparison shopping)

由於很容易就可以查到競爭者的價格,所以許多購物者會做比價。他們不必再開車到另一家商店,只需用滑鼠點選即可。

4. 鶴立雞群（obsession with uniqueness）

對許多人而言，愈難找到的東西、愈是稀奇的古董、愈熱門的凱蒂貓，便愈想要擁有。這也說明了為什麼有那麼多熱門的拍賣網站。

5. 瘋狂刷卡（passion for credit card payment）

信用卡仍然是大多數人樂於使用的支付工具，對每次要購買大額產品的顧客而言，非常方便。對小額產品的購買，比較不適合用信用卡，因此這些東西也風行不起來。

6. 喜歡送貨到府（delight with delivers）

從無遠弗屆的優比速快遞（UPS）到隔夜送達的聯邦快遞（Fed Ex），購物者只要多付點錢，就可以在規定的時間送貨到府。許多人也樂於這麼做。在假期前後幾天，線上購買量會增加，其中原因是人們為了方便而寧願多付點錢。

7. 念舊（indelible memory for incredible sites）

消費者會把具有好的「長相」、好的噱頭、好的價格，以及好的產品的網站介紹給親朋好友。如果網站一直保持趣味性、新鮮性，則顧客便會一再惠顧。

@ 將瀏覽轉變到購買

找尋產品及服務的資訊與實際購買之間，有很大的差異。上網購買的人數（而不是瀏覽的人數）有漸增的趨勢。根據網際旅遊網路（Internet Travel Network, www.itn.net）的報導，只有 25% 的顧客會線上訂票，雖然有 95% 的顧客會上網查詢飛機時刻表及價格。

網路廣告公司可未經消費者的同意，就擅自利用網路技術，辨認誰在上網，記錄個人資料，以及追蹤網路上的使用習慣，包括曾經瀏覽哪些網站、網路的消費習慣，甚至追蹤上網者的金融交易資料。

雖然愈來愈多的廠商加入網路行銷的行列，但是仍有許多消費者對於線上購物裹足不前，不願意也不敢輕易嘗試，其可能的原因有：

(1) 不希望負擔運輸成本。
(2) 網頁的呈現太慢，如有超連結，更是要等上一段時間。

(3) 對於信用卡號碼的曝光感到不安。

(4) 萬一產品不適用，網站接受退貨嗎？要如何退貨？

　　要吸引網路消費者購買，品質是一個相當重要的因素。當你購買戴爾、IBM、康柏電腦時，你顯然對於他們的品質及服務具有相當的信心。品質與信任、消費者受到保護息息相關。關於這方面，有賴於具有公信力的第三團體做擔保及認證。例如在美國，TRUST-e 及 BBB 認證機構會向加入的網路行銷者提供正字標記。

　　為什麼會有品質保證？因為消費者對於產品有品質不確定性（quality uncertainty）的疑慮。消費者對於第一次向陌生人購買，多少會有些顧忌；也就是說，他們對於產品品質有認知上的困難。並不是所有的消費者都會信得過像 TRUST-e 及 BBB 這樣的認證機構，以下有兩個消除消費者疑慮的方法：

1. 提供免費試用品

　　網路行銷者如能提供免費試用品，至少表示他們對自己的產品有信心。然而，試用品也是一筆費用，這個沉入成本（sunk cost）也必然會轉嫁到未來銷售品的價格上，所謂「羊毛出在羊身上」就是這個意思。軟體產品常採用這種做法。

2. 不滿意退貨

　　在許多先進國家的大型零售商及製造商，都普遍採用「不滿意退貨」政策。這種做法會加速電子商務的發展，但是對於數位化產品可能不甚適合。許多數位化產品，如資訊、知識、教育素材，當被使用（消費）之後，其再銷售的價值盡失。實體產品可再包裝、再銷售，但數位化產品則不行。再說，數位產品的退回所衍生的交易成本可能比原產品的價格還高，例如：小型的數位產品（如一則電子新聞）不過值數角美金，但在網路上傳遞兩次的成本卻高出許多。

　　有什麼其他原因可讓消費者採取購買行動，而不只是瀏覽？消費者喜歡有掌控的感覺。你怎麼讓他有掌控的感覺？想一想傳統的面對面交易是怎麼進行的。消費者總喜歡問些問題、要仔細看看、要你提供一些背景資料。如果你能向偶爾購買者提供機會，讓他感覺到在你的網站上也有些掌控力──能夠讓他挑選自己

有興趣的東西，並且讓他能夠獲得所問問題的解答（不論是以互動的形式或列在「常見問題集」清單中）——你就比較有可能讓他採取購買行動。

對於訴怨以及消費者所關切的問題的處理，會在瀏覽及購買之間造成很大的差異（表 11-3）。

▶ 表 11-3　使瀏覽變成購買行動

消費者所關心的	可考慮的方法
產品品質	說明你的品管措施 ·解釋你對品質方面巨細靡遺的做法，以及你如何贏得「正字標記」的美譽
安全	說明你如何防患於未然 ·你如何確定顧客的信用卡卡號不會曝光？ ·你能保證機密資料不會流傳到其他公司、銀行嗎？ ·你是否可在網站下端呈現「安全鑰匙」，讓顧客知道你有加密技術？
方便	不要浪費時間 ·向購物者提供交易的捷徑 ·平鋪直敘，不要譁眾取寵 ·網頁頁數要有限制
控制	提供互動姓 ·讓購物者有一些對資料的控制力 ·立即回應顧客常問的問題

11-8　網路消費者最關心的三個問題

產品品質、安全及方便（包括下載時間）這三個問題，是網路使用者最關心的問題，因此，每一個想要追求成功的網路行銷者都應該將解決這三個問題變成公司的主要任務。要使得網路遨遊者變成購買者所提供的誘因，必然不只是精心設計的噱頭。雖然賞心悅目的圖片會使觀賞者心曠神怡，但是它們並不會驅使購買者採取行動。

人們對於簡化網頁（從網頁中剔除某些圖片）的要求愈來愈強烈。網路行銷者應了解，如果人們要等太長的時間才能看到首頁，他們會因為沒有耐心等候而放棄。

@ 產品品質

首先，你要從已經熟悉的部分開始。因為我們知道消費者對於品質的信心是相當重要的，所以要讓線上購物者了解，品質對你而言也是重要的（假設你的確提供了高品質的產品及服務）。你如何確保品質？公開你成功的祕訣，例如：「我們使用百分之百天然的、淨化的、不經人工的、直接從天上來的原料」等。如果你透過印刷媒體、廣播及電視做廣告，也要強調產品的品質，但所採取的應是比較耐人尋味的方式。在網站上，不斷的保證品質是絕不可或缺的。

@ 安全

我們了解，安全也是一個主要的關心問題。在偏遠地區「無星級」餐廳用餐後，很多人會毫不猶豫地將信用卡交給面無表情的櫃檯結帳人員。但是為什麼在線上填入信用卡卡號時會「小生怕怕」？他們的鬥士精神在線上購物時頓時龜縮。你如何保障他們的和你自己的利益？要留意他們害怕什麼。少用技術行話炫耀你的網頁設計有多神奇，但不妨用一些術語讓消費者了解他們所提供的信用卡卡號、智慧卡卡號是絕對安全的。要確信任何人都不能檢索這些機密資料，包括你的幕僚人員在內。除了付款的目的，這些資料不能用於他處。同時也要確信持卡者不會受到任何形式的騷擾——他們在下個月收到帳單時不會有意想不到的後果（例如：被盜刷）。

@ 方便

我們知道，方便對於線上購買有很大的影響。你的產品價格未必一定非最低不可（雖然相對於其他網站，你要有競爭性），因為你已經替消費者節省實際購物時的等待時間。你將運費及處理費轉嫁給消費者，他們也應該可以欣然接受。但是如果你要消費者在網站上，一頁接著一頁永無止境的按「下一頁」，那麼他必然會「拂袖而去」；他會隨便一按，進入別人的網站。如果圖片或複雜的圖形

會強化你的產品呈現方式，只要挑選幾個最有代表性的就可以了。記住：你要平鋪直敘，不要譁眾取寵。把文字加上顏色，再加點圖像就可以了，千萬不要造成擁擠不堪的情況。減少網頁的頁數，不要讓使用者「上一頁、下一頁」的繞來繞去。永遠要讓有經驗的購買者（也就是知道你的網站，而且也喜歡你的產品及服務的人）跳過引言，而直接進入「立即訂購」的網頁。

11-9 如何說服網路顧客

顧客及客戶會對什麼樣的東西做反應？為什麼以某種方式呈現的東西會被拒絕，但是如果稍微改一下方式，就會被接受？心理學家西雅迪尼（Robert Cialdini）曾歸納出使人信服的方法，如表 11-4 所示。如果你在網站中使用這些影響別人的原則，必然會使一些網路消費者難以抗拒。

@ 互惠

從小父母就告訴我們，人家敬你一尺，你要回敬一丈。根據心理學家西雅迪尼的看法，這個觀念的影響力非常大。如果我們讓顧客免費試用某個產品，想想看顧客的感受會怎樣。

@ 承諾

因循舊習是生活的捷徑，過去怎麼做，現在就怎麼做，似乎成了我們的習慣，但是我們也有強烈的慾望要繼往開來、求新求變。

▶ 表 11-4　影響別人的原則

1. 互惠：我們覺得有義務回敬一些恩情、禮物、邀請或提供類似的東西。
2. 承諾：我們有強烈的慾望要繼往開來。
3. 社會證明：我們的行為是否適當，要看別人是否也有這種行為。
4. 喜愛：我們通常會對我們認識的或喜愛的人說「是」。
5. 權威：我們所受的教育告訴我們服從權威是對的。
6. 稀少性：愈難得的機會愈珍貴。

來源：*Influence: The Psychology of Persuasion*, by Robert Cialdini (New York: William Morrow & Co., 1993).

@ 社會證明

眾口鑠金，一時披靡。當大家都在做某件事情的時候，我們通常會認為做這件事情是對的。當一個產品有「暢銷品」或「熱門產品」的稱號時，我們就看到「社會證明」（social proof）的原則正在發揮作用。你不必直接說服我這個產品有多好，你只要讓我知道有很多人認為這樣就可以了。有時候，這就是最好的證明。

@ 喜愛

我們通常會答應所認識的或喜愛的人的要求。那麼如果你是一個十足的陌生人，你要如何讓別人答應你的要求呢？你要提供與「喜愛」有關的因素：實體的吸引力、類似性、讚賞、接觸與合作、調節及連結。

@ 權威

我們所受的教育告訴我們服從權威是對的，不服從權威是錯的。直接的或間接的行使權威，都會影響我們的購買行為。如果某個權威人士建議我們購買某種產品，那是一個相當具有影響力的背書（例如：許多醫生使用……、大多數的會計師喜歡……、技術專家都同意……）。但是如果你冒充權威，效果也一樣大。即使叫最不像有權威的人來背書，還是會有某種效果。不信你看看許多所謂的「權威人士」如何推銷健身錄影帶，便可察見端倪。

@ 稀少性

當我們選擇某種產品的自由度是有限的，而且這個產品又不是唾手可得時，我們對獲得它的慾望是非常高的。爭取稀少資源的感覺是一個強而有力的激勵因素。愈難得的機會愈珍貴。每年的節慶，廠商都在玩「稀少性」這個弔詭遊戲。

複習題

1. 如何了解網路消費的顧客？

2. 試繪圖說明網路消費者行為模式。

3. 個人在購買決策過程中所扮演的角色有哪些？

4. 試說明購買決策過程模式。

5. 試繪圖說明顧客滿意模式。

6. 試說明並比較 AIDMA 模式與 AISAS 模式。

7. 試繪圖說明 B2B 採購行為模式。

8. 試列表比較個人購買和 B2B 採購的差異。

9. 網路使用的心理議題包括：網路成癮、線上購物的吸引力、社會疏離、心理研究的意涵、認知運算。試加以闡述。

10. 美國匹茲堡大學設定的一套檢測標準，也許可讓每位網友測試自己有無「網路成癮」的傾向。這套已被全球精神科醫師廣泛採用的檢測標準，共提列八種症狀，如果符合其中五種以上，就可能達到網路成癮。這八種症狀是什麼？

11. 網路購物有何藝術？

12. 網路購物狂的七大特性是什麼？

13. 如何將網路消費者的瀏覽轉變到購買？

14. 網路消費者最關心的三個問題是什麼？

15. 如何說服網路顧客？

練習題

1. 試說明英特爾如何利用網路行銷，搶先參與消費者的決策過程。

2. 瑞典 SCSB 模型（Sweden Customer Satisfaction Barometer）是最早建立的全國性顧客滿意指數模式。試加以說明。

3. 進入「全國博碩士論文資訊網」，找出兩篇有關「顧客滿意指標」的論文，精讀之後，提出閱讀心得。

4. 暑假還未過一半，「網路成癮症候群」的青少年就多了。醫師說，這些患者除注意力不集中外，一旦離開電腦，情緒即變得焦躁不安，易與人起衝突，嚴重者還會因血壓飆高而出現疑似靜脈栓塞、腦中風情形。林口長庚醫院精神科主治醫師陳世杰表示，曾經收治連續上網兩、三天的網路成癮症患者，個性都屬於易怒、易衝動、社交有問題，明明不想去網咖，卻還是強迫自己去。試說明網路成癮症候群檢測標準。

5. 社會疏離感對會個人產生什麼影響？試舉實例或提出實際數據加以說明。

6. 試說明認知運算科技的最新進展，例如：IBM 宣布，透過模擬大腦的知覺、感受、認知、行動、互動等各種能力，已獲得開發新一代晶片技術的重大進展。

7. 「麗貝卡·布倫伍德（艾拉·費雪）是一個財經雜誌的記者，她和最好的朋友蘇西住在一起。因為購物成癮的緣故，雖然大學畢業後已經工作了一段時間，卻一分錢也沒存下，反而因為瘋狂購物而債台高築。諷刺的是，身為財經記者的她，一方面教人如何理財，另一方面自己卻難以自拔的揮霍無度，只能選擇不斷自圓其說和不聞不問來逃避債務。面對接踵而來的帳單，麗貝卡只能絞盡腦汁賺更多的錢來彌補虧空。」這是《購物狂的異想世界》（Confession of a Shopaholic）的情節。試提出閱讀此書後的心得。（作者：蘇菲·金索拉，編／譯者：劉展，出版社：馥林文化，出版日：2007/02/01）。

8. 美國線上零售顧問公司 ForeSee Results 公司的調查結果顯示，2009 年年底購物季，線上購物的整體客戶滿意度比去年高，以業者而言，亞馬遜的客戶滿意度最高（http://udn.com/NEWS/WORLD/WOR2/5339924.shtml）。試說

明：(1)亞馬遜可獲得此成果的原因；(2)如何衡量客戶滿意度？

9. 在博客來網路書店購書的步驟有哪些（例如第一步：放入購物車）？你覺得這些步驟是否合理？是否有效率？試提出你的看法。如果購買電子書，這些步驟會有所不同嗎？為什麼？

10. 團購美食愈來愈夯，網購美食網站去年的業績都呈倍數成長，許多社會新鮮人憑著一招半式創業一夕翻紅，也有人是走山寨路線，抄襲人氣美食略加改變而走紅。以團購為主的網站愛合購，2009 年突破 6 億元，單單 2010 年元月的業績就有近億元（羅建怡，聯合報，2010/03/08，http://udn.com/NEWS/NATIONAL/NATS6/5460541.shtml）。試說明消費者團購美食行為，以及愛合購網站的經營成功之道。

11. 將本章 11-8 網路消費者最關心的三個問題、11-9 如何說服網路顧客所討論的內容做為交換結果，試加入個人變數（如特性、資源），以及情境或系絡變數（如技術、社會／文化、法律等），建立線上交換過程（online exchange process）模式。

Part 4

網路行銷組合策略

第 *12* 章　網路產品策略
第 *13* 章　網路定價策略
第 *14* 章　網路配銷策略
第 *15* 章　網路促銷與廣告策略

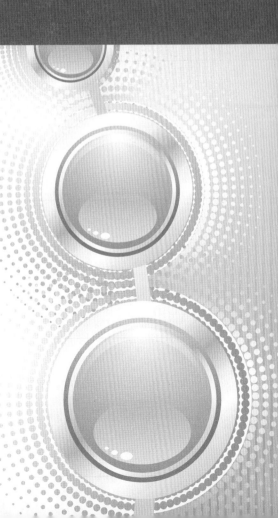

網路產品策略

12-1　網路行銷產品項目

12-2　需求技術生命週期

12-3　產品生命週期

12-4　產品採用過程

12-5　新產品發展

12-6　長尾理論

12-7　商標

12-8　品牌

12-9　線上品牌建立與形象塑造

12-10　建立品牌忠誠

近年來，網際網路的興起，刻劃著資訊時代的另一個里程碑，勢將改變各行各業的生態，醫藥界亦不例外。在網路上另一波的藥品行銷革命正在悄悄進行著。以往對於藥品的管制措施，在網路洪流中，正受到不同程度的挑戰。在新世代中，由於網網相連，並無國界之分，中文藥品的資訊，可傳送儲存在他國註冊的電腦主機上，隨時等待有心人下載瀏覽，不僅超越時空，也非現行的藥事法令所能規範。

利用網際網路的通訊及發展能力來發展新產品的技術，是獲得競爭優勢的不二法門。網路行銷者的主要目標之一，就是掌握網際網路的快速發展，及時的推出新產品。網路行銷者也必須了解，在產品短暫的生命週期及快速改變的情況下，更應確切的掌握消費者的偏好及慾望，才能夠利於不敗之地。

12-1 網路行銷產品項目

網路上可賣些什麼？據《如何在資訊高速公路上致富》一書作者勞倫斯・坎特（Lawrence Kanter）認為：「什麼都成！從老祖母的食譜到買賣保險，天底下的行業，網路上一個不缺。」不過根據他的調查，目前最容易銷售的項目有：

1. 專業服務

替人解決疑難雜症、提供建議的專欄。例如：許多銀行透過網路進行金融諮詢；醫院的預約掛號及提供醫療諮詢、保健資訊；大眾運輸公司提供班次、訂位狀況等資訊，以及訂位服務；教人節稅或教導學生可得高分的捷徑等。

2. 花束及浪漫

送花服務為何在網路上很熱門？坎特說：「因為網路上大多為年輕單身男子，他們為了吸引網路上的女孩，自是卯足了勁討好。花束、糖、性感睡衣便成了極度暢銷的商品。」

3. 大學用品

一些諸如 T 恤、海報等令大學生（也是網路的主要使用者）感到興趣的用品，很容易在網路上推銷。坎特說：「他們讀書讀到半夜兩點，還有什麼更好的

地方可以去購物？」

根據 Ward Hanson（2000）的看法，網路上銷售的產品可分為四種類別：[1]

1. 數位化資訊產品（digital information goods）

也就是以電子化來傳遞的資訊產品，如機票、研究報告。

2. 數位化娛樂產品（digital entertainment goods）

也就是數位化影音產品，如下載的電影、音樂。

3. 耐久品（hard goods）

也就是在線上訂購及支付費用的有形產品，如書籍、CD、電腦、衣服。[2]

4. 非耐久品（perishables）

也就是很快就不堪使用、易腐品，如食品雜貨。

根據 Choi 等人（1997）的研究，除了軟體及音樂可以數位化之外，還有許多產品及服務可以數位化，詳如表 12-1 所示。數位化產品的成本曲線與一般產品不同。對數位化產品而言，大部分的成本是固定的，而變動成本只占一小部分，因此，當銷售量增加時，利潤就會增加得非常快速。

@ 產品特色

網路商店的產品琳瑯滿目，令人目不暇給。網路商店的產品必須具有以下特色：

1. 特殊性

如果網路商店的產品與便利商店、量販店的商品比較起來，不具有特殊性的話，消費者必定會選擇在一般通路購買，或向其他的網路商店購買。

---

[1] Ward Hanson, *Internet Marketing* (South-Western College Publishing, 2000), p.317.

[2] 網路商品除了書籍、CD 等產品之外，還包括在人們不好意思進入的商店，或者進入商店後令人不好意思向店員開口的情趣商品。夢想家所推出的「Six Dollar 一元情趣競標網」（http://www.6dollar.com.tw），可能就是基於這個想法所推出的網站。

▶ 表 12-1　數位產品之例

1. 數位化資訊及娛樂產品
・印刷文件：書籍、報紙、雜誌、期刊、商店折價券、研究文件、訓練教材
・產品資訊：產品規格說明書、目錄、使用手冊、銷售訓練教材
・圖像：照片、明信片、日曆、地圖、海報、X 光片
・聲音：錄音帶、演說、上課
・影像：電影、電視節目、影片剪輯
・軟體：程式、遊戲、發展工具
2. 符號、象徵、觀念
・預訂：航空公司、旅館、音樂會、運動、賽車、運輸
・財物工具：支票、電子貨幣、信用卡、保險、信用狀
3. 程序及服務
・政府服務：表格、福利、福利金、執照
・電子訊息傳遞：信件、傳真、電話通話紀錄、存貨紀錄、契約訂立
・商業的價值創造過程：訂單處理、簿記、存貨紀錄、契約訂立
・拍賣、招標、以物易物
・遠距教學、遠距醫療服務、其他互動式服務
・網路咖啡、互動式娛樂、虛擬社區

來源：S. Y. Choi, D. O. Stahl, and W. B. Winston, *The Economics of Electronic Commerce* (Indianapolis, Macmillan Technical Pub., 1997).

2. 價值感

　　欲獲得競爭優勢的企業，其行銷活動必須創造目標市場的顧客認知價值（perceived value of customers），並在這方面超越競爭對手。我們在第 1 章曾說明過的價值方程式：

$$價值（Value）＝\frac{效益（Benefit）}{價格（Price）}$$

　　一般而言，顧客的認知價值可以從兩方面來增加：增加效益（benefit）、減低價格（price）。效益的增加是有效的實施行銷組合策略（marketing mix strategy）的結果。價格的降低也會增加顧客的認知價值。

網際網路上的搜尋引擎（search engine，如 Google search）由於可讓使用者以極低的代價，獲得極高的效益，因此是一個價值極高的產品。

@ 產品層級

在規劃要向目標市場提供什麼產品時，行銷者要考慮到五個產品層級（product levels）。產品層級又稱為產品價值層級（product value hierarchy），分別為：核心產品、基本產品、期望產品、延伸產品及潛在產品，如圖 12-1 所示。[3]

核心產品

傳統上，產品（product）被界定為消費者向銷售者所買到的東西。這些東西包括了財貨（goods）及服務（service）。產品是在任何交易行為中所獲得的東西，譬如你花錢買一條土司、花錢坐計程車或是買一部電腦等。很明顯的，產品是交易過程中最基本的元素。

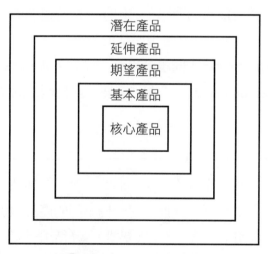

▶ 圖 12-1　產品層級

來源：Philip Kotler, *Marketing Management: Analysis, Planning, Implementation, And Control*, 9th (Englewood Cliffs, N.J.: Prentice-Hall, Inc., 1994), p.431.

---

[3]　Theodore Levitt, "Marketing Success Through Differentiation of Anything," *Harvard Business Review*, January-February 1980, pp.83-91.

有些行銷者將不同的品牌（brand）視為不同的產品，因此，阿納辛（Anacin）與百服寧（Bufferin）被視為不同的產品。美國運通銀行繼金卡（gold card）及綠卡（green card）之後所推出的白金卡（platinum card），就被視為是一種新產品。產品會帶來某種程度的潛在滿足感，而這個滿足感會持久嗎？試想，你買了一部電腦，用了幾個月之後，會感到滿足嗎？

產品也可以透過無形的、主觀的因素來提供滿足感。譬如高貴、地位象徵、與眾不同等無形因素。我們也可以將產品視為消費者所尋求的利益，因此，行銷者所設計的產品功能必須要符合市場的需求。

通常消費者購買某種產品的目的在於滿足其核心需求或慾望（core need or want，對於滿足感的獲得，最有影響力的因素），這些核心需求是主宰其交換決策的重要標準。例如：購買網球拍時，個別的購買者可能會強調網的張力、金屬框及握把，他不會去購買不合乎這些標準的網球拍。與標準有關的課題可參考附錄 12-1。

與核心需求這個觀念息息相關的是產品在解決問題方面的能力。L'oreal 護髮乳液解決了頭髮垂落、散亂的問題，並使頭髮保持自然的柔軟及色澤。柯達的 ASA 1000 膠卷，可以使攝影者在極度暗淡的光線之下，不用閃光燈即可拍攝出品質不錯的照片。對產品能解決問題這方面了解最深刻、實踐最徹底的人，首推化妝業者 Charles Revson，他說：「在工廠裡，我們製造的是化妝品；但在商店裡，我們銷售的是希望。」

基本產品

另外一個觀點是將產品單純看成是有形的及無形的屬性之組合，而這些屬性可以集結成可加以確認的形式。準此，每一個不同的產品類別可以被眾所周知的敘述性名稱所界定，例如：電腦、真空吸塵器、襯衫及肥皂等。這些產品就是基本產品（generic product），換言之，電腦就是電腦，不管它是宏碁、大眾或是 IBM。

期望產品

然而，消費者所購買的是所期望的產品（expected product）。在基本的、未得滿足的需求之上，他們還會要求具有一些特定的屬性，例如：消費者會期待某種產品應有某些特性及價格水準等。

延伸產品

行銷者可以向前推進一步——所提供的產品不限於消費者所期望的產品特性及功能,也就是提供延伸性的產品(augmented product)。譬如說,泛美航空公司向其頭等艙顧客提供直昇機搭乘到機場的免費服務、美容院提供電腦化的美容分析等均是。

在今日的競爭環境下,行銷者顯然要以延伸產品的觀念及實務來競爭。[4]產品延伸的觀念會使得行銷者以購買者的整體消費系統(total consumption system)來思考問題。當購買者在使用某種產品時,他們是在完成一項特殊的任務。有了這個觀點,行銷者會以競爭的觀點來確認許多能夠延伸其產品及服務的機會。[5]

新競爭(new competition)的本質不在於各企業在工廠中所生產的產品,而是所生產出來的產品在包裝、服務、廣告、顧客服務、融資、送貨安排、倉儲,以及顧客認為有價值的其他東西。[6]

在考慮使用產品的延伸策略(product line extension strategy)時,要注意:

(1) 每一個延伸都會花費金錢,行銷者必須考慮到消費者所支付的代價是否會超過行銷者所需負擔的額外行銷成本。

(2) 延伸的利益不久便會變成期待的利益。

(3) 當有些競爭者競相提供延伸性利益而提高其售價時,另外的競爭者反而會反其道而行——提供價格較低廉的期望產品。企業所面臨的是兩個層級的產品競爭。

潛在產品

產品的第五個層級是潛在產品(potential product)。潛在產品是指產品在未來所能提供的潛在利益,其所強調的是未來性。

---

[4] 在未開發國家中,競爭顯然還是停留在「期望產品」這個層次。換句話說,行銷者只要提供顧客所期望的產品及服務就可以了。

[5] H. W. Boyd and S. L. Levy, "New Dimensions in Consumer Analysis," *Harvard Business Review*, November-December 1963, pp.129-140.

[6] Theodore Levitt, *The Marketing Mode* (New York: McGraw-Hill, 1969), p.2.

@ 傳統與網路產品的產品層級

我們可用傳統產品（休旅車）與新經濟之下的網路產品（e-diets.com）為例，來比較它們在產品層級（核心產品、基本產品、延伸產品）上的差異，如圖12-2 所示。價值主張（value proposition）會隨著產品層級的不同而逐漸升高；無論傳統產品或新經濟產品，隨著產品層級的提升，其產品差異化的程度會愈高。例如：有許多網站提供了「飲食資訊」這個核心產品（利益），所以差異化程度不高；但到了延伸產品層級，各網站所提供的特色（差異化因素）就會有比較多的差異，因此差異化就產生了。

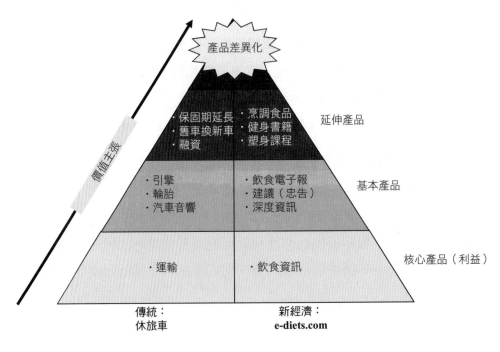

圖 12-2　傳統與網路產品的產品層級

12-2 需求技術生命週期

產品生命週期（Product Life Cycle, PLC）是很重要的行銷觀念，因為它可以使企業洞悉產品在各階段的動態競爭環境，並據以擬定有效的行銷策略。但

值得注意的是，這個觀念必須謹慎的運用，否則會「畫虎不成反類犬」。在說明 PLC 的策略之前，我們應先了解需求／技術生命週期（demand/technology life cycle）。

行銷思考不應始於產品或產品類別，而應始於需求（need）。產品的存在是滿足需求的一種解決方案。例如：人類對於「計算能力」有所需要，數世紀以來隨著貿易的擴展，此需要也呈現成長的趨勢。

這些改變的需求層級可用需求生命週期曲線（demand life-cycle curve）來表示，如圖 12-3 所示。此曲線的各階段分別為：出現（emergence）、遞增成長（accelerating growth）、遞減成長（decelerating growth）、成熟（mature），以及衰退（decline）。在對「計算能力」的需求方面，衰退階段還未出現，因為人類對於「計算能力」的需求是永無止境的。

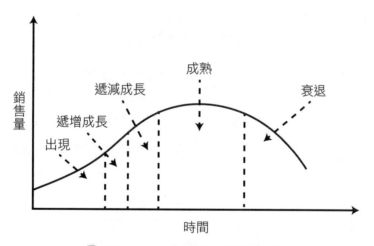

▶ 圖 12-3 需求生命週期階段

需求會被技術所滿足。對於「計算能力」的需要，最初是被屈指計算（用手指頭來數）所滿足，然後是算盤、尺規、加減機、計算器及電腦。每一個滿足需求的技術是愈來愈進步的。在每一個需求曲線之下，均會呈現若干個技術曲線，如圖 12-4 所示。

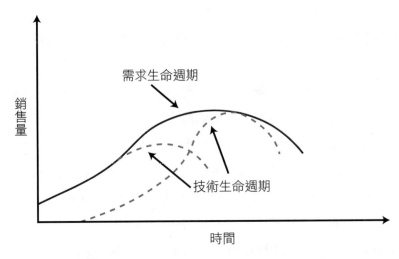

▶ 圖 12-4　需求／技術生命週期曲線

對某一個特定的技術而言，會有若干個產品形式（product form），依序地每次滿足某一個特定的技術。例如：以計算器這個技術為例，最初的產品形式是「大螢幕、只能做加減乘除運算的數字鍵盤、裝在大型的塑膠箱子中」的產品形式，後來陸續推出了愈來愈輕薄短小、多功能的產品形式。圖 12-5 中呈現了兩種產品形式的生命週期，或稱為產品生命週期，分別為 P1、P2。每一種產品形式均有一組品牌，而每一種品牌均有其品牌生命週期（brand life cycle）。

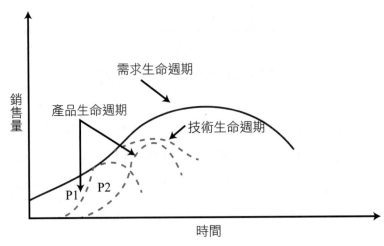

▶ 圖 12-5　產品生命週期

企業必須決定要投資什麼需求／技術（亦即刺激什麼需求、投入什麼技術），以及什麼時候要轉換到新的需求／技術。策略大師安索夫（Ansoff, 1984）將需求／技術稱為「策略事業領域」（strategic business area），也就是「企業可以進行營運的獨特市場區隔及環境」。[7]

12-3　產品生命週期

@ 階段

產品生命週期（Product Life Cycle, PLC）即是產品自導入市場至消失於此市場所歷經的過程，也就是銷售量與利潤變化的過程，如圖 12-6 所示。由於消費者對特定產品的消費會影響到產品生命週期的變化，同時產品生命週期不同，企業所面臨的競爭特性也不同，故企業應隨著不同的階段而做適當的策略調整。產品生命週期可分為導入期（introduction）、快速成長期（rapid growth）、慢速成長期（slow growth）、成熟期（mature），以及衰退期（decline）。

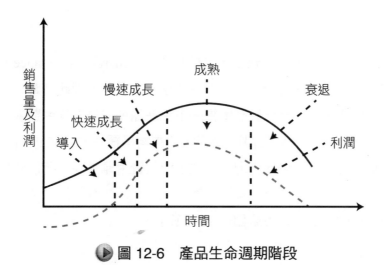

🔘 圖 12-6　產品生命週期階段

7　H. I. Ansoff, *Implementing Strategic Management* (Englewood, Cliffs, N.J.: Prentice-Hall, 1984), pp.37-44.

茲將上述各階段簡述如下：

導入期

當產品導入市場時，銷售呈緩慢成長的時期。由於產品導入的高額費用，所以在此階段利潤是不存在的。

成長期

市場接受度及利潤大幅增加的時期。隨著增加率的遞增或遞減，可分為快速成長期及慢速成長期。

成熟期

由於產品已被大多數的潛在顧客所接受，故銷售呈平坦現象的時期。利潤呈穩定或下降現象。

衰退期

銷售下降、利潤下降的時期。

@ 策略

導入期

產品在導入市場時，由於缺乏市場的接受度（market acceptance），故其銷售量的增加非常緩慢。在此階段，幾乎沒有任何競爭者，因此其競爭結構是獨占的型態。此階段的銷售量來自於高所得的市場區隔，或是先鋒消費者（pioneer）或創新者（innovator）。此階段的銷售與利潤均呈緩慢的成長，因為製造成本高、知名度低、且缺乏市場接受力，再加上行銷費用非常高，所以會呈現虧損的現象。

企業可運用的行銷組合策略如表 12-2 所示。

▶ 表 12-2　導入期的行銷組合策略

策略性目標	需要藉著大眾傳播媒體,加強消費者的認知,並產生對此產品的基本需求。生產策略以實驗性質為主,在確信市場能夠接受此產品之前,不要貿然進行大量生產。
產　品	產品式樣應保持單純,以免混淆消費者。品質管制尤其重要,任何瑕疵均應立即矯正。企業應不斷的深入了解消費者的需求,並依其需求進行產品的修正。
定　價	以低價獲得高的銷售量,並避免競爭者的垂涎,或以高價來回收開發成本。
配　銷	建立配銷通路,獲得中間商的忠誠。透過對最終使用者的廣告來促使他們向零售商洽購(此謂之吸引策略,pull strategy)。
促　銷	透過人員推銷,促使經銷商合作。透過大量的廣告及公眾報導來增加潛在消費者的認知、興趣及試用。免費樣品的贈與。

快速成長期

在此時期,由於消費者對產品的需求增加,使得銷售量以遞增率增加 (increase at increasing rate)。競爭者在察覺此種需求情況及新產品的潛在利潤後,便紛紛以仿製品進入此市場。此時的競爭特性為獨占性競爭 (monopolistic competition)。

企業可運用的行銷組合策略如表 12-3 所示。

▶ 表 12-3　快速成長期的行銷組合策略

策略性目標	建立品牌的忠誠度。建立市場占有率及配銷通路。進行策略性定位。
產　品	保持相當的獨特性,使競爭者難以模仿。針對不同的市場區隔推出不同形式的產品。不斷的進行產品的修正。
定　價	針對不同的市場區隔,訂定不同的價格。
配　銷	維持及強化配銷通路,並擴展到不同的銷售出口。
促　銷	建立消費者對產品的忠誠。某些促銷活動必須針對配銷商。創造選擇性的需求 (selective demand)。

慢速成長期

此時期產品的銷售量持續上升，但是增加率則呈現遞減狀況（increase at decreasing rate）。此時，幾乎想擁有此產品的人都已擁有此產品。當價格持續下降時，有些製造商或中間商會無利可圖，因此會紛紛退出市場。以個人電腦業為例，在經過快速成長期後，銷售量開始滑落，在 1983 年時銷售量增加 107%，但在 1984 年時只增加 11%。在 1985 年時，廠商數從 200 家減少到 50 家，電腦雜誌數量從 150 種減少到 40 種，主要軟體製造業者從 200 家減少到 50 家。[8]

企業可運用的行銷組合策略如表 12-4 所示。

▶ 表 12-4　慢速成長期的行銷組合策略

策略性目標	維持及加強品牌的忠誠度，建立鞏固的市場占有率及配銷通路的利基。
產　品	改變產品的形式，藉著產品形式的改良鞏固產品地位。
定　價	價格變成主要的促銷工具，因為消費者對於廣告及其他促銷活動已較缺乏敏感度（相對於導入期而言）。
配　銷	維持及強化中間商的忠誠度。促銷活動應針對零售商，以使產品能陳列在有利的貨架上。
促　銷	促銷活動主要是針對配銷商，針對消費者所做的廣告已漸失去影響力。

成熟期

在此階段，消費者已接受了這個產品，而且新的需求並未產生，因此，銷售成長持平而利潤呈遞減的現象。在這一階段，銷售量受經濟起伏的影響頗大，而成本節省是獲得利潤的關鍵。競爭者的數目趨於穩定。競爭型態可能是寡占（oligopoly），亦可能是獨占性競爭，需視留在此產業的競爭者數目而定。此時市場變得高度區隔化，因此，企業應為每個不同的市場區隔設計出不同的促銷計畫。

企業可運用的行銷組合策略如表 12-5 所示。

8　"Down Time for Computers," *Time*, May 20, 1985, p.20.

▶ 表 12-5　成熟期的行銷組合策略

策略性目標	發展防禦性策略（defensive strategy），以維持市場占有率，避免被替代性產品侵蝕。減少生產成本，剔除產品瑕疵，調整行銷組合策略（例如：包裝的改良或促銷主題的改善）。 發展攻擊性策略（offensive strategy），以發現新的市場及未開發的市場區隔。介紹產品的新用途。
產　品	在產品形式及功能上力求突破（例如：耐吉慢跑鞋增加了登山鞋、有氧舞蹈鞋）。
定　價	競爭性定價並維持銷售量。
配　銷	維持中間商的忠誠度。通路成員必須有新型產品及維修零件的供應。
促　銷	利用人員推銷及促銷的方式。針對經銷商，而不是消費者。例如：可口可樂在面對青少年市場的需要減縮時，便將用於全國廣告的資金，轉移到定點的銷售展示，以增加 500 家經銷商對此產品的忠誠度。

衰退期

　　在此時期，銷售量加速下降，產品利潤下降。由於銷售量的減少，有些廠商會提早退出市場。是否堅持到最後關頭，乃衰退期每一個廠商所面臨的主要問題。

　　企業可運用的行銷組合策略如表 12-6 所示。

▶ 表 12-6　衰退期的行銷組合策略

策略性目標	在產品退出市場前，能撈多少就撈多少。
產　品	對產品的形式、式樣或其他特徵較少做改變。
定　價	價格趨向穩定，可以高價銷售產品（基於「能撈多少就撈多少」的考慮），或以低價銷售」（基於出清存貨的考慮）。
配　銷	維持既有的銷售網。
促　銷	促銷費用維持在最小的數額。

@ 產品生命週期的重要向度

產品生命週期的有關重要向度包括：(1)長度（length）；(2)形狀（shape）；以及(3)產品層級（product levels）。

產品生命週期的長度

不同的產品，在生命週期各階段中所歷經的時間長短不一。一般而言，消費品的生命週期較短，工業品的生命週期較長。例如：許多消費品從導入期到成熟期，不過耗費 18 個月的時間。大眾媒體的推波助瀾、科技創新等因素，都是造成產品生命週期短的原因。

產品生命週期的形狀

圖 12-6 所顯示的產品生命週期曲線，可說是一般的或通用的生命週期（generalized life cycle）。未必所有產品的生命週期都會呈現這個基本的形狀。事實上，我們可以歸納出四種不同的形狀，具有每一種形狀的產品都需要有特定的行銷策略與之配合。這四種產品是：(1)高度學習產品（high learning product）；(2)低度學習產品（low learning product）；(3)時髦產品（fashion product）；以及(4)時尚產品（fad product），如圖 12-7 所示。

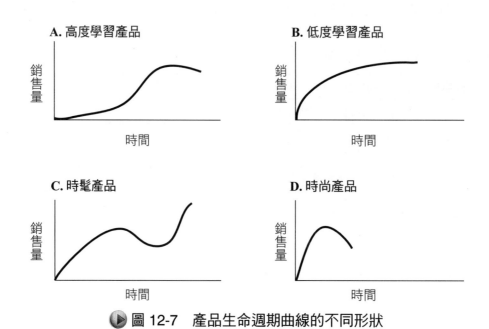

圖 12-7　產品生命週期曲線的不同形狀

高度學習產品就是消費者必須要獲得許多教育（告知、教導）的產品，因此其導入期較長。像家用電腦、對流式烤箱這類產品，其導入期較長，因為消費者必須花時間了解這類產品的優點、功能、操作等。

相較之下，低度學習產品很快的就進入了導入期，因為消費者對此類產品的優點、性能、操作方式已了然於胸，不必歷經了解、教導的過程。值得注意的是，這類產品很容易被競爭者所模仿，因此，公司必須要能夠很快的拓展其配銷通路，做大規模鋪貨。同時，公司必須要有足夠的製造產能（manufacturing capacity）來滿足市場的需求。在低度學習產品上極為成功的例子是 Frito-Lay 公司的 SunChips（Sun 洋芋片），該產品在推出一年後就獲得 1 億美元的營收。

時髦產品或稱風尚產品，如男用寬領西裝、女用五分褲等，在導入期後不久就到達衰退期，然而在數年後又受到喜愛（又再度進入導入期）。

時尚產品，如忍者龜，為一時流行的狂熱產品，也是在導入之後很快就到達衰退期，但是可能從此以後就銷聲匿跡了。

我們可以用下列的英文句子來了解時髦產品（風尚產品）與時尚產品的差別：Many women stain their fingernails bright red. Will this fashion last or is it only a fad?（許多婦女將指甲染成鮮紅色。這種風尚會持久呢，或只是一時的狂熱？）

產品類別、形式、品牌

圖 12-6 所顯示的產品生命週期曲線，是描繪整個產業或產品類別（product class）如香菸產業的形狀。產品形式（product form）是指產品類別內的變化，例如：濾嘴香菸、無濾嘴香菸。品牌則包括了 Marlboro、Kent、L&M、Davidoff等。行銷者有必要區分產品類別、產品形式，以及品牌，以分別擬定有效的行銷策略。

12-4 產品採用過程

人們對新產品（尤其是從未見過的產品）的接受，並不是一蹴可幾的。事實上，他們會花上一段相當長的時間。對於新產品的接受，人們總是小心翼翼，甚至有些是懷疑的。採用新產品的顧客會歷經產品採用過程（product adoption process），其步驟如下：

(1) 認知（**awareness**）：消費者知道此產品。

(2) 興趣（**interest**）：消費者會蒐集資料，而且更接納此產品的資訊。

(3) 評估（**evaluation**）：消費者會考慮此產品的利益，並決定是否要試用。

(4) 試用（**trial**）：消費者會檢視、測試或試用此產品，以決定是否滿足其需求。

(5) 採用（**adoption**）：消費者會購買此產品，下次有此需求時，可能會再度購買。

　　在認知階段，個人知道某產品的存在，但是他們幾乎沒有任何資訊，也不在乎要獲得資訊。當消費者進入興趣階段時，他們會去蒐集有關產品功能、使用、優點、缺點、價格及購買地點的資訊。在評估階段，個人會考慮此產品是否具有滿足其需求的條件。在試用階段，他們會從自己少量購買的產品、免費樣品或向人他人借來的產品中，獲得第一次使用此產品的經驗。在超市內，有許多商店會鼓勵人們試吃，企圖讓消費者獲得第一次使用的美好經驗。當人們選擇了他們所需的特定產品時，他們就進入了採用階段。然而，個人雖然進入了產品採用過程，但不見得一定會到達採用階段；在任何階段都有棄卻的可能（包括採用階段）。產品的採用或棄卻可能是暫時性的，也可能是永久性的。

　　產品採用過程對於新產品的推出有些重要的涵義：(1)企業必須大量促銷其產品，讓人們對產品的存在與利益產生廣泛的認知；(2)行銷者必須強調品管、提供充分的保證，以影響消費者在評估階段的看法；(3)企業可提供免費樣品、試用，以幫助人們做最初的購買決策；(4)生產及實體配銷必須配合採用及重複購買（不要有貨源不足，或消費者找不到地方購買的情形發生）。

　　當組織推出新產品時，人們開始進入產品採用過程的時點並不相同（有些人早，有些人晚）；而在進入產品採用過程之後，在各階段間的移動速度也不相同（有些人快，有些人慢）。依據採用新產品的時間早晚，我們可將人們分成五種主要的類別：創新者（innovators）、早期採用者（early adopters）、早期大眾（early majority）、晚期大眾（late majority）及落遲者（laggard），如圖 12-8所示。[9]

9　E. Rogers, *Diffusion of Innovations* (New York: Free Press, 1983).

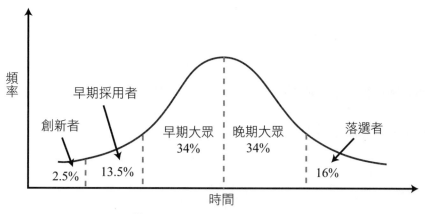

頻率

早期採用者

創新者

早期大眾
34%

晚期大眾
34%

落選者

2.5%

13.5%

16%

時間

▶ 圖 12-8　採用過程曲線

　　創新者的特性是喜愛冒險、年輕、受過高等教育、活動力強、且較世故。他們也傾向於與自己所屬團體以外的人保持廣泛的社交關係。在了解並運用科技資訊的方面也較一般人容易。他們經常使用非個人關係的資訊來源，特別是科技與科學期刊，以及專業雜誌與報紙。

　　早期採用者（early adopters），亦稱為意見領袖，這種人經常會很容易的影響周遭的人。如同創新者一般，早期接受者傾向於年輕與好動，但他們的社交網絡比較小。推銷員若能接觸到這些人是非常有用的，因其具有影響別人的能力，所以就行銷策略而言，這是一個非常重要的團體。

　　早期大眾在接受新產品上就比較不具冒險性。一般情況下，這類消費者在採取購買行為之前，產品已達到生命週期中的快速成長階段，他們需要來自於推銷員、大眾傳播媒體和一些早期採用者的資訊。

　　晚期大眾對於新的觀念易產生懷疑。這些人的年紀較大，且較堅持自己熟悉的處事方式。這個團體通常需要強大的社會壓力才會購買新產品。此類消費者較少與推銷員接觸，其購買行為多受廣告所影響，也會受早期多數者的影響。

　　最後一類的消費者是由落遲者與不接受者（non-adopters）所組成，他們極度堅持過去的習慣而懷疑新概念，其社會地位通常較低，教育程度也較低，較依賴其他的落遲者以得到資訊。同時，促銷活動也很難接觸到他們。事實上，促銷活動大可不必理會這個團體，因為當這些人在決定購買某種產品時，行銷人員可能已經準備推出新的產品了。

 12-5 新產品發展

@ 傳統的新產品發展程序

傳統的新產品發展程序是這樣的：

(1) 構想的產生。

(2) 構想的過濾。

(3) 觀念的發展及測試。

(4) 商業分析。

(5) 產品開發。

(6) 試銷。

(7) 商業化。[10]

以上程序的重點在於發掘顧客未被滿足的需求，在投入大量的人力、物力之前，使得任何可能的設計錯誤減到最低。

新構想能夠實現（商業化）的比率是相當低的。研究顯示，此比率不到1%。研發努力一旦付諸東流，對企業的打擊可以想見。[11]

新產品推出的失敗率是相當驚人的。《商業周刊》曾刊出通用食品（General Foods）在過去 15 年來推出新產品的情形：83%的新產品無法通過構想測試這個階段。在通過這個階段的產品中，有 60%無法通過市場測試（試銷）。在通過市場測試的產品中，有 59%無法進入導入階段。在通過導入階段的產品中，有 25%被認為是無法獲得利潤的產品。同時，新產品的導入是非常昂貴的。在美國，一個典型的製造商在發展及評估階段可能必須耗費 15 萬美元，而市場測試必須花費 100 萬美元，做全國性的導入可能要花費 5 到 10 百萬美元。新的工業產品雖可節省市場測試的費用，但是在發展及評估階段的費用也是在 15 萬美元之譜。

---

10 如欲進一步了解，可參考：榮泰生編著，現代行銷學（台北：五南圖書出版公司，2000）。

11 Greg Stevens and James Burley, "3000 Raw Ideas = 1 Commerce Success," *Research Methodology Management 40*, no.3, May/June 1997, pp.16-27.

@ 新式的新產品發展特性

傳統的新產品發展既不夠快速，又不具彈性，因此無法應付變化快速的線上行銷環境。網路行銷者必須以新的方法來發掘使用者的需求，並快速的推出新產品。這些新方法的特性是彈性（flexibility）、模組化（modularity），以及快速的回饋（rapid feedback）。

1. 在彈性方面

彈性會使得公司有效的因應市場狀況的改變。

2. 在模組化方面

模組化可使公司團隊以獨立的、非循序（non-sequential）的方式來進行新產品發展專案。電腦業者可說是模組化設計的創始者及實踐者。1960 年代，IBM 推出的 360 系統，就是利用模組化設計的典範。模組化就是將新產品細分成幾個子系統，然後針對每個子系統進行設計及測試，工作小組可以平行的（parallel）進行工作，而不必等到前一個工作小組完成其工作才能進行（也就是說，不必是循序式的）。平行式的工作方式雖然在整體上會花費更多的努力，但卻可以掌握新產品推出的時效。

3.在快速的回饋方面

在新產品發展的過程中，網路行銷者必須珍視從顧客那兒所習得的經驗及教訓，並迅速做調整與改變。從早期使用者那裡獲得的高品質資訊，可使公司做適當的產品調整。與速度有關的課題可參考附錄 12-2。

@ 新產品開發策略

許多新產品，如 YouTube、Yahoo!、Twitter 都曾經是「從無到有」的嶄新產品，但有些產品卻是根據既有產品做部分的改良。網路行銷者可根據行銷目標、風險容忍度、資源的可獲得性，來決定應採取下列何種新產品開發策略：

- 不連續（斷續）創新，也就是與過去截然不同、對過去技術做釜底抽薪式改變的新產品，例如：以物件導向的視窗應用程式代替在 DOS 環境下運作的程式。

- 產品線延伸，以既有的品牌名稱跨越到另一個產品線。
- 在既有的產品線增加新產品。
- 對既有的產品進行改良或調整。
- 既有產品的重新定位，針對不同的市場或使用者。
- 「我也是」策略，推出蕭規曹隨式的產品。模仿競爭產品的主要特性，以低成本方式推出市場。

12-6 長尾理論

　　長尾理論（Long Tail）是由克里斯·安德森（Chris Anderson）首度提出的概念，簡單的說，他認為，就算是不受市場歡迎的冷門商品，若將其市場規模加總，仍有可能與暢銷商品分庭抗禮，甚至超越暢銷商品的獲利。

　　簡單來說，長尾理論告訴我們，以 amazon（亞馬遜網路書店）為例，其總銷售量的 25% 來自於實體書店所沒有販賣的商品，這些數以百萬計的商品，個別的銷售量雖然很少（遠不及暢銷品），但將個別的銷售量×售價逐一加總之後，令人驚訝的是，「將 N 個冷門商品聚集起來，你將得到一個比暢銷品大很多的市場。」amazon 如是，iTunes、狂想曲（Rhapsody）也如是（40% 營收來自實體零售店所沒有的商品）。因此，如果以銷售量為縱軸、個別商品為橫軸，做降冪排序，我們會發現，往橫軸右方不斷延伸的曲線像是一條長長的尾巴，個別商品的銷售量或許很少，卻不趨近 0，這也是長尾此一名詞的由來。[12]

　　以往企業界奉行「80/20」法則，認為 80% 的業績來自前 20% 的產品；曲線左端的少數暢銷商品備受關注，曲線右端的多數冷門商品則被認為不具銷售潛力。但克里斯的「長尾理論」指出，網際網路的崛起已經打破了這項鐵律，有許多實例可以佐證。

　　例如：Google 的主要利潤不是來自大型企業的廣告，而是小公司的廣告；eBay 的獲利主要也來自長尾的利基商品，如典藏款汽車、高價精美的高爾夫球

---

[12] 鐵伊，正視《長尾理論》的存在，不再被 80/20 法則牽著鼻子走，商業理財，博客來編輯手札（http://post.books.com.tw/bookpost/blog/225.htm#）。

桿等。此外，一家大型書店通常可擺放 10 萬本書；但 amazon 的書籍銷售額有四分之一來自排名 10 萬名以後的書籍。[13]

形成長尾的三股力量為：

1. 生產大眾化

因為數位相機、D8 等各式產生多媒體內容的器材與軟體愈來愈便宜，使得每個人都可以自由自在地製作內容。生產大眾化導致大量的內容產生，使得長尾愈變愈長。

2. 配銷大眾化

只要有「內容」，在網際網路上就有無窮多的大眾化傳銷管道為內容宣傳，讓人們更容易接觸利基商品，使長尾變粗。網際網路降低了接觸更多顧客的成本，也就有效地增加了尾巴部分市場的流動性，進而促進消費，有效提高銷售量，增加曲線底下的面積。

3. 連結供給與需求

搜尋引擎讓你可以找到想要的東西，各式各樣的網站、部落格或社群，讓你知道各種你前所未知但有需要的商品，其結果是讓生意從熱門商品轉到利基商品，換句話說就是讓銷售量從短頭轉向長尾。

台灣版長尾力量的順序是：(1)配銷大眾化：讓人人都能進入長尾市場；(2)連結供給與需求：利用消費者的意見，使口碑擴大；(3)生產大眾化。

12-7 商標

品牌商標（brand mark）是指品牌中可被認明、但不能被朗朗上口的部分，稱之為商標（如某種符號、設計、獨特的顏色或字體）。譬如說，安佳脫脂奶粉罐上的錨（anchor）、花花公子雜誌上的兔女郎（bunny）、米高梅電影公司（Metro-Goldwyn-Mayer, MGM）中的雄獅即是。所有的商標皆是品牌，但所有

---

13 許玉君，閱讀秘書／長尾理論，2009/08/28 聯合報（http://udn.com/）。

的品牌並不一定是商標。「福特」這個字是牌名,但當以特定的設計方式呈現時,它就成了商標。註冊商標(trademark)會受到法律的保護,使業者對此牌名或品牌商標擁有專用權。

@ 網路蟑螂

有關網路蟑螂的消息,請看下列兩個事件:

(1) 刑事警察局偵破首件「網路蟑螂」案,多家知名企業的服務標章如 hinet、7-eleven、Jaguar 等都已被搶先申請為網域名稱,對大企業發展網路商機形成嚴重障礙。利用知名企業的服務標章申請做為網域名稱,可能違反了著作權法、公平交易法及商標法。刑事局指出,經警方調查,在網路上已存在的 hinet.com(中華電信數據通信分公司)、Jaguar.com(積架汽車)、7-eleven.com、hi-life.com(萊爾富便利商店)等知名企業的英文名稱,都已被有心人士向網路資訊服務中心申請為網站。

(2) 流行歌手瑪丹娜於 2000 年 7 月向全球智慧財產權組織(WIPO)提出訴願,希望從網路蟑螂 Dan Parisi 手中取回 Madonna.com 的使用權專利。WIPO 週一做出裁決,宣布瑪丹娜勝訴。根據路透社報導,負責仲裁 Madonna.com 歸屬的 WIPO 指派三人組成了和議庭,和議庭在週一做出裁決,下令 Parisi 必須交出使用權。和議庭指出,Parisi 雖然搶先登記 Madonna.com 的使用權,不過 Parisi 並未擁有 Madonna 這個藝名的商標權,也未能提供充分證據證實他是正派經營。Madonna.com 剛成立時,提供不少色情圖片,後來才決定移除。瑪丹娜辯稱,她自 1979 年便開始使用瑪丹娜這個藝名與商標,而 Madonna.com 與色情掛鉤,不啻是污辱她的名聲。WIPO 去年開始仲裁網域衍生的衝突,迄今共接到一千多件訴願,並已完成 50% 的裁決,其中 80% 判原告勝訴。迄今從網路蟑螂手中順利取回網域使用權的商家包括迪奧(Christian Dior)、德意志銀行、微軟、耐吉等。勝訴的名流則包括好萊塢一線女星 Julia Roberts、英國搖滾樂團 Jethro Tull 等。不過,WIPO 上個月否決了英國流行歌手 Sting 的訴願,因為 Sting 是「常見的英文單字」。

「網路蟑螂」（internet cockroach）意指利用知名企業名稱，申請成為網站後，在網路上以高價販售網域名稱圖利的行為。何以會出現「網路蟑螂」？據刑事局分析，因網址採「先申請先使用」原則，「網路蟑螂」就搶先申請多個網址，待價而沽，再以高價賣出網址大撈一筆。

國際間發生的首宗「網路蟑螂」案例，發生在「麥當勞」企業身上。當時一位報社記者先行登記了以「麥當勞」為名的網址，後來麥當勞企業意識到此一網址對該公司的重要性，開始爭取使用權，最後雙方達成協議，由麥當勞捐出3,600 美元更新一所小學電腦系統設備，才順利取得「麥當勞」網址的使用權。

最近國外不少網址買賣，動不動就是數百萬美元。Business.com 網域名稱以新台幣 2.2 億餘元（750 萬美元）的天價成交，Wall Street.com、Bingo.com、Year2000.com 等知名網域名稱，也都以極高價格成交，引起有心人覬覦知名企業名稱，打算申請做為網域名稱，再伺機出售。

@ 網址是否具有商標特性

搶先將著名商標或公司名稱登記為自己的網域名稱是否違反商標法？資策會科技法律中心表示，刑事警察局依違反商標法移送「網路蟑螂」一事恐難成立，如果引用公平交易法第 20 條或許較為恰當。

依公平交易法第 20 條第 1 項、第 2 項規定，事業就其營業所提供的商品或服務，不得以相關事業或消費者所普遍認知之他人姓名、商號或公司名稱、商標、標章、或其他顯示他人商品、營業或服務之表徵，為相同或類似之使用，致與他人商品、營業或服務之設施或活動產生混淆。由此可見，在「網路蟑螂」事件中，公平交易法的解釋比商標法更廣。除此之外，惡意搶註網域名稱的行為，除了可能違反公平交易法外，也可能違反民法第 19 條的姓名權。

12-8 品牌

@ 解決問題的品牌

所有藉著網際網路而嶄露頭角的成功者，皆屬於所謂的「解決問題的品牌」

（solution brand）。這些品牌能夠找出人們生活中所面臨的惱人之事、難題，藉由網際網路科技的特性和功能，創造出為人們排除障礙、解決問題的產品。例如：雅虎（Yahoo!）提供了完整的網路導航工具，E*Trade 為財經服務帶來革命，亞馬遜網路書店（www.amazon.com）創立了零售業的新典範。從這裡我們可以了解，卓越的網際網路品牌是解決問題的應用技術的集合。

豌豆莢公司（Peapod）、網路雜貨公司（NetGrocer）和速達（Streamline），是三家網際網路食品雜貨商店。三家公司的品牌名稱（brand name）都和他們實際針對的特質有關。豌豆莢公司強調產品，網路雜貨公司強調技術，而速達則針對人們不喜歡的例行瑣事提出解決之道。但事實上，只有速達成為網際網路食品雜貨業的真正贏家，因為它建立品牌所憑藉的是人們對「如何減少瑣事」這個問題提出了完整的、完美的解答，同時它更將服務擴展到衣物送洗、錄影帶租還、處方藥物遞送。速達的成功在於確認到、體會到人們在生活上的麻煩，並利用網路的特性提供有效的解決方案。

@ 品牌層級與網站名稱

網路行銷者必須決定用什麼網域名稱（domain name）或稱網址，以及公司的家族品牌是否與網域名稱相互輝映，以達到相得益彰的效果。

網域名稱是網際網路上很重要的一部分，它們是各類型組織在網際網路上的門面。網域名稱是由美國的網路註冊服務處（Internet Registration Service）所授與的。網域名稱向使用者提供了一個容易記憶的方便名稱，但是它的背後還是由一群數字所組成，例如：可口可樂的網址是 www.cocacola.com，然而其 TCP/IP 位址是 208.134.241.178。

網路建構的實例有 IBM 的 System Network Architecture（SNA），以及迪吉多公司（Digital）的 DECnet。目前應用得很廣，堪稱一個標準的網路建構應是「網際網路傳輸控制協定／網際網路通訊協定」（Internet's Transmission Control Protocol/Internet Protocol, TCP/IP）。另一個標準是通用汽車公司（General Motors）與其他業者共用建立的稱為「製造自動化通訊協定」（Manufacturing Automation Protocol, MAP）的自動化工廠區域網路建構。

層級性

網域名稱是有層級性的，它的讀法是從右到左。到目前為止，最熱門的網域類別（domain category）是商業組織所使用的.com。其他的網域類別還有教育機構使用的.edu，政府機關使用的.org，以及網路業者（如中華電信、資策會等）使用的.net。研究者認為，在可預見的未來，.com 還是會引領風騷。[14]

第二個層級的網域名稱對大多數廠商而言，顯示了可認明的部分。事實上，我們所稱的網域名稱皆是指第二個網域名稱，它也是網域名稱運用策略的焦點所在。許多企業及個人為了這個名稱不惜對簿公堂，甚至藉此圖牟暴利的事例也時有所聞。

第三個層級的網域名稱是「www」。但是也未必非用「www」不可，有些公司為了表示其有事業單位會採用「gsb」（group of strategic business）的名稱，為了表示其所在位置會用像「newyork」這樣的名稱，為了「譁眾取寵」或「標新立異」會用像「mickey」這樣的名稱。

第四個層級的網域名稱表示國別。以上的說明可彙總如表 12-7 所示。

▶ 表 12-7 網域名稱的層級結構

第一層級	第二層級	第三層級	第四層級	全　稱
.com	6dollar	www	tw	www.6dollar.com.tw
.edu	Fujen	www	tw	www.fujen.edu.tw
.gov	whitehouse	www		www.whitehouse.gov

@ 品牌名稱與網站名稱輝映

網域名稱基本上要能使潛在訪客容易記憶、容易回憶。理想上，網域名稱在決定前要進行使用性測試（usability test），以及回憶測試（recall test）。

網路行銷者必須決定網域名稱的適當層級，以及公司產品家族是否能貼切地反應所使用的網域名稱。以下是建立有效網域名稱的方針：

---

[14] Alan Tiller, "French Organize Resistance to U.S. Net Plans," *Techweb*, March 10, 1998.

(1) 獲得類別網域，如 www.jewler.com。如果一個名不見經傳的公司能夠爭取到「類別網域」，必然可占盡優勢。

(2) 避免使用難以解釋的名稱，如 www.dv24.com。避免使用令人困惑的、拐彎抹角的名稱。在聽覺上、視覺上都要使訪客印象深刻。要使得民眾不論是從廣播中聽到，或在流行排行榜上看到，都會留下深刻的印象。

(3) 避免使用冗長的、複雜的名稱，如 www.viaweb.com/museum，或者 www.thispage.com/cgi-bin/xj9z。

(4) 註冊與公司、產品有關的名稱，如 mcdonalds.com、bigmac.com、goldenarches.com。註冊的成本會遠低於訪客人潮（traffic）的成本。即使一時不察，在註冊時將名字拼錯了（如 macdonalds. com），也照樣會造成人潮。再說，也可以避免品牌稀釋（brand dilution）的負效果。

要使得品牌管理發揮功效，首先就要做好品牌系統（brand system）。所謂品牌系統是指公司所擁有的整體品牌。品牌策略的目標之一就是要使得每種品牌都能夠相輔相成。

從網路行銷的觀點來看，品牌系統最重要的特徵就是品牌層級（brand hierarchy）。網路行銷者必須決定與品牌層級對應的網域名稱。我們現在舉通用汽車公司（General Motors）以及雀巢公司（Nestlé）為例來說明，如表 12-8、表 12-9 所示。

▶ 表 12-8　通用汽車公司的品牌層級與網域名稱

品牌系統層級	例　如	公司網站	捷足先登者
1. 公司品牌	General Motors	www.gm.com	www.generalmotors.com
2. 產品項目品牌	Chevrolet	www.chevrolet.com	沒有
3. 產品線品牌	Chevrolet Lumina	沒有	www.lumina.com
4. 次品牌	Chevrolet Lumina Sports Coupe	沒有	沒有
5. 品牌特徵／零組件／服務	Mr. Goodwrench	www.gmgoodwrench.com 以及 www.gmbuypower.com	www.goodwrench.com

▶ 表 12-9 雀巢公司的品牌層級與網域名稱

品牌系統層級	例　如	公司網站	捷足先登者
1. 公司品牌	Nestlé	www.nestle.com	
2. 產品項目品牌	Camation	www.chevrolet.com	
3. 產品線品牌	Camation Instant Breakfast	www.instantbreakfast.com	
4. 次品牌	Camation Instant Breakfast Swiss Chocolate	沒有	www.swisschocolate.com
5. 品牌特徵／零組件／服務	Nutrasweet	沒有	www.nutrasweet.com

　　通用汽車公司目前還在為其網域名稱而奮鬥。該公司在註冊與產品名稱有關的網址名稱上似乎慢了一步。雖然通用汽車公司成功的註冊到 gm 這個名稱，但是 generalmotors.com 卻被別人捷足先登了。雖然通用汽車公司已成功的註冊到幾個主要的次品牌，如 Chevrolet、Pontiac、Cadillac、Oldsmobile、Buick，但是其產品線品牌（如 Lamina）卻被別人搶先一步。

12-9 線上品牌建立及形象塑造

@ 線上品牌建立

　　網路行銷者可依循以下步驟來建立線上品牌：

(1) 明確地界定品牌閱聽人（brand audience）。可根據價值或利益（而不是人口統計變數）來界定市場，如此可界定比較大的市場區隔。

(2) 了解目標顧客的信念、態度、消費行為（所冀望的產品是什麼、使用經驗如何）。

(3) 了解競爭者。可在線上直接觀察競爭者的廣告及活動。

(4) 設計具有吸引力的品牌意圖。品牌意圖（brand intent）是指品牌試圖傳遞的訊息（如溫暖、敏捷、全球化等）。此外，要對關鍵訊息加以客製化。

(5) 確認顧客經驗的要素、顧客關係發展階段（見第 3 章）。

(6) 落實品牌策略。重視顧客所關心的安全性、隱私性，網站的設計必須反應這些議題；建立顧客的信任，因顧客對於線上品牌認知有限，故建立顧客的信任乃為重要任務；進行客製化（或讓顧客建立個人化網頁），使得每位顧客（或每個市場區隔）所產生的品牌形象皆有所不同；進行必要的投資以建立品牌認知，尤其在網路行銷者並不是先驅者的情況下；透過有效的品牌定位，建立顧客忠誠。

(7) 建立回饋機制。建立線上追蹤系統，以了解顧客的購後行為（對產品／服務的使用感覺、評論、或再度購買的意願與行為等）。

@ 品牌關係密度

品牌關係密度（brand relationship intensity）可分為五個層級：(1)認知（awareness），消費者會將此品牌看成是可能購買的品牌之一；(2)認同（identity），消費者會很驕傲地展示此產品；(3)連結（connection），消費者會和公司交涉有關再購事宜；(4)社群（community），消費者會互相討論購買此品牌的經驗與心得；(5)宣揚（advocacy），消費者會向他人推介此品牌。

@ 品牌熟悉度

在品牌認知方面，網路行銷者要以良好的產品及定期的促銷，才能增加消費者對品牌熟悉度（brand familiarity）及品牌接受度（brand acceptance）。品牌熟悉度是指消費者對品牌的認知及偏好的程度。

網路行銷者對於消費者在品牌熟悉度上的了解，有助於行銷策略的規劃。品牌熟悉度可分為五種情況：品牌排斥、品牌缺乏認知、品牌認知、品牌堅持及品牌偏好。

1. 品牌排斥（brand rejection）

指的是潛在顧客不會去購買此產品──除非此產品能改頭換面，重建形象。這種現象在行銷上的涵義是進行產品的改良，或是轉移目標市場，以針對此產品有較佳印象的消費者。值得注意的是，改變形象是相當困難的一件事，而且也所費不貲。

2. 品牌缺乏認知（brand non-recognition）

指的是消費者對此產品一無所知——雖然中間商可能利用此品牌名稱做為辨認或存貨控制之用。

3. 品牌認知（brand recognition）

指的是顧客對於此品牌有所記憶。

4. 品牌堅持（brand insistence）：

指的是消費者寧願多花些時間，也堅持要某種品牌。

5. 品牌偏好（brand preference）

指的是消費者會放棄某一品牌而選擇另外一個品牌（此原因可能是習慣或過去經驗）。

對於網路行銷者的最大考驗，在於如何獲得消費者的品牌堅持及偏好，例如：堅持喝台灣啤酒、堅持購買本國家電。

@ 品牌認同

創造品牌認同（brand identity）是行銷及廣告專家的最大挑戰。消費者最能記得什麼樣的品牌？是那些讓他們記憶深刻、活生生地藏在腦海中的品牌。一個有力的品牌名稱（brand name），就像一個氣質非凡的人一樣，會有對高品質的承諾。你如何使得顧客以欽羨的眼光看待你的公司、產品及網站？你如何增加附加價值？

1999 年 2 月，康柏電腦公司（Compaq Computer）宣布將全球的廣告預算增加到 3 億美元，也就是比以前增加 50%。在 CBS 的葛萊美獎頒獎典禮中，康柏插播了一則廣告，將自己塑造成一個「在網路時代的青春洋溢的公司」，業務也從電腦產品擴展到解決電腦問題。

Net.B@nk 於 2009 年的部分行銷策略，就是要將該公司塑造成第一流的網路銀行，因此在印刷媒體上印著斗大的字：「你為什麼不加入網路銀行？」

微軟公司的 Sidewalk.com 網站上（www.sidewalk.com）的廣播廣告，表明了他們要你記住的有形形象。在該公司 1999 年的廣告中，他們用一個單調的語調回答顧客所提出的任何問題，從電燈泡到抽脂肪，無所不包。其中一個廣告在

結束時還說：「Sidewalk.com 是超強的資訊龍頭。」其他的廣告也有相同的有力形象。

　　品牌名稱不再是產品線策略的唯一策略。個人品牌的建立是一種比較誇張的建立形象的形式，在 1990 年代特別風行。馬莎‧史都華（Matha Stewart）先是在雜誌上露臉，然後擔任電視節目的特別來賓，然後演電視長片，然後主持電視節目，從不錯過任何一個建立個人品牌的機會。麥可‧喬丹（Michael Jordan）憑著他精湛的球技，也在全球建立了「個人品牌認同」。

　　1997 年，《成長快速的公司》這個商業雜誌刊登了一篇有關「一個稱為『你』的品牌」（The Brand Called You）的專題報導。這篇由暢銷商業書籍作家湯姆‧彼得斯（Tom Peters）所撰文的報導，細述了將一個人變成品牌名稱的過程。文章登出後引起了很大的迴響，在網站上要求提供更多資訊的郵件如雪片般湧來。你已發展出屬於自己的品牌了嗎？或者正在進行中？如果你的公司生產某種產品，包裝對銷售而言是很重要的（什麼顏色？多麼耐用？什麼形狀？）。如果你就是你的公司（如果你擁有個人工作室），而且也提供某種服務的話，你的形象就是你的包裝。包裝會使你暢銷。

　　你的網站就是強化你的既有品牌或形象的媒介，它會使你建立一個嶄新的品牌，或是拓展你的形象——如果你的形象太過「本土化」的話。產品領導者知道搭著品牌名稱的光環來推出新產品的價值（這就是品牌延伸策略）。對不在乎花費的大型公司而言，架設網站本身就是一個轟動的大事件。透過其他媒體來造成消費者的期待（例如：在電視廣告中告訴觀眾什麼時候網站要開張），網站一旦開張，必然引起轟動。對小型公司而言，由於經費有限，品牌的建立（網站的架設也是某種形式的品牌建立）必須要以小規模的、具有創意的方式。所要保持的形象需有一致性，這是很重要的。

@ 品牌權益

　　網路行銷者應重視品牌權益（brand equity）的建立。品牌權益指的是品牌拿到資金市場銷售的價格。品牌權益是一種超越製造、商品及所有有形資產以外的價值，因此它可被視為是產品冠上品牌之後所產生的額外效益（例如：顧客忠誠度的增加、顧客人數的增加等）。品牌權益已經成為企業的無形資產，是股權增

值的一種型態。

品牌權益包括了：品牌知名度、品牌忠誠度、認知品質，以及品牌聯想。[15]
網路已經創造了一些強大的新品牌，例如：入口網站（如 Yahoo!、Excite、
Lycos、Infoseek 等）、線上零售商（如 amazon.com、CDnow、Travelocity、
e-Bay 等）、線上社群（如 Physicians Online、Parent soup 等），這些公司已經
具有上述的品牌權益。

@ 網站、印刷型錄及商店的獨特性

你在線上所提供的產品及服務，是否應該與傳統商店、印刷型錄所提供的
一樣？不同的經營方式，在定價上是否要相同？一致性（consistency）與差異性
（differentiation）這兩種方式的使用，都有某種程度的成功個案。你的決策可能
不會一下子就水落石出，你必須要實驗上述兩種方式，並仔細的檢視結果。一般
的原則是，先想一想你的顧客基礎在哪裡？這些顧客是否同時是到商店購物及網
站上購物的人？如果你是一個透過網路行銷全國的小型企業，這些顧客（也就是
到傳統商店購物者以及網路購物者）會是不同的一群人。那麼，印刷型錄呢？以
前以型錄購買的人，有多少會改由透過網路來購買？如果不清楚，去問問別人，
或者透過網站來進行調查。

12-10 建立品牌忠誠

網站的面貌和感覺，必須與你的品牌形象相符一致。如果你的公司形象是
滑頭的、時髦的，你的網站也要一樣。有些專家認為，公司在打算從事線上銷售
時，就必須調整它的形象。不對的！從印刷媒體到傳統商店，再到網路上的品牌
形象是會相互強化的。同時，形象的一致性也會讓顧客知道來對了地方。

網路行銷者要了解促銷在增加品牌忠誠度上所發揮的威力；要確認網際網路
在將顧客帶到傳統商店的獨特威力。網路行銷者要充分了解建立品牌的重要性，
並設計許多促銷工具，促使線上購物者去造訪傳統商店。這種做法再度強化了品
牌的力量，其主要目標是造成顧客的再度造訪，不論是到網站上或到傳統商店。

---

15 David Aaker, *Building Strong Brands* (Free Press, 1996), p.8.

要造成顧客再度造訪的技術包括：折價券（coupons），以及「忠誠／頻率」方案（loyalty/frequency program）。

@ 折價券

如果網站提供折價券，顧客就可以列印出來，拿到傳統商店要求折價，或者在下次購買時折抵金額。例如：博客來網路書店向購買超過一定金額的顧客提供電子折價券（E-coupon），顧客在有效期限內購買超過一定金額的產品時，即可使用此折價券抵扣（圖 12-9）。

@ 「忠誠／頻率」方案

向忠誠的顧客給予特殊禮遇，是成本低、回收高的策略。許多網站採用了「會員獨享」的策略，例如：梅西百貨公司（Macy's）舉辦了「E—俱樂部」，使得註冊加入的會員享有個人化的快速結帳服務。「E—俱樂部」的福利還包括提醒你送禮物的日子快到了，所以你「從不會忘記心愛的人」。自動添補服務系統會建立送貨的日期，使你的生活必需品，如洗面霜等，不會缺貨。

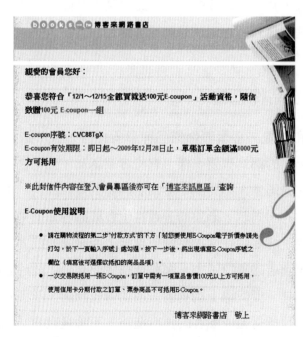

▶ 圖 12-9　博客來的電子折價券

復習題

1. 網路行銷的產品項目有哪些？

2. 網路行銷的產品有什麼特色？

3. 試繪圖說明產品層級。

4. 試比較傳統與網路產品的產品層級。

5. 在說明 PLC 的策略之前，我們應先了解需求／技術生命週期（demand/technology life cycle）。何謂需求／技術生命週期？

6. 試說明產品生命週期各階段，以及各階段所應採取的策略。

7. 產品生命週期的有關重要向度包括：(1)長度（length）；(2)形狀（shape）；以及(3)產品層級（product levels）。試分別加以說明。

8. 人們對新產品（尤其是從未見過的產品）的接受，並不是一蹴可幾的。事實上，他們會花上一段相當長的時間。對於新產品的接受，人們總是小心翼翼，甚至有些是懷疑的。採用新產品的顧客會歷經產品採用過程（product adoption process），試說明其步驟。

9. 傳統的新產品發展過程有哪些？

10. 試說明長尾理論。形成長尾的三股力量是什麼？台灣版長尾力量的順序如何？

11. 何謂商標？

12. 試說明網路蟑螂。

13. 網址是否具有商標特性？試加以說明。

14. 何謂解決問題的品牌？

15. 試說明品牌層級與網站名稱的關係。

16. 何謂品牌熟悉度？

17. 網路行銷者對於消費者在品牌熟悉度上的了解，有助於行銷策略的規劃。品牌熟悉度可分為五種情況：品牌排斥、品牌缺乏認知、品牌認知、品牌堅持及品牌偏好。試加以說明。

18. 何謂品牌資產？

19. 試說明品牌認同。

20. 試說明網站、印刷型錄及商店的獨特性。

21. 如何建立品牌忠誠？

練習題

1. 試選取三個網站，並說明圖 12-1 所提供的架構如何適用於這些網站。所提供的產品屬於哪個類別？核心利益為何？

2. 以 eBay 為例，你對 eBay 在其生命週期中定位成什麼階段？你所使用的標準是什麼？

3. 選擇一個允許個人化並且提供每日更新內容的網站，然後個人化你自己的網頁。你要提供什麼樣的訊息？提供這些訊息對你有何助益？（如果沒有個人網頁，可用某網頁為例說明。）

4. 長尾理論適用範圍僅限於網路業者嗎？為什麼？作者指出：「長尾理論真正的啟示，是要我們別被 80/20 法則牽著鼻子走」，試提出你的看法。「青菜蘿蔔各有所好」和「積沙成塔」這兩個古成語，和長尾理論有何異曲同工之妙？

5. 選出三個網站，並評論這些網站如何使用七個步驟的品牌建立過程。例如在設計網站前，是否明確地界定其顧客群？網站是否根據顧客群的喜好來設計？品牌意圖是否具有吸引力？品牌策略的實施是否具有一致性？

6. 如何衡量一個線上品牌的品牌權益？試設計一個小調查，並訪問你的三個朋友或熟人，如何去評估調查結論？

7. 針對一個眾所周知的網路品牌，描述你認為最恰當的品牌定位。評價此品牌戰略的有效性。它的品牌定位陳述是積極的、強烈的，還是獨特的？該公司的品牌策略有何重要意涵？

8. 旅遊業常利用忠誠方案做為降低購買者議價能力的機制。利用忠誠方案做為降低購買者議價能力機制的其他產業有哪些？這些產業如何利用忠誠方案來降低購買者的議價能力？

對於網路行銷者而言,今天最大的競爭問題,不在於相同產品有不同的價格競爭,而在於不同的科技彼此競逐市場的優勢。例如:有線電視和衛星電視競爭、無線通訊和有線通訊競爭等。新崛起的 Linux 電腦作業系統,開始向視窗系統(Windows)叫陣,對 Windows 形成了巨大的威脅。對大部分的科技來說,標準是十分重要的。

@ 建立標準的重要

對高科技產品而言,標準化(standardization)是相當重要的。電腦內部結構是典型的標準化產物;硬碟機、軟碟機、螢幕、鍵盤及記憶體之間如何相互運作,皆必須依靠標準化動作。電腦如何連接上網際網路、檔案及訊息如何封裝、檔案如何下載,皆必須透過標準化動作。

在高科技市場,「標準」是新產品成功與否的關鍵因素。如果遵循一個失勢的標準,則再好的產品也無用武之地,終將嘗到失敗的苦果;反之,一個平庸無奇的產品,如能搭上流行的、大眾化標準的列車,也會得到豐厚的利潤。由於標準的失勢或得勢,使得產品或服務的得失互見,這種現象在高科技行業已是稀鬆平常的事情。

@ 兩種標準

現今在產業上存在有兩種標準。其一是開放標準(open standard),這是由辯論、共識、投票(由官方的標準局所舉行的投票)所產生的協定(convention)。其二是事實標準(de facto standard),這是全然由市場所決定的標準;市場上大多數廠商所接受的標準,就是事實標準。與開放標準不同的是,事實標準通常由一個超強公司所把持,但喪失維護其標準的龍頭地位也是一夕之間的事。

這兩種標準都有廣大的擁護者。公司要採取哪一種標準是一個很重要的行銷決定,尤其是高科技產品的行銷。採用開放標準會很快受到普遍的接受,但會面

臨激烈的競爭。事實標準的建立不易，而且也可能不會受到銷售者及其他生產者的青睞，但是採用者會得到更高的利潤，而且也比較容易掌握。

在「標準」的競賽中最有名的兩個例子，其一是爪哇（Java）與 Active X 這兩個軟體語言之爭。爪哇是開放標準，是矽谷（Silicon Valley）昇陽公司（Sun Microsystems）的產品；Active X 是微軟公司的產品。其二是 3 Com 及 Rockwell 在 56K 數據機標準方面的競爭。這兩個標準互不相容，迫使許多網路服務公司（Internet Service Provider, ISP）要做「痛苦的」、「明智的」抉擇。

@ 標準策略

網路行銷者必須考慮應採用何種標準策略（standard strategy）。他們要立即採取開放標準，還是事實標準，企圖在市場上奮力一搏？

標準競爭（standard competition）是動態的。換言之，「標準」的市場占有率隨著時間的變化而有所起伏。如果某一標準的根基很穩固，任何新的使用者都會採用它，則此標準便具有「鎖住」（lock-in）的特性。此標準會支配整個市場，而使得其他標準消失於無形。這種「贏者全拿」（winner takes all）的現象固然會使得贏者獲得極為豐厚的利潤，但是它必須面對激烈的市場競爭。在某些市場中並沒有一枝獨秀的「標準」存在，而是形成群雄割據的局面。[16]

圖 12-10 有助於我們了解標準競爭的情形。假設有兩個標準（分別為甲標準、乙標準）在市場上競爭，其市場占有率的總合是 100%。

橫軸表示甲標準在 t 期的市場占有率，縱軸表示甲標準在 t+1 期的預期市場占有率。45 度線表示獲得、失去市場占有率的分界。在 45 度線上表示甲標準下一期的預期市場占有率與本期相同。

---

[16] Ward Hanson, *Bandwagons and Orphans: Dynamic Pricing of Competing Technological Systems Subject to Decreasing Cost*, Ph. D Dissertation, Stanford University Department of Economics, 1985.

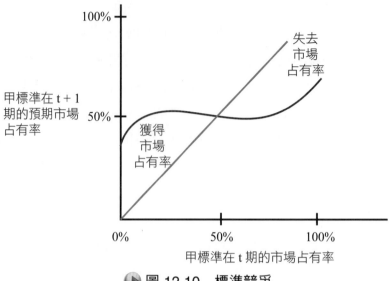

▶ 圖 12-10　標準競爭

@ 標準機構

以下是幾個世界上有名的建立及認證標準的機構（表 12-10）。

@ 資訊加速

研究學者將數位環境（digital environment）下的新產品發展，稱為是資訊加速系統（Information Acceleration System，簡稱 IA 系統）。IA 系統的目標是「將顧客置於虛擬的購買環境中，在此環境下，顧客所獲得的資訊類似於他們在真實

▶ 表 12-10　世界上有名的建立及認證標準的機構

標準機構	網　址
The American National Standards Institute (ANSI)	http://web.ansi.org/
European Union	http://www.ispo.cec.be/
The International Organization for Standards (ISO)	http://www.iso.ch/infoe/intro.html
The International Telecommunication Union (ITU)	http://www.itu.int/zh/Page/default.aspx
The International Engineering Task Force	http://www.ietf.cnri.reston.va.us/
The World Wide Web Consortium	http://www.w3.org/

購買環境中所需要的資訊」。[17]

　　IA 系統利用了數位科技來創造虛擬世界，並掌握此虛擬世界中的新產品購買的重要決策，其最終的希望是將虛擬世界建構成像真實的購買情況一樣。

---

[17] Glen Urban, Bruce Weinberg, and John Hauser, "Premarket Forecasting of Really-New Products," *Journal of Marketing 60*, January 1996, pp.47-60.

 附錄 12-2 速度的有關課題

高科技環境的特色就是：其產品及製造的基本技術無時無刻不在改變。微電腦的優勝劣敗，像 IBM 的體質蛻變、微軟的崛起、英特爾（Intel）成就全球半導體霸業，是一齣齣驚心動魄、高潮迭起的戲碼。這個高科技行業，例如：汽車、大眾傳播業、太空設備業、合成纖維業、半導體業、電腦軟體業等，所有的改變可說是以「十倍速」進行。如同英特爾總裁 Andrew S. Grove 所言：「我們身處在十倍速時代，一切變化都以從前的十倍速前進。」

@ 速度與利潤

在現今的競爭情況下，各公司無不卯足全力追求速度，因為新產品引介的快慢與利潤息息相關。圖 12-11 顯示了消費性電子產品的利潤曲線。[18]能夠搶先 6 個月推出新產品的公司，其終生利潤將三倍於其競爭者。

在高科技行業中，新產品推出所占公司總利潤的比例是相當高的。惠普公司（Hewlett-Packard, www.hp.com）就是典型的例子。根據研究，惠普公司有 77%

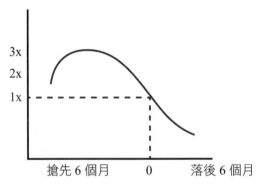

▶ 圖 12-11　進入市場的速度和利潤

---

18 Kim Clark and Steven Wheelwright, *Managing New Product and Process Development* (New York: Free Press, 1993), p.24.

的利潤來自於進入市場不到 2 年的產品。[19]

@ 速度與創新

成功搶先進入市場所獲得的利潤，會使得公司更有研發的本錢，更能提升研發創新能力及掌握市場機會。

長年以來，通用汽車公司（General Motors, www.gm.com）在產業界是研發的佼佼者。但腳步更快的競爭者在「學習」了通用的基本技術後，便能搶先市場，奪得先機。這種情形使得通用的形象大受傷害，更遑論獲得利潤。

研究者發現，績效卓越的公司，尤其是在高科技行業，秉持著「與時間角逐」的觀念來支配其新產品發展活動。它們不會等到新技術推出或消費者偏好改變之後才推出新產品，而是以「天」來做準繩（換句話說，新產品推出的多少天之後，就要推出更新的產品）。許多工程師利用摩爾定律（Moore's Law，每隔18 個月，晶片體積小 30%）做為預測新產品推出的標竿。在如火如荼的瀏覽器（browser）大戰中，網景公司（Netscape, www.netscape.com）的研發人員把產品生命週期訂在 6 個月。

產品的奪得先機也會使公司獲得學習效果。公司從早期使用者的回饋中可以發現需要改進的地方。許多軟體公司搶先推出的第一版本及 β 版本，可說是「臭蟲一堆、瑕掩蓋瑜」，但是從使用者的意見回饋中，旋踵間又推出了「瑕不掩瑜」或者「比較可以令人接受」的新版本。

@ 速度與聯盟

早期的市場進入者會成為許多跟隨者願意結盟的商業夥伴。新產品或新服務的先鋒在與商業夥伴結盟之後，不僅產品或服務可獲得立即的強化與改善，而且也會更容易吸引協力廠（third-party）的投效。更重要的是，可透過商業夥伴建立通路，以向顧客提供更有效、快速的服務。

在統一超商也可以買到化妝品了。為了拉攏女性顧客，統一超商和化妝品

---

[19] Regis McKenna, *Real Time: Preparing for the Age of the Never Satisfied Customers* (Boston: Harvard Business School Press, 1997).

公司合作，販售 200 元以下低單價的小香水、唇膏、睫毛膏與各色指甲油，鎖定愛美的少女族群，讓超商的商品更多元化。根據統一超商統計，男女顧客比例約 7：3，因此女性消費空間開發潛力大，統一超商有提高女性客層比例的計畫，除了將增加甜點區外，更看準了目前年輕女孩愈來愈愛打扮，而與資生堂集團合作，由日本引進「惹我」（neuve）彩妝品牌，希望年輕女孩在超商買化妝品就像買零食、小東西一樣方便。

統一超商與資生堂業者都強調，這是「製販同盟」的最佳例子，也是國內首見的通路革命。所謂「製販同盟」是指製造業與販售業由商品研發開始，到門市的行銷，雙方都要投注心力，商品屬性則針對適合此通路的客層設計。以食品為例，在開發時，要注重此通路顧客的口味、定價與包裝，所推出的商品才會受到顧客的青睞。

@ 速度與標準

搶先推出市場的產品，也會成為業界標準（industry standard）。所謂業界標準是指「公認的完成事情的方法」。無可否認的，建立標準是將短期優勢轉換成長期支配性地位的重要方法。界定及維護產業標準可使公司鞏固其地位，期間可達數十年之久。

網路定價策略

13-1　釋例——Priceline.com 定價策略

13-2　影響定價的因素

13-3　網路定價相關課題

13-4　網路定價方法

13-5　折扣與折讓

13-6　價格敏感度

13-7　網路定價政策

你獲得的總額不重要，重要的是你能買到多少東西，這就是名義工資與實質工資的不同。

——馬克吐溫，*A Connecticut Yankee in King Arthur's Court*

13-1 釋例——Priceline.com 定價策略

在旅遊業，Priceline.com 應該提供低價，或者更多的選擇？

Priceline.com 誕生於達康公司飛黃騰達的 1990 年代，其「自己出價」的網站吸引了無數喜好旅遊的消費者。這些消費者對於飛機的起飛、到達的日期及時間，以及哪家航空公司，都不會太在意。在公開發行股票之後不久，Priceline.com 的市場價值已經有 230 億美元。但是不久之後，公司的股價大跌，因為銷售額只有幾千萬美元，而且獲利又不佳。

Priceline.com 是透過一系列的廣告來打響其品牌知名度。公司聘請星際大戰的主角 William Shatner 當代言人，遊說消費者在機票、租車、家當抵押等產品上「自己出個價」。根據 Priceline.com 創辦人 Jay Walker 的看法，該公司對產品定價的方式，絕對是具有革命性的做法。

Priceline.com 開發出一套專利商業處理程式，這個程式可讓消費者登入 Priceline.com 公司的網站，在表格上填寫所希望的起飛、到達城市、日期，以及所能接受的最高票價。出標者必須同意在規定日期內，從早上六點到晚上十點中間的任何起飛時間。配合航空公司的要求，Priceline.com 也對購票旅客（特別是一些如果沒有特殊誘因就不會購買的遊客）提出規定，以確信所有機票都可以售出。如果撮合成功（也就是說，雙方都接受希望旅遊的城市、日期及價格），則出標者就必須購買機票；如果改變心意，也不能退費。

Priceline.com 經營的第一年，撮合率只有 7%，主要原因是只有 TWA（後來被美國航空公司購併）及 America West 這兩家航空公司參加。為了建立穩固的顧客群，Priceline.com 補貼了許多出標，到後來每賣一張機票，就損失 30 美元。之後，人潮愈來愈旺，撮合率愈來愈高，到了 2001 年第二季，Priceline.com 才開始轉虧為盈。

2001 年 9 月 11 日的恐怖攻擊，重創了整個航空旅遊業。產業分析師懷疑，

在長期的市場低迷情況下，Priceline.com 是否能夠熬得過去。再說，在同一時間，Priceline.com 又和其他的服務公司，如 Travelocity、Expedia 進行激烈的纏鬥。

2004 年，Priceline.com 獲得了 7% 的線上旅遊服務銷售。比起產業領導者 Expedia 的 41%，實在是小巫見大巫。Priceline.com 的商業模式有一些不利的地方：

- 許多顧客，或許是大多數的顧客，都不喜歡在沒有額外資訊（如起飛時間、航空公司）的情況下購買機票。
- 由於產業合併、航空旅遊需求的恢復（亦即恢復到 911 之前的熱絡），航空公司留給 Priceline.com 的未售出機位愈來愈少。
- 許多航空公司會以自己架設的網站向旅客銷售折扣機票。

2005 年，Priceline.com 修正了它的商業模式，讓潛在顧客有更多的選擇性。它提供了一系列的旅遊產品（除了可自由選擇出發時間之外，還提供租旅館、租車子的服務），並更直接的與 Expedia、Orbitz、Travelocity 競爭。

Priceline.com 認為新的方法會吸引更多的旅客，而這些旅客不僅會購買機票，而且還會購買其他的旅遊產品。公司希望利潤可來自一些輔助品。[1]

在建立標售機票的網站之後，Priceline.com 的野心變得更大。根據公司負責人 Jay Walker 的說法：「沒有一個產品類別是我們不能進入的。」關於 Priceline.com 所擴展的第一個領域（也就是住宿服務），Walker 解釋道：「直到目前為止，旅館業都必須面臨兩個難題。如果降低部分房間的住宿費，就會惹惱一些付了高價的房客；如果維持不變，就會乏人問津。」

Priceline.com 可讓消費者自行出價，這種做法會吸引一些原本不會向其加盟旅館訂房間的旅客。當 Priceline.com 在 1998 年 10 月推出這項服務後數個月，每個月的訂房數平均就有 4,000 筆以上；到了 2001 年中期，每個月可銷售 50,000 筆訂房。在 2004 年，夜宿需求（訂房）達到了 750 萬美元，而 Priceline.com 的

---

[1] www.priceline.com；Avery Johnson, "Travel Websites Rethink the Bid-and-Bargain," *The Wall Street Journal*, Apr. 7, 2005, p. D2.

預定機票服務的收入是 280 萬美元，租車服務是 500 萬美元。

為了尋找擴張機會，Priceline.com 把觸角延伸到雜貨業、汽油業，但結果卻不成功。這個新興事業稱為 Webhouse Club 公司。Priceline.com 試圖誘使顧客能在網站上購買早餐玉米片、軟性飲料及其他雜貨，而不再向傳統超市購買。在網站上，顧客可以買到 149 種產品項目，只要付 3 美元的月費，就可以對想要買的東西出個價。出價之後，馬上就可以知道製造商（賣方）是否接受這個價錢。顧客在線上付錢，然後再到加盟的超市取貨。有人批評這種做法太浪費時間，但是 Priceline.com 的經理反駁道，消費者從報紙廣告剪下折價券，並加以整理，就已經是浪費時間了！

基本上，許多大型的消費用品公司拒絕加盟，所以，Priceline.com 不得不自行吸收答應顧客的折扣。金百利克拉克（Kimberly-Clark）公司因為不希望看到自己的品牌、配銷通路受到負面影響，所以不願意提供折扣給 Webhouse Club。

因為這個原因及其他原因，「自己出價」的 Webhouse Club 網站鎩羽而歸。基於類似的原因，線上汽油事業也是一敗塗地。因為 Webhouse Club 拒絕告訴零售商有哪些它們的競爭者加入這項計畫，因此造成了大型汽油配銷商的裹足不前。同時，就像一位行銷者所說的：「加油本來就是便利性購買。人們不會為了省 2 塊錢而找遍整個城市。」

在歷經這些事件之後，Priceline.com 變得更為有智慧，在不屈不撓的精神之下，重振旗鼓，在旅遊產品上殺出一條生路。例如：架設 lowestfare.com 網站，與著名的旅館連鎖達成協議，提供折扣房間。在 2003 年宣布這項合作計畫時，Priceline.com 說加盟旅館包括了著名的 Marriott、Hilton、Hyatt、SixContinents（現在是 InterContinental），以及 Starwood。

13-2 影響定價的因素

價格（price）是購買者透過產品或服務效益的擁有而獲得的總價值（或付出的總成本）。企業若是沒有定價目標，再多的定價政策也都是紙上談兵，故在實際定價之前，應先擬定定價目標，方能有助於定價政策的選定，而且定價目標必須和企業的營運目標一致，才能發揮最大的效果。定價的目標有：生存

（survival）、利潤導向目標、銷售導向目標、產品品質領導者目標、維持現狀目標、社會責任目標、其他特定目標。

設定定價目標之後，企業就必須走向價格管理的核心，也就是決定產品的底價（base price）。底價又稱為牌價（list price），是指產品在生產點或轉售點的單價。此價格並不包括折扣、運費，或其他各種價格調整，如領導者定價。

無論新產品或現有產品，都會依循同樣的定價程序。現有產品的定價通常會比新產品定價更為簡單，因為價格多少或者價格的小幅度增減都是由市場主導。

根據某位顧問的看法，沒有考慮到影響定價的各相關因素是「小型企業最常犯的錯誤」。除了定價目標之外，影響價格決定的其他因素有：估計的需求、競爭反應、其他行銷組合元素、成本曲線。

@ 估計的需求

在定價時，企業必須估計產品的總需求量。對現有產品的需求估計比新產品來得更為容易。估計需求的步驟有：(1)決定市場是否有預期價格；(2)估計在不同的價格下，銷售量會是多少。

產品的預期價格（expected price）就是消費者有意識的、無意識的認定產品的價值，也就是說，他們覺得產品值多少錢。預期價格通常以價格範圍，而不是某特定價格來表示。因此，某產品的預期價格可能是「250 到 300 美元之間」，而不是「250 美元」。

生產者也必須考慮到中間商對價格的反應。中間商如果覺得價格合理，也會非常賣力的促銷此產品。例如：10 年前，沃爾瑪與其他零售業者抱怨 Rubbermaid 公司企圖漲價。製造商 Rubbermaid 公司覺得不得不然，因為樹脂的成本（樹脂是製造各種家用塑膠品及玩具的主要成分）上升了兩倍以上。但是 Rubbermaid 公司因為不想激怒客戶，所以只做小幅調漲。在這種情況下，沃爾瑪與其他零售業者無不賣力地促銷 Rubbermaid 公司的產品，但是 Rubbermaid 公司的利潤當然會受到影響。此外，低的批發價也侵蝕了公司的利潤。最後，Rubbermaid 公司陷入了嚴重的財務危機。

有可能設定過低的價格，但如果價格遠低於市場預期，則對銷售量會有極為不利的影響。例如：如果 L'oreal 將其口紅價格設定在 1.49 美元，或者將其進口

香水的價格設定在每盎司 3.49 美元，可能是大錯特錯的做法。顧客很可能會懷疑這些產品的品質，或者他們的自我觀念不會允許他們購買這些低價產品。

在提高產品價格之後，許多企業會發現其產品的銷售量反而增加。這顯示，消費者認為高價必然有高品質。這種情況稱為反向需求（inverse demand），也就是，價格愈高，銷售量也愈高。反向需求只發生在某一特定的價格範圍內，同時也在低價範圍內（如圖 13-1 所示）。在某一點，反向需求的現象不再存在，而恢復到正常的需求型態，也就是價格愈高，需求就愈低。

賣方如何決定預期價格？倫敦的某家餐廳，菜單不標價，讓顧客在用餐後自行決定價格。在這種創新方法之下，顧客認為獲得了多少價值，就付多少錢。據該餐廳老闆的說法，顧客所付的錢比原來的收費多了 20%。[2]

一般衡量預期價格的方式是，賣方提供產品給有經驗的零售商或批發商，請他們衡量市場可接受的售價，或賣方直接詢問客戶。例如：企業用品製造商可提供模型或藍圖讓工程師（替潛在客戶工作的工程師）估價。另外一個方法，就是詢問一些樣本消費者的預期價格，或請他們在一組標價的產品中，選出最像所測試的產品。透過這些方法，賣方可決定合理的定價範圍。

正常需求曲線

價格

反向需求曲線

銷售數量

▶ 圖 13-1　反向需求

2　Imogen Wall, "It May Be a Dog-Eat-Dog World, but This Restaurant Won't Prove It," *The Wall Street Journal*, Dec. 11, 1998, p. B1.

另外一個非常有效的方式是，依照不同的價格來估計銷售量。事實上，賣方的這種做法就是在決定產品的需求曲線。此外，賣方也在衡量產品的需求彈性（price elasticity of demand），也就是，價格改變對需求數量的影響。

賣方可以利用上述方法來估計不同價格下的銷售數量。我們在第 6 章說明過一些需求預測的方法，如購買者意圖調查、試銷、主管判斷、銷售人員綜合法等，這些方法也可以用在這個情況。

@ 競爭反應

競爭者會大大的影響底價。公司所推出的新產品會具有獨特性，但這只是在競爭者出現之前，而競爭者的出現又是不可避免的。如果進入某產業是相當容易的，而且進入之後又有利可圖的話，那麼潛在競爭的威脅就會非常大。競爭來自於以下各來源：

- 直接類似產品（**directly similar products**）：Nike、Adidas、New Balance 的跑鞋。
- 現成替代品（**available substitutes**）：DHL 航空快遞、Schneider National 卡車運輸、Union Pacific 貨車運輸。
- 競逐消費者的同一預算的不相關產品（**unrelated products seeking the same consumer dollar**）：DVD 放影機、腳踏車、週末度假。

對於直接類似產品而言，企業必須了解消費者對競爭產品的想法，這是相當重要的事情。就像杜邦某行銷主管所強調的：「了解顧客對於本公司及競爭者產品的知覺，是擬定有效定價策略的第一步驟。」[3]

對類似的或替代品而言，競爭者會調整其價格。同時，其他廠商也必須決定，想留住顧客的話，該怎麼做價格調整（如果要做的話）。例如：在航空旅遊業，西南航空公司以及現在的其他折扣航空公司，如 JetBlue 航空，為了維持其市占率，只要可能就會降價。許多「傳統」航空公司，如達美航空（Delta

---

[3] George E. Cressman, Jr., "Snatching Defeat from the Jaws of Victory," *Marketing Management*, Summer 1997, p. 15.

Airlines）、聯合航空（United Airlines），必須要降價及減低成本，才可以多少保持競爭地位和微薄的利潤。當達美航空在 2005 年以各種方式降價時，它必須再擠出（減少）50 億美元的成本，其中一種方法就是關掉 Dallas/Ft. Worth 的轉運站，這就是說，達美航空的旅客必須靠其他三個轉運站來轉機。[4]

@ 其他行銷組合元素

產品的底價會受到行銷組合中的其他元素所影響。

產品

產品的價格會受到這個產品是新產品還是現有產品的影響。在產品生命週期的各階段，價格的改變是必要的，因為這樣才會使得產品有競爭力。某特定產品的價格也會受到以下各因素的影響：(1)此產品是否可用租賃的方式獲得，還是必須直接購買；(2)是否可用舊貨抵折新產品；(3)顧客是否可用退錢或換貨方式退回原來購買的產品。例如：如果公司有自由退貨政策，則公司會訂定較高的價格以補償自己可能的損失。

產品的最終用途也必須加以考慮。例如：包裝材料與工業瓦斯製造商之間幾乎沒有價格競爭，因此他們的價格結構相當穩定。這些企業用品只是最終產品的附屬配件，客戶只選購能符合品質要求的最便宜產品。在這種情況下，降價是毫無意義的。

配銷通路

生產者所選擇的通路與中間商類型會影響生產者的定價。某企業使用兩種配銷方式，一種是透過批發商銷售，另一種方式是直接銷售給零售商，則此企業會為這兩種配銷方式設定不同的產品出廠價格。採用透過批發商的方式的產品價格會訂得比較低，因為批發商可以提供許多服務，例如：提供倉儲、給予零售商信用（讓零售商賒帳），以及和小型的零售商做生意。

---

4   Wendy Zellner, "Commentary: Waiting for the First Airline to Die," *Business Week Online*, Jan. 24, 2005.

促銷

　　生產者或中間商的促銷程度及促銷方法，都是定價時要額外考慮的因素。如果主要的促銷責任是由零售商來承擔，而不是由生產者的話，則生產者賣給零售商的價格會比較低。即使生產者必須做大量的全國性促銷，它會希望零售商能夠做地方性的廣告來配合全國性的廣告。這個情形會反映在生產者對零售商的售價上。

成本曲線

　　許多實體產品的總成本曲線都是呈 U 字型的，如圖 13-2 的(a)部分所示。當數量增加時，成本就會下降。但超過某一最適點之後，由於變動成本（包括行政費用、行銷費用）的增加，成本（每單位平均成本）就會增加。但是對數位產品（如圖 13-2 的(b)部分）而言，每單位變動成本非常低（在大多數情況下是如此），而不論數量如何，總是固定的。因此，由於固定成本隨著數量的增加而分攤得愈少，每單位成本便會隨著數量的增加而減少。

13-3 網路定價相關課題

　　網路定價相關課題包括：價格與利潤的關係、網路上的定價問題、網路環境下定價困難的原因、採取低價的條件。

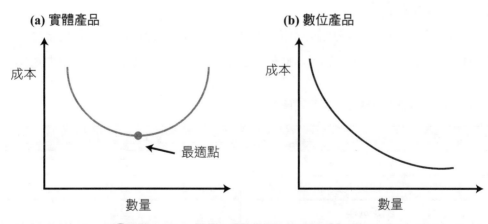

　圖 13-2　實體產品與數位產品的成本

@ 價格與利潤的關係

根據麥金錫顧問公司（McKinsey）針對 Compustat Aggregate 中 2,463 家公司所做的調查研究顯示，定價與利潤之間有很明顯的關係——定價每改善 1%，利潤可提高 11.19%。其他各重要變數與利潤的關係，如表 13-1 所示。

@ 網路上的定價問題

在任何經濟體制內，產品價格（包括數位產品的價格）常扮演著一個極為重要的角色。價格影響了銷售量、市場占有率及獲利性。

電子化的空間市場可使不同市場使用一種新類型的定價方式——價格發掘（price discovery）。例如：航空公司可將最後一分鐘還未銷售出去的座位做線上拍賣，由出價最高者得標（買到機票）。中間商 Priceline（www.priceline.com）可讓消費者自訂產品規格、願意支付的價格，並將這些條件提供給各網路行銷者。這種做法與傳統的零售市場作業方式大相逕庭。此外，Kasbah（http://www.media.mit.edu）的智慧代理能夠代表買方、賣方來進行交涉，從新建構了網路市場的價格決定方式。

你的競爭者無時無刻不在收費。你的收費標準要高於、低於或者和競爭者一樣？你當然不會將架設及維護網站的成本，一股腦兒的灌在產品及服務的成本上；但是產品及服務的定價要使你回收基本的費用，是天經地義的事。不要忘了你還有其他的費用要負擔，包括電話費、印刷費、辦公室設備費、旅遊費、郵費、房租費及薪資等。

網路行銷者為什麼可以做到價格歧視（price discrimination），也就是向不同的購買者訂定不同的價格？因為他們可以做到產品的客製化，並有能力蒐集到潛

▶ 表 13-1　各重要變數與利潤的關係

每 1% 的改善	導致利潤增加的百分比
變動成本	7.8%
數量	3.3%
固定成本	2.3%

來源：McKinsey Quarterly.

在顧客的各種資訊，例如：人口統計、偏好，以及過去的購買行為。

這種新類型的定價方式——價格發掘，徹底改變了消費者市場、配銷通路，以及買賣雙方的議價能力。

在高度差異化、客製化的市場中，價格是由消費者的支付意願，而不是由產品成本來決定的。消費者為什麼會有支付意願？因為他們覺得這個產品有價值。網路行銷者應蒐集資訊，了解顧客所認為的價值是什麼。

@ 網路環境下定價困難的原因

在網路行銷環境下，定價是有困難度的，其原因有：

(1) 網路行銷者並不知道其產品的需求曲線，故不能預估產品的價格彈性。最適的定價需要資訊，在詭譎多變的網路市場中，公司要正確的估算需求曲線無異閉門造車。公司的事後之明並無濟於事，雖企圖及時調整價格，但新狀況又是層出不窮，使得公司有疲於奔命之感。此時，公司所需要的是智慧判斷、定性方法與直覺。

(2) 不同的顧客對產品或服務所負擔的價格理應不同，因此，許多公司對於老主顧、年長者、知情者會提供折價的優惠。

(3) 顧客常購買多種互有關聯性的產品，因此，定價必須考慮到產品線定價。

@ 採取低價的條件

定價是一個很「有趣」的策略。對某些產品而言，低價未必能夠造成銷售量的增加；對另外一些產品而言，高價反而會促成銷售量的增加。這個現象可以從產品類別及價格彈性中窺見端倪。

如果想採取低價的網路行銷者應具備什麼條件？經驗經濟（experience economy）是也。經驗經濟來自於提供產品、服務顧客的經驗，在累積學習的過程中，公司自然能夠以更低的成本、更具差異化的產品，並以更佳的服務來提供給顧客。在睽諸於競爭環境之下，具有經驗經濟的公司才會有低價競爭的資格。

網路行銷者應累積學習的經驗，並將這些寶貴經驗放在組織記憶（organizational memory）中，永遠的傳承下去，成為組織文化的重要部分，不

因人員的更替和離去而斷失了累積學習的效果。

 13-4 網路定價方法

定價（pricing）是網路行銷者將向消費者所提供的利益轉換成利潤的做法。網路定價方法或策略，包括公式定價法、流行水準定價法、產品組合定價、價格排列、奇數定價、引導者定價、高低價與每日低價策略、轉售價格維持、被動與主動改變定價。

@ 公式定價法

顧客採用線上購買的最單純理由在於便宜。對某些線上的產品類別而言，其價格的確比製造商的標示價格更便宜。以成本為定價的公式如下：

$$線上總價 ＝〔線上價格 \times（1＋稅率）〕$$
$$＋ 運輸成本$$
$$＋ 採購／購買成本$$
$$＋ 如允許退貨的額外成本$$

線上價格

以目前網路交易的現況而言，台灣顧客大部分對商品金額在 7,000 元以下，美國則是在 500 美元以下，較有購買的意願。

在線上價格方面，如果透過線上經銷商（線上掮客）來銷售，不僅可使顧客負擔較低的費用，而且線上經銷商的利潤也會增加。如果一輛車的售價是 25,000 美元，則百分之幾的節省也是相當可觀的。表 13-2 說明了以上的情形。線上行銷大大減低了經銷商的銷售成本。製造商可以較低的價格提供線上經銷商，並且只向線上經銷商抽取一定的佣金。

🔘 表 13-2　線上掮客的價格節省及利潤改善

項目＼銷售方式	傳統銷售	線上掮客銷售
售價	21,000	20,316
經銷商發票價格	20,216	20,216
毛利	1,346	662
行銷費用	1,108	114
淨利	238	548

　　何以書籍是網路行銷者最喜愛銷售的產品？因為就網路行銷者而言，書籍是相當標準化的產品，容易做價格比較且容易寄送。對網路消費者而言，購買書籍是低成本、低風險的決策。

營業稅

　　目前大多數的網路行銷者不必負擔營業稅。在美國，網路行銷者如果符合下列兩項條件，即可不必賦稅：

(1) 所銷售的產品是以電子傳送方式銷售給消費者，換句話說，此商品是完全數位化商品。
(2) 在實體上，行銷者並不在產品販售的州（如果此產品為有形產品）。

運輸成本

　　進行網路行銷時，有關運輸成本方面的差距很大。有些數位化的產品，其運輸成本幾近於零；但是有些體積大而需實體運送的產品，其運輸成本卻是相當驚人的。運輸成本的高昂不僅使得競爭優勢不再，而且也會嚇跑線上的潛在顧客。四種產品類別在運輸成本及類型上有很大的差別：

1. 數位化資訊產品（digital information goods）
運輸成本：幾近於零。

2. 數位化娛樂產品（digital entertainment goods）

運輸成本：消費者的主要成本在於傳輸時所花的時間，以及儲存成本。對數位化娛樂產品而言，數位化的電纜或是超高速網路連接是非常需要的。對網路行銷者而言，主要的成本在於寬頻網路的費用。

3. 耐久品（hard goods）

運輸成本：依照重量、體積、運送速度而定。

4. 非耐久品（perishables）

運輸成本：由於不能儲存、不能運送，故運輸成本相對的高。

根據有關消費者購買行為的研究發現，線上消費者對於運輸成本非常關心與在意。對於高價、重量輕的產品，如筆記型電腦，就賦稅上所節省的金錢會比運輸成本還高。對於體積龐大的產品，如家具，運送到府的費用必然所費不貲。對於非耐久品而言，運輸成本必然會高，而且還有不堪使用之虞。

@ 流行水準定價法

由於企業本身亦可以上網搜尋競爭者的價格資料，所以，流行水準定價是在網路行銷者間較為通用的定價方式。

通常消費者會比較各直接競爭者產品的價格，例如：比較 IBM 與迪吉多的個人電腦、大慶汽車（如銀翼轎車）與三信的 Uno 轎車等。在許多場合中，競爭者的產品價格是定價考慮的關鍵因素。當 AT&T 將長途電話費降低 6.1% 時，其最大的直接競爭者 MCI 也相繼降價 6% 以為抗衡。但是這種降價作戰無異於割喉競爭。

流行水準定價法受到普遍採用的理由有二：(1)當成本的衡量有困難時，流行價格被認為是代表產業的集體智慧，以為這個價格一定會產生合理的利潤；(2)採用與流行一致的價格能使對產業和諧的破壞減至最低。

當競爭者採取降價措施時，廠商可紋風不動，但是需具有競爭優勢才可以這麼做（例如：消費者對高價與高品質的認知）。但對於一般商品而言，這種策略較不適當。在不引發價格戰的情況下，廠商可採取非價格競爭策略，例如：增加

廣告支出、包裝的改良、產品的改良等。

當競爭者提高產品價格時，廠商是否也應提高價格？這種反應應視產品是否具有同質性而定。如果同質性很高，則廠商可不改變其價格。不論如何，任何針對競爭者改變價格所做的反應，均應根據情況的評估而定，這些情況包括：競爭者的力量、競爭者將採取報復的可能性、產品的生命週期階段，以及消費者對於價格的敏感程度。

@ 產品組合定價

在進行產品組合定價時，企業所追求的是整個產品組合的最大利潤，而不是個別產品的利潤。由於每個產品項目的需求、成本及所面臨的競爭情況不同，所以，產品組合定價是相當具有挑戰性的。六種產品組合定價決策是：產品線定價、選擇性特徵定價、輔助品定價、兩部分定價、副產品定價、套裝產品定價。

產品線定價

網路行銷者通常會生產整個生產線的產品，而不是個別產品，這種針對整條產品線的定價，稱為產品線定價（product-line pricing）。例如：國際牌（Panasonic）所生產的照相機，從重約 4.6 磅的簡單型到重約 6.5 磅的豪華型，豪華型照相機有自動對焦、退色控制、二段式放大鏡頭等。從簡單型照相機為基礎來看，每一種照相機都有一些額外的功能，因此，企業可以利用額外定價法（premium pricing）。企業必須決定在各種不同的照相機之間的價格階梯（price steps），在決定價格階梯時要考慮照相機之間的成本差距、顧客對於各種不同特性的評價，以及競爭者的定價。如果兩個相連的（或者說在功能上相差不大的）照相機的價差不大，顧客可能會買功能較多的照相機，這樣的話，如果價差高於成本之差，則企業便可獲得利潤。但如果價差太大，顧客就會買較便宜的那種照相機。

網路行銷者可對產品線中的產品設定一些價格點（price point），例如：對於男士領帶設定三個價格層級：$2,500、$3,100、$4,000。顧客對於這三個價格點分別認為是低、中、高品質的產品。即使提高這三種價格，顧客通常也會購買其所喜歡的價格點的領帶。網路行銷者的重要工作，就是要決定哪種價格差異才能夠正確反應出顧客對於品質的認知差異。

選擇性特徵定價

許多企業在其主要產品之外,還提供了許多選擇性的功能,例如:汽車提供了電動窗控制、除霧裝置、減光器(制光裝置)等。對於產銷者而言,哪些功能要包括在原價格之內,哪些可供顧客做額外的選擇並付費,是一件值得深思熟慮的問題。例如:有些餐廳將餐點訂得稍低,但將酒價訂得稍高,即是選擇性特徵定價(optional-feature pricing)的例子。

輔助品定價

輔助品定價(captive-product pricing)就是廠商把一些需同時使用的幾種產品歸類為一組,將主要產品的價格訂得低,而其利潤的損失則由定價稍高的輔助品(ancillary or captive product)彌補過來,例如:吉利牌刮鬍刀。在定價時,可將刮鬍刀柄價格訂得稍低(指相對於同業的刮鬍刀刀柄價格而言),而把賺取利潤的重點放在必須經常換用的刀片上,這樣一來,因刮鬍刀身的低價而損失的利潤部分,就可由必須搭配使用的刀片上彌補回來。

另外一個例子是柯達相機與膠卷。該公司把照相機的價格訂得稍低,而把膠卷的價格訂得稍高。這個例子與「刮鬍刀-刀片」的例子不盡相同,因為其他廠牌的膠卷照樣可以用在柯達照相機上。

兩部分定價

提供服務的企業常以固定費用(基本費)加上變動的使用費用(或超次費)來定價,稱為兩部分定價(two-part pricing)。例如:卡拉 OK 的消費、電話費、旅遊點的參觀費等。廠商通常將基本費訂得稍低,而變動的使用費用訂得稍高。

副產品定價

在生產加工品、肉品時,常有副產品產生。如果副產品沒有經濟價值,而處理起來又要花上一筆費用,則主要產品的價格應該涵蓋這些費用。如果副產品有經濟價值,則在競爭者的壓力之下,應對主要產品訂定較低的價格。這種考慮到副產品價值而對主要產品做定價的方法,稱為副產品定價(by product pricing)。

套裝產品定價

　　網路行銷者以一個價格包含其不同的產品，或者包含某一產品所提供的選擇性功能（如果分別購買這些功能當然比較貴），這種方法稱為套裝產品定價法（product-bundling pricing）。[5]雖然套裝產品相對便宜，但是消費者不見得有興趣購買，這可能必須以不同的「束」來吸引需求不同的顧客。

　　在數位化的軟體產品中，套裝（bundling）產品及服務是常見的。套裝是一個好的價格區隔策略，故廣為網路行銷者所採用。在電子商務中，有許多機會可以進行產品／服務的套裝，因此，價格便成了相當關鍵性的議題。

@ 價格排列

　　價格排列（price lining）是指企業在銷售相關產品時，選定幾種價格。服裝零售店常用價格排列這種做法。例如：Athletic Store（運動用品商店）以每雙$39.88 銷售第一組（包括數種款式）運動鞋，以每雙$59.95 銷售另一組（包括數種款式），以每雙$79.99 銷售第三組（包括數種款式）。

　　對於消費者而言，價格排列的主要好處就是簡化了購買決策。對零售商而言，價格排列可幫助做好進貨計畫。

　　成本上漲會造成所有價格排列點的重新設定。這也說明了為什麼成本上漲時，企業總是在價格的調整上猶豫不決（因為牽一髮而動全身）。但如果成本上升，價格卻不跟著調整的話，公司的利潤又會受到不利影響，最後，零售商便不得不銷售低成本的產品。

@ 奇數定價

　　我們先前討論的定價策略都可以說是心理定價（psychological pricing），例如：價格訂得比競爭者高、以不尋常的低價以廣招徠或者產品排列等。這些策略的目的都是在傳遞產品的有利形象。

　　現在我們要說明另一種心理定價，也就是奇數定價。顧名思義，奇數

5　軟體業者常以成束產品（或稱套餐軟體）來銷售，例如：微軟公司將文書處理軟體（Word）、試算表軟體 （Excel）、資料庫處理軟體（Access）、簡報軟體（PowerPoint）、網頁設計軟體（FrontPage）、瀏覽器（Internet）成套來銷售。

定價（odd pricing）就是以尾數為奇數的數字來定價，例如：汽車的定價是
$13,995，而不是 $14,000；或者房子的定價是 $119,500，而不是 $120,000（讀者
或許感到奇怪，為什麼 $119,500 是奇數？在這裡，我們要特別說明，這裡所謂
的奇數、偶數並不是嚴謹的數學，而是一個相對概念。這時候，我們要看百位
數）。精品店或銷售高檔產品的商店，應避免使用奇數定價。例如：對高檔西裝
的定價要是 750 美元，而不是 749.95 美元。

　　奇數定價的理由是它可以讓人有低價的印象，因此會比偶數定價造成更多的
銷售量。根據這個理由，定價為 99 美分的產品會比定價為 1 美元（100 美分）
的產品為公司帶來更多的利潤。有關研究顯示，奇數定價對於強調低價的廠商而
言，是一個有效的策略。根據另外一項研究，消費者在購物時，只看價格中的前
兩個數字，因此，公司的定價應選擇 1.99 美元，而不是 2.09 美元，這樣才會使
某特定產品的銷售及利潤達到最大化。[6]

@ 引導者定價

　　許多廠商，尤其是零售業者，有時候會暫時以削低某些產品的價格來吸引
顧客上門。這種策略稱為引導者定價（leader pricing，在台灣的教科書中，有
人將 leader 翻譯成領導者、犧牲品、帶路貨等）。價格被削減的產品，稱為引
導者（leader）。如果價格被削低到成本以下，則此產品稱為犧牲引導者（loss
leader）。

　　引導者必須是著名的、被大量促銷的、消費者常光顧的產品。超市、折價
店、藥局常針對那些受到消費者喜歡的軟性飲料、紙巾品牌設定較低的價格（美
國的藥局不只是賣藥品，還賣日用品）。Best Buy 商店曾利用暢銷的 DVD 做為
犧牲引導者，希望能以犧牲 DVD 的利潤來創造人潮，而這些被吸引進來的消費
者能夠購買其他產品，包括其他品牌的 DVD 或者液晶電視，Best Buy 即可從這
些產品的銷售獲得利潤。

6　Robert M. Schindler and Lori S. Warren, "Effects of Odd Pricing on Price Recall," *Journal of
　Business*, June 1989, pp. 165-177.

@ 高低價與每日低價策略

　　許多零售業者，尤其是超市、百貨商店，是依賴高低定價策略（high-low pricing）來進行價格競爭。高低定價策略的運用，是針對最明顯的商品交替的使用正常價（高價）與特價（低價）。經常性的減價要搭配積極的促銷活動，以傳遞低價的印象。零售業者可在開始時設定相對高的價格，針對真正需要此產品而且價格敏感度不高的消費者，以提高利潤。然後再根據剩下的存貨量，適當的減價。根據某項研究發現，高低定價策略在業界非常普遍，百貨公司約有 60% 以上的交易是以減價的方式進行。[7]JCPenny 是實施高低定價策略的最佳實例。

　　姑且不論時常變動價格的必要性，高低定價策略是所費不貲的，同時可能造成消費者的期待心理——等到便宜的時候再買。有些消費者團體還抨擊高低定價策略，認為它會誤導消費者。他們關心的是，大多數的交易都以低價進行，那麼低價就變成了正常的現象，而不是真正的優惠。

　　對於要以價格來競爭的零售業者而言，高低定價策略有一個替代做法，就是每日低價策略（Everyday Low Pricing, EDLP）。基本上，每日低價策略就是持續的提供低價，偶爾減價。每日低價策略常用於大型的折扣商店，如沃爾瑪、Family Dollar，以及會員制折扣量販店（warehouse clubs），如好市多（Costco）。許多德國零售店也掛起了「Jeden Tag Tefpreise」（每日最低價）的招牌。每日低價策略也被許多其他的零售店採用，如 Linens'n Things、Stein Mart、Men's Warehouse 等。

　　零售業者期望（或至少希望）每日低價策略能夠改善其利潤邊際，因為：(1)每日低價的平均售價會比高低定價來得高；(2)零售商在與供應商議價時，可因採取每日低價的理由來要求供應商以低價供應；(3)營運費用會降低，因為廣告支出減少的緣故。

　　所有的通路成員，不僅是零售商，都必須在高低價與每日低價之間做一選擇。當製造商因為零售商儲存與促銷某特定品牌而提供給零售商各種折扣與折讓時，零售商就可以採取高低價策略。同樣的，如果製造商提供短期的大折扣「特

---

[7]　Peter J. McGoldrick, Erika J. Betts, and Kathy A. Keeling, "High-Low Pricing: Audit Evidence and Consumer Preferences," *The Journal of Product and Brand Management*, 2000, pp. 316-331.

價活動」以及（或者）免費商品時，零售商也可以採取高低價策略。另外一個方法是每日低價策略。如果製造商或批發商持續的提供低價產品時，零售商就可以採取每日低價策略。1990 年代，寶齡公司就是採取每日低價策略，後來因為逐漸失血，不得不放棄每日低價策略而改用高低價策略。

每日低價或高低價策略，哪一個比較有效？有一項對照實驗曾對雜貨連鎖店的 26 種產品類別，進行每日低價或高低價策略的比較。結果發現，每日低價會提升銷售，而高低價策略也會提升銷售，但較每日低價策略稍低。比較重要的發現是，每日低價策略會造成利潤下降 18%，高低價策略也差不多。在另一項評估研究中，研究者建議：零售商對這兩種策略的選擇要根據其產品配置而定。他們建議，家具店、速食餐廳、超市、傳統的百貨公司、消費性電子產品連鎖店，以及汽車經銷商應採取高低定價策略。相較之下，高檔的百貨公司、特殊商品店、家庭修繕產品店、折扣商店及會員制折扣量販店，則應採取每日低價策略。

@ 轉售價格維持

有些製造商希望能控制轉售其產品的價格，這種行為稱為轉售價格維持（resale price maintenance）。製造商如此做的理由是在維持其品牌形象。製造商公開宣稱他們控制了價格，並且禁止提供價格折扣，可讓中間商獲得足夠的利潤。同樣的，顧客在向中間商購買製造商的產品時，可以獲得業務人員的協助及其他服務。不過批評者認為，轉售價格維持會使價格上升，並讓製造商牟取暴利。

另一種可讓製造商獲得某種程度的控制，且對零售商有指引作用的方式，就是建議牌價。建議牌價（suggested list price）是由製造商訂定最終售價，而此售價內包含零售商合理的加成。假設製造商以單價 6 美元銷售產品給五金行，並且其建議零售為 9.95 美元，在這樣的情況下，零售商的利潤加成為售價的40%。這只是建議價格，零售商可用低於或高於建議售價的價格來銷售產品。

有些製造商想要對零售價格做更多的控制。假如製造商銷售給幾家非常想要銷售該產品的零售商時，就值得這麼做。當零售商的定價遠低於建議售價時，製造商可威脅停止出貨。

積極控制零售價格合法嗎？在 1930 到 1975 年間，美國的州法律和聯邦法

律允許製造商訂定產品的最低零售價格。州法律變成我們所知道的公平交易法（fair-trade laws）。但是，1975 年的聯邦「消費者產品定價法案」禁止這種對價格的控制。根據這個法律，生產者不能設定轉售價格，並強迫零售商接受其定價。

對於「轉售價格維持」的爭辯，可說是方興未艾。最近，爭論的焦點在於供應商是否能夠在不違反「反托拉斯法」的情況下，設定最高的價格。在過去有一個重要的案例，就是 Unocal 76 控告供應商規定它的零售價，限制了它的競爭力及利潤。美國高等法院在進行聽證之後，判決供應商設定最高價行為原則上並不違法，但也認為這樣的判定是隨著案例的不同而異。問題的重點在於，設定最高價會增加還是減低競爭。法院的判決並不影響最低價的設定，因為設定最低價本身就是違法的。

有時候，製造商因為試圖控制轉售價格而被控違反「反托拉斯法」。例如：一家大型的女鞋公司 Nine West 集團，被聯邦貿易委員會指控，為了讓自有品牌享有較高售價，因此採取行動限制競爭品牌在其零售門市的價格。最後，Nine West 集團同意停止這個具有爭議性的做法，並同意以 3,400 萬美元做庭外和解，避免以後吃上官司。[8]

@ 被動與主動改變定價

在訂定上市價格之後，有一些情況會促使廠商改變其價格。例如：在成本增加時，管理當局會考慮要提高價格，還是維持原價但降低品質，或是維持原價但配合大量促銷。根據一位定價專家表示：「小型企業比大型企業更不喜歡提高價格。」顯然，聰明的調價方式是逐漸小幅調漲，而不要引起市場騷動。

暫時性的價格調降可用在消化多餘的產能或推出新產品的場合。同時，如果由於激烈的競爭而使公司的市占率下降，主管當局的第一個反應就是降價。小公司的價格調降並不會引起大公司的反應，除非大公司的銷售量受到重大的影響。如果因為調降價格所吸引到的新顧客多到足以抵銷減少的利潤，則調降價格是滿合理的。但是，對許多產品而言，代替降價較好的長期方式是改善整體行銷方

---

8 "Nine West Settles State and Federal Price Fixing Charges," *M2 Presswire*, March 7, 2000.

案。

任何廠商都可以合理的假設其競爭者會調整價格,而這是遲早的事。因此,廠商必須有未雨綢繆之計。如果競爭者提高售價,則反應慢一點可能無傷大雅;然而如果競爭者降價,就要馬上做反應,不然顧客都被搶走了。

在沒有共謀的情況下,即使在廠商數不多的寡占市場,還是偶爾會有價格調降的現象,因為所有廠商的行為是無法被控制的。有些廠商會經常採取降價行動,尤其在銷售淡季的時候。從廠商的觀點而言,降價最大的缺點就是會受到競爭者的報復,而且沒完沒了。當某廠商以降價來增加其銷售量以及(或者)市占率時,就會引發價格戰(price war)。如果其他廠商也對其競爭性產品採取降價進行報復行動,則價格戰就會如火如荼的展開。始作俑者(第一個降價的廠商)及其競爭者會不斷的以降價做為競爭手段,直到其中一個廠商覺得不能再忍受利潤損失為止。因此,大多數廠商對於價格戰的態度皆是能免則免。

價格戰在企業間已是司空見慣的事情。自從 1990 年代以來,價格戰可說是比比皆是。在許多不同的行業中,如電腦半導體、香菸、旅遊、熟食等,低價是競爭的有利武器。即使滑雪勝地也以低價來競爭,例如:提供「兩人同行優待價」及其他折扣。自 2002 年開始,速食連鎖店就已經展開了激烈的價格戰。2005 年,Yahoo!因為想吃下數位音樂這塊市場,也引爆了激烈的價格戰。它的新會員訂購費是每月 7 美元,只有競爭者如 RealNetwork 的半價。根據一位顧問的看法,價格戰是「對威脅做過度反應的結果。事實上,這些威脅可能本來就不存在,或者即使存在也不如想像中那麼大」。

價格戰對廠商是有害無利的,尤其是對財務體質不佳的廠商而言。有篇文章對傷害的描述更為傳神:「顧客忠誠?拜拜!利潤?拜託!計畫?拜神吧!」如果價格戰「烽火連三月」,則許多產業內的廠商(包括雜貨、個人電腦、音樂零售業的廠商)「故一時之雄也,如今安在哉?」

在短期內,消費者會因為廠商間的價格戰,「鷸蚌相爭,漁翁得利」。但就長期而言,對消費者的淨效益來說是未定之數。到最後,有少數廠商會減少產品類別,以及(或者)收取高價。

13-5 折扣與折讓

折扣與折讓都是從底價（或牌價）扣除的部分。此扣除的部分可能是以減價的形式，也可能是其他的讓步，如免費商品或廣告折讓。在商業交易上，折扣與折讓是相當普遍的做法。

@ 數量折扣

數量折扣（quantity discount）是為鼓勵顧客大量購買所給予的扣除額，或者顧客需要多少，就向提供折扣的廠商購買多少。折扣是根據購買金額或購買量而定。

非累積折扣（accumulative discount）是根據每一次對一項或以上產品的購買量來給予折扣。如零售商的定價是這樣的：如果買一顆高爾夫球，每顆 2 元；如果買三個，總共 5 元。工業用黏著劑的製造商或批發商可定出以下的折扣表：

非累積數量折扣是要鼓勵大訂單。不論賣方所收到的是 10 元訂單或是 500 元訂單，許多費用，例如：開立發票、處理訂單、支付銷售人員薪資等都差不多。因此，當訂購量夠大時，銷售費用占銷售的比率就會降低。在非累積數量折扣的情況下，賣方可以和購買量愈大的買方共同分享所節省的上述費用。

累積數量折扣（cumulative discount）是根據一段期間內所購買的總數量給予折扣。累積數量折扣對賣方有利，因為可綁住買方。買方買得愈多，就會享有更大的折扣。

許多產業都採用累積數量折扣方式。航空公司和旅館的常客優惠活動（frequent-flyer or frequent-guest program）就是很好的實例。有好一段時間，

每次訂購箱數	標價折扣（%）
1～5	無
6～12	2.0
13～25	3.5
25 箱以上	5.0

Monsanto 公司向顧客提供累積數量折扣優惠，以鼓勵他們多多購買 Posilac（刺激牛乳產量的藥劑）。為了達到享受折扣的資格，購買者（大多是農夫）必須同意至少採用該藥劑 6 個月。累積數量折扣也常用在易腐品的銷售上。這種折扣方式會鼓勵顧客常購買新鮮產品，以免賣給消費者的是過期的東西。

累積數量折扣可使生產者真正獲得生產經濟規模，以及銷售經濟規模。一方面，大訂單（為享受非累積數量折扣的好處）可減低生產及運輸成本；另一方面，從單一顧客的經常性購買（為享受累積數量折扣的好處）可使生產者更有效的利用其產能。在獲得這兩項優勢之下，即使碰到不能節省行銷成本的小訂單，廠商還是會獲利。

@ 交易折扣

交易折扣（trade discount）又稱功能性折扣（functional discount），是因為買方所從事行銷功能而給予買方的折扣。這些行銷功能包括倉儲、促銷與產品銷售。例如：製造商的零售價是$400，其中交易折扣分別是 40% 和 10%，則零售商必須支付$240（$400 扣除 40%）給批發商，而批發商必須支付$216（$210 減去 10%）給製造商。批發商得到 40% 和 10% 的折扣。批發商保留 10% 的折扣以支付批發作業成本，再將 40% 的折扣轉給零售商。有時，批發商會留下超過 10% 的折扣，但是這種做法並不違法。

值得注意的是，40% 和 10% 並不能合計成牌價的 50% 折扣。這些數字並沒有累計性，因為第二次折扣 10% 是減去先前 40% 折扣後所計算出的金額。

@ 現金折扣

現金折扣（cash discount）是向在一段期間內以現金支付的顧客所提供的折扣。現金折扣是從底價扣除交易折扣、數量折扣後的淨額。現金折扣包含三個要素（如圖 13-3）：

(1) 百分比折扣。
(2) 可享有折扣的期間。
(3) 帳單的逾期時間。

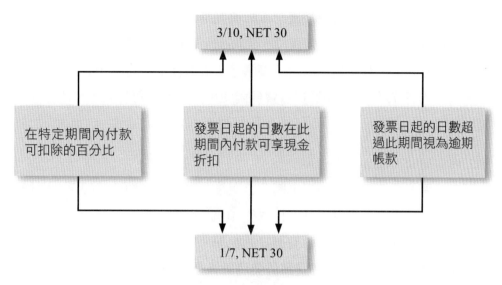

●▶圖 13-3　現金折扣的構成

　　假設扣除其他折扣後，買方應付\$360，在 10 月 8 日發票上列明 2/10、n/30 的條件，這表示買方如果在開票日期 10 日內（即 10 月 18 日）付款，可扣除 2% 折扣，否則 30 天內（即 11 月 7 日）便必須支付全部款項。

　　不同產業有不同折扣。例如：女裝界常見到短期付現即享有大折扣，如 5/5、n/15。這些差異是因為產業慣例，而不是商業因素所造成的。

　　大部分買方願意準時付現以享有現金折扣優惠。2/10、n/30 看起來並沒有什麼特殊優惠，但是只要在 20 天內付款就可享有 2% 的折扣優惠。如果沒有在期限內付款，買方實際上是以 36% 年息在借款。為什麼？一年有 360 個營業日，除以 20，共有 18 期，每 20 天支付 2%，就等於一年支付 36% 的利息。

@ 其他折扣與折讓

　　為了刺激銷售，有些廠商會向潛力顧客提供退款的優待。所謂退款（rebate），就是只要買方提示賣方所發出的表單或證明，即可享受的購買折扣。退款有兩種：

1. 折價券（coupon）

折價券是小張的印刷證明單。當顧客購買該項產品時，只要出示折價券，就

可以獲得折價券上所載明的金額優惠。折價券是最受歡迎的一種折扣方式,2004年,在各報紙上的折價券總金額達 2.5 兆美元。折價券的發放有許多方式,有些是附在報紙雜誌上,有些是由商店直接贈送。折價券中大約有 1% 會被拿到商店扣抵,而大約有 77% 的美國消費者會偶爾使用折價券,每年省下來的金錢有 50 億美元。[9]

2. 郵寄退款(mail-in rebate)

顧客填寫一張簡短表格並附上購買證明後,寄到特定地址;如果一切無誤,就可以收到退款支票。郵寄退款的比率從 10% 到 80% 都有,要看產品而定。大額退款,例如 100 美元,當然會有最高的比率。

郵寄退款似乎比折價券更受到消費者的歡迎。近年來由於科技進步一日千里,也出現了所謂的電子折價券(e-coupon)或虛擬折價券(virtual coupon)。企業可將電子折價券貼在網站上供網友下載使用,或者以電子郵遞的方式寄送給消費者。購買者可在網路購物時獲得折扣優待,或者印下來拿到傳統商店使用,要看使用規定而定。有些企業(如餐廳)會利用這個新科技,傳送電子簡訊折價券(text-message coupon)給潛在顧客(如學生)。

客製化價格(price customization)就是依照不同顧客對於產品價值的認定,而設定不同的價格。不過,企業必須採取防禦措施,以避免認為產品價值高的顧客沾了低價的便宜。數量折扣是一個防禦措施,可以和客製化價格搭配運用。其他的防禦措施還有:多人定價策略(例如:多人購買就給予折扣優待),或者提供較便宜的替代品(例如:開發一個價格較低的產品線)。

生產季節性產品(如冷氣機、工具)的廠商可以考慮使用季節性折扣(seasonal discount)。季節性折扣是給予在淡季購買產品的顧客的折扣,例如:5%、10%、20%。在淡季所接到的訂單可使企業充分活用其產能,以及(或者)避免存貨持有成本。許多服務性的公司也提供季節性折扣,例如:Club Med 及其他度假中心也在淡季降價。

促銷折讓(promotional allowance)是賣方因為買方提供促銷服務所給予的

9　Dahleen Glanton, "Coupon Clippers Clean Up," *Chicago Tribune*, May 8, 2005, p. 1.

價格折扣。例如：建材製造商免費提供特定數量的建材供經銷商展示用，或者布料廠商支付零售商宣傳該布料廣告的一半費用。

13-6 價格敏感度

影響顧客價格敏感度的原因有很多。在這裡，我們將討論重點放在網路如何增加或降低顧客的價格敏感度。一般人通常會直覺地認為網際網路總是會增加顧客的價格敏感度。當然對許多公司而言，這句話也許是對的。然而，在仔細的分析之後會發現，有些公司還是可以用高價銷售，其關鍵在於這些公司知道採取高價的原因所在。

@ 獨特價值效應

影響價格敏感度的最重要因素是產品的獨特價值。獨特的產品特徵和利益（顧客所能從中獲得的利益）會降低顧客的價格敏感度，增加顧客購買意願，這種現象稱為獨特價值效應（unique value effect）。能夠提供實質價值、降低顧客價格敏感度的公司，必然能夠在網路行銷環境中成長及茁壯；反之，不切實際、譁眾取寵、僅強調配銷通路有多麼便捷的公司，必然會增加顧客的價格敏感度，進而侵蝕了本身的利潤。

要說服消費者有關產品或服務的優異，值得他們花高價購買是一件困難的事情。潛在消費者理當是心存懷疑的。要增強產品的獨特性，使得顧客願意購買的最佳方法，就是要有事實根據、要有實質的證詞，以及要讓消費者試用。網際網路在這方面提供了得以施展的舞台。

甲骨文公司（http://www.oracle.com）在這方面可說是腳踏實地的實踐者，而微軟公司的 CarPoint 網站亦不遑多讓。

@ 替代認知效應

即使最高檔的產品也可能會有高的價格彈性，重點在於市面上有無其他類似產品的銷售。如果市面上只有一種產品，則此產品的價格敏感度必低；但如果此產品在零售出口隨處可見，則其價格敏感度必高。替代認知效應（substitute

awareness effect）表達了價格敏感度與替代品出現及認知之間的關係。PChome Shopping Guide 採購情報（http://www.shoppingguide.com.tw）提供了許多有關電腦產品及周邊設備的比較資訊，這類網站的出現，大幅影響了顧客的價格敏感度。

@ 分擔成本效應

分擔成本效應（shared cost effect）說明了這樣的現象：(1)情況一：某人是產品購買的決定者，而另一人是實際支付者；(2)情況二：某人既是產品購買的決定者，又是實際的支付者。以情況一的價格敏感度較低。如果你因公出差，公司會負擔所有的旅費，則你會比較在乎航次、接駁順利與否，而不太在乎價錢；但如果你是自助旅行，必然會精打細算，情況可能就會不一樣了。

分擔成本效應對於價格敏感度、網站內容有著重要的涵義。其中一個涵義就是網站的設計。網站的設計必須要能確實針對上述兩個市場情況中的一種。如果目標是針對決定者（也就是市場情況一），則產品及服務的價格必須合理，並提供許多優惠條件；如果目標是針對支付者（也就是市場情況二），則成本效應是關鍵因素。凱悅飯店（Hyatt Hotel, http://www.airbus.com.tw/hotelnews/ htm）有針對使用者或支付者所設計的網站，而 Howard Johnson 網站則是針對支付者所設計的網站。

@ 價格－品質效應

當消費者第一次面對新公司、產品或服務時，他們通常會利用某些索引或訊號來評斷品質。在真實世界中，評斷品質要比在線上來得容易。網際網路最強而有力之處，在於只要幾位設計師及程式人員就可以創造出一個既引人入勝又頗具專業化的網站。但是，是否網站設計得愈複雜，市場的持續性及報酬就愈高呢？這是頗值得深入探討的課題。

對品質的不易判斷，會減低消費者的價格敏感度。價格－品質效應（price-quality effect）說明了當消費者缺乏其他可信的資訊時，就會以價格做為評斷品質的標準。這種現象會增加削價競爭的困難度，因為許多人會認為低價表示低品質，而迫使網路行銷者必須考慮採用其他策略，例如：與其他知名廠商建立共

同品牌（co-brand）等。如麥克‧喬丹（Michael Jordan）與耐吉（Nike）公司合作，使他的標題鞋大為暢銷，正所謂「二炬同光，相得益彰」。

對已經建立品牌知名度的廠商而言，在面對激烈的價格競爭時，價格－品質效用會發揮更大的作用，因為它可以用削價來競爭。

@ 儲存效應

儲存效應（storage effect）說明了消費者硬碟儲存空間的問題。如果是幾幅圖片、程式或文件，則消費者必然比較會購買（尤其是削價之後），即使他（她）可能現在不用。但如果是容量 500MB 的 CD 或影片，消費者可能會因為線上傳輸時間太長或磁碟空間的限制而不願購買，即使是削價亦然。

13-7 網路定價政策

先前說明的價格敏感度，有助於我們決定最適價格。在數位化的環境下，網路行銷者可考慮以下兩個定價政策：(1)線上或離線定價；(2)不二價政策（one-price policy，又稱統一售價、單一售價）或動態彈性定價政策（dynamic and flexible pricing policy）。

@ 線上或離線定價

許多組織都同時從事線上及離線商業活動，提供同樣的產品及服務。例如：你可以在傳統的邦諾書店買書，也可以在其網路商店購買同樣的書。你的往來銀行在線上及離線都可以提供相同的服務，你的股票經紀商也是一樣。問題是，網路行銷者要如何對產品及服務做線上及離線定價？這是一個非常重要的策略問題。

東方經紀服務公司（Pacific Brokerage Service, www.tradepbs.com）是早期進行線上股票交易的折扣經紀商，它提供了約 50% 的線上佣金折扣。早期它的虧損累累，因為它沒有顧客關鍵多數，也就是顧客數不夠多。但當知名度打開之後，客戶數就愈來愈多了。折扣策略終於使該公司獲得了豐厚的利潤。

相形之下，許多財務服務公司並沒有提供線上折扣，有的甚至收取額外的線

上固定月費（雖然不多）。但是，話說回來，折扣一定表示具有策略優勢嗎？豌豆莢公司（peapod, www.peapod.com）的線上價格比其傳統商店還貴，主要是因為顧客為了方便而寧可多花點錢。但是，我們要了解，當線上日用品商店愈來愈多、顧客愈來愈成為關鍵多數時，降價是必然的趨勢。

@ 不二價或動態彈性定價

不二價政策

在開始設定價格時，管理者就必須考慮採取不二價政策或者動態彈性定價政策。在不二價政策（one-price policy）之下，賣方是向購買相同數量的所有顧客提供同樣的價格。許多網路商店都採不二價政策。

大約 20 年前，當通用汽車公司推出 Saturn（釷星）這款汽車時，曾鼓勵經銷商設定固定的價格，以儘量減少顧客與業務人員之間的討價還價。當然，經銷商是一個獨立的商業客體，它可以逕行決定要採取不二價策略（不討價還價）還是彈性價格策略（談談生意無妨）。在同樣的汽車業，許多二手車超級商店，如 AutoNation、CarMax，是採取不二價策略的。

不二價政策有一個變化應用，就是統一定價。在統一定價（flat-rate pricing）之下，購買者在一次支付所規定的款項之後，就可以無限量享用這個產品。在統一定價的應用方面，做得相當成功的例子就是迪士尼主題樂園的統一價門票。幾年前，美國線上（America Online）也改用統一定價：消費者在付了 $19.95 的月費之後（後來漲到每月$23.90），就可以無限上網。統一定價只適用在邊際成本低的產品，或者需求有自然限制的情況下，例如：吃到飽沙拉吧、無限次搭乘公車等。

單一價格政策（single-price policy）是不二價政策的極端形式，不僅向所有的顧客收取同樣的價格，而且公司所銷售的所有產品也訂定同樣的價格。單一價格政策是數十年前興起的做法，目的是向省吃儉用、經濟拮据的消費者提供各式各樣的產品，例如：店內從雜貨到日用品一律 10 元台幣。

採取單一價格政策的商店通常會從各種管道拿到停產產品，或者生產過剩的產品。這些產品的成本非常低，只占最初成本的一小部分。單一價格商店不能長

期以低價來銷售那些毫無吸引力的產品（如過期品或低劣品）。幾家單一價格的連鎖店，如 99¢ Only，因為能提供消費者物超所值的東西，所以成長得極為快速。

不二價政策的優點在於計算銷售量和利潤方面非常容易，而且不必與每一位顧客單獨議價，省去了許多銷售成本，再則不致因為給予其他顧客優惠而得罪了另一部分的顧客。這種情形稱為降價矛盾（markdown paradox）。然而，不二價政策仍然有它的缺點，那就是容易造成價格的僵硬性，並且在銷售的時候沒有考慮到個別消費者的心理狀態及購買數量的差異。

動態彈性定價政策

在動態彈性定價政策（flexible-price policy）或稱變動價格政策（variable-price policy）之下，賣方是向購買相同數量的所有顧客提供不同的價格。雖然你會懷疑彈性價格策略的合法性，但它通常是合法的。

在網路的經濟環境中，價格不僅可以隨著購買者的時點而變動，還可以依照個人、購買頻率的不同而異。網路行銷者可以依照成本、需求及競爭情況等因素，靈活的調整其價格。

根據經濟學家的分析，統一售價其實對銷售廠商的總營收是不利的。舉例來說，對於波斯地毯或電冰箱，某些消費者甚至基於需求而寧可付出較高的代價來購買；另外一部分消費者的反應則不至於那麼熱切，因此要在低價時才願意購買。然而，若把所有的零售商品都改用競標或議價的方式，必將浪費許多時間、人力資源，使得交易效果不彰。這就是傳統的零售商店無法全面採用競標或議價方式的理由。所以在 20 世紀的大量消費時代，基於人力的不足，統一售價反而成為較正常而合理的交易方式。

然而在網路行銷的環境中，應用軟體（或更明確的說，爪哇程式）可以處理所有競標或議價的事情，以減輕人們的工作負荷。事實上，也唯有利用網路使交易成本大幅降低的情況下，才可以把競標或議價的方式用於廣大的消費群眾。使得網路行銷者可依照顧客的特殊狀況來進行動態彈性定價，網際網路技術扮演著一個關鍵性的角色。

動態彈性定價不僅適用於飛機票，也同樣適用於其他的產品和服務，若用於

購買汽車尤其適當。當標價公司的使用者（潛在消費者）要購買汽車時，他是針對自己中意的特定車款及配備，輸入一個自己打算支付的價款。標價公司便根據這些資料到消費者住家附近的汽車經銷商洽詢，看看是否有合適的車子供應。根據華克的了解，一般的成交價都比車商的發票價格高出 300 美元左右。此外，消費者在送出標單時也必須做出承諾，如果標價公司依約找到車子，消費者一定得依約照價購買。

這套方法與其他著名的網路購車服務截然不同。例如：Autobytel、Autoweb，以及微軟公司的 Carpoint 網站，是先要求消費者選定自己要買的車款和配備，網站根據該購買清單去找地區車商，最後再以一個不得再還價的最終價格送回消費者，消費者再決定是否要購買。

線上拍賣的興起，把動態彈性定價的功能發揮得淋漓盡致。1998 年時，在美國已有 200 餘家線上拍賣公司成立，經手的產品包括電腦、消費電子產品、古董、收藏品、二手車、情趣商品，以及各式各樣的東西等，價值超過 10 億美元。在線上拍賣的交易中，形形色色的人士皆參與其中，相互競標，使得在交易上憑添了不少娛樂的色彩及競爭的刺激。

在拍賣行的網站上，消費者自行決定某項東西對自己的價值有多少，銷售的一方（網路行銷者）只訂出一個底價讓買主自行競標，而在截止時間內由出標最高的買方贏得。許多在網站上販售的商品是用拍賣的方式來進行的（http://www.1dollar.com.tw/events/smart/）。

所有在這些主要的拍賣網站上標售的產品，其實都具備了一個微妙的特質：沒有人可以明確認定某特定東西的價值。一台流行機種的個人電腦或印表機，其價格波動的幅度很小，因為消費者很容易就可以在廣告、雜誌或網站上找到參考價格；但是一台稍嫌過時或已經過時的 Pentium II 或 486 電腦，應該標價多少呢？中古的電視機呢？這些都難以有一致性的價格出現。

對許多人來說，以上所列的東西或服務可能一文不值；但是對某些少數人而言，卻極可能價值連城，值得努力爭取。例如：大海公司的區域網路早年是用 50 台 486 電腦建構而成，這幾年來運作得非常順利，但今年有一台電腦故障了，因此他想要找一部規格、性能一模一樣的 486 電腦（可能是因為硬體、軟體搭配的問題）。他要去哪裡找呢？線上拍賣店就是最有效、資訊最豐富的地方。

小明家裡面擺了一台486電腦，對他而言留之無用、棄之可惜，因此，線上拍賣店就成了最佳媒介。大海公司和其他有類似問題的公司必然會努力爭取這類型電腦，而小明或是和小明有同樣情況的人必然樂於藉著線上拍賣店趕快出清「存貨」。這時候，線上的競標、議價就會發生了。

無論如何，產品的價值是取決於供需、資訊的對稱性與否（例如：賣方是否知道買方需求的殷切）等因素，並非僅固死板的。因為模糊，競標乃應運而生。

線上拍賣是一種可靠的管道，可供需要於季末快速清倉的供應商充分利用。本書在此並不是要鼓勵大家爭先恐後的開設線上拍賣店，而是要具體指出，動態彈性定價其實適用於許多產業內的各種公司。所以，如果網路行銷者所銷售的產品或服務的價值會隨著時間而貶低（如電腦、消費電子產品），或者可能在一段時間之後就變得一文不值（如飛機票、電影票等），就應該認真的考慮納入線上拍賣，成為關鍵性的新銷售管道之一。線上拍賣的方式如下：

英式拍賣

英式拍賣（English auction）是最普通的一種拍賣方式，其形式是在拍賣過程中，拍賣標的物的競價按照競價階梯由低至高依次遞增，當到達拍賣截止時間時，出價最高者即成為競買的贏家（即由競買人變成買受人）。拍賣前，賣家可設定保留價，當最高競價低於保留價時，賣家有權不出售此拍賣品。當然，賣家亦可設定無保留價，此時，當到達拍賣截止時間時，最高競價者即成為買受人。

美式拍賣

如果每種拍賣品有很多數量，在英式拍賣的基礎上允許出價人指定購買量，稱為美式拍賣（American auction）。

逆向（賣家出價）拍賣

在逆向拍賣（也稱為賣家出價拍賣、英式逆向拍賣，reverse English auction）中，多個賣家向代表買家的拍賣員出價，是對買家指定數量的要採購商品出價。隨著拍賣的進行，出價不斷降低，直到沒有賣家願意降價為止。逆向（賣家出價）拍賣的基本特點：多個賣家向代表買家的拍賣員出價，是對買家指定數量的要採購商品出價，並出價降低到沒有賣家要降價為止。

荷蘭式拍賣

逐步降低價格，直到有人出價購買。荷蘭式拍賣（Dutch auction）是一種特殊的拍賣形式。此種特殊的拍賣方式源自於荷蘭蓬勃發展的花卉產業。拍賣品有一個起拍價格（即拍賣的最高期望價格），隨著拍賣進行，該價格會隨時間的變動而自動向下浮動，如果在浮動到某個價格時有競拍者願意出價，則該次拍賣即成交（通常會有個最低出賣價格，隨著時間而向下浮動的標價如果低於此一拍賣價格，則該拍賣品自動流標）。因此，荷蘭式拍賣的競價是一次性競價，即在拍賣中第一個出價的人成為中拍者。

Google 是以修正後的荷蘭式拍賣發行股票。這種拍賣方法的名稱，源於荷蘭的一種花卉拍賣方式。過程如下：Google 和承銷商先設定價格範圍，決定如何分配股票。經審核認定合格的任何個人（限美國人），可以依據他們認為的公平價位，出價表示願意支付多少錢購買一股股票，以及想要買進多少股數（最低5 股），將標單透過網際網路、電話或者傳真機送交承銷商。

所有的密封式標單都進來之後，標售管理人接著計算能把所有股票都賣出的最低價格〔稱為結算價（settlement price）〕。等於或高於結算價的標單，一律依照結算價得到配股。如果申購人多於供應籌碼，則最早超過結算價的人獲得配股。

舉例來說，假設你要標售 10 股股票，有 20 個人來競價，其中 15 人出 900元各買一股，另外 5 個人出 999 元，那麼出 999 元的 5 個人和出 900 元的頭 5 個人即得標。不過，10 個人都只各付 900 元。也就是說，所有的得標者都按最低得標金額付款。以 Google 的例子而言，假設投資人出價 135 美元購買，但最後的結算價訂為 85 美元（實際上正是如此），那麼實際上只要 85 美元就能買到它的股票。

這種方法和 Google 一貫的作風完全吻合。這家公司使用的「廣告字」（AdWords）廣告刊登辦法，也是由廣告主競標，購買特定關鍵字詞搜尋結果網頁上的最高位置。「Google 解疑」（Google Answers）則由使用者自訂價格，付費請研究人員回答問題。

密封遞價拍賣

密封遞價拍賣（sealed-bid auction）是出價人在不知道其他出價人出價高低的情況下，出各自價格的拍賣，可以分為密封遞價首價拍賣和密封遞價次高價拍賣（也稱為維氏拍賣）兩種。密封遞價首價拍賣（first-price sealed-bid auction）：(1)買家提交密封式出價，出價最高者以其出價獲得物品；(2)如果拍賣中有很多物品，出價低於前一個的出價人購得剩餘的拍賣品；(3)密封遞價首價拍賣的基本特點：出價人無法看到其他出價人的出價，最高出價人獲勝，獲勝者支付的價格為自己的出價密封遞價的次高價。密封遞價次高價拍賣（second-price sealed-bid auction）：(1)拍賣過程和密封遞價首價拍賣類似，只是出價最高的出價人是按照出價第二高的出價人所出的價格來購買拍賣品；(2)密封遞價次高價拍賣的基本特點：最高出價人獲勝，獲勝者按僅次於其出價的第二高價付款。

雙重拍賣

買賣雙方分別向拍賣人遞交想要交易的價格和數量。拍賣人將買家的出價從高到低排序，再將賣家的出價從低到高排序，透過匹配賣家出價和買家出價，直到要約提出的所有出售數量都賣給了買家。雙重拍賣的基本特點是：買家和賣家同時遞交價格和數量，由拍賣員根據賣家的要約（從低到高）和買家的要約（從高到低）匹配。

復習題

1. 何謂底價？

2. 根據某位顧問的看法，沒有考慮到影響定價的各相關因素是「小型企業最常犯的錯誤」。除了定價目標之外，影響價格決定的其他因素有哪些？

3. 在定價時，企業必須估計產品的總需求量。對現有產品的需求估計比新產品來得容易。估計需求的步驟有哪些？

4. 競爭者會大大的影響底價。公司所推出的新產品會具有獨特性，但這只是在競爭者出現之前，而競爭者的出現又是不可避免的。如果進入某產業是相當容易的，而且進入之後又有利可圖的話，那麼潛在競爭的威脅就會非常大。競爭的來源有哪些？

5. 試說明產品的底價會受到行銷組合中的其他元素所影響。

6. 許多實體產品的總成本曲線都是呈 U 字型的，但是對數位產品而言，每單位變動成本非常低，而不論數量如何，總是固定的。因此，由於固定成本隨著數量的增加而分攤得愈少，每單位成本會隨著數量的增加而減少。試繪圖加以說明。

7. 試說明價格與利潤的關係。

8. 試說明網路上的定價問題。

9. 試說明網路環境下定價困難的原因。

10. 試說明採取低價的條件。

11. 定價（pricing）是網路行銷者將向消費者所提供的利益轉換成利潤的做法。網路定價方法或策略包括哪些？

12. 顧客採用線上購買的最單純理由在於便宜。對某些線上的產品類別而言，其價格的確比製造商的標示價格更便宜。試說明以成本為定價的公式。

13. 由於企業本身亦可以上網搜尋競爭者的價格資料，所以，流行水準定價是在網路行銷者間較為通用的定價方式。流行水準定價法受到普遍採用的理由是什麼？

14. 在進行產品組合定價時，企業所追求的是整個產品組合的最大利潤，而不是個別產品的利潤。由於每個產品項目的需求、成本及所面臨的競爭情況不

同，所以，產品組合定價是相當具有挑戰性的。試說明六種產品組合定價決策。

15. 何謂價格排列？對消費者而言，價格排列的主要好處是什麼？

16. 何謂奇數定價？企業採取奇數定價的理由是什麼？

17. 何謂引導者定價？做為引導者的條件是什麼？

18. 試比較高低價與每日低價策略。

19. 何謂轉售價格維持？何謂建議牌價？積極控制零售價格合法嗎？

20. 試比較被動與主動改變定價。

21. 折扣與折讓都是從底價（或牌價）扣除的部分。此扣除的部分可能是以減價的形式，也可能是其他的讓步，如免費商品或廣告折讓。在商業交易上，折扣與折讓是相當普遍的做法。試詳加說明折扣與折讓。

22. 試說明獨特價值效應。

23. 試說明替代認知效應。

24. 試說明分擔成本效應。

25. 試說明價格－品質效應。

26. 試說明儲存效應。

27. 在數位化的環境下，網路行銷者可考慮以下兩種定價政策：(1)線上或離線定價；(2)不二價政策（one-price policy）或動態彈性定價政策（dynamic and flexible pricing policy）。試詳加說明。

28. 線上拍賣可供需要於季末快速清倉的供應商充分利用。線上拍賣的方式有哪些？

練習題

1. 請選擇三家客戶對客戶（C2C）的拍賣網站，包括 eBay，建立一個比較及對照各網站特性的圖表，說明在哪種條件及情況之下，賣家會選擇使用 eBay 以外的拍賣網站。

2. 旅館經常提供不同的價錢給不同的顧客。上網找一些可以提供網上房間預訂的旅館，然後找出對某房間同一天會提供三種不同價格的旅館。為什麼它們對同樣的房間會訂定不同的價格？消息靈通的顧客經常可以得到好價錢，這樣對其他顧客公平嗎？

3. amazon.com 目前自我定位成一家每天低價的領導者。請選擇五種在 amazon 上不同的產品，然後使用網路上競爭者的價格去比較 amazon 的價格。amazon 永遠提供最低價格嗎？經過這個練習之後，你還認為 amazon 真的是每天最低價格的領導者嗎？

4. Priceline.com 能夠有效的吸引價格意識高、資訊敏感的旅客嗎？你認為 Priceline.com 的新商業模式會使它有利可圖，而不只是能夠生存嗎？在 Priceline.com 的 Webhouse Club 企圖將「自己出價」的觀念運用到雜貨業時，它忽略了什麼重要的問題？Priceline.com 的商業模式還適合哪些其他的產品類別？

5. 選擇三項你考慮購買的產品（非食品類的新舊產品均可，價格在 300～30,000 台幣之間）。詢問鄰近數家零售店這三項產品的價格，再到線上拍賣網站，如 eBay.com、亞馬遜網站（amazon.com），查詢這三項產品的價格。分別就每一項產品回答以下問題：哪裡比較便宜：網路或商店？你會在哪裡購買？原因為何？

6. 資訊科技（尤指網際網路）可讓產品帶來價格上升的壓力，也可讓產品帶來價格下降的壓力。試加以闡述。

7. 所謂「有效率的市場」是指價格由市場所決定、沒有人為干預的市場，你同意嗎？為什麼？試描述「有效率的市場」。網際網路是「有效率的市場」嗎？

網路配銷策略

14-1　引例

14-2　配銷的意義

14-3　供應鏈

14-4　配銷通路的設計

14-5　通路類型的選擇

14-6　去中間化與再中間化

14-7　通路衝突與控制

14-8　製造商的配銷方式

14-9　傳統零售商與線上零售商

14-10　傳統式與網路式運送

 **14-1 引例**

@ IBM 的配銷方式

號稱「藍色巨人」的 IBM，長年以來均將其大型電腦直接銷售給工業用戶，並不透過中間商。這種做法可使 IBM 控制價格、服務品質，以及產品的提供。但在 1981 年，IBM 開始製造及銷售個人電腦之後，發現礙於人力、財力，直接銷售給顧客是不可能的。同時，IBM 也看到許多目標客戶（包括許多小型企業）已經向電腦專賣店購買個人電腦。IBM 所擔心的是，這些電腦專賣店的專業知識、經營方式等會影響到 IBM 的形象。更嚴重的是，IBM 的目標與某些比較激進的專賣店相互衝突。這些電腦專賣店比較「唯利是圖」——只要有利可圖，不管誰來委託經銷的電腦（當然包括 IBM 競爭者的個人電腦）就會優先銷售，而一賣就是上百台電腦。IBM 對經銷商的選擇是非常嚴格的，它們必須是眾所周知的優良商店，例如：電腦廣場（Computerland）的連鎖店，同時必須配合 IBM 的策略，並保證優先銷售 IBM 電腦。除此之外，IBM 自己也開了幾家經銷店，以便進行更有效率的配銷作業。這些配銷作業對 IBM 的早期成功貢獻厥偉。

近年來，IBM 為了搶得電子商務的先機，已經在其網站上（www.tw.ibm.com）提供網路訂購的服務。如同 IBM 所了解的，將優異的產品以合理的價格提供給顧客是成功行銷策略的不二法門——但這是不夠的。管理者應考慮到「配銷」的問題，也就是以正確的數量，在正確的地點，將產品提供給顧客。配銷作業之所以能成功，乃是靠通路成員（如中間商、儲運公司等）的配合，以將時間效用、地點效用、擁有效用提供給顧客。

@ 統一集團的通路革命

統一集團計畫將來擺設自動櫃員機（ATM）的地方、社區和統一超商，都將擺設購物機，顧客除了可利用自家電腦上網購物外，還可以透過購物機選購商品。

顧客可以選購的商品不只是統一超商架上的物品，家電、書籍等各式各樣的

東西都有。為了提供各式各樣的商品，統一集團將成立一個採購單位，這家尚未成立的公司稱為「宅配公司」。客戶下單後，宅配公司即把客戶點購的物品送到離客戶家最近的統一超商，再通知客戶到統一超商取貨。客戶可以在統一超商付款，或者由萬通銀行負責收帳。再下一步則是「送貨到家」，即透過統一超商把貨品直接送到客戶家裡。

@ 玩具製造商……害怕玩具反斗城及其他玩具中間商會消失

Charles Lazarus 不僅以建立全球最大的玩具零售連鎖店而聲名大噪，而且也在建立新的零售出口，也就是所謂的「品類殺手」（category killer）上，是個響叮噹的人物。1980 年代，「品類殺手」在運動設備、寵物食品及家庭修繕這些行業，如雨後春筍般的湧現。

成立於 1978 年，Lazarus 的連鎖店玩具反斗城（Toy "R" Us, TRS），以驚人的速度擴展，年成長率平均為 30%。玩具反斗城的兩個競爭者——Child World 與 Kiddie City，卻遭到破產的厄運。

但是到後來，玩具反斗城的商店逐漸變得老舊不堪，顧客服務每況愈下。更糟糕的是，eToys 在 1997 年開始做線上銷售的生意。為了保衛江山，玩具反斗城也在 1998 年開始架設自己的網站進行網路行銷。就像許多達康公司（dot-com，指的是網路公司）一樣，eToys 也是因為龐大費用鎩羽而歸。

然而，使得玩具反斗城回心轉意的，就是沃爾瑪及 Target 在此產品類別（也就是玩具）方面的投入。沃爾瑪及 Target 這兩個連鎖店決定要擴展它的玩具產品線，對玩具反斗城所造成的更大壓力，就是必須降價才能夠吸引顧客。

玩具反斗城和其他玩具製造商一樣，被折扣零售店打得落花流水，喪失了大量的顧客及利潤。從 1980 年代末期到 1990 年代末期，玩具反斗城的市占率從 25% 掉到 17%，股價也降低了一半。1998 年，沃爾瑪超越玩具反斗城，成為美國最大的玩具零售商。

玩具反斗城被迫重新評估它的整體策略。1999 年，玩具反斗城投入了 3 億美元重新裝潢商店，每個商店的產品搭配從原來的 10,000 種產品增加到 17,000 種產品，並且藉著供應鏈的改頭換面來壓低存貨。但是，這些努力仍然無法阻礙沃爾瑪及 Target 在玩具配銷上的一枝獨秀。

　　玩具製造商，包括 Hasbro Inc.、Mattel Inc.、Lago AG、Leap Frog Enterprise Inc.，害怕玩具反斗城及其他玩具中間商會消失。如果不幸發生了，其他的通路及其主要的通路成員沃爾瑪及 Target，就會更具有影響力。對玩具製造商而言，這種可能的結局將是一個夢魘——由於這些折扣商店會壓低批發價，所以使得利潤變得更薄；在度假旺季以外的季節，銷售量非常低，玩具這個東西變成一切以價格掛帥的商品，製造商的品牌名聲將變得無關緊要。

　　有些玩具製造商為了要有更多的通路選擇，便減少由沃爾瑪配銷的「熱門」產品數量，尤其在產品生命週期的早期階段（當然這個舉動會惹惱沃爾瑪）。有些玩具製造商甚至給玩具反斗城某些產品的獨家配銷權。例如在 2004 年初期，Wild Planet Toys 的 Aquapets 玩具只有在玩具反斗城才買得到。一家新的玩具製造商給玩具反斗城某些玩具整個旅遊季的獨家配銷權，並且做大量的廣告來促銷這些產品。

　　接著，零售玩具的銷售量漸漸的遲緩下來，零售銷售總量在 200 億美元上下。2004 年，玩具反斗城的銷售量是 110 億美元，比 2003 年降低了 2%，但是利潤卻增加了四倍，達 2.5 億美元。根據其高級主管的看法：玩具連鎖店「在與折扣商店的價格競爭非常激烈」。

　　玩具業的競爭固然像是混戰一場，但其他的產品類別也不遑多讓。事實上，玩具反斗城的母公司認為，在衣服及兒童產品上，玩具反斗城並不是競爭對手。因此，它關閉了兒童反斗城（Kids "R" Us）事業部，以及 140 多家商店。玩具反斗城在零售經營上的記分卡這樣寫道：「一個成功（嬰兒產品）、一個失敗（兒童商品）、一個命運未卜（玩具）」。[1]

　　自從 1990 年代中期以來，玩具反斗城在提高銷售量、獲得利潤、阻礙沃爾瑪與 Target 在玩具零售業的成長、維持在玩具配銷上的影響力，以及與供應商之間維持良好的關係上，可以說費盡心血。其他的連鎖店也因為激烈的價格競爭而使利潤大失血，但是命運更是多舛。KB Toys 曾經擁有 1,200 家商店，但到後來卻被迫申請破產保護。FAO Schwarz、Zany Brainy 連鎖店的母公司也不遑多讓。

---

[1]　www.toysrus.com；"Toys 'are' Us Reports 2004 Earnings Rise," *Bicycle Retailer and Industry News*, May 15, 2005, p. 9.

2005 年早期，三個股權獨立的公司宣稱要以 66 億美元購併玩具反斗城，包括其玩具及嬰兒事業部。

玩具反斗城的未來將是如何？觀察家臆測道，「玩具反斗城及 KB Toys 很可能會脫胎換骨。」特別是他們要儘可能避免和沃爾瑪與 Target 做面對面的價格競爭。與這些零售巨人（指的是沃爾瑪與 Target）競爭，要在非價格競爭上取得優勢，例如：整年的供貨齊全，而不只是在度假旺季；獨家配銷；以及將購買變成享受的經驗。

玩具反斗城所採取的策略之一就是互動式參與，也就是讓兒童能在賣場參與玩具活動（與玩具有關的活動）。提供這種環境的目的是在強調娛樂，因此也就避免了（或者企圖避免）直接的價格競爭。互動式參與最叫好的是「建造一個大熊」（Build-a-Bear），以及「美國女孩」（American Girl）。不管提供什麼活動，玩具反斗城的管理者之間所達成的共識是，要縮減玩具反斗城的規模，700 家商店中的 25% 要賣掉，或者轉移到嬰兒反斗城事業部。

一般人期待玩具反斗城的新老闆會將經營重心放在嬰兒產品零售事業部上。與其他的事業部相較，嬰兒產品零售事業部的優勢是：(1)年銷售量相當穩定；(2)與大型連鎖零售店的直接競爭程度較低（雖然不久之後情況可能會改變）。目前，嬰兒反斗城在配銷通路上的影響力比玩具反斗城還大。玩具反斗城的新老闆可將嬰兒反斗城所獲得的穩定現金花在原來的事業部上，或者玩具反斗城事業部的再造工程上。

14-2 配銷的意義

在今日的經濟環境下，大多數的生產者（製造商）並不會將其產品直接銷售給最終使用者；在製造商與使用者之間，有各類的中間商（middlemen），他們執行著不同的行銷功能，並具有不同的名稱。當產品經由配銷通路（distribution channel）時，由於產品不同，因此所需要中間商數目及性質亦有所不同。

配銷（distribution）涉及到產品在各發展階段（從資源獲取，透過製造程序直到最終消費者手中的過程）的移動。原始原料所能提供給消費者的滿足程度很低，除非將這些原料轉移到生產者手中，並將其製成成品，使此原料所能提供的

效用及價值提高；而此效用及價值的提高，即可視為由配銷行為所產生的附加價值。由於從事配銷活動的配銷商（distributor）或者行銷通路成員（marketing channel members）能夠提供時間及地點效用，因此它可以促成消費者需求的滿足，並使產品和服務更具可用性（availability）。

在交易過程中，每增加一位中間商，交易次數便將減半（如圖 14-1），而交易成本及配銷成本亦減少許多。且就製造商而言，由於中間商的存在，使它可將大量商品賣給中間商，如此一次交易即可竟其功；反之若無中間商，則製造商便需與各顧客分別交易。

在網際網路上的配銷地點當然是所在的網站，利用網際網路來配銷。網際網路上的網站可以成為配銷的資訊匯集處，透過網友的登記名錄，可以不定期的發送電子郵件給潛在顧客；推播技術（push technology）的推出，更可將這個功能發揮得淋漓盡致。在全球配銷的作業上，全球某個角落的某個主機可以成為一個訂單處理中心或是總樞紐，接到訂單之後，就可由電子郵件系統通知就近的配銷中心送貨。網際網路的配銷作業可說跨越了時空的界線。

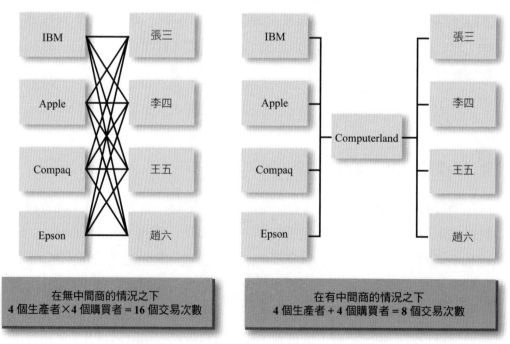

▶ 圖 14-1 中間商加入前後的交易次數

@ 線上配銷商

線上配銷商有許多類型：

(1) 內容主辦者（content sponsor），大多為入口網站，如雅虎、谷歌、搜狐、MSN 等。

(2) 資訊中間商（infomediary），如線上行銷研究公司，其主要工作為整合與散布資訊。

(3) 中間商（intermediary），在網際網路上有三種常見的中間商：(a)掮客（broker），包括線上交易（如 E*Trade）、線上拍賣（如雅虎）；(b)買方代理（buyer agent，如 Bizrate.com、Priceline）與賣方代理（seller agent，如 Edmunds.com）；(c)線上零售商（online retailer），其店面就是首頁，所銷售的產品種類（或搭配）通常多於傳統零售商。像新聞、音樂、軟體、影片這類數位產品都可透過網際網路銷售。

電子商務的出現帶給製造商及其零售夥伴許多如上的新選擇和問題，他們可以選擇要扮演上述何種類型的配銷角色。許多公司雖然覺得他們本身並不適合進行某種類型的線上配銷，但仍東施效顰一番。

@ 中間商的重要性

批評者認為，產品價格這麼高，中間商是始作俑者，因為他們做了太多不必要的事情或多餘的事情。有些製造商也持相同的看法，尤其是在經濟不景氣的時候，因此也就會不約而同的剔除中間商。剔除中間商的術語稱為去中間化（disintermediation）。雖然去中間化並非不可行，但是卻未必可以節省成本。去中間化後的結果是不能預測的，因為行銷學上有一個經典名句：「你可以剔除中間商，但你不能剔除它們所執行的重要配銷活動。」

產品分類與倉儲工作可以由一方轉移給另一方來執行，以提升效率和（或者）效能，但是不論怎麼移轉，總得有企業或個人去做——如果不是中間商去做，那麼就是製造商或最終消費者去做。如果由製造商直接和最終消費者進行商業交易，這是不切實際的做法。想一想，如果沒有零售中間商，如超市、加油站或售票門市，我們的生活會變得多麼不方便。

中間商會比製造商、消費者更有效率的、更節省成本的做好配銷工作。大型企業都認為，利用中間商會比利用「DIY」的方式更好。因此像 Albertson's、Safeway、7-Eleven 加盟店這樣的大型零售業者，都是 Core-Mark 國際公司（食品及相關日用品批發商）的顧客。這些零售商在利用 Core-Mark 之後所得到的潛在效益是：更佳的產品搭配、減低人力成本，以及更低的批發價格。

中間商可以說是供應商的銷售專家。另一方面，對於顧客而言，中間商又具有採購代理商的功能。例如：Lotus Light Enterprises 是 500 家供應商、14,000 種不同的茶葉、草本產品及其他相關產品的配銷商，想一想它所扮演的銷售角色。根據該公司某經理的說法：「我們最重要的服務就是為顧客所需產品提供一個平台。我們也將製造商的產品展示給零售商，並在商展中展示其產品。」中間商也向供應商及顧客提供財務支援服務。同時，中間商所提供的倉儲服務可將大批貨物分裝成小包裝以供轉售；中間商所具有的市場知識，可使供應商及顧客同蒙其惠。

14-3 供應鏈

任何一個跨入電子商務的企業，都曾對傳統作業做出巨大的改變。改變最為顯著的地方就是供應鏈管理（supply chain management）。供應鏈上任何一個環節的改善，都會對企業的整體績效產生重大的影響。透過電子商務，顧客、中間商、工廠及供應商會瞬間連結在一起。供應鏈上的許多成員不滿於間接聯繫（indirect routing，或稱間接佈線）的舊方法，而尋求各種增加通訊效率的方法。他們都非常迫切的想改善交易的效率，因為效率問題對時間和成本的影響非常重大。

在改變迅速的電子商務中，網路行銷者提供了一個絕佳的機會。供應商可與顧客及製造商做直接的連線，節省了大量的時間與金錢。如果製造商能夠從電子商務中獲益，那麼顧客也可以。顧客可以直接和製造商聯繫，為什麼需要多經一手？為什麼要處理更多的文件、浪費更多的時間、負擔更多的費用、煩惱存貨過多的問題？

企業內網路（Intranet）的設立，可使得企業與製造商之間做有效的資訊傳

遞（請注意，我們顯然已將製造商納入經營體系）。這種通訊能力在以前只有大型企業才能負擔得起。除了企業間網路之外，電子資料交換（Electronic Data Interchange, EDI）及企業間網路科技的進步與普及，使得小型企業也能夠負擔得起這些通訊費用。

如果你是完全「自給自足」的（也就是，產品所有的部分都是由你公司一手包辦），那麼你的溝通連結是在企業內部進行的，但是這並不表示你可以草率的做計畫。你要明訂每個部門的責任，而且也要明訂部門之間的互動關係。

團體成員要如何共同合作才能得到最高的標準？如果你必須依靠供應商、經銷商才能夠完成交貨的過程，那麼這個流程就變得比較複雜。除了要界定供應鏈中各公司的角色之外，也要明訂他們的責任。你在做分析時，要考慮以下的問題：

(1) 主要的溝通線是什麼？
(2) 到底必須和誰溝通？如果訂單突增或突減，要在多少天前事先通知？
(3) 什麼資訊會雙向交流？以什麼形式？
(4) 如要加速訂單的處理，要採取什麼措施？
(5) 如果供應商、經銷商不能滿足你的需要，你是否有備選方案？

當你把公司內外的資訊流程界定清楚之後，你就可以有效的利用企業內網路及企業間網路了。企業內網路（便於部門內的資訊交流）以及企業間網路（便於與經銷商、供應商做資訊交流）合併使用的話，將會增加你及時追蹤資訊的能力。

經過 ISO 9000 認證的公司（順便一提，ISO 是將公司內工作方法及工作程序加以標準化的過程，目的是確認可達到品質及卓越的最高標準。一旦獲得認證之後，終生生效），必定能夠體會申請過程的艱辛。為了滿足 ISO 9000 的部分要求，公司必然已經費神的對作業流程及工作做過詳盡的分析。

透過電子商務，採購部門會比較能夠做好控制。如果採購部門能夠了解供應商的作業方式及公司需要，必然能夠大幅改善與供應商的關係。如果能夠更精準的掌握訂單、更深入的了解供應行為、更及時的交換資訊，則公司在落實「剛好及時」（just-in-time）的存貨制度上，必然是水到渠成，公司再也沒有必要為了應付突如其來的需求而事先儲備。公司對於未來需求的預測會更為準確，為了應

付季節性或尖峰的需求，公司會事先調整其製造產能。由於倉儲費用的節省，產品的價格也會隨之降低。

電子商務會提升企業的採購能力，因為透過網路，企業可檢索各種不同的供應商。如果某個供應商不能滿足價格及交貨上的要求，那麼透過網路來更換供應商將是輕而易舉的事。透過電子商務，採購者會有更大的議價空間，因為如果他們不滿意某個供應商的話，可以很方便的再找尋其他的供應商。

顧客導向的製造（customer-driven manufacturing）或者依需求而製造，是製造精準的最高境界。當顧客直接向製造商訂貨時，製造商馬上便能夠非常清楚的掌握他／她需要什麼、何時需要。顧客希望製造商能夠「客製」其產品（為了顧客的特定需求而製造），就像戴爾電腦公司所能夠做到的「客製化」一樣，製造商當然就必須改善其生產及交貨制度來滿足顧客的需求。

 ## 14-4 配銷通路的設計

相似的企業可能會採用不同的配銷通路，例如：大型的保險公司會使用不同的通路。安泰保險公司（Aetna）為了接觸到潛在顧客，會使用獨立代理商（此代理商會銷售各種不同的保險產品）；相反的，State Farm 保險公司卻透過專屬代理商來銷售它的保險產品。就像幾乎所有的企業一樣，保險公司會考慮是否應將網際網路納入其通路策略中。有些保險公司猶豫不前，是因為怕得罪了長期配合的中間商。例如：State Farm 保險公司在開始時只在幾個州進行線上保險作業，後來在它所營運的各州中有三分之二的州提供線上購買保險服務。在其他州，潛在顧客還是要透過當地的代理商購買。

企業希望其配銷通路不僅能滿足消費者的需求，還要具有差異化優勢。有鑑於此，Caterpillar 公司透過營建設備經銷商，提供許多高價值服務，從快速處理維修零件的訂單到設備融資的建議應有盡有。在汽車業，汽車零件配銷商會僱用離職的技術人員向修車廠的零件經理或技工提供技術建議。這些都是獲得差異化優勢的做法。

要設計一個能滿足顧客需求、凌駕競爭者的通路，必須要有一套有系統的方法。企業所要做的四個決策分別是：

1. 明訂配銷的角色

企業要以整體行銷組合的觀點來設計配銷通路。首先，要檢視行銷目標；然後，要確認產品、價格、促銷所扮演的角色。行銷組合中的每個要素可扮演特定角色，或者兩個要素共同配合來實現特定任務。例如：壓力量測儀器製造商可採用中間商、直接郵件的廣告方式，並且也利用網站來宣傳它對售後服務的承諾。

2. 選擇通路類型

配銷角色一旦在整體行銷組合中確認之後，就要決定最佳的通路類型。此時，公司必須決定是否要利用中間商，以及如果要用的話，要使用哪一類型的中間商。

我們以 DVD（Digital Versatile Disc，數位影音資料光碟機）為例來說明可選擇的各種中間商類型，以及在選擇上的困難。如果企業決定要使用中間商，就必須從許多不同的類型中做選擇。在零售層次，它必須從消費性電子產品零售店、百貨公司、折扣商店、郵購公司及線上零售商中做選擇。

3. 決定配銷密度

配銷密度（intensity of distribution）是指在某一地區，在批發及零售層次所使用的中間商數目。目標市場的購買習慣、產品的本質與配銷密度息息相關。為了滿足潛在顧客的需求，固特異輪胎公司（Goodyear）發現必須延伸通路，除透過自有的商店銷售外，還透過 Sears 及其他折扣商店銷售。

4. 選擇特定的通路成員

最後一個決策就是選擇特定的廠商來配銷產品。有時候，企業（尤其是試圖行銷新產品的小型企業）對於要選擇什麼通路成員並沒有置喙的餘地。在這種情況下，這些公司就非得遷就一些有意願（希望有能力）的中間商來配銷產品不可。一般而言，企業在設計通路時會有各種通路成員讓它選擇。

假設 DVD 放影機的製造商喜歡兩種類型的中間商：百貨公司與專賣店。如果 DVD 放影機要在芝加哥銷售，此製造商就要決定在哪一家百貨公司銷售，是 Marshall Field's，還是 Sears？此外，也可以考慮一些消費性電子產品連鎖店，如 Tweeter、Circuit City。在公司目標市場所在的每個地區，都要做這樣的決定。

在選擇特定的企業做為通路成員時，製造商必須考慮中間商所針對的顧客是否為製造商希望接觸的顧客，以及中間商的產品組合、價格結構、促銷及顧客服務是否能符合製造商的要求。

在以上的設計步驟中，第一個決策涉及到整體策略，第二及第三個決策涉及到通路策略，最後一個決策就是特定的戰術。

14-5 通路類型的選擇

企業可使用既有的通路，也可以設計新通路以便向目前的顧客提供更好的服務，或者接觸到新的潛在顧客。有一個稱為 New Pig 的公司（「新豬」公司，這是真的公司名稱喔！）決定不再使用傳統的通路，例如：超市、五金行來銷售其抹布（具有特殊吸塵效果）等產品，而改由透過美容沙龍店配銷其產品，以接觸到主要的女性目標市場。當然，許多製造商也透過網際網路來配銷其產品。例如：Clinique Laboratories Inc.除了透過各種零售商銷售其化妝品、護髮產品給美國消費者外，還在線上銷售。

許多配銷通路有中間商，但有的配銷通路沒有中間商。如果某通路只有製造商與最終顧客，而沒有任何中間商提供服務，則此情況就是直接配銷（direct distribution）。ServiceMaster 公司就是以直接配銷的方式，針對住戶及商業顧客來銷售其清潔服務。世界最大的成藥製造商輝瑞藥廠（Pfizer Inc.），宣布它將直接銷售給西班牙的藥局及醫院。此藥廠做這種改變的原因，就是要防止配銷商的灰色行銷。

由製造商、最終顧客，以及至少一個階層的中間商所構成的通路，稱為間接配銷（indirect distribution）。傳說中的吉他之神 Eric Clapton、Jimi Hendrix 所使用過的 Marshall 牌擴大器，就是使用間接配銷的方式。明確的說，擴大器製造商在全球至少 75 個國家都使用大量的配銷商。

間接通路可能是一階中間商（只有零售商，沒有批發商），也可以是多階（有些消費產品的通路有時是跳過批發商，而只透過零售商，這時候就會被誤認為直接配銷）。在使用間接配銷時，製造商必須決定哪種類型的中間商最能滿足它的需要。

　　網際網路的出現固然使得製造商能夠很方便的直接銷售給顧客（這就是零階通路的現象），但同時也使得新型線上中間商的出現。因此是否要改變通路階層的數目（是否要透過中間商使得通路階層數變成一階通路），是值得製造商審慎思考的問題。

　　通路階層數目減少的現象，在網際網路上已是屢見不鮮。例如：線上財務金融網站取代了股票經紀商；Marriott 飯店利用企業間網路（Extranet）直接連線到水電行及建材行；旅遊網站取代了旅行社；線上保險公司取代了保險推銷員；消費者可直接連上戴爾網站，而不必光臨其 CompUSA 門市部。

@ 主要配銷通路

　　現今的市場上有各種不同的通路。對消費品、企業用品及服務而言，使用最為普遍的通路，茲說明如下：

消費品的配銷

　　行銷有形產品給最終顧客時，常用五種通路：

1. 製造商→消費者

　　這是最短、最單純的配銷通路，因為沒有中間商的參與。產品可能是以挨家挨戶的方式或是郵遞的方式來銷售。例如：西南公司（Southwestern Company）即利用大學生來逐戶銷售其書籍。

2. 製造商→零售商→消費者

　　許多大型的零售商會直接向製造商或農產品製造商進貨。沃爾瑪逐漸增加和製造商直接進行商業交易的機會，這個舉動使得許多批發商惱怒萬分。

3. 製造商→批發商→零售商→消費者

　　這是傳統的消費品通路。數千家小型零售商與製造商認為這是唯一具有經濟效益的選擇。

4. 製造商→代理商→零售商→消費者

　　許多製造商喜歡透過代理商，而不是批發商來接觸零售商，尤其是大規模的

零售商。例如：高樂士公司（Clorox）會利用銷售及行銷代理商（如 Acosta）來接洽零售商（如 Dillon's、Schnucks，這兩家都是大型日用雜貨品連鎖店），這些零售商再銷售高樂士清潔用品給消費者。

5. 製造商→代理商→批發商→零售商→消費者

為了要接觸到小型零售商，製造商通常會透過代理商（或代理中間商），這些代理商會再接觸批發商，然後這些批發商會接觸大型的零售連鎖店以及（或者）小型的零售商店。Acosta 是許多日用雜貨品製造商的代理商，它會銷售給批發商（如 SUPERVALU），然後這些批發商會將各類產品配銷給零售商（如聖路易地區的超市連鎖店 Dierberg's），最後，Dierberg's 會銷售各類產品給消費者。

企業用品的配銷

有許多通路可接觸到企業用戶。企業用戶採購產品的目的是因為製造或是營運所需。在企業用品的配銷中，產業配銷商（industrial distributor）與買賣配銷商（merchant distributor）是同義詞。企業用品的配銷中，五種普遍的通路是：

1. 製造商→使用者

企業用品如採直接通路的方式，所產生的營業額比其他通路方式還來得高。大型裝置設備，如噴射引擎、直升機、電梯等，都是直接銷售給使用者。

2. 製造商→產業配銷商→使用者

作業物料（營業用材物料）及小型附屬設備會透過產業配銷商來接觸市場。建材及空調設備製造商是大量使用產業配銷商的兩種產業。

3. 製造商→產業配銷商→轉售者→使用者

這個通路型態（通路結構）在個人電腦業、高科技行業非常普遍。這些規模大的全國性配銷商，會向各製造商購買各式各樣的產品，然後將相關產品組合在一起之後再轉售。轉售者通常是小型的地區性企業，它們會與最終使用者密切聯繫以滿足使用者的需求。近年來，由於直接配銷的蓬勃發展，尤其是網路行銷的蒸蒸日上，配銷商與轉售者無不想盡辦法提升其角色的附加價值。例如：電腦產

品的轉售者會提供技術解決方案,如網路建置。

4. 製造商→代理商→使用者

未設立業務部門的企業,會發現這是最適當的通路。此外,試圖推出新產品或進入新市場的企業,會喜歡透過代理商銷售,而不是自行設立業務團隊。

5. 製造商→代理商→產業配銷商→使用者

此通路類似前一種通路。基於某些原因,企業不能透過代理商而直接銷售給企業用戶時,就會使用這個通路方式。例如:訂購量可能太小,因此用直接銷售的方式划不來。或者由於需要非集中式(分散式)的倉儲方式來快速滿足企業用戶的需要,因此需要產業配銷商來提供倉儲服務。

服務的配銷

服務的無形性使其配銷有特殊的條件。服務的配銷中,兩種普遍的通路是:

1. 製造商→消費者

由於服務是無形的,因此,生產程序以及(或者)銷售活動通常需要製造商與顧客的個人接觸,所以必須採用直接通路。在許多專業服務業中,例如:保健、法律服務,以及個人化服務,如減重諮詢及美容剪髮等,直接配銷是非常普遍的。其他的服務,如旅遊、保險等,也必須直接銷售及配銷。

2. 製造商→代理商→消費者

雖然服務的提供需要直接配銷,但是在配銷活動上未必需要製造商與顧客的接觸。在所有權的移轉上(也就是銷售活動),代理商通常可協助服務提供者。許多服務,尤其是旅遊、住宿、在媒體上登廣告、娛樂和保險等,是透過代理商來銷售的。但是,由於電腦及通訊科技的發達,顧客可直接和服務提供者接洽,這種情況將威脅到代理商的角色。

@ 多重配銷通路

許多製造商,或者說大多數的製造商,不滿意只有單一的配銷通路。或許是要接觸一個以上的目標市場,或許是不喜歡被一個配銷通路綁住,許多企業會採

用多重配銷通路（multiple distribution channel）。例如：Sherwin-Williams 漆料公司、固特異輪胎公司（Goodyear）是透過批發商、獨立零售商、大型的零售連鎖，以及他們自己的門市來銷售。到目前為止，這兩家公司都還沒有以網際網路做為通路。許多公司建立多重通路的目的，在於確保隨時可提供顧客所需要的產品。

多重配銷通路適用於一些獨特的情況。在以下情況中，製造商會透過多重配銷通路來接觸到各種不同類型的市場：

(1) 針對消費市場及企業市場，銷售同樣的產品時（如運動產品或保險）。
(2) 銷售不相關的產品時（如教育與諮詢、橡膠產品與塑膠產品）。

在以下情況中，企業會透過多重配銷通路來接觸單一市場的不同區隔：

(1) 買方的規模大小不一：航空公司直接向大型企業的旅遊部門銷售，但透過旅行社接觸小型企業及最終消費者。
(2) 部分市場的地理集中程度不一：工業機械的製造商利用自己的業務團隊直接銷售給地理較集中的客戶，但透過代理商接觸分散在各處的客戶。

一個重要的趨勢是，透過相互競爭的通路來銷售同樣的品牌到單一市場，這種情況稱為雙重配銷（dual distribution）。由於許多保險公司（包括 Allstate Corp.）透過銀行及試驗性的網路來推銷保險，引起了許多獨立保險代理商的關切，甚至惱怒。如果製造商不滿意現有零售商的表現（如嫌它的市場鋪貨率不夠廣），就會建立自己的門市，在這種情況下，就產生了雙重配銷。或者，製造商建立自己門市的原因不是對誰不滿意的問題，而是想要做新產品及行銷技術的試驗所。

雖然雙重配銷會讓製造商獲得一些效益，但也會激怒中間商。當雅芳公司（Avon）開始透過百貨連鎖商店來配銷其化妝品，並且直接從顧客那裡接受訂單時，許多獨立的銷售代表感到非常火大。在另外一個產業，許多 Carvel 冰淇淋加盟店在碰到雙重配銷時，紛紛「改名換姓」。這些加盟店（也就是中間商）認為，當製造商決定自己在超市銷售冰淇淋後，他們的行銷努力將付諸東流，銷售量及利潤亦大打折扣。

有時候，多重配銷的方式可以經過特殊安排，使得中間商不會那麼惱怒。其中一個方式（雖然不容易做到），就是為不同的通路設計不同的行銷策略。例如：Scotts 公司透過大型折扣店銷售保護草皮的產品，但保留其他產品讓小商店銷售。

@ 垂直行銷系統

傳統上，配銷通路強調的是通路成員的獨立性（各司其職、各掌其事），換句話說，製造商會透過各種不同的中間商來達成其配銷目標。在這種情況下，製造商並不關心中間商的需要。批發商與零售商對保護自己的自由比較有興趣，而對於如何與製造商做好活動的協調比較漠不關心。這種傳統配銷通路的現象創造了新型通路的機會。

過去數十年來，垂直行銷系統已成為配銷通路的主流形式。垂直行銷系統（Vertical Marketing System, VMS）是一個緊密結合的配銷通路，其目的是改善營運效率及行銷效能。在垂直行銷系統中，行銷功能並不是無限上綱的被擴大；相反的，每一個企業功能必須相輔相成。

垂直行銷系統中的協調及控制，可以用三種方式來達成：共同擁有各階段通路的所有權、通路成員間訂立合約、一個或以上通路成員的市場力量（經濟力）。表 14-1 說明了垂直行銷系統中三種獨特的形式：公司式、合約式與管理式。

在公司式垂直行銷系統（corporate vertical marketing system）中，通路中某一階層的廠商擁有下一階層廠商的所有權，或者擁有整個通路的所有權。例如：耐吉（運動鞋及運動衣製造商）、Swatch 擁有自己的門市（零售出口）。當然，沒有任何保證公司式垂直行銷系統，或任何形式的垂直行銷系統是一定成功的。不到 10 年前，汽車製造商，尤其是通用汽車、福特汽車，開始買回經銷權，並且自己進行經銷業務。但是，這種做法顯然並沒有提升效率或效能，因此到最後還是放棄了。福特公司的事業部主管說道：「對我們而言，這是一個昂貴的經驗。我想我們終於了解到經銷商是我們終生的夥伴。」

▶ 表 14-1　垂直行銷系統中的三種類型

系統類型	主要控制方式	範　例
公司式	所有權	勝家（縫紉機） 固特異（輪胎） Tandy（電子產品）
合約式 　批發商主導的自願連鎖店 　零售商自營合作社 加盟系統 　製造商主導的零售店 　製造商主導的批發商 服務業者	合約 零售商所擁有的股權 合約 合約	IGA 商店 True Value 五金店 福特、戴姆勒克萊斯勒，以及其他汽車經銷商 可口可樂及其他軟性飲料裝罐公司 溫娣漢堡、Midas Muffler、Holiday Inn、National 租車公司
管理式	經濟實力	Hartman 旅行箱、奇異、卡夫乳製品

　　中間商也可能進行這類的垂直整合。例如：Kroger 及其他的雜貨用品連鎖店擁有食品加工廠（如供應連鎖店所需乳品的加工廠）。大型的零售業者，如 Sears，擁有部分或全部的製造設備，以供應其門市所需的各種產品。

　　在合約式垂直行銷系統（contractual vertical marketing system）之下，獨立的製造商、批發商、零售商會簽訂合約，並依約來改善配銷的效率及效能。在合約式垂直行銷系統之下又有三種方式：批發商主導的自願連鎖店（如 SUPERVALU 雜貨用品店）、零售商自營合作社（如 True Value 五金店），以及加盟系統（如溫娣漢堡）。

　　管理式垂直行銷系統（administered vertical distribution system）是透過以下方式來協調配銷活動：(1)某通路成員的市場及（或）經濟力量；(2)通路成員的合作意願。有時候，製造商產品的品牌權益夠強，因此可以得到零售商在存貨水準、廣告及商店陳設方面的充分配合。像是在家用電氣品的 KitchenAid、手錶的 Rolex、食品的 Kraft 這些製造商，就可以協調（甚或主宰）通路上的許多活動。例如：由於 Kraft 有很強的品牌，再加上它有大量的行銷預算，因此，許多雜貨用品連鎖店允許它可以決定零售貨架的擺設，不僅是 Kraft 的產品，還包括其他競爭者的產品。

　　值得一提的是，許多零售業者，尤其是大型零售商比以前更能主宰通路成員的關係。因此，許多大型製造商，如寶鹼公司，在幾年前為了就近服務 Wal-Mart，就在它所在的阿肯瑟州 Bentonville 市建立了一個辦事處。

　　在過去，通路之間的競爭普遍涉及到兩種傳統通路。例如：兩個「製造商→零售商→消費者」通路會互相競爭。由於競爭相當激烈，進而引發了傳統通路與某種形式的垂直行銷系統的競爭。因此，傳統的「製造商→零售商→消費者」通路（如 Van Heusen 襯衫透過百貨公司來銷售）就和管理式垂直行銷系統（如 Polo Ralph Lauren 公司和特定百貨公司連鎖店的合作批貨）競爭起來。

　　現在最普遍的競爭發生在不同形式的垂直行銷系統之間。例如：公司式垂直行銷系統（固特異所擁有的門市）和合約式垂直行銷系統（Firestone 的特許經銷商）之間的競爭。在提升行銷效能及作業效率上，垂直行銷系統扮演著關鍵角色，未來不論在質或量上都會有顯著成長。

@ 影響通路選擇的因素

　　如果一個企業是顧客導向的（如果它要成長，就必須是顧客導向的），那麼它的通路應該是由消費者購買形式來決定。有一項關於保險業的研究中提到：「不要再在通路上鬥爭了，聽聽消費者的心聲吧！」因此，在管理者的配銷決策中，市場的本質應是考慮的要素。要考慮的其他因素包括產品、中間商，以及公司本身。

市場考慮

　　目標市場是很合乎邏輯的思考起始點。市場包括需求、結構及購買行為。

1. 市場類型

　　最終消費者與企業用戶的消費行為截然不同，所以，企業必須透過不同的通路來接觸他們。根據定義，零售商的主要目的在於服務最終顧客，所以它們不屬於企業用品的通路。

2. 潛在顧客的數目

　　如果製造商的潛在顧客（廠商或產業）數目不多，就可利用自己的業務團

隊直接銷售給消費者或企業客戶。波音公司就是利用這種方式來銷售其噴射客機。相反的，如果製造商的潛在顧客數目很多，就必須透過中間商來銷售。銳跑（Reebok）就是透過無數的中間商，尤其是零售商，來接觸數以百萬的運動鞋市場。透過中間商銷售的企業不需要像雅芳那樣具有龐大的業務團隊來接觸目標顧客。

3. 市場的地理集中度

如果企業大多數的潛在消費者均集中在某個地理區域，直接銷售是比較切合實際的方式。如果潛在消費者在地理上是分散的，那麼直接銷售就是不切實際的做法，因為出差費用會飆高。因此，賣方會在人口稠密的市場設立分支機構，而在人口不集中的市場使用中間商。有些美國的製造商會透過專門的中間商，稱為貿易仲介商（trade intermediaries）來打開外國市場之門。製造商會以低於批發價銷售產品給貿易仲介商，以便讓貿易仲介商能夠在全球市場鞏固配銷通路。

4. 訂單大小

如果訂單或整個生意量龐大，直接配銷就具有經濟效益。因此，食品製造商會直接銷售給大型的超市連鎖店。但是，如果訂單很小，同樣的，製造商會透過批發商來銷售給小型的雜貨店，因為採取直接銷售的方式太划不來了。

產品考慮

雖然與產品有關的因素很多，但我們只說明三個最重要的因素。

1. 單位價值

產品的單價會影響預留給配銷利潤的空間。例如：如果所賣的是價格 10,000美元的印刷機零件，則企業僱用業務人員來銷售是划得來的；如果所賣的是價格 2 美元的原子筆，則僱用業務人員逐戶推銷就划不來了。3M 公司會避免網路行銷的原因，在於所賣的東西單價低、數量少，使得每一次交易都無利可圖。低單價的產品通常是透過一階段或以上的中間商來銷售。但是，有時候也有例外。例如：雖然單價低，但顧客的一次購買量很大，這時候利用直接銷售是具有經濟效益的。

2. 易腐性

有些產品，包括許多農產品，很快就會腐壞。其他產品，如衣服則不會腐壞，只是不流行而已。服務因為不能儲存，所以是易逝的。易腐產品、易逝產品需要直接銷售或是極短的通路。

3. 技術特性

高科技企業產品通常是透過直接配銷的方式銷售給企業用戶。此產品的業務團隊必須在銷售前後提供服務，而批發商可能沒有能力做到這點。具有科技特性的消費品就是配銷上的一大考驗。由於某些因素，製造商可能無法直接向消費者配銷高科技產品，因此，它們會儘可能的銷售給零售商，但是零售商在提供服務上又顯得不夠專業。

對各式各樣的高科技產品而言，如高爾夫球桿（信不信由你，它是高科技產品，因為它有各種不同的尺寸、材質、握把及特色），消費者會先到傳統商店看看他們所喜歡品牌及款式，然後再上網看看這個品牌及款式的最低價錢，最後是在傳統商店購買還是在網路上購買，則要看傳統商店是否能以網路低價出售。

中間商考慮

我們在這裡可以了解，為什麼企業無法安排理想通路的原因：

1. 中間商所提供的服務

製造商在選擇中間商時，是希望中間商能夠提供自己無法提供，或者自己無法有利提供的服務。例如：試圖打入美國企業市場的外國廠商，通常會選擇產業配銷商。這類中間商可提供外國廠商所需要的功能，如市場鋪貨、業務接洽和倉儲等。

2. 合適中間商的可獲得性

製造商可能無法找到所希望的中間商。有些中間商正在銷售競爭者的產品，因此不想再增加產品線。幾年前，Wally Amos 想要找零售商來擴展其著名的 Amos 巧克力碎片餅乾，但是卻無法找到足夠的超市連鎖店願意上架。因此，Amos 便透過其他的配銷方式，如會員制折扣量販店（warehouse clubs）、販賣機，甚至速食店來銷售產品。現在，Amos 已被 Kellogg 公司購併，所有的餅乾

都可透過傳統的通路（包括超市）來銷售。

3. 製造商與中間商的政策

如果中間商不能接受製造商的政策，它就會拒絕加入通路，在這種情況下，製造商的選擇就變少了。例如：有些零售商或批發商要製造商保證沒有其他的中間商在同一地區銷售同樣產品，才會願意銷售此產品。愈來愈多的小型零售商被大型零售商（如 Sears、Home Depot）要求降價或做其他的讓步，因而感到沮喪不已。因此，有許多製造商（從童裝到園藝用品）都勉為其難的決定不和這些零售商進行商業往來。

公司考慮

在選擇配銷通路之前，公司必須考慮自己的情況：

1. 希望控制通路的程度

有些製造商建立直接通路的目的，在於它們希望能控制產品的配銷——雖然直接配銷比間接配銷所花的費用更大。控制了通路，製造商就可以積極的從事促銷活動、確保產品的新鮮度，以及設定產品的零售價。為了有效管理襯衫在門市的產品搭配，J. C. Penny 公司直接和香港的 TAL 服裝公司打交道。J. C. Penny 公司直接整合了各門市銷售點的資料，接著利用電腦模型計算出適當的襯衫生產量，然後再直接運送到各門市。這種做法可使 J. C. Penny 公司大幅降低存貨。

2. 賣方所提供的服務

有些製造商在做通路決策時，不得不配合中間商的要求。例如：許多零售商不願意銷售製造商的產品，除非製造商已有預售此產品，或者對此產品做了大量廣告。

3. 管理能力

製造商的行銷經驗與管理能力會影響採用什麼通路的決策。許多缺乏行銷知識的公司會依賴中間商來做配銷工作。

4. 財務資源

具有豐厚財力的企業會建立自己的業務團隊、提供顧客信用購物，以及（或

者）自己處理產品庫存的問題。財力不強的公司會依賴中間商來提供這些服務。

除了少數幾例之外，上述的因素幾乎都會影響通路的長度及類型，因此，沒有一個所謂的「最佳」通路。在大多數情況下，你所考慮的因素會影響所產生的結果。如果一個未經檢驗合格的、利潤潛力低的產品，就不可能透過中間商來銷售，企業只有靠直接銷售一途。

14-6 去中間化與再中間化

當企業可與供應商及顧客建立直接的銷售關係時，傳統中間商的角色就起了變化。最嚴重的情況是，傳統中間商的工作將被取代，整個公司可能都沒有生存的機會。這種現象稱為去中間化（disintermediation）。

不可否認的，去中間化是供應鏈中改變最為劇烈的一個現象。供應商與顧客之間可以做直接的資訊交流的現象，稱為流線型的供應鏈（streamlined supply chain）。各行業的製造商可以在線上以有效率的、具有成本效應的方式銷售各種產品，並可使顧客滿意。據估計，製造商的線上銷售可節省 15% 的銷售費用，因為不再需要負擔文件的費用，也不再需要付給中間商佣金酬勞。銷售代表的角色已產生了重大的轉變。因此，我們可以了解，由於網際網路的普及、網路科技的進步，電子中間商（electronic intermediary）已如雨後春筍般的湧現，這種現象稱為再中間化（reintermediation）。

我們要對去中間化、再中間化做些深入的說明。去中間化涉及到在供應鏈中剔除了幾個組織或減少通路階層。傳統式的配銷通路在製造商與顧客之間會有幾個通路階層，例如：批發商、中盤商、零售商。在電子商務興起之後，透過直銷方式，傳統式通路階層就會被縮短，有些中間商的生存更是受到威脅。

在許多產業，中間商的角色將會被重新界定，而不是完全被剔除。有些中間商的角色改變了，有些中間商則完全扮演一個新的角色。要有生存機會的話，許多中間商必須「數位化」（go digital），或成為「網路中間商」（cybermediaries），例如：成為電子化賣場（e-mall）、目錄及搜尋引擎、比較式採購代理等，都是中間商再生的新角色。圖 14-2 顯示了電子商務中去中間化、再中間化的現象。

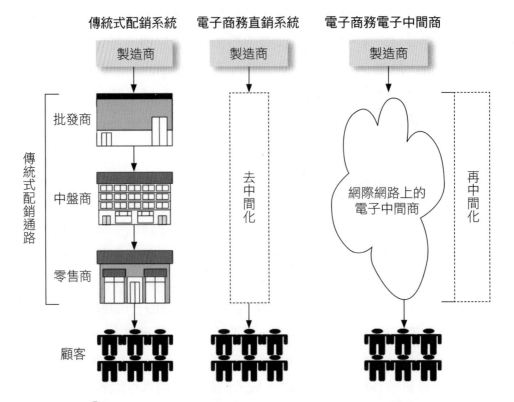

傳統式配銷系統　電子商務直銷系統　電子商務電子中間商

製造商　　　製造商　　　　製造商

批發商

中盤商

零售商

傳統式配銷通路

去中間化

網際網路上的電子中間商

再中間化

顧客

▶ 圖 14-2　電子商務中去中間化、再中間化的現象

　　短期內，由於買賣雙方可做直接的交流，中間商的工作的確不保。微軟公司的 Expedia 網站（www.expedia.msn.com）取消了旅遊仲介（旅行社）的服務，讓顧客直接瀏覽各航空公司的票價，比價之後再做線上購買。對每筆成交的交易，Expedia 網站酌量收取費用。對於航空公司而言，從旅行社那邊獲得的收入比以前減少了，他們必須要想新的辦法，提高品質或提供額外的服務。

　　旅行社、不動產仲介公司、保險掮客、書籍經銷商已經感受到「去中間化」的衝擊。如果不能提供加值服務，電子商務業者便會減少在顧客心中的專業地位。旅行社的優勢地位被影響得最大，因為他們所銷售的是服務，既不能觸摸，又不能感受。書籍經銷商所受的衝擊也不小，因為顧客買書的時候，不需要在書店擁擠的空間中翻閱書籍，只要在書籍的網頁上，我們就可以很方便的瀏覽各式書籍的封面，查閱它們的型錄及書評。

　　網路中間商會將買賣雙方拉攏在一起，他們會提供個人化服務、專業意見、

個人化諮詢等。網路中間商的角色就是去詮釋儲存在成千上萬的網站上的大量資訊，他們可說是資訊流（information flow）的導師。

微軟公司的 HomeAdvisor 網站（www.homeadvisor.com）就是一個有效率的網路中間商，向購屋者提供仲介服務。購屋者會收到符合其購屋條件的所有房屋資料。微軟公司不向購屋者收取不動產仲介費，它的收入來源是廣告及相關的服務。

入門網站也可以成為網路中間商，雅虎就做了這樣的選擇。其他新的線上業者也可如法炮製。例如：Etoys 在顧客與玩具之間找到一個完美的配合，如果顧客要買缺貨的季節性熱門產品，也可以找到。Etoys 的線上拍賣，每天可以促成成千上萬的買賣雙方的資訊交流，不論這些人居住在什麼地方、時區是什麼或使用什麼語言。

傳統上，汽車經銷商對於價格有相當的靈活性，隨著交易情況的不同，成交價通常是在成本價的 3～15% 不等。今日線上汽車經銷商只要在線上蒐集價格資訊，並將潛在顧客的欲購產品傳給汽車經銷商。微軟公司的 CarPoint.com 及 autobytel.com 就是汽車購買者的研究工具，將最有利的交易條件提供給購買者。

通用汽車公司（General Motors）最近加入了電子商務的行列，架設了 GMBuyPower 網站（www.gmbuypower.com）。購買者可上此網站了解通用經銷商的存貨情況，並做比價。

下一波的線上汽車購買將更具震撼性。透過網路接觸到汽車的購買者將是非常經濟的事。未來的汽車經銷商可以說是「虛擬經銷商」（virtual dealerships）。將轎車送到消費者家裡做試車，會比在車場停放 300 輛轎車讓選購者做試車來得更具有成本效應（更划算）。

14-7 通路衝突與控制

傳統的零售商及配銷通路成員並不歡迎網路行銷，因此常會與網路行銷者產生通路衝突（channel conflict）。這種現象會造成許多嚴重的問題。即使網際網路的成長極為快速，不過放棄既有的通路卻是風險極高的事。但公司又不應忽略網路行銷所帶來的機會和利益。因此，雙重配銷（dual distribution）也許是目前

最好的配銷方式。

由於有一階、二階通路的存在，所以通路衝突在所難免。同時，傳統通路與線上中間商的衝突也是屢見不鮮，原因在於最終顧客要與製造商做直接的組織間連線，而新興的線上中間商也不甘被架空。

網路行銷者與傳統通路成員的通路衝突，有三個主要的原因：目標的歧異、在工作任務方面的爭執、對事實的不同認知。

(1) 在目標的歧異方面，製造商或服務提供者（service provider）與其通路成員，在是否應削價競爭某產品，以及資訊分享等方面的看法不同。

(2) 在工作任務方面的爭執包括了：運送給顧客的方式、地理區域的分派、所提供的功能，以及所使用的科技。尤其當採用新科技時，工作任務的爭辯尤其激烈，因為製造商可以擺脫通路成員而直接銷售給顧客。同時製造商認為（事實也是如此），直接配銷（direct distribution）或直接系統（direct system）會造成更緊密的資訊流通與產品流動。然而，直接配銷無異剝奪了通路成員的生存機會，這種現象就會使得製造商與通路成員產生許多爭執，例如：誰應與顧客接觸、接訂單、運送，以及保存顧客資訊。網路行銷的彈性及方便性，使得製造商很容易就可以做到零售商所從事的事情。

(3) 在對事實的認知方面，即使製造商並不想剔除通路成員，只希望與通路成員產生相得益彰之效，但是由於認知問題，彼此之間也不免會產生衝突。這種情形在公司內也常會發生，雖然公司並無意撤消直銷小組（direct sales force），但直銷小組會認為他們的工作機會受到威脅，因為大客戶的交易都改由線上直銷來處理。

通路應該是且通常也是供應商與顧客透過合作以共同達成目標。但是，在這個網路掛帥的時代，通路衝突與控制權的爭取愈來愈像是家常便飯。欲有效的管理通路，必須具備有關衝突與控制的知識，包括：(1)如何減低衝突，或至少降低負面效應；(2)如何提高對通路的控制。

當某通路成員察覺到其他成員妨礙他達成其通路目標時，就會產生通路衝突。某通路的企業會與其他通路的企業激烈的競爭，這個現象稱為水平衝突。即使在同一通路，某企業也不可能認同其他企業的作業方式，並企圖控制其他企業

的活動，這個現象稱為垂直衝突。

網際網路的興起產生了一個副作用——助長了水平衝突與垂直衝突。例如：Home Depot 曾經公開說明，供應商不能在網路上銷售其產品。Home Depot 在給供應商的信中提到：「我們有權選擇供應商。任何公司都不願意和競爭者有生意往來。」也許為了贏得這些供應商的好感，Lowe's 公司便鼓勵其供應商在線上銷售其產品。Lowe's 公司表示有興趣和供應商的網站連結，並且和供應商分享利潤。

此外，中間商的扣款（chargeback）行為也在許多通路上引發了激烈的垂直衝突。扣款是指零售商或批發商認定其銷售產品的廠商，在實際上或涉嫌違反雙方對配銷的協議政策或流程時，便逕行對這些廠商處理罰款。扣款的情況非常廣泛，包括商品裝箱數量不正確（通常是短少）、運送時間錯誤，以及產品受損等。因為扣款而苦惱不已的一位家用品製造商的主管，甚至這樣描述供應商：「他們都是騙子，只會從我們這裡偷東西。」2005 年，聯邦政府開始著手調查 Saks Fifth Avenue 百貨連鎖店涉嫌不法的行為。偵查的重點放在扣款及低價競爭上。Saks Fifth Avenue 百貨抗辯道，扣款是合法的，因為對方違反了所協議的政策及程序。不可否認的，扣款行為會使通路成員各懷鬼胎，並且在通路界引起緊張氣氛。

@ 水平衝突

水平衝突（horizontal conflict）發生在通路的同一階段，例如：玩具反斗城與沃爾瑪之間的衝突。手機市場也是水平衝突的好例子。消費者似乎可在任何地方買到手機與手機服務，想想看手機的競爭者：辦公用品商店、百貨公司、會員制折扣量販店、消費性電子產品零售店，以及通訊服務公司（如 Sprint）的自屬門市、免付費電話及網站。

基本上，水平衝突是企業競爭的結果。水平衝突可能發生於：

(1) 同類型的中間商之間：Maryvale 五金店（獨立零售商）與 Fred's Friendly 五金店（另一家獨立零售商）之間的衝突。

(2) 不同類型但屬同一階段的中間商之間：Fred's Friendly 五金店（一家獨立零

售商）與 Dunn-Edwards 油漆公司（大型連鎖店其中的一家分店）和 Lowe's 的油漆部門（大型連鎖店其中一家商店內的一個部門）之間的衝突。

造成水平衝突的主要原因是混和銷售（scrambled merchandising），也就是中間商為了多角化經營，而增加過去未曾銷售的產品到其產品線中。例如：超市為了擴大銷售，除了本來銷售的雜貨用品之外，還增加了健身與美容器材、小家電、點心吧及各種服務。原本銷售這些產品的零售商會對超市的多角化、採用多重通路的製造商非常惱怒。除了傳統的金融服務外，還代銷保險、共同基金和信託服務，這又是一個混合銷售的例子。

混合銷售以及其所引起的水平競爭，是由消費者、中間商或製造商所造成的。許多消費者喜歡方便、一次購足所需產品，因此，商店就會擴大產品搭配以投其所好。中間商也會卯足全力提高毛利、吸引人潮，因此也會不斷增加供應產品的種類。也許是基於這個原因，一家法國超市連鎖店開始在超市以折扣價銷售韓國製的大宇汽車（Daewoo），讓原來的大宇汽車代理商非常惱怒。製造商為了尋求擴大市場涵蓋率，並透過規模經濟以降低單位製造成本，因而增加新的配銷通路，而這樣的多角化方式將更加深水平衝突。

@ 垂直衝突

也許在通路上，最嚴重的衝突就是發生在同一通路不同階段的中間商之間的衝突。垂直衝突（vertical conflict）常發生於製造商與批發商之間，或者製造商與零售商之間。

製造商與批發商

製造商與批發商可能會對他們之間的關係看法不同。例如：Anheuser-Busch（百威啤酒的母公司，簡稱 A-B）提供各種誘因，鼓勵批發商只進 A-B 的啤酒，而不要進其他品牌的啤酒。但是，批發商也會為了自己的利益著想，除了要享受 A-B 的「100% 心占率」（100% share of mind）所提供的財務誘因之外，又想要批發其他有利潤的品牌。在這種情形下，垂直衝突就難免發生。

為什麼會產生衝突？基本上，製造商與批發商的觀點不同。一方面，製造商認為批發商不是沒有積極的促銷其產品，就是沒有做大量的進貨（或準備足夠的

庫存）；再說，製造商也覺得批發商的服務成本過高。另一方面，批發商認為製造商不是預期過高，就是不了解批發商對顧客所負的責任。

垂直衝突有時來自於製造商想跳過批發商，而直接與零售商或消費者進行商業交易。由於製造商或消費者不滿意批發商的服務，或者市場情況允許直接銷售（製造商跳過批發商），或者市場情況對直接銷售方式有利，因此直接銷售就會發生。網際網路的興起，使得直接銷售所產生的衝突愈來愈普遍。

為了要跳過批發商，製造商有兩種選擇：

1. 直接銷售給消費者

也許採用逐戶銷售、郵購或線上銷售的方式。製造商可在不同的地區建立自己的配銷中心，或者在主要的目標市場建立自己的零售店。許多衣服及鞋類製造商，如 Philips-Van Heusen、美國愛迪達（Adidas America），就擁有及經營許多工廠直營門市。Coleman 公司也是透過工廠直營門市來銷售別處買不到的產品，以及以折扣價來銷售那些過期的、生產過剩、重新修復的產品。製造商會使用這種方式做為輔助，而不是唯一的配銷方式——這種情形很少例外。

2. 直接銷售給零售商

在某些特定的市場及產品情況下，直接銷售給零售商是可行的、值得鼓勵的。理想的零售市場是由購買有線產品種類但購買數量大的零售商所組成。眼鏡框生產量居冠的義大利 Luxottica 集團公司便剔除了大多數的批發商（同時還買下兩家連鎖店以銷售眼鏡及太陽眼鏡）。根據此公司的說法，較短的通路不僅會提高利潤邊際，而且也會改善對眼鏡行的服務品質。

直接配銷（較短的通路）會造成製造商在財物及管理上的負擔。製造商必須靠自己的業務團隊來經營，並且要自己處理實體配銷的問題。此外，採取直接配銷的製造商必須面對先前批發商（還沒有被剔除以前的配銷商）的競爭，而這些批發商早已開始配銷競爭者的產品了。

如果要避免被跳過，或者在被跳過時要如何因應，批發商就必須提升其競爭地位。他們可選擇的方式有：

1. 改善內部績效

許多批發商都已對其營運加以現代化。在擁擠的市中心附近地區,建造全功能的單一樓層倉庫,並裝設機械化物料搬運設備。電腦改善了訂單處理、存貨控制及帳單處理的效率。

2. 向顧客提供管理協助

批發商已了解改善顧客的作業會使大家同蒙其利,因此,有許多批發商會提供各種方案來協助顧客(如零售商),例如:佈置、產品選擇、促銷及存貨控制。譬如年營業額超過 40 億美元的批發商 Graybar 電器公司,決定花 9 億美元的代價為營業資料的儲存及分析建立一套新系統,並把分析結果提供給製造商及顧客參考。

3. 組織自願性連鎖店

在這種合約式垂直系統中,批發商可以依約向各零售商提供管理服務及大量採購權。相對的,零售商會保證向此批發商購買所有商品(或幾乎所有商品)。由批發商所主導的志願性連鎖在雜貨業非常普遍(如 IGA、SUPERVALU),但是在其他行業倒是不多見(如果有的話)。

4. 開發中間商品牌

有些大型批發商已成功的開發其自有品牌。SUPERVALU 超市已開發其雜貨商品品牌 Favorite、軟性飲料品牌 Super Chill。自願式連鎖店替這些批發商所建立的品牌,提供了一個現成的市場。

製造商與零售商

在經濟不景氣的時代,製造商與零售商的衝突會更加激烈。當製造商透過自營的商店銷售,或者透過網路銷售時,製造商與零售商也會產生衝突。有幾家成衣製造商,包括 Polo,已經自行開設門市。這種做法會激怒銷售該公司品牌的百貨公司及特殊專賣店。為了要增加配銷密度,固特異輪胎公司將 Sears、Wal-Mart 及其他零售業者加到其通路成員中。輪胎業的某雜誌編輯說道:「固特異斷了獨立零售商吃飯的傢伙。」長年以來,這些獨立的零售商已成為固特異的中流砥柱,看到固特異不公平的定價行為,以及對訂單的出爾反爾,更是義憤填膺。

　　製造商與零售商彼此之間可能會不同意對方的銷售條件，或者兩造之間的關係情況。近年來，大型的零售商不僅要求供應商（製造商）降低價格，而且也要求他們提供更多的服務。製造商通常覺得要配合零售商的要求必然所費不貲（如果可能配合的話）。這些要求不一而足，包括做更多的廣告、花更多的促銷費用，甚至改善衣架的品質（這樣的話，零售業者就不必自購品質好的衣架）。

　　有些大型零售商，尤其在雜貨商品業的零售商，會要求所謂的上架費（slotting fee，又稱上架折讓），才會在商店的貨架上擺放製造商的產品。在這種情況下，怎麼會不產生衝突？據聯邦調查局所進行的一項調查顯示，商店中每一款衣服的上架費高達 5,000 美元。如果是名牌，製造商就可以殺價。有人估計，製造商每年所支付的上架費總金額達 90 億美元。由於在零售這個階段，雜貨用品的銷售利潤很薄，這些上架費占超市連鎖店利潤的比例還滿高的，也許是四分之一以上。由於爭議性相當高，聯邦貿易委員會曾針對上價折讓進行了廣泛的調查，但是並沒有對管制行動做出具體的結論。

　　製造商與零售商都有增加控制力的方法。製造商可以：

1. 建立強大的顧客品牌忠誠度
符合及超過顧客的預期，是創造這種忠誠度的主要方法。

2. 建立一種或多種垂直行銷系統
只要可能，寶鹼公司就會採用管理式垂直行銷系統。

3. 拒絕銷售給不配合的零售商
從法律觀點而言，這種做法站不住腳。

4. 安排替代的零售商
在利潤被大型零售商壓縮之後，許多製造商會調整其配銷策略，轉而透過小型專賣店銷售。雖然風險高，但許多成衣製造商已採取這種方式。

　　零售商也可以採取一些有效的行銷武器，可以：

1. 建立消費者對商店的忠誠度
有效的廣告、強力的商品品牌，是創造消費者忠誠的主要工具。

2. 改善電腦化資訊系統

資訊就是力量。了解什麼是暢銷產品有助於和供應商議價。

3. 建立零售商合作社

在這種垂直行銷系統之下,一群小型的零售商可合作建立及經營批發倉庫,其主要用意是在透過大量採購來降低成本。例如:位於加州 Escondido 的 Rapid Transmissions 公司和其他汽車維修店合作,以便從零件供應商處獲得較便宜的價格。

當然,沒有一種方法能保證讓製造商、批發商及零售商都保持競爭力。任何道路都是荊棘滿布、困難重重的。例如:TruServ 合作社(現在是 True Value)在 1990 年代末期發生財務問題,影響到它對其五金零售店會員的服務能力。結果,有些會員便脫離了 TruServ 合作社,加盟到其他合作社。現在,TruServ 合作社卯足了全力拚成長。

@ 誰控制通路?

每一個廠商都想在配銷通路中約束其他成員的行為,具有這個能力的廠商就具有通路控制(channel control)。在許多情況下,包括配銷通路這個情況,權力即是控制的先決條件。通路權力(channel power)就是影響或決定其他通路成員行為的能力。

在配銷通路中的權力有許多來源,這些來源是:

1. 專業技術

諸如具備有關產品的知識,或者具備有關顧客的寶貴資訊。

2. 報酬

對合作的通路成員提供財務效益。

3. 制裁

處罰不合作的通路成員,或將他們從通路中剔除。

有趣的是,不見得必須要施展權力才能夠做到控制。例如:廠商只要讓其他

的通路成員知道他有制裁權，就足以發揮控制力。可以想見，利用制裁權去影響其他配銷商的行為，對於這些配銷商的滿足感會有重大的影響。

傳統上，製造商被視為是通路的主宰者；換句話說，他們決定了銷售出口（門市）的類型及數目、哪個（哪些）中間商能夠加入，以及通路必須遵守的做事方式。想想今日許多大型中間商，尤其是零售商，具有這麼龐大的規模，又擁有這麼強的顧客忠誠度，上述的觀點是單方面的，而且也是過時的。

現在中間商控制了許多通路。對消費者而言，Safeway、Target，以及Nordstrom 這些超市的名稱，比在這些商店銷售的製造商名稱更有意義。大型零售商正在向製造商的通路控制力挑戰，就好像數年前製造商從批發商處取得控制權一樣。我們可以想見，強大的零售連鎖商，尤其是沃爾瑪，會向製造商施壓以取得低價及其他支援。即使小型零售商在當地市場也具有影響力，因為他們的聲譽比製造商強。

製造商認為他們應該恢復扮演通路領導者的角色，因為創造新產品的是他們，而且他們需要更大的銷售量來獲得規模經濟之利。零售商也主張自己要有主導權，因為他們認為自己最接近最終顧客，最能了解顧客的需求，因此必須由他們來設計及監督通路，以滿足顧客的需求。零售商對於通路逐漸有更大的控制力，是由許多因素所促成的。也許最重要的是，許多零售商利用電子化掃描裝置，以更正確、更及時的方式，蒐集有關個別產品的銷售趨勢資訊。在這方面，製造商是望塵莫及的。

@ 通路的合夥關係

如將通路視為由獨立的、互不相讓的廠商所組織而成的一盤散沙，那麼就太短視了。相反的，製造商與批發商必須將通路視為合夥關係，共同為滿足顧客需求而努力，而不是爭主導權。也許就是因為了解到這點，沃爾瑪不再對製造商施壓，甚至在一些情況下自動吸收漲價。

在配銷通路中，要建立合夥關係必須以各種合作行動做後盾。透過合作，雙方必能同蒙其惠。例如：客戶可邀請製造商參與其產品開發活動。ABB 自動化公司負責製造控制系統的事業部，甚至允許其供應商在其工廠建立倉庫。

比較普遍的做法是，廠商向其供應商提供有關過去、未來銷售，以及（或

者）存貨水準的資訊，以便讓供應商做有效的生產排程計畫，進而及時的供應顧客訂單。例如：沃爾瑪允許其數千家供應商檢視他們的產品在所有的沃爾瑪商店過去兩年的銷售數字。

合夥有許多潛在的利益。存貨及作業成本會降低、產品及服務的品質會改良，以及訂單處理的快速等都是可能的好處。但是並不保證一定可以獲得這些好處，而且也可能有風險。密切的合作需要分享機密資訊，而這些資訊可能會被對方誤用。更糟糕的是，這些資訊可能會流到競爭者手中。廠商與其他的廠商建立合夥關係，這表示和其他的廠商斷了關係（或至少減少了關係），以後如果與合夥者情不投、意不合，要再走回頭路可能已時不我與矣！

為了提高通路內的協調、鞏固合夥關係，許多大型廠商會限制供應商的數目。但是這種「優勝劣敗」的選擇方式會使得規模龐大的客戶主宰了較小的供應商。通路成員間並不是生而平等的。再說，如果被欽點，供應商就會「吃香喝辣」（會有龐大的潛在銷售量），因此，供應商會對大客戶無條件配合。

在促成合夥關係上，愈來愈普遍的做法是品類管理（category management），也就是零售商允許大型供應商管理其整個產品類別（如超市的碳酸飲料）。在品類管理之下，被指定為「隊長」的供應商可以決定哪些產品可以陳列在零售商的貨架上、多少數量，以及在哪個零售店等。品類管理可提升零售商的銷售量、減低費用，但是會使零售商失去自主性及差異化的機會。

許多合夥關係實際上是廣泛的、重要的關係行銷的一部分。在配銷通路方面，關係行銷是指企業不僅與客戶密切合作，更加了解及滿足客戶需求，而且也與客戶建立長期、互惠關係。相對的，客戶也可以和供應商建立關係行銷。

 14-8 製造商的配銷方式

基本上，就線上行銷的程度而言，網路行銷者在配銷策略方面有兩種極端選擇：(1)由製造商透過其既有的零售商進行配銷的傳統方式；(2)由製造商直接銷售（manufacturing direct）。在 1990 年代成功採取這種配銷方式的公司有戴爾（Dell）及思科公司（Cisco）。製造商本身也做配銷工作。由於有愈來愈多的零售商採用電子商務，因此此方法變得愈來愈普遍。

@ 半傳統式

Fruits of the Loom 公司是一個不直接向顧客銷售的典型例子。它藉著與配銷商之間快速而正確的資訊交流，建立密切的關係。Fruits of the Loom 的配銷商可以從線上檢索其電子型錄，並透過企業間網路來交換有關訂單、存貨、顧客服務及價格的訊息。當製造商的價格改變或是存貨不足時，就會馬上通知配銷商。

另外的例子是先鋒公司（Pioneer）及麥泰公司（Maytag），他們限制任何交易都不能透過線上交易，而應透過傳統的零售商。

@ 僅線上式

此個案在網路行銷中也是屢見不鮮。1999 年以來，李維・史特勞斯公司（Levi Strauss & Co.）就限制所有牛仔褲的銷售都必須透過其 www.levi.com 網站，如此就可以掌握價格。

@ 合作式

這是汽車配銷的典型例子。汽車製造商雖在線上銷售，但仍然必須依賴傳統的經銷商向消費者提供試車的服務。

現有的企業傾向於利用電子商務來提供零售服務，以及利用傳統的配銷通路來進行批發。這種方式既可與配銷商維持既有的關係，又可以有效的方式經營企業。企業要提供給配銷商一個電子型錄（electronic catalog），而不是給一般顧客。配銷商仍然像以前一樣負責接單，但是向製造商提供有關訂單的資訊，則是透過企業間網路（Extranet）利用電子傳遞的。

3M 公司（Minnesota Mining & Manufacturing）還特別關心保持配銷通路結構的問題。它在線上提供了數百種產品的電子型錄，但是顧客還是得透過配銷商才能買到所要的東西。3M 公司認為，由配銷商來替公司處理許多低成本的小型產品，會比自己處理包裝運貨的事宜更為划算。

@ 直接配銷式

如第 1 章所說的，及時行銷是不斷適應及改變產品（在某種程度上，網頁本身也是一種產品）以滿足個別顧客的當時需求。

要落實及時行銷，公司必然會採取直接銷售及直接配銷。當顧客購買產品後，就與他建立了關係。這種情形會比顧客與中間商建立關係後，再與顧客建立關係來得容易。直接配銷有以下的優點：[2]

(1) 建立了網站與顧客的關係。

(2) 顧客產品的規格細節可自動獲得。

(3) 明確的掌握顧客購買的時機。

(4) 從支付的作業中可以了解顧客的基本資料。

(5) 建立了互信的基礎。

(6) 與顧客建立的關係不易被非法使用者破壞。

已具有及時行銷能力的產品或公司，並不多見。雖然客製化服務是一個值得追求的標竿，但是落實起來並不容易。不可否認的，對於已經具有客戶直接接觸經驗的公司，比較容易做到及時行銷。

更為直接的方式就是企業同時扮演著供應商及配銷商的角色。許多音樂及電腦業者都採取這種策略，而且也獲得相當的成功。戴爾電腦公司已不再利用中間商，顧客可直接在戴爾網頁上下訂單。戴爾一向認為與供應商的資訊交流是頭等重要的事，因此在還沒有從事電子商務業務之前，就已經是低存貨、高利潤的廠商。在進行線上銷售之後，戴爾與供應商之間所交流的資訊比以前還多，這些資訊包括公司存貨、生產計畫，以及送貨截止日期等。

李維・史特勞斯公司（Levi Strauss & Co.）是另一個進行線上直銷的成功案例，雖然其總銷售量從 1997 到 1998 年已逐漸下降了。1998 年 11 月，李維・史特勞斯公司架設了 Levi's@線上商店（www.levistrauss.com），向顧客做直接銷售的服務。Clinique 公司（www.clinique.com）的線上直銷也獲得空前的成功。顧客在線上購買時會跳過他們已經相當熟悉的產品，因為他們在百貨公司的長期購買經驗中，使他們對產品的重量、成分早已耳熟能詳。

2　Richard Oliver, Roland Rust, and Sajeev Varki, "Real Time Marketing," *Marketing Management*, Fall/Winter 1998, pp.29-36.

@ 地區性混合式

　　某公司在某一地區是以直接配銷的方式,即線上行銷的方式,但在其他地區則是透過傳統零售商來銷售。例如:耐吉只在美國做線上行銷,但在海外卻是透過傳統的零售店來銷售。耐吉的策略會隨該地區的網路顧客群的成熟度(使用網路的習慣、網上購物的次數等)來做調整。

14-9 傳統零售商與線上零售商

　　網路商店包括了:旅遊訂票、服飾、旅遊、飲食、投資理財、珠寶首飾、電子商場、書籍雜誌、百貨電腦及周邊設備、軟體/光碟、音樂/影視、家電民生用品等。

@ 電子化市場

　　在某一產業的電子化市場的擴展,會影響價值鏈(value chain)的結構,並改變產品及服務的供應方式。電子化市場與傳統市場有何不同?詳如圖 14-3 所示。[3]

　　在傳統市場中,顧客會尋找有關產品、價格、品質與特色的資訊,這些資訊的來源非常廣泛,包括廣告、逛商店等。由於搜尋資訊費時費力,消費者經常會望而卻步。蒐集到齊全的資訊之後,消費者就會加以分析並決定是否前往傳統老商店購買。

　　電子化市場的購買行為與上述大不相同。在第一階段的電子化市場中,由於市場機制的數位化,消費者的搜尋成本(search cost,包括搜尋產品、價格、品質及特性資訊所花費的時間、金錢及努力)是相當低的。賣方在知道消費者經過這番搜尋的努力之後,也不至於訂出高價。結果會使得消費者因價格低廉而受惠,傳統中間商也會在價值鏈中消失。

---

[3]　T. J. Stradler and H. J. Shaw, "Characteristics of Electronic Markets," *Decision Support Systems 21*, 1997.

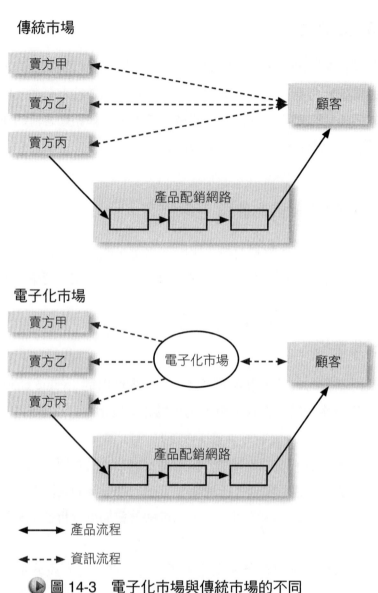

圖 14-3　電子化市場與傳統市場的不同

在第二階段的電子化市場中，不僅產品已數位化，連配銷也已數位化了。數位化產品的邊際成本很低，但固定成本很高，所以必須靠大量銷售才可獲得利潤。數位化產品也可使賣方不必維持大量的存貨，也不必進行實體運輸。當電子支付工具普及之後，電子化市場將變得更有效率。電子化市場與傳統市場的比較，如表 14-2 所示。

▶ 表 14-2 電子化市場與傳統市場的比較

項目 ＼ 市場類型	傳統市場	電子化市場（第一階段）	電子化市場及配銷（第二階段）
市場數位化？	否	是	是
產品及配銷數位化？	否	否	是
去中間化之例		批發商及仲介（替顧客蒐集、分析資訊的仲介）	第一階段的中間商加上實體配銷公司
再中間化之例		提供使用電子化市場的公司（如網路服務公司），以及線上仲介	第一階段的中間商

來源：T. J. Strader, and H. J. Shaw, "Characteristics of Electronic Markets," *Decision Support Systems 21*, 1997.

@ 線上零售對傳統零售商的影響

線上零售（online retailing）對傳統零售商的影響不一。在激烈的競爭環境中，載浮載沉的傳統零售商對於線上零售的反應也有所不同：(1)有的傳統零售商做選擇性的削價競爭；(2)有的傳統零售商將目標市場定在技術的晚期採用者（late adopters of technology），這些人對技術的心態是懼怕（fear）、不安（uncertainty）與懷疑（doubt），這三個英文字的開頭字合起來就是 FUD；(3)有的傳統零售商採取雙重策略。

在採用雙重策略方面，美國的 Bloomingdale 百貨商店的網站是值得介紹的。該公司在其簡單清爽的網站上，銷售像結婚禮品這類的東西，並提供採購指南，不過最重要的還是吸引線上顧客來店參觀選購。Bloomingdale 公司最為人所稱道的是在全美 23 個商店所提供的結婚註冊，並把這些資料呈現在網站上。網站的訪客在得知某親友已做結婚註冊之後，便可在網站上訂購產品，以表達祝賀之意。當然，其資料庫也會顯示哪些禮品已經被點選，以避免重複向新婚夫婦贈送同樣的禮品。

@ 線上中間商的角色[4]

在傳統的地理市場（marketplace）中，買賣雙方的互動情形是這樣的：製造商向顧客提供資訊，然後顧客再從許多產品中做選擇。一般而言，由製造商來訂定價格，但有時候價格是可以協商的。然而，買賣雙方的價格協議必然會產生交易成本。所幸由於中間商的出現（不論是人類或電子），因而解決了私下協商交易的問題。

減少搜尋成本

在浩瀚的網際網路中，不論買方或賣方要找到適合的交易對象是相當曠日費時的。線上中間商（或線上仲介）可建立有關顧客偏好的資料庫，並將有關製造商的產品／服務資料提供給顧客，以減少顧客的搜尋成本。在製造商方面，由於不能正確的估計新產品的需求，因此對於推出新產品總是猶豫不決。中間商由於能夠充分掌握顧客偏好，便可向製造商提供這些資料。現在有許多線上中間商都已提供這項服務。

保護隱私

不論買方或賣方都希望保持隱密，不喜歡交易資料外流。線上中間商可以在不透露買賣雙方身分的情況下，進行訊息的傳遞、做價格及分配決策。

完整資訊

買方所要的資訊可能比賣方所能夠或願意提供的還多。這些資訊包括了產品品質資訊、競爭者產品資訊或有關顧客滿意的資訊。線上中間商（如線上旅行社、線上股票經紀商、線上不動產經紀商等）可從製造商以外的地方蒐集到產品資訊，例如：獨立的評議機構及其他顧客。

降低違約風險

顧客在收到貨品之後可能拒絕付款，或者線上行銷者可能向顧客提供不良品，或拒絕提供售後服務。線上中間商可利用一些方法來降低這些風險。首

---

[4] P. Resnick et al., "Roles for Electronic Brokers," 讀者可上其網站以便了解更詳細的說明。http://ccs.mit.edu/ccswp179.html。

先，線上中間商可公布有關顧客、製造商的違約行為，以使他們成為「拒絕往來戶」。這種做法可使他們望之卻步，不敢違約。第二，不公布不良行為，但所有的違約責任都由線上中間商一肩挑。第三，線上中間商替買賣雙方承保。在線上拍賣上，有些線上中間商會負責「未完蓋印證」（escrow）事宜，也就是將有關文件（如交貨保證、支票）加以保管，當履約之後再交予當事人。

@ 從網路宅配到開設實體店面

近年來因網路走紅，再走回傳統店面的企業實例已是屢見不鮮，如高知名度的依蕾特布丁和花蓮提拉米蘇，還有阿布丁丁、七見櫻堂。

台南安平路上的「依蕾特布丁」，無店舖經營 8 年，加上頻頻在媒體上曝光，不但成為網路人氣賣家，更是去年最強網路團購美食榜第二名，被不少網友推薦為「台南必看景點」。同樣發跡自台南的「阿布丁丁」，去年獲得奇摩團購美食大賞甜點類冠軍，靠的是來自日本的手藝，只加牛奶不加水所創造的口感，受到網友的青睞，人氣旺到在台南開實體店面。以巧克力爆紅的「七見櫻堂」，有華麗的日式包裝，採用手工製作的日式夾心巧克力，標榜不添加防腐劑與抗氧化劑，受到粉領族青睞，目前也在師大開設實體店面。[5]

14-10 傳統式與網路式運送

美國的亞馬遜書店與 DHL 快遞公司通力合作，解決其實體商品運送的問題。經由電腦連線作業，顧客可以查詢目前訂書已經送到什麼地點。不過，必須要網路專業化公司才有能力提供這項服務。至於一般企業通常還是以郵遞方式運送，先收貨款（顧客先劃撥付款），公司再以郵遞送貨或者以貨到收款方式。

消費者在線上訂購耐久品時，網路行銷者會透過運輸業者將產品交到消費者所指定的地點（通常是住處）。在這種情況下，網路行銷者會面臨到一些問題。由於這些問題的存在，使得網路式運送系統（Internet-based delivery system）反

---

5 聯合報／記者羅建怡、顏甫珉，2010.03.08，網址：http://udn.com/NEWS/NATIONAL/
NATS6/5460521.shtml。

倒不如傳統式運送來得有效。[6]

　　電子商務使得運送者必須將產品運送到購買者的住處（稱為住處運送）。對包裹運送公司而言，他們喜歡將產品運送到公司（稱為商業運送），因為既不必費時聯絡收貨人（相對而言），利潤又較高。詳細的比較可參考表 14-3。

　　為了解決住處運送常碰到住戶不在家的情況，美國的網路行銷者速達公司（Streamline，該公司除了運交日用雜貨和藥品之外，還可協助處理錄影帶的租用及歸還、處理乾洗衣物、沖洗照片、皮鞋修理、郵局事務等）每個月向簽約家庭收取 30 美元的加盟費，收取了這筆費用之後，速達公司隨即在住戶的房屋旁邊，在靠近車庫或地下室之處裝設一個具有冷藏功能的「智慧箱」（smart box）。有了智慧箱之後，消費者從此不必留在家裡以等待速達公司送貨車的到來，真正達到了時間效用及地點效用。

▶ 表 14-3　傳統式與網路式運送的比較

服務屬性	商業運送	住處運送
希望收貨時間	早上 8 點到 12 點	下午 4 點到 8 點
送貨頻率	每日	極少
送達時收貨人簽名	每次	極少
週末送貨	不必	非常希望
快遞	經常	很少
送貨者必須下車	很少	經常
季節性送貨量	低	高
每件包裹的平均重量	18 磅	6 磅
每一運送點的包裹數	2.5	1
每一包裹的利潤	$5.60	$5.20
每一運送點的平均利潤	$14.00	$5.20
包裹密度	高	極低

來源：Satish Jindel, "E-Commerce Mixed Blessings," *Trafficworld*, February 1, 2005, pp.47-48.

6　Satish Jindel, "E-Commerce Mixed Blessings," *Trafficworld*, February 1, 2005, pp.47-48.

復習題

1. 試舉例說明配銷方式。

2. 何謂配銷？並繪圖比較中間商加入前後的交易次數。

3. 試說明中間商的重要性。

4. 何謂供應鏈管理？

5. 要設計一個能滿足顧客需求、凌駕競爭者的通路，必須一套有系統的方法。企業所要做的四個決策分別是什麼？

6. 現今市場上有各種不同的通路。對消費品、企業用品及服務而言，試說明使用得最為普遍的通路。

7. 多重配銷通路適用於一些獨特的情況。在何種情況下，製造商會透過多重配銷通路來接觸到各種不同類型的市場？

8. 試說明垂直行銷系統。

9. 垂直行銷系統中的協調及控制可以用三種方式來達成：共同擁有各階段通路的所有權、通路成員間訂立合約、一個或以上通路成員的市場力量（經濟力）。試列表說明垂直行銷系統中三種獨特的形式。

10. 影響通路選擇的因素有哪些？試詳加說明。

11. 試繪圖說明去中間化與再中間化。

12. 網路行銷者與傳統的通路成員的通路衝突有三個主要原因：目標的歧異、在工作任務方面的爭執、對事實的不同認知。試詳加討論。

13. 何謂水平衝突？基本上，水平衝突是企業競爭的結果。試說明水平衝突可能發生的情形。

14. 何謂垂直衝突？為什麼會產生垂直衝突？為了要跳過批發商，製造商有哪些選擇？如果要避免被跳過，或者在被跳過時要如何因應，批發商就必須提升其競爭地位。他們可選擇的方式有哪些？

15. 每一個廠商都想在配銷通路中約束其他成員的行為，具有這個能力的廠商就具有通路控制（channel control）。在許多情況下，包括配銷通路這個情況，權力是控制的先決條件。通路權力（channel power）就是影響或決定其他通路成員行為的能力。在配銷通路中的權力有許多來源。這些來源有哪

些？

16. 試說明通路的合夥關係。

17. 製造商的配銷有哪些方式？

18. 在某一產業的電子化市場的擴展會影響價值鏈（value chain）的結構，並改變產品及服務的供應方式。電子化市場與傳統市場有何不同？

19. 線上零售對傳統零售商有何影響？

20. 試說明線上中間商的角色。

21. 試比較傳統式與網路式運送。

練習題

1. 評價你的網路購物行為。你最經常購買的是什麼類型產品？你不會上線購買的產品是什麼類型？為什麼？試著用你的答案解釋實體及虛擬通路的功能。

2. 比較過去你在線上和實體商店的購物經驗。你曾經參觀了哪些線上和實體商店？為什麼你要參觀它們？你與這些企業間互動後觀感如何？你是否有遇到任何問題？每個配銷通路所執行的功能是什麼？

3. 評估三個線上零售商的客戶服務，詢問同樣的產品相關問題並評估他們的回覆：(1)多久回覆？(2)回覆是否完整？(3)這些零售商是否有不同的政策？(4)根據他們的回覆，你會跟誰買東西？

4. 試評論博客來網路書店的配銷方式（取貨方式，例如 7-11 取貨付款）。什麼環境因素的變化會影響這些取貨方式？

15 網路促銷與廣告策略

15-1　什麼是促銷？

15-2　銷售促進

15-3　線上型錄

15-4　公共關係

15-5　人員推銷

15-6　新數位時代媒體

15-7　廣告策略

15-8　了解網路廣告

15-9　網路廣告設計

15-10　廣告執行策略

15-11　網路廣告的特殊課題

如果我們所推銷的是水的話，廣播就像是以一條粗大的水管將水噴灑向一大群潛在的消費者，希望有些人會淋濕（假如在炎炎夏日，他們在酷熱之下，希望被淋濕以解暑）；而有線電視台（第四台）就好像以較小的水管噴灑向已經表明有興趣被淋濕的一群人；而網路行銷就好像在浩瀚的虛擬空間中挖掘一個池塘，告訴人們現在有一個池塘，歡迎來游泳。潛在顧客可能會在任何他們所喜歡的時間，看看我們的池塘，要看多久也隨他們高興；他們是否要潛入池塘深處遊玩，也是隨他們高興。

15-1 什麼是促銷？

「敲別人的門，遊說對方來拜訪自己的網站是沒有效果的。如何將一項策略公開出去，昭示天下，才是促銷的關鍵重點。」所以，亞馬遜的促銷策略就是不斷的宣傳、宣傳，再宣傳，要將文宣公諸於世。而亞馬遜所借重的管道，就是具有「快速」和「無聲行銷」特性的網路媒體。在對大眾的宣傳廣告方面，亞馬遜儘可能在網站上斥下鉅資，並在各種媒體託播廣告或利用自己的網站做宣傳，以期大幅提升自己的能見度（visibility）。讀者可能早就發現到，只要一上網，到處都可以看到亞馬遜的標誌，在使用雅虎搜尋引擎時尤其明顯。[1]

所謂「促銷」（promotion），是指任何可將有利於產品銷售的資訊加以傳遞並說服顧客購買的技巧，不論是直接的或是間接的。這些技巧以各種不同的方式組合以發展出促銷策略，而此策略亦是行銷策略的一部分。

促銷是用來獲得特定潛在顧客有利反應的方法，消費者的購買行動僅是有利反應的其中一種。首先，網路行銷者必須使買方對該組織及其產品有所了解，然後再運用促銷來加強消費者的認知、引起興趣、使消費者產生好感，並進一步採取購買行動。

促銷有三個目標：告知（inform）、說服（persuade）及提醒（remind）。首先，促銷必須能告訴顧客有關產品的特性，以及在何處能夠購買得到。顧客對於新產品顯然特別需要此種資訊；即使不是新產品，許多顧客可能仍不知有該產

1　張志偉著，電子商務教父，amazon.com（台北：商周出版，1999），頁 185-86。

品存在，所以已問世的產品一旦有任何的改變時，自然也需跟顧客做溝通。

一旦顧客得到了資訊，網路行銷者仍然需說服他們該產品可以在哪些方面滿足其需求，此時即必須將產品的主要特性以正面評價的方式灌輸給消費者。促銷是心理戰的一種，網路行銷者可以儘量製造相對於競爭產品的有利形象，使消費者的印象深刻。在達到提醒的目標方面，由於消費者不可能永遠記得某種產品，網路行銷者必須不斷增加他們的記憶。

一般而言，與促銷有關的活動或工具包括：廣告（advertising）、直銷（direct marketing）、中間商支援（middleman support）、人員推銷（personal selling）、銷售促進（sales promotion）、公共關係（public relations）／公眾報導（publicity）、銷售點促銷工具（point-of sale materials）。

本章將討論銷售促進、線上型錄、公共關係（網站的公眾報導）、人員推銷這些與網路行銷有關的課題。接著，我們將討論重心放在網路廣告上。

@ 促銷的重要性

促銷對行銷而言十分重要。在這個富裕的社會中，消費者希望滿足各式各樣的需求，因此，網路行銷者必須提供許多的資訊以幫助消費者了解哪些產品可以滿足哪些需求。所以，促銷可以增加產品與服務的交易量，而交易量的增加也可使得網路行銷者獲得規模經濟之利，並且降低產品的單位成本。

此外，由於市場上許多產品十分類似，因此，產業中的網路行銷者彼此之間競爭相當激烈，促銷則可提供區別不同品牌產品的資訊。而促銷活動本身也可以產生滿足，好的廣告可以令人產生賞心悅目的感覺，促銷可使網路行銷者與市場中的特定團體做直接的溝通，並說明產品對該特定團體的益處。

促銷也提供產品定位的資訊，它會在消費者心目中將產品劃分界線。當產品做修改或重新問市時，促銷即負責告訴消費者這些訊息。對網路行銷者而言，促銷的優點在於它比產品配銷系統更能迅速地隨環境的變化做調整。

促銷在提供人們有關社會問題的資訊方面，扮演著一個相當重要的角色。反菸活動、尋找失蹤小孩、優酪乳標籤應提供正確而充分的資訊等等，皆常成為促銷的課題。

@ 主要考慮因素

在網際網路上進行促銷活動，與傳統的離線促銷活動其實是很相似的。蔡斯（Chase, 1998）曾提出網路促銷的重要考慮因素如下：[2]

(1) 清楚了解、掌握目標閱聽眾。

(2) 目標閱聽眾應是網路遨遊者（surfers）或線上玩家。

(3) 應估計網站流量（traffic to the site），應準備一個強而有力的伺服器來處理。

(4) 如果促銷活動是成功的，那麼結果是什麼？此估算要考慮到預算以及促銷策略。

(5) 考慮品牌合作（co-branding）。許多成功的促銷活動都是因為聚合了兩個或更多有力的合作夥伴。

15-2 銷售促進

百事可樂和 Yahoo!奇摩推出聯合促銷，藉由百事可樂瓶蓋的集點活動，可以在網路上兌換獎品和享受購物折扣。這種傳統與網路的結合，有助於增加雙方的知名度，百事可藉 Yahoo!奇摩吸引網路族群，Yahoo!奇摩的名稱則可以在所有販賣百事產品的零售商店中出現。

透過網際網路，網路行銷者可以進行廣告、銷售促進、公關等推廣活動。在網際網路上，除了可向特定的市場區隔呈現產品之外，同時兼具了一對一、一對多關係行銷的特性，這樣可產生很好的廣告效果。網際網路圖文並茂的方式，可提供產品完整的資訊。由於網路銷售促進活動兼具了圖形、動畫、聲音與文字的整合，以及互動式的表達，因此，這些活動除了具備傳統上印刷媒體的廣告效果之外，並具有電視廣告的效果。

美國行銷協會將銷售促進定義為：「除了人員推銷、廣告及公益活動之外，

---

[2]　L. Chase, *Essential Business Tactics on the Net* (New York: J. Wiley, 1998).

可以促使消費者購買和提升經銷效率的行銷活動，如陳列、展售會、展覽會等非經常性的方式。」[3]針對網路行銷而言，這個廣泛的定義包括許多種活動，如折價券、競賽與抽獎、贈品、虛擬商展。這些活動的總花費，據調查已超過花在廣告上的促銷總額，且持續在成長中。[4]

銷售促進通常用在促使消費者完成交易的最後階段。它並非用來代替促銷活動，而是輔助促銷活動，並可進一步加強消費者認知、增加對產品的有利態度。

銷售促進的目的在提供更多的方法以接觸消費者。它通常是不定期舉行，因為消費者的反應會隨著時間而降低，此稱為「耗損」；相對的，廣告與人員推銷以較定期的方式實施，並以長期銷售為目標，銷售促進通常意欲在短期內提升交易。

@ 折價券

微軟為了替其 WebTV 招攬新的訂戶，已宣布將提供 2 個月的免費試看服務，自 2000 年 2 月起至 4 月止，凡是向新力、飛利浦電子、RCA 或三星電子購買 WebTV Plus 接收器（199 美元）並登記一個月付費服務（24.95 美元）的美國地區使用者，就能得到 2 個月免費的折價券（CNNfn）。

折價券（coupons）是一張保證消費者可以得到價格折讓或現金退還的證明。比起消費者願意使用免費樣品來看，折價券的吸引力略遜一籌。然而，折價券卻是對於引誘試用的第二項有效的工具。與樣本不同的是，折價券使消費者得費一番功夫才能獲得產品。消費者必須把折價券剪下來，帶到商店，而且商店必須還有折價券所指定的商品存貨，才能得到優惠。

折價券的使用是為了能夠吸引更多的潛在購買者，而比贈送樣本更為經濟。促使現有使用者增加購買量，並且削弱競爭者活動的影響力，進而掌握住現有使用者，網路行銷者可以選擇許多不同的媒體來發送折價券。報紙、週日增刊、雜誌和直接郵遞都是主要的方法。

[3] American Marketing Association, *Committee on Definitions, Marketing Definitions: A Glossary of Marketing Terms* (Chicago, 1960), p.20.

[4] R. Strang, "Sales Promotion-Fast Growth, Faulty Management," *Harvard Business Review 54*, No.4, July-August 1976, pp.115-24.

現在超級市場內的自動販賣機也已販賣折價券。網路行銷者提供折價券的方式有兩種：提供一定數目的折價券；或是提供能使消費者選擇他們所希望使用的折價券。

許多網路行銷者，如博客來網路書店（www.books.com.tw）為了吸引顧客，增加舊顧客的忠誠度，紛紛以提供折價券的方式來促銷。網路上的折價券其實就是一個號碼，當你的購買金額超過一定數目時，網路行銷者就會給你一個號碼做為折價券之用。

在進入網際網路的世紀後，折價券也有了更多的變化。以往消費者得等待促銷刊物寄到信箱，才能得知優待消息。往往有優惠的商品，並不見得是自己喜歡的。現在，消費者大可直接上網尋找相關商品的網頁，利用印表機印出兌換券，化被動為主動，提供了另一種樂趣。有些網路行銷者還會利用電子郵件寄折扣券給消費者，無論是餐廳、外送披薩、輪胎、清潔用品等兌換券應有盡有。

這種方式對網路行銷者而言，自然有許多好處。基本上，利用電子郵件幾乎不需要郵遞費，也不需要印刷彩色報刊，而是消費者主動留下基本資料來索取的，投遞折扣券所換得的來店率幾乎在 50%以上，對消費者而言，還可以重複列印折扣券，倒也十分方便。

@ 競賽與抽獎

競賽（contests）是為做某工作而提供獎品。例如：一項新產品的推出，徵求對此產品的命名或與其有關的標語，然後從參加者當中選出優秀者給予獎品。但是，當抽獎漸漸普遍之後，競賽近來似乎已失去了吸引力。抽獎，其獎品的提供繫於機會，消費者被鼓勵去購買產品，成為參加過程的一部分。消費者可藉由電子郵遞或產品上的標籤來表示他們的參加。

抽獎（sweepstakes）和競賽會實際的影響消費者對品牌或產品的認知，蓋因這些銷售促進方法會吸引注意，但是，在獲得消費者品牌忠誠度上並沒有什麼明顯的效果。對網路行銷者而言，最好的策略是所提供的獎品需與產品所提供的利益息息相關，因為此方法可以提高消費者對產品的認知、增加品牌忠誠度。儘管如此，研究顯示，在美國只有不到 20% 的家庭主婦曾參加過一個競賽或抽獎。

@ 贈品

贈品（premium）是為了吸引消費者去購買其他產品，而以免費提供或以低於一般價格提供給消費者的一種產品。例如：桂格燕麥片所附贈的馬克杯。贈品對掌握現有的消費者、誘導其增加使用量是很有效的。然而，有些贈品本身成本是很貴的，網路行銷者有時為了獲得某種程度的補償，便以「自我承擔」（self-liquidating）的方式來送贈品；也就是說，購買者也要負擔贈品的一些成本。因此，有些有贈品的產品往往比沒附贈品的產品來得貴些。另外，有些贈品是提供給中間商的，其目的是藉由配銷通路（包括網路中間商）來推動產品，這種贈品稱為推介贈品（push premium）；而針對消費者的贈品，稱為吸引贈品（pull premium）。

許多公司以提供贈品的方式，例如：免費軟體下載、免費電子賀卡、免費 E-mail 帳號、免費 Kitty 貓等，吸引顧客上網，進而進行實際的購買。

@ 虛擬商展

商展（trade shows）主要是針對中間商所進行銷售促進的一種展覽。在台灣，電腦工會每年都會舉辦電腦展。舉行商展時，所展示的新款產品可以說是琳瑯滿目，令人目不暇給。廠商為了吸引顧客，提供了各式各樣的噱頭。最近興起一種商展方式是在高級的旅館房間，展示較重要的、祕密的新產品和技術；此新產品並不出現在一般的商展中，而是有選擇性的展現給潛在的大客戶。

舉辦一個傳統的商展，不僅勞民傷財，而且效果不彰。所以，愈來愈多具有成本意識的網路行銷者紛紛在網站上架設虛擬商展（virtual trade shows）。虛擬商展具有很多功能。研究者認為虛擬商展有下列好處：[5]

(1) 認明潛在顧客。
(2) 服務現有的顧客。
(3) 推介新穎的或補強的產品。

5 Thomas Bonoma, "Get More Out of Your Trade Shows," *Harvard Business Review 61*, January-February 1983, pp.75-83.

(4) 提升公司形象。

(5) 測試新產品。

(6) 提高公司士氣。

(7) 蒐集競爭者的資料。

(8) 實際的完成銷售。

PlasticsNet（www.plasticsnet.com）是創新的虛擬商展網站，其目的是向塑膠業者提供服務，訪客可上網免費參觀。其網頁上有教育課程及專題研討。Comex 公司是商展的主辦者。

Forrester 研究機構對虛擬商展所做的研究顯示：81% 的受訪者認為它可擴展行銷觸擊；25% 的人認為可增加銷售；15% 的人認為可接觸到產業資訊。[6]

傳統的商展只能使潛在顧客在某一時間、某一定點參觀參展者的產品，而虛擬商展可經年不斷的舉行，而且參展者也不必勞師動眾的租帳棚、場地、運送大量的產品。

15-3 線上型錄

在網路行銷的促銷活動中，有一個重要的考慮因素就是產品及服務呈現給使用者的方式，其中普遍受到喜愛的方式就是透過線上型錄（online catalog）或電子型錄（electronic catalog）。

@ 發展

印刷式的傳統型錄行之有年，然而，自動網路行銷開始蓬勃發展以來，「CD-ROM 電子型錄」及「網路電子型錄」也逐漸受到歡迎。對網路行銷者而言，線上型錄的目的在於提供產品及服務的資訊內容，進而促銷產品及服務。線上型錄的優點在於讓使用者很快的搜尋到所要的東西，並讓他們有效的比較產品之間的差異。

6　Forrester Research Inc.（http://www.forrester.com/）是一個相當有名的研究機構。其研究範圍非常廣泛，包括消費者行為及服務、媒體、網路使用等，非常值得「常常觀賞」。

電子型錄的內容包括了產品資料庫、目錄和搜尋引擎，以及產品功能的說明。有些電子型錄配合爪哇語言功能、虛擬實境技術，可以動態的方式呈現。

早期的電子型錄就是將傳統的印刷型錄加以數位化（經過掃描器變成電子檔案），但是現代的電子型錄所著重的是動態性、客製化，並整合了整個購買及銷售過程。如果電子型錄要整合訂購與付費動作，則必須使用建立網路商店與電子郵件的特殊工具。電子型錄可依下列三項來加以分類：

(1) 依「資訊展現的方式」，可分為靜態型錄（static catalog）與動態型錄（dynamic catalog）。靜態型錄是純文字描述及靜態照片，動態型錄則包括了會變化的圖片、動畫、聲音等多媒體展示。

(2) 依「客製化程度」，可分為制式型錄（ready-made catalog）及客製化型錄（customized catalog）。制式型錄是向所有顧客提供相同內容的型錄，客製化型錄則是依顧客的需求而特別製作的型錄。

(3) 依「型錄與下列商業交易過程整合的程度」（也就是說，型錄在下列哪個活動中出現），可分為：訂購與成交、電子付費系統、企業內網路（Intranet）工作流程、存貨及會計系統、與供應商或顧客的企業間網路（Extranet）。

@ 電子型錄與傳統印刷型錄的比較

表 15-1 比較了電子型錄與傳統印刷型錄的優缺點。雖然電子型錄的優點有許多，例如：易於更新、易於與購買程序加以整合，以及易於利用強而有力的搜尋能力涵蓋各式各樣的產品，但仍有其缺點和限制。

不可否認的，利用電腦及網際網路來檢索電子型錄的顧客有愈來愈多的趨勢，我們可以合理的預期，電子型錄將會取代傳統的印刷型錄，或至少成為印刷型錄的輔助品。有人認為，傳統的報紙及雜誌並沒有因為電子報的出現而消失於無形，因此，電子型錄將不會完全取代傳統的印刷型錄。但是在企業對企業（Business to Business, B2B）應用方面，傳統型錄將消失得特別快。

▶ 表 15-1 電子型錄與傳統印刷型錄的優缺點比較

類　型	優　　　　　點	缺　　　點
傳統印刷型錄	製作容易，不需要高科技 隨處可看，不需要電腦系統 攜帶輕便	資料更新困難 僅列出有限的產品 有限的資訊（圖片加上文字） 沒有多媒體（聲音、動畫）呈現
電子型錄	容易更新 可整合於購買程序之中 搜尋與比較的能力佳 提供全球性的產品資訊 加入聲音與動態圖片 節省成本 易於客製化 使顧客更易於做比較性購買 可容易的與訂購程序、存貨管理，以及付費程序加以連結	設計發展並不容易 固定成本高 顧客必須善於使用電腦及瀏覽器

@ 線上型錄製作軟體系統

　　幾個有名的線上型錄製作軟體系統有：iCat 公司的 Commerce Online、Boise 公司的 Marketing Service、IBM 公司的 Net Commerce、甲骨文公司的 ICS。

@ 客製化型錄

　　客製化型錄（customized catalog）是針對個別公司（通常為型錄擁有者）所量身訂做的型錄。客製化型錄所具有的個人化特色，可增加顧客的附加價值，使得顧客願意再度光臨網站，品牌忠誠度於焉建立。客製化型錄有兩種方式：

(1) 一對一或點播的方式，即針對不同顧客的不同興趣及需求分別製作型錄，例如：One-to-One 網站（www.broadvision. com）以及 PointCast 網站（www.pointcast.com）。LiveCommerce 所製作的型錄具有品牌特性及附加價值，可針對組織及個人的特別需求提供產品資訊。顧客可以很容易的看到產品、定價，並可方便的訂購。LiveCommerce 是一個特殊的目錄軟體，可以使設計者完全的、輕易的改變目錄的外觀、呈現方式，以及給人的感

覺。

(2) 讓系統根據顧客的交易紀錄，自動確認顧客的特性，進而提供顧客所需的型錄。在追蹤交易紀錄方面，Cookies 技術扮演著一個重要的角色。然而，要找出顧客與其興趣之間的關係，並提出一般性的結論，非由智慧系統所支持的資料採礦技術（data mining techniques），如神經網路（neural network）莫屬。

15-4 公共關係

公共關係的「公共」（public）是指與組織有任何關係的團體，包括顧客、員工、競爭者、政府當局等。此外，「公共」也包括了利益關係者（stakeholders），也就是其利益會受到組織影響，同時也會影響組織利益的一群人，諸如股東、債權人、員工、社區民眾等。

公共關係（Public Relations, PR）或簡稱公關，是一種達到傳遞產品訊息、提升行銷者良好形象，以及加強友好關係的促銷活動。對於公共關係並沒有放諸四海皆準的定義。1978 年，由公共關係協會（Public Relations Association）在墨西哥市舉辦的世界第一屆年會中，曾對公共關係做這樣的定義：「公共關係是一個藝術及社會科學，它可以分析趨勢並預測其結果，可以向組織負責人提供諮詢，並透過其行動方案的落實，滿足組織的需求及社會大眾的利益。」Dilenschneider 等人提出了更簡單的定義：「公共關係就是利用資訊去影響民意（public opinion）。」[7]

上述兩個定義均將公共關係視為一個管理功能，一個要由政府、公司、公會及事業協會、非營利組織、旅遊業、教育機構、工會、政治家、運動協會等去落實的管理功能。它的對象可以是外部的（包括顧客、新聞媒體、投資大眾、一般大眾及政府），也可以是內部的（包括投資者、員工）。

---

[7] Robert L. Dilenschneider and Dan J. Forrestal, *Public Relations Handbook*, 3rd ed. (Chicago, IL.: The Dartnell Corp, 1987), p.5.

@ 公眾報導

經常被歸類為公關活動之一的是公眾報導（publicity）。公眾報導是指經由傳播媒體宣傳關於組織的訊息，而組織不需要支付費用的一種方式。公眾報導固然對組織可能造成正面影響，但也會造成負面的影響。對於人工糖精、含石綿產品及可燃性睡衣等所做的負面報導，會導致這些產品遭到禁止，或至少使得消費者不願意購買。福特的 Pinto 曾被報導其油箱不符合安全要求，使得該公司必須迅速將產品撤回市場。公眾報導與廣告的不同點有：

1. 媒體使用

公司經常會說服媒體守門人（media gatekeeper，如撰稿者、製片者、編輯、脫口秀經紀人及主播等）為他們免費傳遞資訊。由於沒有涉及到媒體直接成本，所以公眾報導被視為是免費的。但是公眾報導有間接成本，例如：製作費用、促成守門人合作的費用等。

2. 控制

雖然公關人員可以發新聞稿、撰寫報導、提供照片給媒體，但是公關人員對於此種宣傳的控制能力遠低於對廣告、人員推銷和銷售促進。故事要怎麼報導，要報導哪些內容，都不是公關人員所能控制的。相形之下，廣告是付費的，所以，行銷人員對於廣告訊息及播出時間都可加以檢核及掌控。

3. 可信度

公眾報導比廣告在正確性及客觀性上更具有可信度。由 NBC 夜間新聞對 Eli Lilly 新藥突破的 2 分鐘廣告中，比起由 Eli Lilly 公司自己所做的平面廣告更具有可信度。消費者覺得在媒體上的公眾報導是值得信賴的，因為他們相信媒體應該會有專業性、格調，並受到協會的約束。

4. 資訊提供量

公眾報導與廣告在媒體上所提供的資訊量也不同。奇異公司在《富比士》（Forbes）雜誌上所刊登的主題故事只需要 6～8 頁即可；如果換成廣告文案，可能遠超過這些頁數。

近年來，公共關係有不斷成長的趨勢。在美國，公關業的就業人數據估計有 145,000 人，營業額每年有 18～20% 的成長。幾乎每一個城市都有一個專業公關公司，向不同規模及目的的客戶提供服務。

@ 網站的公眾報導

以任何你能夠負擔的媒體，密集促銷你的網站，絕對是值得的。如果你的網站非常具有特色，但消費者找不到，你也賺不到丁點銀子。你要在賣場上大登廣告嗎？或在其他網站上登橫幅廣告？還是登錄在知名的搜尋引擎上？

紐澤西線上公司（New Jersey Online, NJO）的總經理李文頓（Peter Levitan），努力要讓想在線上及離線環境有拋頭露臉機會的企業負責人，有一個揮灑的舞台。他說道：「我們的願景是在紐澤西提供廣告的行銷資源。我們的目標是發展廣大的閱聽人。」紐澤西線上公司不遺餘力的吸引人們到其網站上，建立人潮，並誘使人們再度購買。除了協助零售商建立線上商店之外，也在建立動力及人潮上提供建議及實際的解決方案。

利用折價券及其他優惠方式，他們替商業夥伴們創造了令人興奮的氣氛。李文頓說道：「我們的目標就是儘量讓人們能夠負擔得起。」因此，所有的零售商都能善用這個機會。對網路零售商而言，最好的消息就是他們不必事事都要自己來。你可以利用有用的來源，如 www.njo.com，它會幫助你做網站及傳統商店的公眾報導及促銷，而且這些幫助會很快的奏效。

Net.B@nk 就是利用公眾報導而聲名大噪的電子商務網站。Net.B@nk 是全國第一家獲得利潤的網路銀行。在某次新聞報導中，他們宣布了 1999 年的行銷策略細節，以及 6 倍於 1998 年的行銷預算。實現偉大的計畫是所費不貲的，而且 Net.B@nk 的營運規模也非一般小型公司的財務所能及。然而，他們有板有眼的行銷策略打得競爭對手萎靡不振。他們承諾做到以下的事情：

(1) 1999 年第一季，在網站上刊登廣告的次數比以前多 7 倍。

(2) 在數十個網站上增加橫幅廣告、公告欄廣告（poster ads）、按鈕及關鍵字。

(3) 連結到銀行、投資、財務、購物、不動產、科技及商業新網站。

(4) 投資於印刷廣告，包括像《富比士》（*Forbes*）及《PC 世界》（*PC World*）這類雜誌，以及各大報紙，包括《華爾街日報》（*Wall Street Journal*）、《紐約時報》（*New York Times*）、《芝加哥論壇報》（*Chicago Tribune*）、《舊金山記事報》（*San Francisco Chronicle*），以及《洛杉磯時報》（*Los Angeles Times*）。

(5) 年底時投資於廣播廣告。

(6) 發起目標市場明確的直接郵件廣告戰。

(7) 重新設計網站。

以上的清單可以說是既有威脅性，又有鼓勵性。許多大型企業會回一句：「我們也是這樣啊……」而剛起步的公司會嘆息：「只有在夢中……」不論如何，要將以上各項整合起來形成一個完整的策略，才會使 Net.B@nk 繼續保持龍頭馬車的地位。

搜尋引擎

你要引導使用者到你的網站上的搜尋引擎（search engine）。搜尋引擎所扮演的重要性角色自不待言。由於新的、實用的搜尋引擎如雨後春筍般的湧現在網路上，因此其服務潛力也呈幾何級數增加（當然，如要享受到這種服務，你必須有高品質的產品及競爭性的價格）。我們不妨看看由 Junglee（www.junglee.com）及 C2B 科技公司（www.c2b.com）所發展的兩個新搜尋引擎。Junglee 可使消費者在網際網路的各網站上尋找最價廉物美的東西，並提供搜尋結果的彙總報告。C2B 與消費者文摘（Consumer Digest）建立合夥關係，並由後者協助提供「物超所值」的購買建議及產品評論。

印刷媒體

你的網址至少必須呈現在你所有的印刷媒體上。所謂的「印刷媒體」包括了：你的名片、文具、小冊子、傳單、信件，以及被引用的文章及講義上。網址要成為你名字的一部分。

多媒體廣告文宣

不可諱言的，如果沒有預算，你又能做什麼印刷、廣播及電視廣告？不論你

的預算有數百萬美元或數千美元，基本原則都是一樣的。任何廣告文宣都不要忘記提到你的網站：

(1) 「要造訪我們的網站，網址是……」，或

(2) 「如果你想獲得更多的資訊，請上網，我們的網址是……」，最好是

(3) 「如要獲得折價券，請到……網站」

　　如果你對「造訪」（visit）這個字眼覺得不自在，你可用「來看看」（check out）這個字眼。但重要的是，永遠要對瀏覽者表示歡迎的誠意。在影音媒體所做的廣告，必須與網站廣告前後呼應，並展現出相當的一致性，千萬不要「人人一把號，各吹各的調」。你看過 GoBabies®網站上的小男孩賽門嗎？他出現在任何印刷媒體廣告、商展陳列、產品包裝、傳單、折價券及網站上。賽門的動態形象幾乎成了旅遊的代名詞，GoBabies®的產品線也是一樣。

15-5 人員推銷

　　人員推銷涉及到推銷人員與顧客進行及時交談，其方式有面對面溝通、利用電話或透過電腦（音訊會議、視訊會議）來進行溝通。許多企業也逐漸體認到積極的人員推銷所帶來的正面效果，因此都不遺餘力的訓練及激勵推銷人員。

　　一些公司如福榮公司（Forum Corp.）等的訓練課程已反映出行銷觀念，也就是確定顧客的需要（needs）和慾望（wants），然後再加以滿足，並與顧客建立一種親密的、信賴的、長久的關係，而不僅僅只是販賣東西而已。根據該公司的副總裁表示，推銷人員不應該表現出「不傾聽、不關心顧客、沒有耐心的態度。一直強調產品的特點，卻不管是否對顧客有益，不知道哪些該做、哪些應先做等重大毛病」。

　　在全錄公司（Xerox）的訓練中，其中有一個項目是讓學員做推銷模擬，該訓練的重點在於讓學員自己去找銷售的機會，並將這個機會轉換成明確的需求。優秀的學員會找到潛在的顧客，進而去了解、滿足他們的需求。當然，這也訓練學員在遇到無禮、反對、漠不關心時應如何處理。不斷的去發掘顧客所傳遞的訊息也是相當重要的。

一個好的推銷人員並不是僅憑藉著他的舌燦蓮花，堂堂儀表，以迷人微笑打動顧客的心，而是以解決顧客的問題、幫助顧客購買為宗旨。準此，他應對產品的優劣點、同業中各種產品的特性瞭若指掌。易言之，他應有相當的熱誠及豐富的產品知識。唯有如此，才能真正滿足消費者的需求，並建立長久的人際關係。

推銷人員代表的是整個公司，也是公司與顧客的媒介，他們必須向顧客說明有關公司政策、產品價格的消息。我們也可以說，推銷人員是代表顧客長駐在公司的人，他們必須向生產經理說明，何以顧客不滿意某種產品的品質及績效；或者向配銷經理說明，何以延遲運輸會造成如此重大的問題。由於角色的轉變，有些公司的推銷人員被稱為是市場專家、客戶代表或者是銷售工程師。

推銷人員也能夠提供市場情報。他們也許是發現競爭者動向（例如：競爭者所採取的新產品策略）的第一人。但是他要能使管理當局採取某種行動，才有實質的意義。史貴柏（Scripto）原子筆的銷售代表發現日本筆正在侵蝕其加州的地盤，但卻在幾個月後才將此現象呈報主管當局，不幸的是，彼時日本筆已橫掃美國大陸。

也許，在個人行銷最顯著的趨勢是電腦化的銷售過程。在美國，各軟體公司皆不遺餘力的發展各種軟體，以幫助推銷人員和銷售管理者，如表 15-2 所示。手提式電腦可以取代電話推銷，是人員推銷不可或缺的有效工具。例如：籃哥服

▶ 表 15-2　有助於推銷的電腦軟體

產　品	製造商	功　能
Marketfax	Scientific Marketing	行銷通訊管理
Perspecting	Key System	潛在客戶的追蹤
Sales Edge	Human Edge Software	人員訓練、潛在客戶的分析
Saleseye	High Caliber Systems	潛在客戶的追蹤
Sales Manager	Market Power	銷售力管理
Sales Planner	National Microwave	顧客信函、報告
Scamp	Profidex	銷售管理
Sell!	Thoughtware	訓練、組織

來源：Better Than A Smile: Salespeople Begin to Use Computers on the Job," *Wall Street Journal*, September 13, 1985, p.29.

裝公司的推銷人員配備有電腦，可以從顧客所在地提交訂單；如果無法供應，電腦就會顯示其他的選擇。將手提式電腦連線上網，推銷人員就可以得到交貨時間表和存貨的最新訊息。

有些公司會提供線上及時輔助系統向顧客提供及時服務，例如：Land's End 就有現場聊天、打電話功能（如圖 15-1）。

15-6 新數位時代媒體

在數位時代，線上與離線媒體的界線變得愈來愈模糊。不論用何種方式（線上或離線），我們都能很快地檢索到報紙廣告。媒體的種類有很多。廣播（broadcast）包括電視、收音機；印刷媒體（print media）包括報紙、雜誌；窄播（narrowcast）包括有線電視（Cable TV, CATV）；點播（pointcast）包括手機；直接電子郵件（direct postal mail）可讓網路行銷者慎選目標顧客，進行個人化廣告傳遞。主要媒體的優缺點，如表 15-3 所示。

▶ 圖 15-1 Land's End 網頁的人員推銷功能（提供聊天與打電話功能）
（http://www.landsend.com/）

▶ 表 15-3　主要媒體的優缺點

標準 ＼ 媒體	電　視	收音機	雜　　誌	報　　紙	直接郵件	網際網路
涉入	被動	被動	主動	主動	主動	互動
媒體豐富性	多媒體	音訊	文字、圖片	文字、圖片	文字、圖片（多媒體）	多媒體
地理範圍	全球	地區	全球	地區	全球	全球
CPM	低	較低	高	中	高	中
觸及	高	中	低	中	高	中
目標市場化	佳	佳	優	佳	優	優
效應追蹤	一般	一般	一般	一般	優	優
訊息彈性	不佳	佳	不佳	佳	優	優

數位媒體（digital media）顧名思義就是透過數位式媒體向目標市場進行溝通的整合式行銷溝通（Integrated Marketing Communication, IMC）工具。社會媒體（social media）就是讓網際網路使用者能夠與人合作製造內容、分享見解與經驗、聯繫、建立關係的線上工具與平台。社會媒體的類型包括：(1)名聲集結者（reputation aggregators），例如：Google、Yahoo!、MSN、Tripadvisor.com、epinion.com；(2)部落格（blogs），例如：Typepad、Blogger、Marketingpilgrim.com；(3)線上社群（online communities），例如：CNN、Slate、YouTube、Wikipedia；(4)社會網絡（social network），例如：Myspace、Facebook、Xing、LinkedIn。

@ 名聲集結者

搜尋引擎（search engine）就是名聲集結者，它可根據使用者鍵入的關鍵字來呈現各網站。呈現的次序多少決定了各網站的知名度，因此，搜尋引擎可以說是各網站名稱的匯聚之處。搜尋行銷（search marketing）是指透過搜尋引擎而行銷網站的行動。

搜尋引擎呈現的網站次序是根據：(1)自然搜尋（natural search），即根據網站內容、泛標籤（meta tags）符合關鍵字（使用者鍵入）的程度來依序呈現；

(2)付費搜尋（paid search），即根據廣告主付費的情形來決定網站呈現的優先次序。付費搜尋又稱點選付費（Pay-Per-Click, PPC），因為使用者點選某廣告時，廣告主便須付費給搜尋引擎業者。每次點選，Google 的收費標準是 0.15～15 美元。

垂直搜尋（vertical search）是根據特定主題（如旅遊、網路零售商、書籍）來呈現，例如：ZoomInfo、Linkedln（尋人）、CareerBuilder（尋事）、YouTube（尋影音）。付費方式包括目錄呈現、PPC、CPM（每千個印象數成本）。

@ 部落格

部落格、線上日記與日誌都是典型的社交媒體。Technorati.com 可追蹤 1.12 億個網站。網路行銷者可利用部落格來傳播其觀點並吸引會員。

@ 線上社群

典型的線上社群包括：維基、新聞整合者、影音與圖片分享網站、線上論壇、產品評鑑網站等。維基（Wiki）是讓使用者共同參與提供內容的網站。新聞整合者（news aggregators），例如：Digg.com 可將各種新聞來源加以整合，並在一個網站中呈現。Larry Weber（2007）提出七個建立線上社群的步驟：觀察、吸收會員、評估平台、參與、測量、促銷（推廣）、改善。[8]

@ 社會網絡

社會網絡可幫助個人與他人建立關係，並分享興趣與歡樂、尋找工作、尋找風險投資機會與志同道合的創業夥伴，或者尋找工作。

8　Larry Weber, *Marketing to the Social Web: How Digital Customer Communities Build Your Business*, 2nd ed. (Hoboken, NJ: John Wiley & Sons, 2009).

 15-7 廣告策略

@ 廣告

何謂廣告？它有什麼向度或構面？在廣告的標準定義中，它有六個構面：(1)廣告是付費的溝通形式（paid form of communication），雖然廣告的某些形式，如公共服務（public service），會使用免費的媒體空間及時間；(2)廣告具有可認明的主事者（identifiable sponsor）；(3)廣告的目的在於說服或影響（persuade or influence）消費者去從事某些事情（但有時候廣告訊息只是在使消費者了解某種產品或某個公司）；(4)廣告訊息是透過各式各樣的大眾媒體（mass media）來傳遞；(5)廣告是要接觸到廣大的目標閱聽人或潛在消費者；(6)廣告是非個人化的（nonpersonal），因為廣告是大眾傳播的一種形式。

我們可將以上六個構面加以綜合，對廣告下一個定義：廣告是付費的、非個人化的溝通形式，它是由可認明的主事者透過大眾媒體來說服或影響閱聽人。

若以促成實際銷售的觀點來看，廣告所得到的回饋通常很低，因為某件交易的成交與否很難歸因至某廣告的成敗，它不像推銷員可從顧客那裡得到立即的反應。此外，廣告的絕對成本相當昂貴。

廣告的好處之一是它可以在輕鬆的氣氛下，將同一資訊做多次的傳送，並且不會對消費者造成立刻做決定的壓力。而各種創意的展現加上大眾傳播媒體的推波助瀾，可以造成相當程度的衝擊。研究發現，消費者常以全國性的廣告來肯定產品品質。

另一方面，廣告因無法為個別的觀眾做調整而顯得較無彈性，因此，適合一般人的廣告固然容易製作，但傑出的廣告卻不多見。並非每一個廣告皆可產生如溫蒂漢堡的「牛肉在哪裡？」（Where is the beef?）所造成的認知和震撼。廣告的效果實在難以估計，且由於它不是人與人的接觸，一般來說較不如直銷來得具說服力。

@ 直銷

如前所述，傳統的廣告是以「無個人性的」、單向的大量溝通形式進行所

謂的大量行銷（mass marketing）。電傳行銷（telemarketing）與直銷（direct marketing）就是使用個人化的方式來增加廣告的效果。直銷的效果不錯，但是所費不貲。

近年來，行銷人員使用愈來愈多的直銷方式來從事行銷活動。直銷的特性是：(1)具有雙向溝通的互動式系統（interactive system）；(2)提供讓潛在消費者做回應的機制；(3)可發生在任何地點；(4)具有可衡量的回應（measurable response），亦即可以衡量潛在消費者的回應。擅長直銷的廠商通常都會建立消費者資訊的資料庫。

直銷的成長非常快速，因為它可以提供消費者最需要的三項利益：便利、效率，以及減少決策時間。[9]可參考以下兩例：

(1) 當消費者欲向 Land' End 購買襯衫時，所有的購買步驟是非常順遂的。他先打免費電話跟職員訂貨，不多久，他所訂購的襯衫就會寄送到他所指定的地點，並附帶有品質保證書。他可以用信用卡付費。以這種方式來訂購襯衫比在一般零售店買還便宜。

(2) 1998 年 IBM 透過網路銷售的金額高達 33 億美元。台灣 IBM（www.ibm.com.tw）於 1999 年 8 月宣布其家用電腦產品 Aptiva E 正式進入直銷模式，消費族為學生、年輕上班族、網路族等。民眾只要利用 080-066-066 免付費電話訂購，或進入 IBM 網站中的 ShopIBM，直接點選並進行付款動作或利用郵政劃撥付款，產品在訂購後三個工作天內將由專人送到消費者家中。

@ 互動式行銷

網際網路的出現，對廣告的展現提供了一個新舞台。網路可讓消費者與廣告主事者進行直接互動。在互動式行銷（interactive marketing）之下，消費者如要獲得更多的廣告資訊，只要利用滑鼠在網頁的廣告上點選即可，他也可以利用電子郵件詢問問題。網際網路向廣告主事者提供了雙向溝通管道、電子郵件功

---

[9] John J. Burnett, *Promotion Management* (Boston: Houghton Mifflin Company, 1993), pp.652-53.

能，以及進行一對一行銷。我們可將大量行銷、直銷及互動行銷做一比較，如表 15-4 所示。[10]

 表 15-4　大量行銷、直銷及互動行銷的比較

行銷方式 比較項目	大量行銷	直　銷	互動式行銷
最佳結果	大量銷售	獲得顧客資料	建立顧客關係
消費者行為	被動的	被動的	主動的
主要銷售的產品	食品、個人保健品、啤酒、轎車	信用卡、旅遊、轎車	高檔服飾、旅遊、財務服務、轎車
市場	大眾群體	目標群體顧客	目標個人顧客
購買地點	街道上的商店	郵局劃撥櫃檯	虛擬商店
媒體	電視、雜誌	郵政目錄	線上服務
技術	傳播	資料庫	伺服器、瀏覽器、網際網路
最壞的結果	轉台	丟到垃圾桶	離線或關機

15-8　了解網路廣告

@ 重要術語

　　網路廣告的術語可說是「眾說紛紜、莫衷一是」，所以我們有必要澄清一下這些術語，以使讀者有一個明確的了解。

廣告曝光率

　　廣告曝光率（ad views）又稱為網頁曝光率（page views）或印象數（impressions），是指在一段時間內，某橫幅廣告下載到訪客（使用者）瀏覽器的次數（假設此使用者會觀看此橫幅廣告）。

---

[10] *Information Week*, Oct.3 1994, p.26.

廣告點選

廣告點選或點選（click），是指訪客（使用者）在橫幅廣告上一按的總次數。

點選率

點選率（click ratio 或 click-through）是指橫幅廣告成功吸引訪客（使用者）做點選的比率。例如：假設某一橫幅廣告有 1,000 個印象數，而有 100 個點選，則其點選率為 10%。

Cookies

Cookies 是不經使用者同意即儲存在使用者硬碟中的程式。此程式是透過網際網路由網路伺服器傳送到使用者電腦上的，當使用者使用瀏覽器時，他們的上網行為就會被記錄。

CPC

CPC 是 Cost Per Click 的起頭字，是指每一次點選的成本。廣告主是根據 CPC 來付費給網站業者。

CPM

CPM 是 Cost Per Millennium 的起頭字，是指每 1,000 個印象數的成本，也就是將某一個「印象」傳送給 1,000 個個人（或家庭）的成本。假設網站業者對每一個橫幅廣告所收取的費用是\$10,000，而此橫幅廣告產生了 500,000 個印象數，則其 CPM 即為\$20（\$10,000/500）。

有效頻率

有效頻率（effective frequency）是指在某一特定時間，個人暴露於特定廣告下的次數。

觸擊

觸擊（hit）是指在一段時間內，某網頁下載到訪客（使用者）瀏覽器的次數。這些資料會記錄在伺服器的記錄檔中，常用來表示網站的受歡迎程度及流量。觸擊與曝光不同，一個觸擊可能有若干個曝光。

互動式廣告

互動式廣告（interactive advertisement）是指要求或允許瀏覽者／消費者採取某些行動的廣告。廣義而言，鍵閱某一橫幅廣告就算是互動。但是通常我們將「發出詢問」、「尋找詳細資料」才視為行動。

泛標籤

標籤（tag）是給蜘蛛（spider，亦即搜尋引擎）的特殊資訊，例如：關鍵字或網站彙總表，是一種超文件標記語言（HTML）。這些標籤是隱藏在幕後的，因此使用者看不到它。網頁設計者可將某些句子或一段文字環繞在標籤上，某些蜘蛛會讀取標籤上的資訊，以便將此網站編錄到索引中。

網頁

網頁（page）是一種超文件標記語言，它包含了文字、影像及其他線上元素，例如：爪哇程式（Java Applets）、多媒體檔案。網頁可以是靜態的，也可以是動態的。

接觸

接觸（reach）是指在某一特定時間，至少暴露於某一個廣告的個人或家計單位數目。

造訪

造訪（visit）是指在瀏覽某一網站時，某一使用者所發出的一連串要求。在某一特定時間，造訪者如停止詢問，就是「結束造訪」；如果他再次提出要求，則稱為一個新的造訪。

獨特使用者

獨特使用者（unique user）是指在某特定時間造訪某網站的使用者人數。網站會利用此使用者先前的註冊資料或 Cookies 來驗證或確信他的身分。

@ 網路廣告的目標

行銷者經常設定的目標包括：提高廠商的知名度、品牌的認知、品牌的回

憶、消費者的忠誠度等。廣告者或許想把品牌的知名度從 20% 提高到 45%，或是將品牌的回憶率從 2% 提高到 7%，或是把目標設定在消費者對品牌的品質形象從低於正常水平到高於一般水平。

廣告業者常把他們的目標設在 AIDA，亦即認知（Awareness）、興趣（Interest）、慾望（Desire）、行動（Action）上。譬如說，吉第利達公司（Kitty Litter Industry）就曾花了 1,000 萬的廣告費在 18 家雜誌上登廣告，以便使 95% 以上的人都能看過 10 次以上的廣告。

認知是指消費者經由閱讀廣告，逐漸認識、了解產品或品牌。也許是一個聳動的標題、文案、圖畫或動作，或者是一連串的促銷活動，吸引了目標市場大多數閱聽人的注意，諸如「科技始終來自於人性」、「Trust me, you can make it」等，都是強化消費者認知的文案。

閱聽人注意到廣告主所傳達的訊息後，便會對產品或品牌產生興趣。通常產生興趣是由於廣告主提供某種利益（benefits）之故，例如：「唸對口訣就可以免費獲得一個漢堡」、「擦拭若干天後，就可以使得皮膚變得更白」等。值得注意的是，消費者所購買的是「利益」，而不是「特色」。

消費者對於廣告主所提供的利益如果有「擋不住的感覺」，就會產生擁有該產品的慾望，也就是一種將產品據為己有的企求。

行動是整個廣告行銷活動中最重要的一環，因為如果消費者不採取購買行動，則前面的三個階段皆屬枉然。廣告主可藉著時效性（如果在某日之前購買，就可獲得折扣）、珍貴性（這些東西很難獲得，如果不馬上購買，一旦存貨出清，便不再製造）的掌握，促使消費者「心動不如馬上行動」。

在網際網路的環境中，雖然傳播管道不同，廣告的表現也不一樣，但廣告基本的 AIDA 模式仍然適用。廣告主可以依據廣告的不同類型，以 AIDA 來檢驗網路廣告的效果。[11]

閱聽人在網路上接觸廣告的第一步就是閱讀廣告，廣告主透過網路媒體（例如：中華數據公司，Hinet, www.hient.net；數位聯合服務公司，Seednet, www.seed.net.tw；亞太線上服務公司等）將廣告傳送到使用者的電腦螢幕上，這種情

---

[11] 本節參考自：劉一賜，網路廣告第一課（台北：時報出版，1999），頁 189-191。

形稱為廣告曝光（ad exposure）。消費者可經由廣告曝光產生對產品或品牌的「認知」。

接下來，閱聽人如果對網路廣告產生「興趣」，想要進一步了解詳情，他（她）就可能會用滑鼠點選（click through）廣告，進入廣告主置放在網路媒體中的網頁，或直接進入廣告主的網站。

到了廣告主的網頁後，閱聽人如果接受了廣告訊息，並且把對產品的興趣轉化為「慾望」，則必定會仔細閱讀廣告主的網頁內容，這時就會在廣告主的網站主機上留下一些「網頁閱讀」（page view）的紀錄。

消費者在網路上的「行動」就是一種轉換（conversion），也就是將瀏覽網頁的動作，轉換為某種切合廣告目的的行動，例如：填寫問卷參加抽獎或競賽，或是傳送訂單等。

廣告的 AIDA 模式與潛在消費者對網路廣告的閱聽行為對應關係，如表 15-5 所示。

@ 網路廣告的內容

目前企業對網際網路的利用方式各有不同，而且不同的行業及企業特性有不同的應用方式。一般而言，利用網際網路首頁的廣告內容可區分為：(1)公司簡介；(2)產品型錄；(3)顧客服務；(4)意見調查；(5)電子交易；(6)線上閱讀（線上資訊傳遞）；(7)售後服務與教育訓練。

▶ 表 15-5　以廣告的 AIDA 模式說明網路廣告的閱聽行為

傳統廣告的閱聽行為	網路廣告的閱聽行為
認知（Awareness）	廣告曝光（媒體網站）
興趣（Interest）	點選（媒體網站）
慾望（Desire）	網頁閱讀（廣告主網站）
行動（Action）	轉換（廣告主網站）

來源：劉一賜，網路廣告第一課（台北：時報出版，1999），頁 190。

@ 創意廣告的實現

何謂創意（creativity）？根據《韋氏字典》的定義：當產生、形成某些東西，或將某些東西變成實體時，就是創造了這些東西（Something is created when it is produced, formed, or brought into being）。真正的創意並不是天馬行空，創新成品大多來自於意識性的思維，在紀律的規範下經過深思熟慮而得。在紀律的規範下，所有的創意思考才會以資訊及個人經驗為基礎，而不至於漫無目標。

目標市場的大眾如果能夠對有創意的廣告訊息加以注意、理解、保留，並據以產生實際行動的話，我們就可以說這是創意廣告的實現。同時，在創意廣告的實現過程中，我們不可否認創意思考者其個人直覺的重要，但是不論如何，創意作品至少要能夠讓人理解。

目標市場與網路廣告訊息

在規劃網路廣告、研擬廣告訊息時，必須考慮到許多因素，也就是執行前的準備工作。目標觀眾的確立是首要的考慮因素。接受者的本質（即其人口特性及動機）會影響廣告訊息的內容及其形式。例如：美國酒類廠商最近也針對高薪的職業婦女大做廣告，因為根據調查顯示，這類婦女在商業午餐中已逐漸成為酒類的消費者。

既然廣告的目的在說服消費者使其改變消費行為，故廣告目標市場的確立是非常重要的。在策劃廣告時，即針對接受者（receiver）而設計。在某些情況下，廣告的對象為一般大眾，可是這類廣告的效果，相對上可能比有一特定對象的廣告還來得差，從這裡，我們必須強調市場區隔的重要性。企業可以針對一群特定對象來了解他們的慾望、生活型態、心理狀況、環境等，並根據此資料進行廣告規劃。例如：司笛麥口香糖的廣告即根據不同的市場區隔，而做不同型態的廣告。在美國，許多企業即根據各種不同的市場區隔（如老年人、雅痞、西裔等）研究其特性，以做最有效的廣告。

@ 網路廣告的效益

行銷效益的評估基礎，應該建立在行銷目標的訂定上。許多網路行銷人員根本就不知道如何訂定網路行銷目標，當然也就無法評估其效益。

所有廣告的目的不外乎獲得廣告效果（advertisement effect）與銷售效果（sales effect）。廣告效果強調的是品牌認知（brand awareness），而銷售效果顧名思義所強調的是增加銷售。「增加銷售」可以很容易的由數字來檢驗，但是「品牌認知」卻是一個相對抽象、主觀的目標。

寶僑（P&G）所定義的「品牌」說起來十分簡單，一言以蔽之，就是「與消費者建立關係」，包括建立信任感、提供服務，以及滿足消費者需求。

不可否認的是，要從數位化的雙向溝通中，確認消費者僅經由網路廣告而產生品牌認同，進而完成消費行為，恐怕十分不容易。

@ 網路廣告的特色

網路廣告的特色有：交談式、超越時空、相對準確的評估廣告效果、互動性、科技性，以及及時性。

交談式

傳統的廣告是以最低的成本，將訊息傳遞給更多的閱聽人為目標。網路廣告則採取不同的策略，客戶的詢問可透過電子郵件得到快速的回應。這種交談式的廣告可比其他媒體傳遞更多且更具親和力的資訊。

超越時空

網際網路無遠弗屆，網路廣告可全天候的提供。傳統的媒體，如電視及廣播，一來由於廣告費用相對昂貴，二來由於在實際運作上的不可能，因此無法24小時播放廣告。同時，傳統媒體無法獲得全國性的廣告效果，更遑論全球市場了。由於網路廣告可跨越時空的限制，因此對網路行銷者及廣告商而言是十分有效益的。

相對準確的評估廣告效果

傳統媒體在評估其廣告效果時，常使用回憶的方式，召集他所認為的目標顧客，看看他們能夠記得多少廣告內容，或用生理衡量的方式，在讓受測者觀看廣告影片時，觀察其瞳孔的變化。這些方式不僅費時費力，而且其效度也值得懷疑。幾家電視台打破頭比較的電視收視率，不過是市調公司從幾百戶的家庭閱聽

狀況中「估計」出來的。雖然不可否認的，其背後有統計學上的若干依據，但是調查結果和抽樣方法、樣本大小的選定有著相當大的必然關係。

網路廣告的效果，相對而言就比較容易衡量及掌握。現在的技術已經可以掌握在本網站上的訪客，他們在網站上閱讀過什麼文章、看過什麼廣告。如果以某些贈品誘使訪客留下其基本資料的話，更可以掌握訪客的人口統計變數。

網路的「據實統計性」（accountability）使得閱聽人在網路上的所有行為都「有案可考」。經由網路伺服器的「紀錄檔案」（log file），運用相關的網站統計分析軟體，加上可靠的網路廣告管理系統，就可以很容易的知道廣告圖檔被索閱、被觸擊的次數。

但是，網路廣告評估的正確性是「相對的」。許多機關團體或學校為了節省網路頻寬的使用，往往有「代理伺服器」（proxy server）的設立。代理伺服器會把團體內部人員常上的網站建置一份拷貝，並定期更新。只要是有人看過的網頁，都會被儲存起來，第二、第三個使用者如果也要閱讀相同的網頁，就可以從代理伺服器中讀取，而不需要連結到真正的網站上去看。

這種做法固然可節省整個網路資源的使用，但是會使得一個廣告明明在同一公司的許多人眼前「曝光」，可是網站主機上卻只有一次紀錄，對網站流量與廣告效果的統計都會低估許多。

互動性

由於網路廣告有互動性的特性，因此便於與顧客進行一對一的直接行銷。在與顧客互動的過程中，網路行銷者可蒐集到更完整的顧客資料，包括顧客的基本資料、偏好及意見等。在網路上直接蒐集到顧客資料之後，就可以馬上回覆顧客，如此高的互動性更可提高顧客的參與意願及意見表達。

科技性

由於多媒體爪哇（Java）、超文件標記語言（HTML）的技術已相當成熟，使得網路廣告也能以多種面貌呈現。例如：動畫、移動式看板、遊走的文字或圖形，皆使得廣告充滿了吸引力。

及時性

網路廣告可以及時的更新廣告內容，隨時增減資訊。這些特性絕非傳統廣告所能望其項背，而其推出的速度也是傳統廣告望塵莫及的。

我們不難想像，在傳統的型錄上做修改或更新一個電視廣告所耗費的人力及物力。但如果要更改一個網路廣告，只需修改網頁上的內容及參數即可。因此，我們可以了解，網路廣告不僅具有及時性，而且成本也相對便宜。

@ 網路廣告的類型

網路廣告的表現型態可說是由網站發展四部曲（詳見第 1 章），以及技術發展的程度來決定的。先是像平面印刷的「靜態圖檔」（static GIF），變成像電視媒體的「動畫圖檔」（animation GIF）。近年來，網路廣告還加入了影片及聲音等豐富媒體（rich media）。

對於各種不同類型的網路廣告，台灣的「廣告科技研討會」也有相關研究，問卷針對幾種目前在網路上比較流行的廣告類型，哪一種比較擾人（intrusive），做了一番調查，結果如表 15-6 所示。

從表 15-6 我們可以發現，有超過四成的網友覺得插播廣告最惹人生厭，這對於廣告主應該有一個重要的啟示吧！

插播式廣告

插播式廣告（interstitial ads）亦稱捲軸廣告，其設計理念基本上是希望達到如影隨形。它的位置會隨著捲頁軸而不斷上下捲動，所以無論網友捲到網頁的任

▶ 表 15-6　擾人廣告

題目：請選出你認為最擾人的網路廣告形式（單選）	
插播廣告	42.9%
電子郵件廣告	24.8%
橫幅廣告	3.5%
沒有擾人廣告	28.6%

來源：劉一賜，網路廣告第一課（台北：時報出版，1999），頁 195。

何地方，都一定可以看到捲軸廣告。此外，網友在捲動廣告時，多半會用滑鼠去點捲軸，同時目光也會不自覺地移到捲軸的滑鼠游標處，那麼要不看到捲軸廣告也難。

我們在看電視節目時，總是在段落間不得不看到所插播的廣告（當然，也有不插播廣告的如 HBO、Cinamax，或者不在段落間隨性插播的廣告）。在網站與網站之間，我們也常會看到插播式廣告。據了解，插播式廣告在未來的比重將會持續增加。

1996 年底，美國網站出現了可與電視廣告媲美的插播式廣告。在網頁與網頁連結時，另開闢一個較小的視窗，廣告主可以在裡面提供較為完整的資訊，並且發揮「揮之不去」的強制性功能，化被動為主動。[12]

現在國內外許多提供網友免費網頁的網站，大多都以插播式廣告當做重要營收來源。美國的「地球城市」（www.geocities.com）以及台灣的「章魚城市」（www.tacocity.com.tw）等，都有提供免費的磁碟空間。

橫幅廣告

橫幅廣告（banner ads）是在網頁上展示的圖像，大小通常是 5 英吋到 6.25 英吋（寬）、1 英吋（長），衡量的單位是像素（pixels）。橫幅廣告通常與廣告主的網頁做超連結，也就是說，只要在上面一按，就會連結到廣告者的網頁。

橫幅廣告通常是以色彩鮮明的長方形來呈現，它可以突顯公司的名稱、商標等。先前的橫幅廣告大都呈現在網頁的上端，現在則幾乎無所不在。在網頁上的某些橫幅廣告或突然冒出、或來回移動、或閃爍個不停、或隨著動畫而滑動，可謂無奇不有。

一項針對橫幅廣告的線上問卷調查發現，在可複選的情況下，橫幅廣告吸引網友點選的主要原因，是橫幅廣告的美工設計（占 47%），其次為廣告很有創意（35%）、文字內容聳動（35%）、內容符合需要（31%）、折扣與贈品（17%）。

中原大學網站經營研究中心於 2000 年 9 月 20 日到 2000 年 10 月 17 日舉辦

---

[12] 詳細的說明可參考：劉一賜，網路廣告第一課（台北：時報出版，1999），頁 27。

「第一屆網站 Banner 大賽」，透過線上問卷了解網友點選橫幅廣告的原因，共有 8,139 位網友參與。該研究將點選原因分為七類，分別是：代言人、文字內容聳動、折扣與贈品、美工設計、品牌的吸引、創意、內容符合需要。調查指出，若進一步透過迴歸分析點選次數與原因間的關係，會發現，在不區分網友類型的情況下，影響橫幅廣告被點選次數多寡的因素依序是：美工設計、內容符合需要、創意等，顯示橫幅廣告的美工設計愈能吸引人，被點選的機會便愈大。以性別分析，男性網友點選橫幅廣告首重「內容是否符合需要」，其次是內容聳動、創意；女性網友首重美工設計，其次是內容符合需要、創意。若以年齡分析，15歲以下網友最重視文字內容聳動與美工設計。

在未來的幾年內，網路瀏覽者會愈來愈習慣看到商業網路上大登橫幅廣告的盛況。1998 年 6 月以前，Adknowledge 服務公司曾追蹤到有 1,175 個網站刊登廣告，較 1997 年增加了 46%。

橫幅廣告是線上廣告的主流，它是圖形、圖像、動畫的綜合。訪客在上面一按，就會產生互動現象，或超連結（super link）到另外一個網站。

橫幅廣告通常出現在網頁的上端和／或下端，但比較普遍的是出現在上端。有兩種類型的橫幅廣告：關鍵字橫幅廣告（keyword banners），以及隨機橫幅廣告（random banners）。當我們從搜尋引擎上鍵入關鍵字來查詢時，關鍵字橫幅廣告就會出現。而隨機橫幅廣告顧名思義就是隨機出現的。如欲推出新產品（如新的影片或 CD），使用隨機橫幅廣告會比較具有吸引力。

橫幅廣告是網路廣告中最普遍的類型，檔案大小在 7～10KB 之間比較恰當，因為檔案太大可能會浪費使用者的下載時間，在廣告出現之前便失去了耐心。

根據 Adknowledge 對 1,175 個網站的估算，橫幅廣告的 CPM 是 40 美元。所謂 CPM 是 Cost Per Thousand Impression（每千人印象成本，也就是說要使得每 1,000 個人對此廣告產生印象所需花的錢）。當然，這個成本隨著所針對的瀏覽者（閱聽人）是否是高收入，或者是否是針對一般的閱聽人而定。

根據美國線上（America On Line, AOL）在 1998 年所做的調查顯示，對橫幅廣告有好感的，十個人之中就有九人。看過之後可以馬上回憶廣告內容的占 50%（詳細資料可參考：www.adage.com）。

優缺點

橫幅廣告的最大優點在於可以針對目標顧客製作客製化廣告（customized ads）。網路行銷者必須決定要針對哪一個市場區隔，然後針對這些目標顧客做廣告設計。橫幅廣告甚至可以針對目標顧客進行一對一行銷。有些網路行銷者還使用強迫式廣告策略（forced advertising strategy），強迫顧客必須看這一則廣告。

橫幅廣告的缺點就是成本昂貴。如果網路行銷者要進行一個成功的廣告戰，就必須分配大量的廣告預算在網路廣告上，才可望獲得大量的 CPM。此外，使用橫幅廣告也僅能提供有限的資訊。因此，橫幅廣告設計者要思考言簡意賅的文字才有可能吸引瀏覽者。

橫幅廣告交換

甲公司同意在其網站上展示乙公司的橫幅廣告，同時，乙公司也同意在其網站上展示甲公司的橫幅廣告，這就是橫幅廣告交換（banner swapping）的情形。這也許是在橫幅廣告的建立及維護上較為便宜的方式。但是要和誰交換？這是一個相當困難的決定。要交換的對象必須是他的網站能夠吸引大量人潮，而且這些人又會點選本公司的橫幅廣告的網站。

有時候，要交換的單一對象並不容易找到。如果有幾家公司想要交換橫幅廣告，反倒是比較容易的做法。例如：甲公司可展示乙公司的廣告，但是乙公司不能展示甲公司的廣告，不過乙公司可以展示丙公司的廣告，而且丙公司可以展示甲公司的廣告。

弔詭

網路廣告是利害相伴的。任何網站都可以藉著銷售橫幅廣告而賺錢，但是也會因為向其他網站買橫幅廣告空間而付出一筆可觀的費用。你的網站能夠吸引多少注意力？如果購物者不在你的網站上做點選，則你在其他網站上做廣告會有多少利益？你也要考慮，任何一個特定的網站是否能吸引到與你網站相同的目標顧客？入門網站雖然會吸引廣大的群眾，而且廣告費用又有降低的趨勢，但是因為刊登廣告的廠商太多了，你會迷失在人群之中。如果某一網站所銷售的產品是你網站的輔助品（complementary goods），那麼你要將它納入優先考慮的合作夥

伴。

廣告費用

雖然有些網站對廣告費用有一定的標價,但是在大多數的情況下,廣告費用還是透過協商或以物易物(barter)的方式來決定。如果在廣告數量上達到一定的程度,或者網站上既有的廣告量不足時,刊登者還會獲得折扣優待。

橫幅廣告要能吸引人,必須要色澤鮮豔、置於首頁的明顯處。以動畫呈現,可以令人產生某種行動,避免讓人產生某種程度的彈性疲乏。

觸鍵廣告

觸鍵廣告(button ad)即是我們在某網頁上常常看到的某些公司的商標(logo),我們在此 logo 上一按,就可連結到該企業的網站,以獲得更豐富的資訊。

離線廣告

離線廣告可以像檔案一樣被下載,以供離線閱讀或觀賞。這類廣告是相當具有吸引力的,廣告可以吸引到確實有興趣的訪客。

推播廣告

推播(push)是指網站直接把新的內容與資訊自動下載到使用者的電腦中。透過這種方式,可以獲得更多有關使用者的資料,並與使用者建立一對一的長期關係。

推播式媒體(push media)是點播公司(Point Cast, www.pointcast. com)開始鼓吹的,主動把資訊用「送報到家」的方式送到使用者的電腦中。因此,大家就把原先網站的資訊傳播方式(也就是被動的讓網友上網瀏覽的「姜太公釣魚」方式),稱為吸引式媒體(pull media)。

電子郵件廣告

我們只要在電子報或其他網站上註冊,就會定期收到電子郵件。這些電子郵件的性質及內容不一:有的是警告最新的電腦病毒又在肆虐,需趕緊購買某個軟體,或從網路下載病毒更新碼;有的是提供標題新聞,並兼做廣告;有的是好禮

相送；有的是通知你最近的相聲瓦舍又有什麼新活動、新演出；有的是告訴你如果透過他的服務，不僅可獲得寬頻網路之利，又可獲得價格優待。凡此種種，不一而足，這些都是利用電子郵件來做廣告的例子。

有些廠商在獲得顧客的電子郵件名單後，將此名單販售給其他廠商以牟利。我們常常會莫名其妙的收到一堆垃圾郵件，應是「拜這些商家之賜」。號稱世界最大的 ISP 業者美國線上公司（America On Line, AOL）在不堪垃圾郵件的騷擾之下，對美國幾家騷擾者提出控訴，結果獲得勝訴。這些被告被罰以相當數額的損害賠償。

@ 網路廣告計費基礎

網路廣告的計費基礎也有許多變化。從一開始的「地攤式」任意叫賣，演變出好幾種計價模式。我們這裡說明的網路廣告計費基礎，事實上這些基礎也可以做為網路廣告效能（effectiveness of advertisement）的指標。

網頁閱讀

目前國外普遍採用的是以「網頁閱讀」（page views）為依據的每千人（次）成本（Cost Per Millennium, CPM），也就是用每1,000次網頁閱讀為單位來計算廣告的刊登費用。這個方式已成為網路廣告計價的主流。

這是傳統的計費方式，也可用在網路標準廣告費率上。當每千人成本在網路上被廣泛運用時，平均而言比其他傳統媒體更高，這是因為供應量不多、網路流量大的關係。

1999 年，在美國，每千人成本在 10～100 美元之間，但是這個價格隨著不同的搜尋引擎或熱門網站不同而異，平均約為 45 美元，印象數 0.045 美元。

點選

點選（click-through）是目前最主要計算網路廣告費用的方法，它是以計算使用者經由鍵入橫幅廣告而進入廣告網站的次數來計算。目前在美國，每一個點選的費用約為 0.34 美元（約合台幣 10 元）。

但是，只有極少數（約 4%）的訪客會真正暴露在橫幅廣告中。而以點選計價不僅要訪客暴露在橫幅廣告中，而且要真正點選變成暴露在目標廣告中（這就

是暴露後轉換率）。

關鍵字

網路上的搜尋引擎（search engine）通常涵蓋了許多熱門網站。當訪客鍵入關鍵字（key word）之後，他所搜尋的結果與目錄便會呈現出來。以最熱門的雅虎及 Infoseek 來看，每個月收取每個關鍵字的費用約為 1,000 美元。

橫幅廣告

你可以賣橫幅廣告給任何公司，包括最大型的公司或是剛起步的小公司。但是，橫幅廣告的價格正在不斷滑落，所以它並不是網站上的主要收入來源。這對賣方而言是個壞消息，但對買方卻是個好消息。橫幅廣告價格通常是以「每千個線上印象數」（online eyeballs or impressions）為計算基礎。現在每千個線上印象數的價格是 35.13 美元，而且正在不斷的下滑。

在網站上有多少橫幅廣告才不會太多？橫幅廣告的蔓延令人目不暇給，有些時候會產生某種程度的不舒服。過多的橫幅廣告會使得網頁看起來凌亂不堪。此外，如果橫幅廣告與網站主題毫不相干，則訪客根本不會理會這些廣告。在考慮是否要加上一個橫幅廣告時，要考慮它對整體視覺效果的影響。

如何衡量橫幅廣告的效果？在業者之間，眾說紛紜，莫衷一是。如果一個瀏覽者並未點選某個廣告，那麼廣告商會獲益嗎？分析家發現，網站購物者只花 0.5% 的時間來點選橫幅廣告。熱門網站的廣告收費可能較高，就好像電視的黃金時段一樣。新的網站可能必須考慮以提供免費空間的方式來吸引注意力。費用的範圍很大，從完全免費到市場可接受的程度。

互動性

互動性（interactivity）是由 Hoffman（1997）所提出，她認為「點選計價」並不能保證訪客喜歡該則廣告，而且也無法衡量出實際瀏覽的時間，因此建議廣告價格應以「訪客與目標廣告的互動總數」（the amount the visitor interacts with the target ad）來估算。[13]互動性的衡量可用這些方式：瀏覽廣告的時間、檢索廣

---

[13] Donna L. Hoffman, "A New Marketing Paradigm for Electronic Commerce," *Information Society*, Jan-Mar 1997, Vol.3, Issue 1, p.43.

告的頁數，或者目標廣告的重複造訪數。

然而，在 1996 年，現代媒體（Modern Media）互動式廣告代理商因採用互動性計價，而引起網路媒體的爭論。爭論點在於：(1)網頁設計者無法承擔必須主動衡量廣告互動性的責任；(2)傳統的媒體如報紙、電視廣告，都不是以具有互動性的實際購買來衡量，那麼為何要獨厚網路廣告？

銷售效果

點選和關鍵字的方法，充其量只能看出廣告效果（ad effect）。但是網路廣告的最終目的在於達到銷售的最終目標，也就是說，網路廣告應有銷售效果（sales effect）。如果在網站上的廣告實際的促成了消費者的購買，則廣告主就要付給此網站一定比例的佣金。如消費者在亞馬遜網路書店訂購一本書，該網站就向廣告商收取 8% 的介紹費。

以銷售結果做為計價基礎的網路行銷者會積極的影響顧客的態度、刺激顧客提供本身的資訊，引導顧客做實際的購買。

其他方法

除了上述方法之外，還有幾種付費的基礎：(1)使用「訪客總數」（但是造訪某一網站並不表示實際購買）；(2)在某一特定時間，計算造訪某一網站的「獨特使用者」（unique users）。記錄造訪者的個人資料，並估計在哪一類網站中出現的廣告最能吸引哪些造訪者。但是這種方法並不能保證造訪者會實際購買；(3)以月計費，不論流量大小。但有些業者利用月費加上流量的混合方式；(4)由市場決定價格，其做法是透過競價（拍賣）的方式，網路服務業者或網路行銷者會將廣告放在適當的網頁上，成交之後，業者會向廣告主收取一定的佣金。

@ 創造內容

「網頁的內容會吸引人到此網站，但是你要賺錢才重要。」羅傑斯大學（Rutgers University）的小型企業發展中心副主任格林非（Alyson Miller-Greenfield）說道。

每天和有潛力的客戶、創業家、公司負責人、政府官員及政策和協定打交道

的結果,小型企業發展中心接觸到各式各樣的創業公司及成長公司。格林非與其位於全國各分支機構的同僚們,一向都以務實著稱。

你要將線上銷售策略加以具體化。首先,將網頁內容視為網站的專業目標。第二,確信你的網頁內容能引導銷售目標的達成。如果你只在網站上經營業務,那麼你只要做線上交易即可;如果你已擁有傳統店面,那麼你可以同時進行離線及線上交易(offline-with-online)。

許多專業作家也逐漸體認到,內容優異及多樣性是非常重要的。先前,網站上電子報及電子雜誌的內容與其印刷媒體一模一樣,但現在卻提供了嶄新的內容。好的內容會增加銷售,並能穩固的建立公司的辨識系統。不要讓顧客如墜入五里霧中,因此,內容的結構性及組織性是很重要的。

內容的深度要符合你的目標,而且要有結構性,以便於購物者控制資訊的流動與方向。在發展網頁的內容時,要考慮以下事情:

(1) 讓顧客有控制權,讓瀏覽者自由點選、觀看及移動。在網站上替新舊顧客設計不同的路徑。如果有顧客初次造訪,但對你的產品線很熟悉,就要讓他/她隨意到哪兒,而不要用無意義的文字或標語騷擾他/她。

(2) 不要過度銷售。網站不要像過度熱心的推銷人員般,使消費者心生反感。例如:當消費者瀏覽網頁時,一而再、再而三的出現插播式廣告,會使人不勝其擾。

(3) 購物者若不要求,就不提供細節。讓購物者決定是否要更深入的報導或要更詳細的資料。

(4) 提供必要的細節。不要雜亂無章的解釋,要言簡意賅。圖片及圖像要放在適當的地方。例如:當購物者決定要買喀什米爾羊毛襯衫時,要讓他/她感覺到這是一件多麼「清爽」的事。

(5) 向利基市場明確表示你知道他們的所需。

(6) 你的行銷策略要有相當程度的「入世」(不要曲高和寡),以滿足利基消費者的需要。

業績良好的網站都會有適應改變的能力。如果某個產品策略行不通,就要改弦易轍,就像你會改變傳統店面的櫥窗擺設一樣。藉著蒐集有關網站業績的資

料,以及不斷了解顧客的需要,網路零售商就可以從顧客那裡知道要如何改善其網站。

網路零售商的首要考慮因素,就是應該提供什麼內容才會使購物者逗留、瀏覽及購買。除此之外,網站要有產生利潤的機制,就像報紙廣告一樣,如此才能夠使網站得到支持,並且與其他的經銷商保持密切的關係。因此,網站上的某些內容是與廣告出資者、廣告商、相關網站及其他的內容提供者共同協議決定的。

@ 社論與廣告

有關網站內容方面,最複雜的課題之一是要提供客觀的內容(如社論)呢?還是做產品及服務的廣告呢?橫幅廣告是要付費的,但是網站上其他的促銷方式是否要付費?網站訪客並不清楚。事實上,任何網站都不會說明哪些是付費廣告,哪些是免費廣告。

許多線上購買者在知道亞馬遜網站上最有名的「書刊評論」並不夠客觀後,莫不大感失望。得到「洛陽紙貴」這種評論的書籍,其實是書商花了大把銀子砸出來的。但當橫幅廣告充斥於各網站中時,尋求另外廣告方式的迫切性也愈來愈明顯。在網站上促銷的產品也愈來愈多。消費者,要小心啊!

提供搜尋服務的公司雅虎(Yahoo!)及 Lycos,是第一個向「內容及廣告」網頁提出挑戰的公司。他們的搜尋功能力求客觀,並不以廣告收費的多寡來決定呈現的次序。至於與其他網站的連結呢?哪些是提供內容的?哪些是由出資者付費的?雅虎會在網頁上將他們放在不同的位置。在淡藍細線上端的,是付費的公司,這些都是付費以呈現其產品及服務,以及支付銷售佣金的公司。在淡藍細線的下端,就是以網站名稱所建立的目錄,是不收費的。就是這麼簡單!(如果你不知道什麼是淡藍細線,放心,不知道的人多得是。你只要上 www.yahoo.com 就會明白。)

美國聯邦交易委員會的消費者保護局成立了一個團體,以監視網路上的廣告詐欺行為。最簡單的方式就是拿付費廣告開刀,以收殺雞儆猴之效。如果消費者及廣告商都能堅持產品及服務的品質,則雙方都會互蒙其利。

@ 資訊的訂閱

由於免費資訊充斥於市面上，因此很難點出使用者會買什麼樣的資訊。許多專家會回答「實在不多」。以利潤來源來看，產品及廣告是利潤比較豐厚的來源。以訂閱為導向的服務如果能夠提供專門的、深入的資訊，在別的地方要付費才能買到的資訊，才會有市場及利潤。不可否認的，免費資訊也是網站上的主要噱頭。及時資訊會使瀏覽者再度光臨。例如：GoBabies®網站會定期更新由旅遊家長提供的有用小祕訣，使其網站既清新怡人，又饒富趣味。

15-9 網路廣告設計

@ 網路廣告設計策略

我們可以將幾種廣告策略運用在網際網路上。在說明電子商務的廣告策略之前，我們應先了解以網路為基礎的廣告設計所需考慮的因素。

1. 網路廣告應重視視覺訴求

傳統大眾媒體所呈現的廣告是以「色彩」來吸引人們的注意。網際網路中的廣告則是採用「互動式」和「可移動的」網頁內容來引起瀏覽者的注意與再度造訪。

2. 網路廣告應鎖定特定的顧客與個別消費者

網路廣告應客製化（customized），並以個人層次來看目標對象。

3 網路廣告所提供的內容應是對消費者有價值的資訊

網頁應提供有價值的資訊給消費者，而不要提供大量的、無用的資訊給消費者，浪費消費者的下載時間。

4. 網路廣告應強調品牌與公司形象

網路廣告應強調公司及其所屬產品與其他競爭者有所差異的地方。

5. 網路廣告是整體行銷策略的一部分

企業應主動參與網際網路運作的所有活動，例如：新聞群組、郵件清單、電子佈告欄（BBS）的設計及規劃，這些活動應是公司整體策略的重要部分。線上廣告亦應與非線上廣告（即傳統的廣告形式，如電視、平面廣告、DM）相互合作。

6. 網路廣告必須與訂購系統密切結合

顧客在看過廣告之後，可能對廣告產生興趣，這時候要方便他們線上訂購及付款。

網路廣告的位置

成功的網站設計既是藝術，也是科學。雅典尼亞（Athenia Associates）網路公司委託密西根大學商學院所做的調查顯示以下幾項重點：

(1) 在螢幕偏右下方、緊接著捲軸旁的廣告點選率，與那些放在網頁最上方的廣告相較，有 228% 高的點選率。

(2) 將廣告置於網頁下約三分之一的位置上，可較放在網頁最上方的廣告增加 77% 的點選率。

這項研究結果與我們一般認為的將廣告放在網頁最上方位置才是最好的看法，有很大的差異。我們可將導致高點選率的廣告位置稱為「點選帶」（click zones）。形成高點選帶的原因之一，在於使用者在使用滑鼠的習慣上面。[14]

1999 年，柯克及得班（Gehrke and Turban）曾做過一項研究，他們企圖找出可能會影響（增加或減少）顧客對網頁滿意度，進而影響其閱讀網路廣告的意願的變數。他們找出了 50 個變數，在將這 50 個變數做處理（也就是利用因素分析）之後，可歸納出五個因素：[15]

1. 網頁下載速度（page loading speed）

圖片與表格必須是有意義的、簡化的，需符合標準格式。使用智慧圖示

---

[14] 有關此研究的詳細討論，詳見：http://www.webreference.com/dev/banners。

[15] D. Gehrke and E. Turban, "Success Determinants of E-commerce Web Site Design," *Proceedings of 32 HICSS*, Hawaii, January 1999.

（icon graph）是很有用的。

2. 商業性內容（business content）

簡明扼要的本文是必要條件，而令人賞心悅目的首頁設計、具吸引力的網頁標題也是很重要的。要求讀者註冊的資訊數量應愈少愈好。

3. 搜尋效率（navigation efficiency）

良好的分類、正確有意義的連結是必備要件，必須使顧客能利用任何瀏覽器、軟體進入你的網站。

4. 安全性與隱私性（security and privacy）

要確保網路上的安全性與隱私性。必須可拒絕 Cookies。

5. 針對顧客做行銷（marketing consumer focus）

所提供有關購買條件、送貨、退貨的資訊應清晰易懂。當顧客訂購之後，要提供確認單。

@ 被動的拉力策略

顧客通常會去搜尋、參觀的網站，都是那些能夠提供他們有用內容、具有吸引力的網站。當網頁只是被動的讓顧客接近時，這樣的策略稱為「被動的拉力策略」（passive pull strategy）。當廣告的目標是針對全球的、不知名的潛在顧客時，被動的拉力策略不僅有效，而且還具有經濟性。

然而，當許多網頁都對所有顧客開放時，此時就需要一個可以引導顧客到達目標位置的「指南」（directory）。例如：廣告世界網站（http://advertising.utexas.edu/world），這是一個指引顧客搜尋目標網站的非營利組織。從這裡我們可以知道，具有搜尋引擎的入口網站（如 Yahoo!），可被視為刊登廣告的有效地方。

一個網站可能只是一個提供純廣告的網站（亦即沒有網路下單及付費的功能），或者是一個複雜的零售店面（如亞馬遜網路書店），在複雜零售店面所呈現的廣告可以直接被連結到銷售流程上。在這種情況下，廣告可視為在網際網路上銷售活動的起始點。

@ 積極的推力策略

如果顧客未能自動造訪公司的網站，則網路行銷者必須主動的針對目標顧客做廣告宣傳，這就是積極的推力策略（active push strategy）。積極的推力策略的運用方式之一，就是傳遞電子郵件給相關顧客。在運用積極的推力策略之前，網路行銷者所面臨的第一個問題是如何獲得顧客群的郵件清單。在這方面，Double Click 公司所擁有的電子郵件清單可滿足此需求。此外，公司也可以用代理人科技（agent technology）或 Cookies 監控軟體來獲得顧客清單。

@ 關聯式廣告展示策略

網路行銷者可以目標對象、廣告內容，分別將橫幅廣告加以組合，使得某一組的橫幅廣告是針對某一類的目標顧客。如果網路行銷者能夠辨識出網路使用者及其個人特質，那麼使用關聯式廣告展示策略（associated ad display strategy）是非常有效的方法。

在 MapQuest（www.mapquest.com）旅遊網站上，可向顧客提供旅館住宿預約系統服務。使用者進入城市的網頁時，可選擇「住宿」這個指標性目錄，然後就可看到提供住宿的相關廣告展示。這種做法可獲得更高的廣告曝光率。

在亞馬遜網路書店（www.amazon.com）上，顧客在搜尋到欲閱讀的書目時，在下方會列出「買這本書的顧客，也會購買此書」的書目清單。為了提供這個功能，亞馬遜網路書店的系統必須要有能力從資料庫中整理過去的紀錄。這種策略稱為「剛好及時策略」（just-in-time strategy）。

15-10 廣告執行策略

以下我們將說明有關廣告執行的策略。

@ 客製化廣告

網際網路可以說是資訊的大雜燴，一般人很容易就迷失在網海之中。網路行銷者應透過客製化廣告的提供來過濾掉那些不適當的資訊，因此，這是一個降低

資訊超載的好方法。

BroadVision 網站（www.broadvision.com）就是提供客製化廣告、服務平台的最佳實例，其「一對一」（One-to-One）軟體能夠快速建立及改變網頁。它的核心是蒐集網頁參觀者註冊資料與資訊的資料庫。網路行銷者可以利用「一對一」軟體在自己的桌面上設定與修改網頁呈現的規則與方式。網路行銷者可根據所歸納出來的顧客資料做客製化的廣告展示。

PointCast 網站（www.pointcast.com）提供了個人化的網際網路免費新聞服務。使用者可以依照他的需要，選擇體育、娛樂、新聞標題、股價等資訊，這麼一來，使用者所得到的資訊就是他所要的。

@ 互動式廣告策略

網路廣告可以是消極的（只供觀看），也可以是互動式的。互動式可以在線上進行，如利用聊天室或呼叫服務中心（call center）；也可以利用非同步方式進行，如利用網頁螢幕、電子郵件。互動性可以用來補充消極型網頁的不足。網站的主要優點在於它能夠在合理的費用之下，提供不同型態的互動性。

@ 比較式廣告策略

顧客在購買某產品及服務之前，通常會做比較。假設你想買一台電視，在網頁型錄或電子郵件中發現一台心儀的電視之後，你就會挑選一個同性質電視但價格最便宜的地方去購買。問題是，是誰提供這些廣告資訊？一種做法是，由電子郵件管理者免費提供各類產品的資訊服務，不論顧客有無要求。另一種做法是，針對顧客所指定的產品提供一個「比較」的機制，供顧客做產品比較。在這種情況下，廠商比較願意負擔廣告費用。

@ 廣告內容設計策略

在設計廣告內容時，可經由簡單的附加、更新或改變幾個句子，就能改變一個搜尋引擎在搜尋排序時的排序。根據這個理由，網路行銷者在設計網頁時，必須考慮到這樣的問題：當網路參觀者利用搜尋引擎嘗試找本公司網站時，他會用什麼關鍵字來查詢，或者心中存有什麼問題。網路設計者要去創造可以回應這些

問題的網站。

　　例如：一個使用者在搜尋引擎中鍵入"Hawaiian Bed and Breakfast"的關鍵字，他就會得到 20 筆網站資料。此時，此使用者會在這 20 筆資料當中點選他認為最適合的網站名稱。因此，網路行銷者所面臨的問題是：如何使得本公司的網站被羅列在前 20 名中？而且又如何吸引使用者進入本公司網站？為了達到這個目的，廣告主或網路行銷者不應在網頁上強調「從窗口眺望，汪洋盡在眼簾」，而是要強調像床、早餐、夏威夷、一週旅遊這樣的關鍵字。

15-11　網路廣告的特殊課題

　　網路廣告有關的重要課題有許多，我們現在討論一些重要的關鍵問題：成功關鍵因素、稽核與網站流量分析、網際網路標準、地區性問題。

@ 成功關鍵因素

　　就像任何廣告一樣，網路廣告必須要有成本效應（也就是說，花了這麼多錢做廣告，總要有一些成果）。網路行銷者要了解網路廣告的目標是什麼，這是非常重要的事情。這個道理不言而喻。如果沒有目標，那麼網路廣告目標的評估便會流於主觀；如果不能客觀的、有系統的評估網路廣告目標，那麼是否值得在網路上做廣告便沒有一個標準。

　　如果要使網路廣告協助達成企業目標的話，管理當局首先要對網際網路的細節詳加了解。他們必須了解網際網路是什麼、如何運作，他們必須對此媒體有長期承諾，並且要了解資訊呈現的短期動態特性。當這些條件都具備了之後，才可以決定網路廣告花費的問題。

　　如只將電視廣告目標移植到網路廣告目標是不夠的。網路廣告受到許多動態特性的支配。電視、廣播、報紙及雜誌廣告著重於顧客認知的一致性改變，而網路廣告由於其互動的特性，而可以對不同的顧客造成不同的影響。企業在決定進行網路廣告之前，應評估它是否有足夠的承諾（commitment）——在人力、時間及財務資源方面。缺乏承諾會虎頭蛇尾、一事無成，而且讓網路訪客所看到的淨是「網路建構中」這樣的訊息。值得了解的是，網路建構應精益求精，要經常

做改變以吸引新訪客,並留住舊訪客。

對於個人及企業而言,善用廣告代理商(ad agency)的專業服務是明智之舉。廣告代理商對於哪一類型的廣告會吸引哪一類型的顧客都有相當專業的概念,因此會使你的網站產生相當的人潮。

@ 稽核與網站流量分析

當公司決定在別人的網站刊登廣告之前,你要確信該網站所宣稱的點選、點選率是否值得信賴,因為要「操弄」這些數據是輕而易舉的事。廣告稽核(ad audit)是很重要的,因為它可以確信網站所宣稱的閱覽及點選次數是否正確,並使得廣告主不至於枉費其廣告費用、網站業者得到其應得的報酬。

成立於 1914 年,由廣告主、廣告代理商及發行商所成立的非營利組織「流通稽核局」(Audit Bureau of Circulation, ABC),建立了一套廣告標準及規則。流通稽核局的主要任務在於藉著稽核流通數據來證實各種流通報告的可信度,並向印刷廣告的買方與賣方提供可信的、客觀的資訊。流通稽核局所提供的服務包括:

(1) 提供廣告購買者及廣告主的論壇,以讓他們決定哪些資訊對於廣告購買及銷售過程非常重要。
(2) 進行流通稽核(circulation audit)。對於廣告業者的網站紀錄進行深入的稽核,並向廣告購買者保證廣告業者所宣稱的流通量是正確的。
(3) 發布流通資料。以印刷及電子形式,將稽核資料發送給會員。
(4) 不斷的改善其產品及服務,以使其會員獲得最新的資料。

流通稽核局所提供的服務,現在也已適用在網路廣告上。現在在美國有許多獨立的稽核公司也紛紛成立,如 PCMeter、BPA,以及 Audit。

@ 網際網路標準

網路廣告可以說是創意無限、五花八門,而其評估標準也是百家爭鳴。最近在業界中發出了一種聲音:是否訂出一個標準來規範?其中一個標準就是利用 Cookies 技術。Cookies 是一個機制,它可以使網站記錄使用者的上網行為(上

了什麼網站、點選了什麼、下載了什麼等）。網站可以將顧客所註冊的資料與他的上網行為加以分析，並利用這些資訊來針對上網者做一對一的行銷服務。

　　既然利用 Cookies 可記錄使用者的上網行為，那麼網路廣告的效能不就可以加以衡量了嗎？問題是，利用 Cookies 之後，使用者的隱私權就無法受到保護，因此有許多反對的聲浪出現。事實上，要建立一個公平客觀的、大眾無異議的標準，仍有一段路要走。

@ 地區性問題

　　地區性（localization）就是將在某一國發展的媒體產品，改變成適合某一國外目標市場，以配合當地語言及文化的過程。這涉及到國際化（internationalization）的過程。網頁的翻譯只是國際化的一部分而已。某一珠寶商的網頁是用白底來襯托其珠寶產品，但是卻驚訝的發現這在許多國家是一項禁忌。因此，如果你是針對全球市場，就必須考慮到地區化的問題。但是地區化並不是一件容易的事情，因為：

(1) 有些語言有重音字母，如西班牙文。如果轉換成英文，則這些重音字母就不見了。

(2) 以圖形製作的文字說明不會改變，所以在不同文字的網頁上仍會維持原樣。

(3) 圖形及圖示在不同的文化中代表不同的意義。例如：美國的郵箱在歐洲看起來像個垃圾桶。

(4) 當翻譯成亞洲語言時，要考慮到許多文化問題。

(5) 在美國，日期格式是：mm/dd/yy（月／日／年）；但在許多國家，日期格式是：dd/mm/yy（日／月／年）。

(6) 當翻譯成不同的文件時，翻譯的一致性不易保持。

(7) 在地區化的過程中，最好聘請顧問來協助（例如：參考 www.transware. ie）。

復習題

1. 什麼是促銷？

2. 促銷有何重要？

3. 促銷主要考慮因素有哪些？

4. 試說明銷售促進。

5. 虛擬商展具有哪些好處？

6. 何謂線上型錄？

7. 試列表比較電子型錄與印刷型錄。

8. 客製化型錄有哪兩種方式？

9. 何謂公共關係？

10. 何謂公眾報導？

11. 公眾報導與廣告的不同點有哪些？

12. 試說明網站的公眾報導。

13. 何謂人員推銷？做為一個好的推銷人員有何條件？試舉出會提供線上及時輔助系統向顧客提供及時服務的網路公司。

14. 試說明新數位時代媒體。

15. 何謂廣告？它有什麼向度或構面？

16. 何謂直銷？

17. 試列表比較大量行銷、直銷及互動行銷。

18. 網路廣告有哪些重要術語？

19. 網路廣告的目標是什麼？

20. 網路廣告的內容有哪些？

21. 如何實現創意廣告？

22. 網路廣告有什麼效益？

23. 網路廣告有何特色？

24. 網路廣告有哪些類型？

25. 試說明網路廣告計費基礎。

26. 如何創造網路廣告的內容？

27. 試說明橫幅廣告。

28. 試說明社論與廣告。

29. 試說明資訊的訂閱。

30. 網路廣告設計策略有哪些？

31. 何謂被動的拉力策略？

32. 何謂積極的推力策略？

33. 試說明關聯式廣告展示策略。

34. 試說明廣告執行策略。

35. 試討論網路廣告的特殊課題：成功關鍵因素、稽核與網站流量分析、網際網路標準、地區性問題。

練習題

1. 進入 MSN、雅虎或是 AOL 的首頁，仔細觀察這些網站，記錄你所看見的每則廣告，並對這些廣告加以分類。點擊每則廣告並記錄所發生的事情。哪些廣告最有效、最無效？為什麼？

2. 挑一種 B2C（企業對消費者）的產品（出售給消費者）和一種 B2B（企業對企業）的產品（出售給企業）。對這兩種產品來說，描述在關係階段，你將選擇何種媒體類型和媒體排程（時間表）來使顧客向前推進。描述你做這些選擇所使用的決策過程。

3. BMW 網站是使用什麼宣傳活動？為何 BMW 滿意這些宣傳活動的結果？你會使用什麼數量標準來評估宣傳活動的效果？為什麼？

4. 「網路顛覆行銷世界，消費者才是最佳廣告代理商。」你同意這種說法嗎？試提出你的看法。

5. Larry Weber（2007）提出七個建立線上社群的步驟：觀察、吸收會員、評估平台、參與、測量、促銷（推廣）、改善。試以一個實際的線上社群說明上述步驟。

國家圖書館出版品預行編目資料

網路行銷／榮泰生著.－－四版.－－臺北市：
五南，2011.09
　面；　公分
ISBN 978-957-11-6380-2 （平裝）
1.網路行銷　2.電子商務
496　　　　　　　　　　100014945

1FAO

網路行銷

作　　者 ― 榮泰生(437)

發 行 人 ― 楊榮川

總 編 輯 ― 龐君豪

主　　編 ― 張毓芬

責任編輯 ― 侯家嵐

文字編輯 ― 劉芸蓁

封面設計 ― 盧盈良

出 版 者 ― 五南圖書出版股份有限公司

地　　　址：106台北市大安區和平東路二段339號4樓

電　　話：(02)2705-5066　　傳　　真：(02)2706-6100

網　　　址：http://www.wunan.com.tw

電子郵件：wunan@wunan.com.tw

劃撥帳號：01068953

戶　　名：五南圖書出版股份有限公司

台中市駐區辦公室/台中市中區中山路6號

電　　話：(04)2223-0891　　傳　　真：(04)2223-3549

高雄市駐區辦公室/高雄市新興區中山一路290號

電　　話：(07)2358-702　　傳　　真：(07)2350-236

法律顧問　元貞聯合法律事務所　張澤平律師

出版日期　2000年 6 月初版一刷
　　　　　2002年 8 月二版一刷
　　　　　2007年 9 月三版一刷
　　　　　2011年 9 月四版一刷

定　　價　新臺幣550元